旅する街づくり

若き都市計画家の欧米都市見聞録

伊藤 滋

まえがき

昭和三十六年の秋、文部省（現文部科学省）は東大工学部に都市工学科を新設することを内定した。日本で初めて都市計画を専門とする学科ができることになった。そのとき私は、東大大学院の建築学を専攻する博士課程の三年生であった。学位論文の作成で必死であった。しかしこのしらせは、私のこれからの人生を大きく動かす大事件であった。なぜかといえば、都市工学科が新設される昭和三十七年四月に、私は順調にゆけば学位を取っている。そうなれば都市工学科の助手になれる可能性が出てくる。

当時私は東大建築学科の都市計画研究室であった高山英華研究室の院生であった。この高山研の院生は国内を対象とした調査研究に没頭していた。海外の都市計画事情について強い関心を持っていなかった。そこで私は次のような決心をした。それは、海外留学をはっきり研究室のなかで名乗りを上げて、海外の都市計画の先進事例を調べることであった。もちろん、学位を取得した後のことである。

当時建築設計や構造を勉強していた日本の大学院生はそれなりの人数が早稲田や東大、京大などから海外留学をしていた。しかし、こと都市計画の分野については、当時我が国からアメリカに留学していた大学院生は一人もいなかった。正確に言えば、東大建築学科で同級生であった目良浩一さんがハーバード大学の都市計画の大学院に留学していた。しかし彼はアメリカで都市計画を学んだのであって、日本の都市計画を身につけての留学ではなかった。そこに目良さんと私の違いがあった。

この我が国の都市計画研究上の欠点を埋めることができるのは、私しかいないと確信するようになった。私は初めから通常の一年の海外留学は考えなかった。欧米の都市計画の実態を見定めるためには、二年くらいの時間をかけようと考えた。二年あれば、その間にアメリカとヨーロッパの都市を歴訪するゆとりが取れる。そうなれば、アメリカとヨーロッパの諸都市の資料も手に入れられるし、それぞれの都市の専門家と話すことができる。当時としてはとんでもなく大掛かりな留学計画を頭に描いていた。

その第一歩として、アメリカ東海岸にあるハーバード大学の大学院に客員研究員として留学することを決めた。実際にはこの留学計画は当初の私のイメージのようには実行されず、ボストン郊外のケンブリッジ市にある研究所で二年を過ごすことになってしまった。

しかし、ここで次のような出来事があったことを付け加えたい。それは共同都市研究所滞在一年目の一九九四年の二月ごろであった。当時私に親しくしてくれていたイギリス出身の女性の準教授がいた。彼女は教員と同時にギリシャのドクシアデス財団が編集していた世界的な都市計画雑誌「エキスティックス」の編集長であった。彼女は私に英国リバプール大学の都市計画大学院で一年間留学を認める制度があり、その制度に応募してみないかと語りかけてきた。早速私はそのアドバイスに従って願書をリバプール大学に送った。しかし残念ながらその答えはＮｏであった。その理由は、留学の条件はリバプール大学で修士号の資格を取ることであって、Post DoctralのFellowを受け入れる制度ではないということであった。

しかしそれで私の欧米諸都市を見学する機会がなくなるということではなかった。東京オリンピックが行われた一九六四年（昭和三十九年）に、アメリカ都市の実情調査が、私の目の前に飛び込んできた。それは、シアトルのワシントン大学が提供した〝コンピュータによる地図表現〟の研修会によって実現した。ヨーロッパの都市見学は、帰国の際に組み込んだ途方もない長期の大見学旅行によってなんとか実現した。

この二つの見学旅行は、その後の私の都市計画の人生を大きく支え豊かにしてくれた。アメリカ旅行では何人かの親しい友人をつくることができた。たとえばミネアポリス市役所で会ったウェミング・ルー、そしてワシントン大学のホルウッド教授、ピッツバーグ大学のダガー教授らである。それにもまして私を強く襲った心の衝撃は、アメリカ合衆国の国土の巨大さであった。このアメリカの巨大さを全く知らなかった第二次大戦前の日本の指導者は、おろかきわまりない世界観によって日本を破滅に導いてしまった。この深い悲しみと悔しさをこの旅行で心の底から感じ取ったことは今でも忘れることができない。これに比べれば、ヨーロッパ旅行は私にとって心のゆとりのある旅行であった。それは、訪れた国の広さが、日本と比較できる程度の大きさであったこと、そして欧州の諸国は、極めて身近なアメリカとは異なり、心理的にある程度の距離をおいて見られる外国であったからである。そして私にとって何よりも親近感を覚えたのは、訪れたヨーロッパ諸国は日本と同様に、第二次大戦の戦争災害を受けている国であったからである。

二年強の海外留学を終わらせて帰国をした私の当時の気持ちは、世界の都市計画の現実はほぼ全部見てきたという知的な安心感であった。すなわちこれだけの情報を頭に入れておけば、帰国後の私の都市計画の実践に大きな誤りはないという心理的な安定感といってもよかった。そして私が所属した都市工学科の授業にも何らかの先進諸国の都市計画情報を提供できたかと思う。

以上は、五十年前の私にとっての都市計画に関する海外情報の位置付けである。問題はこの五十年余り前の海外旅行の紹介が現在の都市計画にとってどのような価値があるかということである。単なるノスタルジーの記述であるというならば、それをわざわざ出版物とする意味は薄い。私は考えた。その結論は人間臭い都市づくりの紹介であるということである。東京オリンピックの行われた昭和三十九年頃、世界を席巻していた音楽が二つあった。ひとつはアメリカのエルビス・プレスリーのロック音楽である。ふたつは英国のビートルズの出現であった。前者はアメリカの激しくて荒々しいエネルギーをむき出しにしたロック音楽である。後者は、控えめにエネルギーを抑え込んだ、極めて知的なジャズである。このエルビス・プレスリーの音楽は当時急激に都心部を高密化し始めたアメリカの大都市の超高層建築物の出現と対比できる。ビートルズの音楽は、極めて人間関係の調整が難しかった戦災復興再開発になぞらえることができよう。つまり私が見てきたアメリカと欧州の都市計画事業は、市民や企業が個々の国特有の人間的な都市感覚で街づくりを進めることができた時代の産物であった。その事業にはまだそれぞれの国や地方の市民感覚がしみ込んでいた。私の気持ちを強く動かしたのは、ロンドンやニューヨークのような巨大都市ではなくて、ミネアポリスとかデモインといった北米中西部の中堅都市であったり、ドイツの各州に根付いている中堅都市であった。半世紀前の欧米の諸都市にはまだまだ手づくりの都市計画が存在していた。この私の思いを、本書の読者に少しでも汲み取ってもらえれば、何故にこの著作を世に出したかという理由も少しは説明できるのではないか。

二〇一七年十一月

伊藤　滋

もくじ

3章　アメリカ大陸横断――東から西へ

4章 西海岸からボストン七千キロ

資料集

この資料集は二種類の資料でまとめられている。ひとつは、アメリカ大陸横断の自動車旅行の際に撮った都市の写真である（P14〜63）。ふたつは、帰国の際の欧州旅行で訪問した市役所で手に入れた図表である（P64〜131）。前者には残念ながらニューヨーク、ボストンといった、留学で身近であった都市の写真が入っていない。理由は単純である。私の仕事部屋のどこかに入って見つからなかったからである。写真機は当時すでに壊れかけていたコンタックスを使っている。このコンタックスは旅行の帰途、デトロイトで完全に壊れてしまった。

後者の図表は、都市計画の専門家を念頭に置いて選んだ。したがってスケールで言えば1対100程度の集合住宅の平面図（例／カンバーノルド）や、地域制が必要とする用途・容積の表（例／トロント市）も載せている。一般の読者はこの図表はとばして読んでしまってかまわない。ヨーロッパの市役所（特にドイツ）ではこの本に紹介できないくらいの貴重な資料を手に入れることができた。写真と図表に付された番号は本文中の文章末に付した番号と対応しているので参照されたい。

なにしろ写真も図表も五十年以上前の資料であり、鮮明でないものもある。お許しを願いたい。

ph 1 アーヴィング（Irving）通り44番地。1963年秋。右側の青色の家の３階に住んだ

ph 2 44番地３階の私の部屋。後列左、石井宏治さん（現石井鉄工所社長）。後列右、織部博孝さん（現鹿島建設顧問）。前列右、小沢明さん（元東北芸術工科大学学長）

ph 3　ボストン、Irving通り43番地。1964年、正面の建物の1階右半分に移り住んだ。左手後方に見える白い建物がハーバード大学法律大学院棟

ph 4　ハーバード大学のメインキャンパスでの卒業式（1964年）

ph 5　1964年の卒業式でワイドナー図書館前にて撮影。前列左側、高橋志保彦さん（神奈川大学建築学科名誉教授）夫妻。前列右側、目良浩一さん（南カリフォルニア大学経済学部名誉教授）夫妻。後列中央、小沢明さん（元東北芸術工科大学学長）

ph 6　ハーバード大学構内の芝生広場。ここで卒業式が行われる

ph 7

ＭＩＴの西側正面玄関の前で

ph 8

ニュートン市のチェスナッツヒルから東にボストン市のダウンタウンを見る。中央にプルデンシャルセンターの超高層棟、その奥に三角屋根のプルデンシャル保険会社の本店が見える

ph 9　バンカーヒルから西にケンブリッジ市を見る。手前にＭＩＴの建築群が見える

ph 10　ケンブリッジ市の西側にある住宅都市リンカーンにはきれいな湖に面して私設の美術館、De Cordobaがある。

ph 11 マンチェスター市（Manchester, New Hampshire）には、かつて19世紀には繁栄を極めた水力利用の紡績工場の遺産がきれいに保存されている

ph 12 カンザス州ウイチタ（Wichita, Kansas）からダッジシティ（Dodge City）に行く途中の田舎町プラット（Pratt）。国道50号沿いの住宅地。当時の人口は約8000人。街路樹が見事

ph 13　ダッジシティ（Dodge City, Kansas）駅から西にダウンタウンを見る。ホンダのオートバイが走り回っていた（1970年現在の人口1万4000人）

ph 14　ダッジシティのサンタフェ（Santa Fe）鉄道駅。貨物専用駅で道路とホームがじかにつながる。駅舎の後ろに小麦を入れるサイロが見える

ph 15　ダッジシティのブートヒル（Boothill）の見世物小屋街（馬車と汽車）。左奥に小麦のサイロが見える

ph 16　コロラド州デンバー（Denver, Colorado, 1970年現在の人口51万5000人）の中心市街地。まだタイル貼りの建物が多く、ガラスと鉄骨の“国際建築”は少ない。中央下に「BUS」と見える建物はコンチネンタル・トレイルウエイ・バスターミナル

ph 17　コロラド州アスペン（Aspen, Colorado）の全貌。下から山頂にケーブルカーで登りそこから眺める。アスペンはアメリカ中西部の軽井沢である

ph 18　コロラド州アスペン。町のCivic Centerを囲む公園で、Aspen Music Instituteの学生の演奏を聞いている避暑客。学会参加の若者が多い（1970年現在の人口2500人）

ph 19　グランドジャンクション（Grand Junction, Colorado）。コロラド州西端の田舎町の中心部。街路樹と花壇が美しい。右側に４階建ての生協ビルがある。これが一番高い（1970年現在の人口2万3000人）

ph 20　ソルトレイクシティ（Salt Lake City, Utah）。州議会議事堂から南に中心市街地を見る

ph 21　ソルトレイクシティ。1970年現在の人口17万6000人。中心市街地のmain streetから北を見る。朝の通勤時間帯の風景。突き当たりに禿山が見える。左手後方には日本人街。車の尾翼に注目

ph 22　ソルトレイクシティ。左側にモルモン教本堂。きれいな庭の反対側に大きな奏楽堂（モルモン・タバナクル）があり、そこには世界有数のパイプオルガンがある（1970年現在の人口7万6000人）

ph 23　ソルトレイクシティのモルモン教の教会。各Ward（地区）にひとつずつある。祈りの場所の他、集会場、体育館、食堂が作られている。手前の自動車に注目。後ろのフィンが高い

ph 24　アイダホ州ツインフォールズ（Twin Falls, Idaho）。ソルトレイクシティからアイダホの州都ボイシに向かう途中の小さな街（州間高速道路80号北沿い）。中心大通りだが車は一方通行。街の雰囲気は西部開拓村の感じ

ph 25　ボイシ（Boise, Idaho）。州都である（1970年現在の人口7万5000人）。正面奥の州議事堂の右に市役所と郵便局がある。前面左側の高層ビルは銀行。ここも道路は一方通行

ph 26　ボイシを州都とするアイダホは、全米有数のジャガイモの生産地。人口は少ないが豊かな農業州の中心。街はきれいで人の動きも活発。日本でいえば帯広市が似ている。道路は一方通行

ph 27　ポートランド（Portland, Oregon）。活気ある港町の中心商店街。宝石屋の看板あり。街灯のデザインがかっこよい。当時の街のビルの高さは31メートル程度でそろっている（1970年現在の人口38万人）

ph 28　マウントリニア（Mt. Rainier）はタコマ富士と呼ばれる。在住の日本人の心のよりどころである。標高は4392メートル。氷河がある

ph 29　ホースシュー・ベイ（Horseshoe Bay, Vancouver）。バンクーバー島のナナイモ（Nanaimo）港に向かうフェリー（Ferry）港。正面の船は1958年製。このあたりはフィヨルド型地形である

ph 30　ブリティッシュコロンビア州の州都ビクトリア（Victoria, British Columbia, Canada）、ビクトリア港の埠頭。右側の建物はホテル。この街は英国風で、アメリカ、カナダを通して一番美しい街だと思った

ph 31 シアトル（Seattle, Washington）。博覧会のためにつくったモノレール。構造が大きく、自動車交通を妨げている（1970年現在の人口53万人）

ph 32 シアトルの中心市街地の裏側。ホテルが多い。道幅が11メートル程度と狭く、ちょっとヨーロッパ的。高い建物がなくすべて10階どまり

ph 33　シアトルの街。博覧会のとき建てられたSpace Needleから北東の港を見る。奥がDown town。FreewayのCanal Bridgeが見える。手前の住宅地の人たちの収入階層は中の下（moderate income）

ph 34　バンクーバー（Vancouver, British Columbia, Canada）。港の向こうに中心市街地が広がる。手前は平均的な収入の人たちの住宅地。アメリカの都市より戸当たり規模は小さい

ph 35　バンクーバー中心市街地の真ん中。商店街の屋並みが低く、突出した高層棟がない。ヨーロッパ的雰囲気の街か

ph 36　サンフランシスコ（San Francisco）。Telegraph hillからRussian hillを見る。丘の下はイタリア人街区。横に広がる光の列はColumbus Ave.。Golden gate Bridgeは右側にある

ph 37　サンフランシスコ。海に面したMariner boulevardに沿って手の入った古い住宅が並ぶ。美しい（中央部の上の住宅地）。うしろにRussian hillの高層住宅群

ph 38　バークレー(Berkeley, California)。1970年現在の人口11万6000人。U. C. BerkeleyのCollege of Environment Design（C. E. D.)。中央棟に教官室。右側は実験室、左側（隠れている）に製図室

ph 39　サンフランシスコのダウンタウン西側にある黒人地区の公営住宅。1950年ごろに建設された。駐車場不足を住民が訴えていた

ph 40　サンフランシスコ市役所にあったGolden Gateway再開発の模型。Golden Gatewayはサンフランシスコの税関がある埠頭地区の名前である。開発地区全体を人工地盤として、その上に戸建て住宅や長屋、アパート等、多様な住宅をつくりあげる

ph 41　パロアルト（Palo Alto, California）。1970年現在の人口5万6000人。国道101号沿いの典型的なRibbon development

ph 42　パロアルト市の商店街。日除けと街路樹の組み合わせが印象的。パロアルトにはスタンフォード大学がある。現在はシリコンバレーの中心地

ph 43　サンノゼ（San Jose, California)。下町の中心商店街１番通り。高層建築は全くない。西海岸では、10万人規模の都市の中心街に街路樹もなく殺風景（1970年現在の人口53万人)

ph 44　カリフォルニアの農業地域の中心にあるサンノゼ市の公共施設がある中心部(Civic Center)。中央の煉瓦の建物は市役所、左側は州の事務所、右側は裁判所。サンノゼは現在シリコンバレーの一部となっている

ph 45 デスバレー（Death Valley, California）。Zabriskie Pointから東を見る。左側の赤い山はFuneral Mts.

ph 46 死の谷の一部。スミス山地の下の岩塩地帯

ph 47　死の谷のバッドウォーター地区（Bad Water、悪水）。ここは海抜マイナス100メートルで、アメリカで一番低い場所

ph 48　ネバダ州（Nevada）国道16号沿いでアーデン（Arden）の付近にあった工場。国防上の機密的な工場であったかもしれない。入口で工場の守衛に険しい顔で質問された。今でも不思議に思っている

ph 49　ラスベガスのサハラホテル（Sahara hotel）から南方向を見る。中央にゴルフコース。右側はDesert Inn hotelのmotel群。奥にLas Vegas Stripの市街地。中央の高層棟はTropicana Hotel

ph 50　ラスベガスのホテル側から北を見る。左側にモーテル群、右端にサハラホテル。ホテル群のあるストリップ（Strip）は街路樹が並ぶ。斜めの道の後ろの森の多いところは質の高い住宅地

ph 51　ラスベガス、Riviera Blvd.付近の新築住宅長屋団地。駐車スペース以外は空き地なし。棟間にプールがある。周辺は砂漠

ph 52　ラスベガス、この通りはフリーモントホテル（Fremont Hotel）のある、駅に向かう通り。ダウンタウンの中心地がここから始まる

ph 53 サハラホテルに近い緑の多い質の良い住宅地。ラスベガスにもこのような住宅地がある。ダウンタウンに近い

ph 54 ラスベガスの東南地域。完全に開発が進行している場所。コンベンション、モーテル、パーキング、それに新規の住宅地

ph 55　ララミー（Laramie, Wyoming）。1970年現在の人口2万3000人。University of Wyomingの中央キャンパス。中央右手の建物は工学部。農学部と鉱山学部が大きかった。有名な石油商標シンクレア（Sinclair）の町がWyomingにある

ph 56　国道30号沿いの田舎町ローリンズ（Rawlins, Wyoming）。人口は1970年現在で9000人。ワイオミング州にあるコンチネンタルディバイドの真ん中にある。このあたりは全くの大平原。シンクレア石油の油井が目立つ

ph 57　州間高速道路80号線（Wyoming）。ローリンズ（Rawlins）を過ぎたあたりにあるリトルアメリカに近いところで、日本の学生の自転車による大陸横断グループと会う。彼らとはシカゴの飲み屋で再会した

ph 58　シャイアン（Cheyenne, Wyoming）。1970年現在の人口4万1000人。正面に議事堂、左側は連邦合同庁舎、右側に高等学校。このあたりはCapital Campusと呼ばれている

ph 59　シャイアンのユニオン・パシフィック駅。その左側にグレイハウンド・バスのターミナルがある。駅は全く使われていない。塔だけがわびしい

ph 60　シャイアン。ダウンタウンの交差点から中心商店街を東に見る。すぐ後ろは住宅地。3つのスーパーマーケットはいずれも全国ブランド

ph 61　ネブラスカ州グランドアイランド（Grand Island, Nebraska）付近のトウモロコシ畑。果てしなく続くアメリカ穀倉地帯の中心。車は私のフォルクスワーゲン

ph 62　キンボール（Kimball, Nebraska）。1970年現在の人口3800人。ネブラスカ州西端にある田舎町（国道30号沿い）。大農業地帯の真ん中に位置する。このような町を何十と通り過ぎないと州都オハマ（Omaha）にたどり着けない

ph 63　オマハ（Omaha, Nebraska）のダウンタウンのはずれのグレイハウンド・バスのターミナルから繁華街の中心を見る。右側に県事務所（County House）、その左に市役所

ph 64　1970年ごろのオマハ市の人口は35万人。この写真はダウンタウンの東はずれの街を撮っている。右に市庁舎、その他卸問屋、倉庫、小さな仕事場等が集まっている。この写真の背後には川があって、鉄道が通っている

ph 65　オマハの中心商店街の中心部。通りは一方通行。左側の百貨店は奥にある立体駐車場と一体。この百貨店は郊外に大きなShopping Centerを経営している

ph 66　オマハ市役所内の都市計画課にある製図室。職員が自ら図面を作成している

ph 67　ネブラスカ州（Nebraska）の州都リンカーン（Lincoln）。1970年当時の人口は15万人の地方都市。州のどこからも見える圧倒的な高さを持つ議事堂で有名。市役所の人の話では、近い将来、ここに市役所や州政府事務棟も集めて、一大Civic Centerにするということであった

ph 68　デモイン（Des Moines, Iowa）。1970年現在の人口20万人。正面奥に議事堂、その手前に問屋と倉庫が見える。ここは、自動車工場が集まる準工業的市街地。中心市街地はこの写真の手前に位置する

ph 69　デモインの西側にあるとても静かで美しい高級住宅地が、この道路にそって広がる

ph 70　地方の田舎町、メイソンシティ（Mason City, Iowa）。1970年現在の人口は3万1000人。国道65号でダウンタウンの真ん中に入った。左側に市の中央広場（Central Plaza）。土曜の夕方、子どもたちが大騒ぎで歩いていた

ph 71　ミネアポリス（Minneapolis, Minnesota)。1970年現在の人口43万4000人。中心市街地のすぐ外側で、グレイハウンドのバスターミナルがある。奥にFoshay Towerが見える

ph 72　ミネアポリス市の中心部（業務街)。中央のガラス張りの高層棟は、ミノル・ヤマサキのビル。その他、中央郵便局やFirst National Bank、North Star Centerなどがある

ph 73　Foshay Towerから中心市街地の西側の一般市街地を見る。劇場、YMCA、立体駐車場などがこの地区にある

ph 74　ミネアポリス中心業務地のビルとビルをつなぐ歩行者用立体通路（寒さよけ）。当時は都市計画上、有名だった

ph 75　ミネアポリス・セントポール国際空港（Minneapolis-St. Paul International Airport）

ph 76　ミネアポリスの中心市街地のすぐ外側にある劣悪な市街地（Blighted Area）。右側はその市街地を除去してできた公営住宅地。左側はまだ手がつけられていない貧しい市街地

ph 77 同じくミネアポリスのダウンタウンの東南部にある劣悪な市街地。空き家がたくさん目立つ。その他に空き地も多い

ph 78 ミネアポリスの東側にある双子都市セントポール（St. Paul。ミネソタ州の州都）。その中心にある議会前広場。写真右側に有名なSaint Paul大聖堂がある。この広場の突き当たりには大病院群がある

ph 79　セントポールのUnion Station。駅前広場は植え込みが少なく狭い。広場を囲む三方は卸問屋ビルと倉庫で殺風景

ph 80　セントポールの議会広場から中心市街地を望む。左奥の建物はNational Mutual Life Insurance。右にCity hallがある

ph 81　シカゴ（Chicago, Illinois)。1970年現在の人口336万7000人。Prudential Centerから北を望む。業務市街地の中心部。シカゴ川の南側にサン・タイムス社。北側にシカゴ・トリビューン社の白い建物が見える。右側に走る道路はミシガンアベニュー

ph 82　シカゴの業務市街地の北のはずれ、グレイハウンド・バスのターミナル。場末の商店街といったところ。南側の一番奥にPrudential Centerビルと、East Lake Shore Apt. Houseがある。手前左にOriental Theaterビル

ph 83　シカゴのCottage Glove St. 付近の再開発地域（Lake Meadow Urban Renewal Area）。高層棟は民間分譲でPublic Housingではない。しかし荒れた空き地が目立ち、ひとけがない。民間再開発の失敗か

ph 84　シカゴ市南部の住宅荒廃地区。その中の右側にシカゴ住宅公社ビルが見える。中央の建物群は公営住宅

ph 85　シカゴ、レイク・ショア・ドライブ（Lakeshore Drive）の手前から北側を見る。High-Riseの超高級高層住宅群が並ぶ

ph 86　レイク・ショア・ドライブの南側にある公園から北に、シカゴのダウンタウンを見る。右側はミシガン湖

ph 87 ダウンタウンから西を見る。鉄道と高速道路が一体となった交通施設体。このような例はボストンにもあった

ph 88 シカゴのダウンタウン東部にある典型的な劣悪住宅地（Slum Area）。このパーキング場の左にポリスステーション（駐在所）がある

ph 89 シカゴ、Maxwell街の蚤の市。Union St. から西を眺める。道路に屋台が並んでいる

ph 90 シカゴ北部の湖岸沿いにある、中産階級の良質な集合住宅地

ph 91 シカゴの中心市街地、右手前の2棟はシカゴ川沿いに建つマリーナ・シティ(Marina City)。南側に業務街の駐車場が広く散在する

ph 92

シカゴ川沿いに建つマリーナ・シティの全貌。マリーナ・シティは1961年（昭和36年）に建設に着手し、1968年（昭和43年）に完成した。私が訪れたのはその建設の途中、1964年（昭和39年）であった。設計は1959年（昭和34年）にバートランド・ゴールドバーグによって行われた。ここには商店やレストランの他にも劇場、ギムナジウム、プール、アイススケート場、ボウリング場、ボート繋留場等の施設が収められていた。その他いくつものテレビ局、ラジオ局もそこにおかれた。したがって建設当時は“都市の中の都市”と呼ばれた

ph 93　シカゴを走る高架の電車線路。線路脇にあるのは下町の低所得者向け住居長屋街。中心市街地から西に行ったところ

ph 94　シカゴのIllinois Central Railwayの終端電車駅。パーク・アンド・ライドの現状。何も街らしいところのない、さびしい場所

ph 95　シカゴのスコーキー（Skokie）駅の近くにある中の上の良質な住宅地。近くにOld Orchardという有名なShopping Centerがある。シカゴ北部の高質な郊外住宅地開発の一例

ph 96　市の北側にある高級住宅地エバンストン市（Evanston, Illinois）にあるシカゴ鉄道公社の終端駅。ちょっと日本の郊外電車駅の雰囲気がある

ph 97　高級住宅地であるエバンストンの通勤電車駅の駅前。つきあたりがノース・ウエスタン大学

ph 98　シカゴのオヘア（O'Hare）空港。コントロールタワーと国際線ターミナル。写真手前は国内線ターミナル

ph 99　シカゴのオヘア空港のゲート出入り口前の待合スペース。この情景は今と全く変わらない

ph100　シカゴにあるIIT（Illinois Institute of Technology）の建築学部都市計画学科の新入生に対するStudio教育（製図と演習の指導）。みな大学院生である

fig 1　ゲイトウェイセンター《土地利用計画》

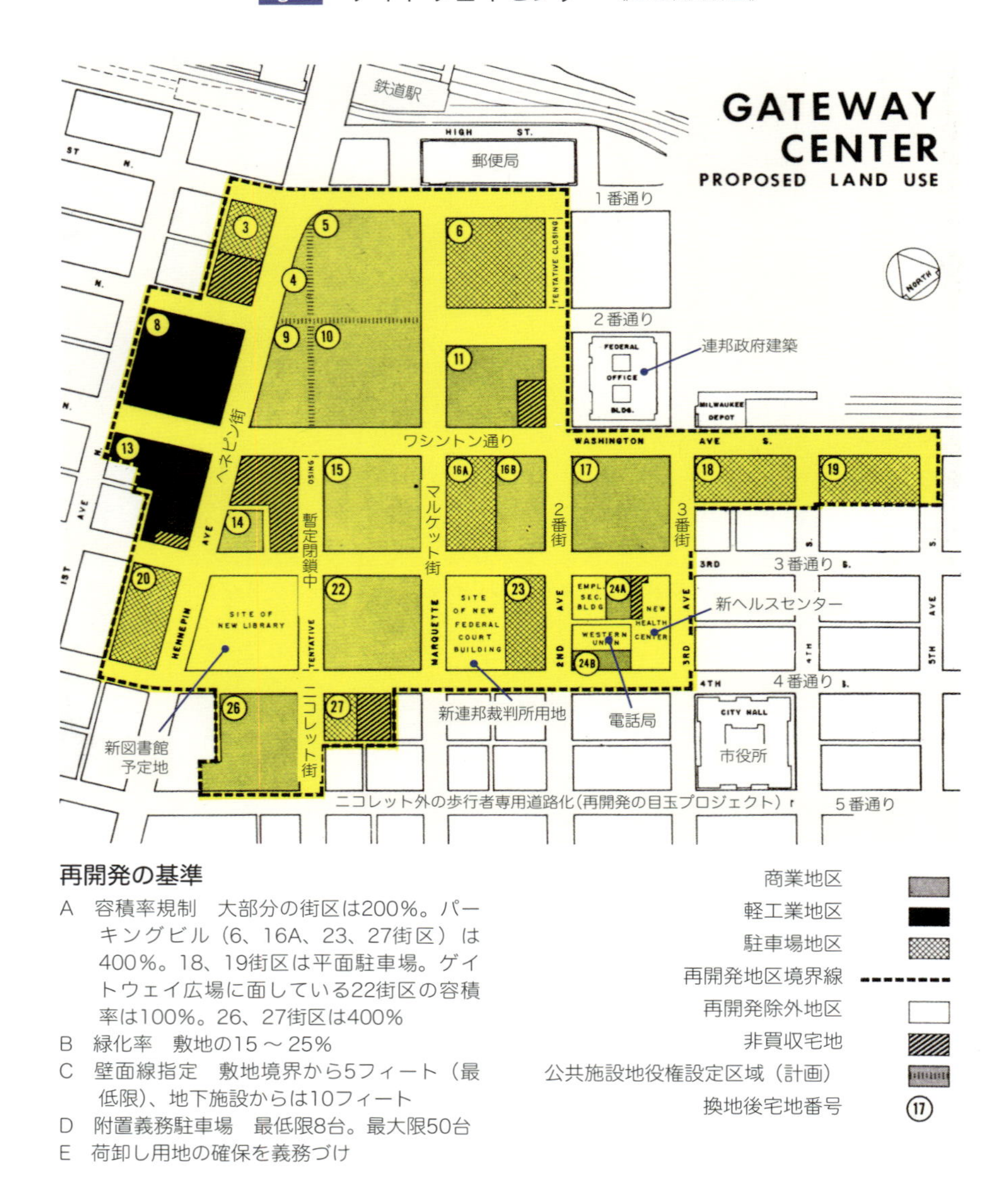

再開発の基準

A　容積率規制　大部分の街区は200%。パーキングビル（6、16A、23、27街区）は400%。18、19街区は平面駐車場。ゲイトウェイ広場に面している22街区の容積率は100%。26、27街区は400%

B　緑化率　敷地の15～25%

C　壁面線指定　敷地境界から5フィート（最低限）、地下施設からは10フィート

D　附置義務駐車場　最低限8台。最大限50台

E　荷卸し用地の確保を義務づけ

この再開発は、ミネアポリス市と連邦政府都市再開発局の共同出資による、連邦政府認可の事業である（1963年10月）

fig 2 市中心核地区 土地利用模式図

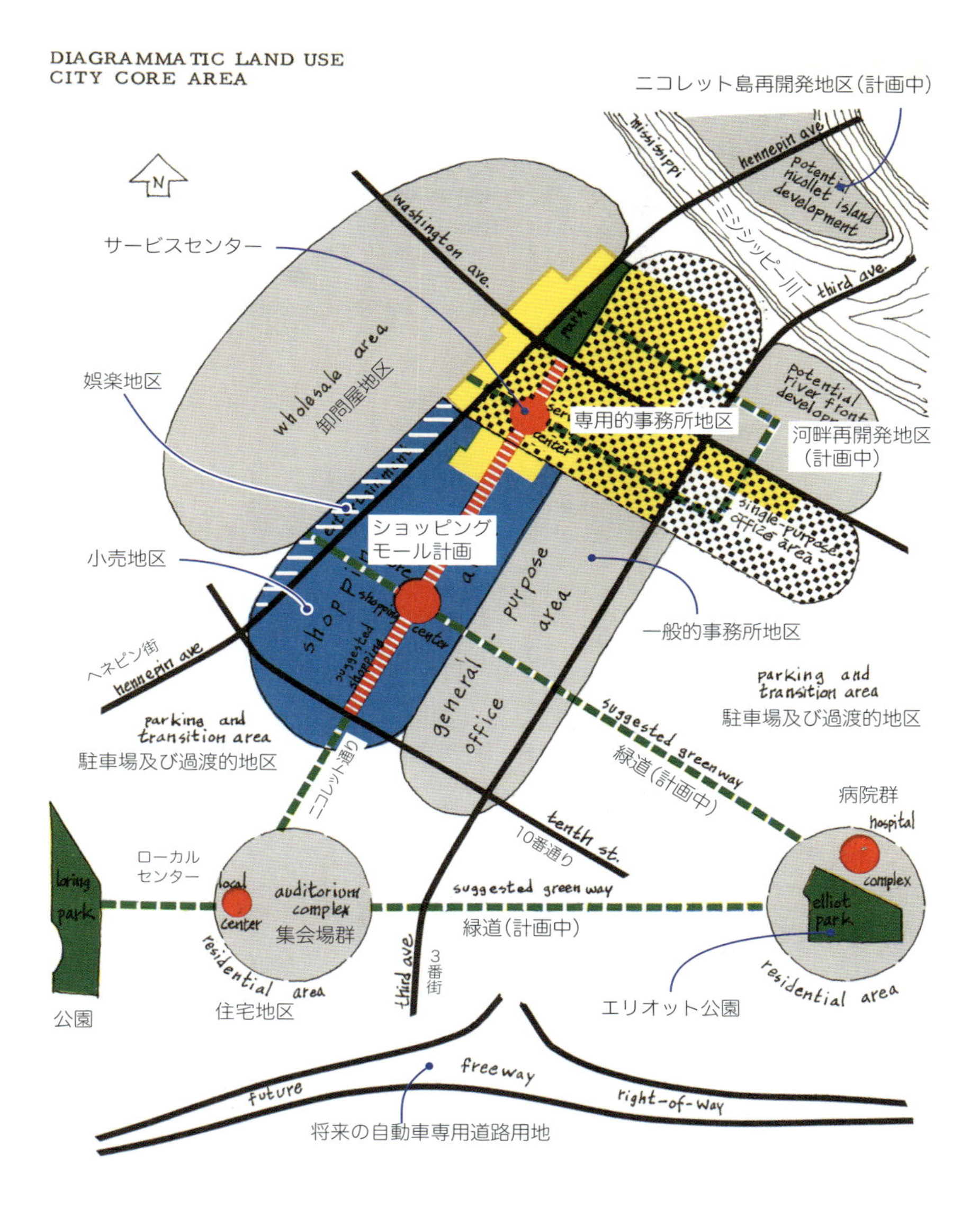

fig 3　デトロイト中心市街地再開発

この地区全体の不動産評価は、古い評価では16,368,000ドル、新しい評価では6.45倍の104,250,000ドル（1964年現在）になると推定されていた

出典：Urban Renewal and Tax Revenue, "Detroit's success story" by Robert D. Knox, directed by Detroit Housing Commission, 1964

fig 4

「素晴らしい、新しい中心市街地」

市長Jerome P. Cavanagh

私たちは、新しい中心市街地の成長を目の当たりにしている。

このグラティオット・プロジェクト（Gratiot Project）でつくられる美しい高層住宅と低層棟に何千もの世帯が移り住みつつある。そして西側の産業地区（the West Side Industrial Area）にも数多くの企業が"新しいいぶきの場"を見出している。この衝撃的な利益は、まさに都市再生の成果である。一番大事なことは、ここに住んでいた何千もの世帯が、この"スラム住宅地"から周辺の見苦しくない、清潔な住宅地に移り住めたことである。

ここで生み出される税収の増加は都市再生の鍵である。この都市再生が生み出す新しい税収は、地方政府のみならず連邦政府にとっても恵みである。

デトロイト市ではこの税の増加は最も満足すべきものであった。グラティオット・プロジェクトでは、一つの新しいビルの新設がもたらした税収が、再開発以前のこの地区の51.5エーカー（約20ヘクタール）の不動産評価よりも大きかった。このデトロイトの成功物語は、以下の報告で明らかにされる。

fig 5

スラム地区。ここに1950年ごろ、7500人が住む。火災保険もかけられず、衛生の規制も無視された

fig 6

ミース・ファン・デル・ローエによって設計された高層棟と低層長屋棟。この敷地の不動産評価は491,000ドルから3,000,000ドルに上昇した

グラティオット（Gratiot）

1950年にデトロイト市は129エーカー（52ヘクタール）のグラティオット再開発を決めた。これは1949年に定められた連邦住宅法にもとづく、アメリカ合衆国で一番目の住宅地再開発プロジェクトであった。

それ以降、ここに住んでいた1958世帯が周辺のより良い住宅地に移り住んだ。これに対して新しく1700世帯がこの新しい、高層とタウンハウスの住宅棟に入居した。この再開発ではここに教会、学校、ショッピングセンターを設け、“よく計画された近隣住区”になった。

市長のあいさつにあったように、この新しいアパートメント地区の不動産評価は、スラムだったこの地区全体の51.5エーカーの不動産評価よりも大きい。

グラティオット地区の税収比較	再開発以前の不動産評価	2,844,000ドル
	再開発以後の不動産評価	15,000,000ドル（5.3倍）

fig 7 以前は多くのデトロイト市民から“Corktown”として愛されてきたが、今は住宅がひどく老朽化し、そこに工場や商店が侵入してきている。昔の歴史地区である

fig 8 以後、ここは花の全国配送センター協会の事務所に生まれ変わった。この地区の以前の不動産評価は113,000ドル、新しい不動産評価は3倍の337,000ドル

西側産業地区（West Side Industrial）

1963年に169エーカー（68ヘクタール）が再開発の対象となった。再開発以前にはここに412世帯が居住していた。中央公園の周りは、軽工業と商業の事務所が新しいデザインの建物として建築された。ここの再開発地区の特色は、高速自動車道路に出入りする交通と、地区間の交通を分離するところにある。

この地区の不動産評価（初期の77エーカー〈30ヘクタール〉分について）
◯古い不動産評価　2,552,000ドル　◯新しい不動産評価　16,000,000ドル

fig 9　トロント市中心市街地　鳥瞰写真(1963年)

fig 10　トロント市庁舎

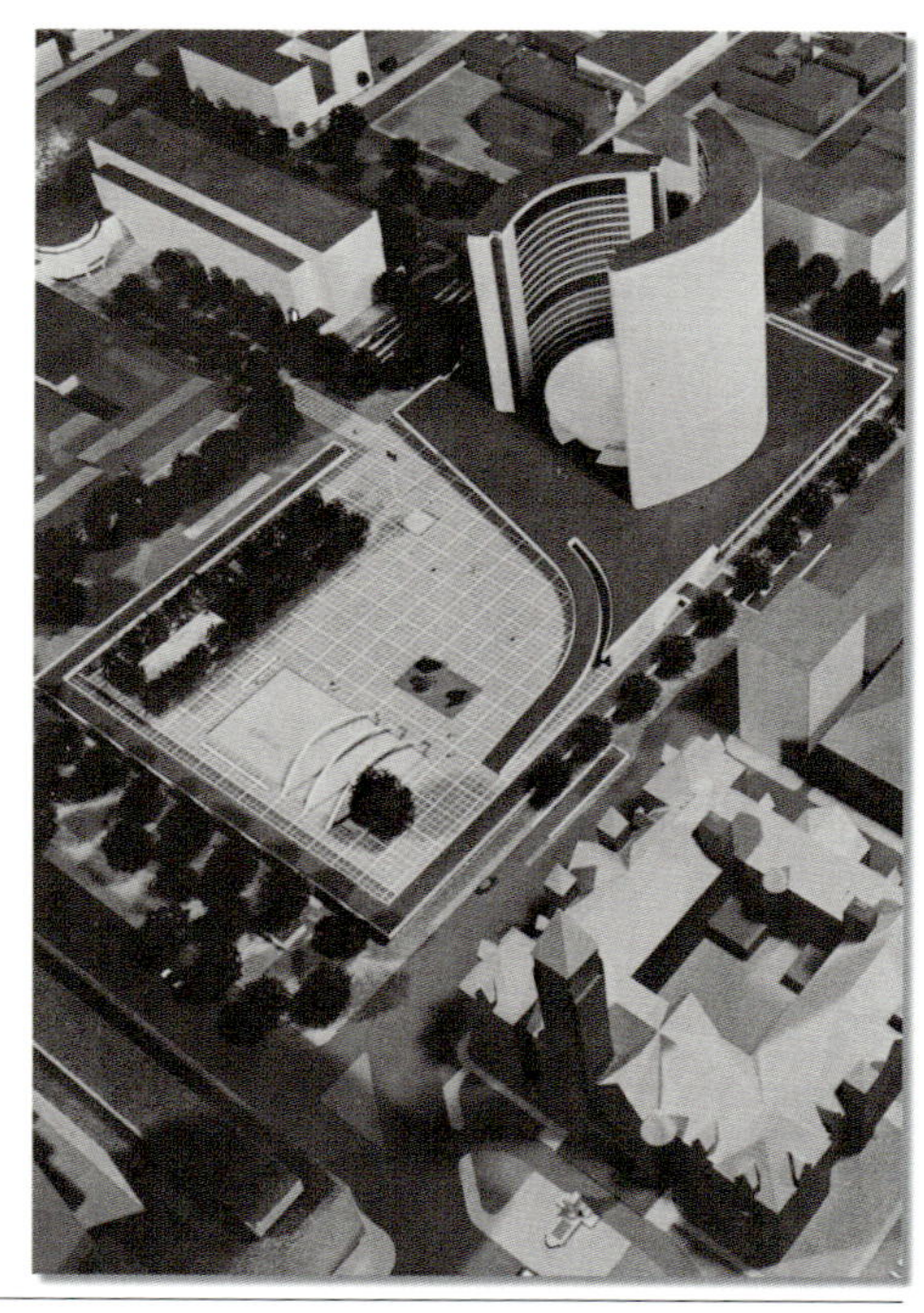

出典：Official Plan of the Metropolitan Toronto Planning Area (Metropolitan Toronto Planning Board, December 1964)

fig 11　広域土地利用方針図

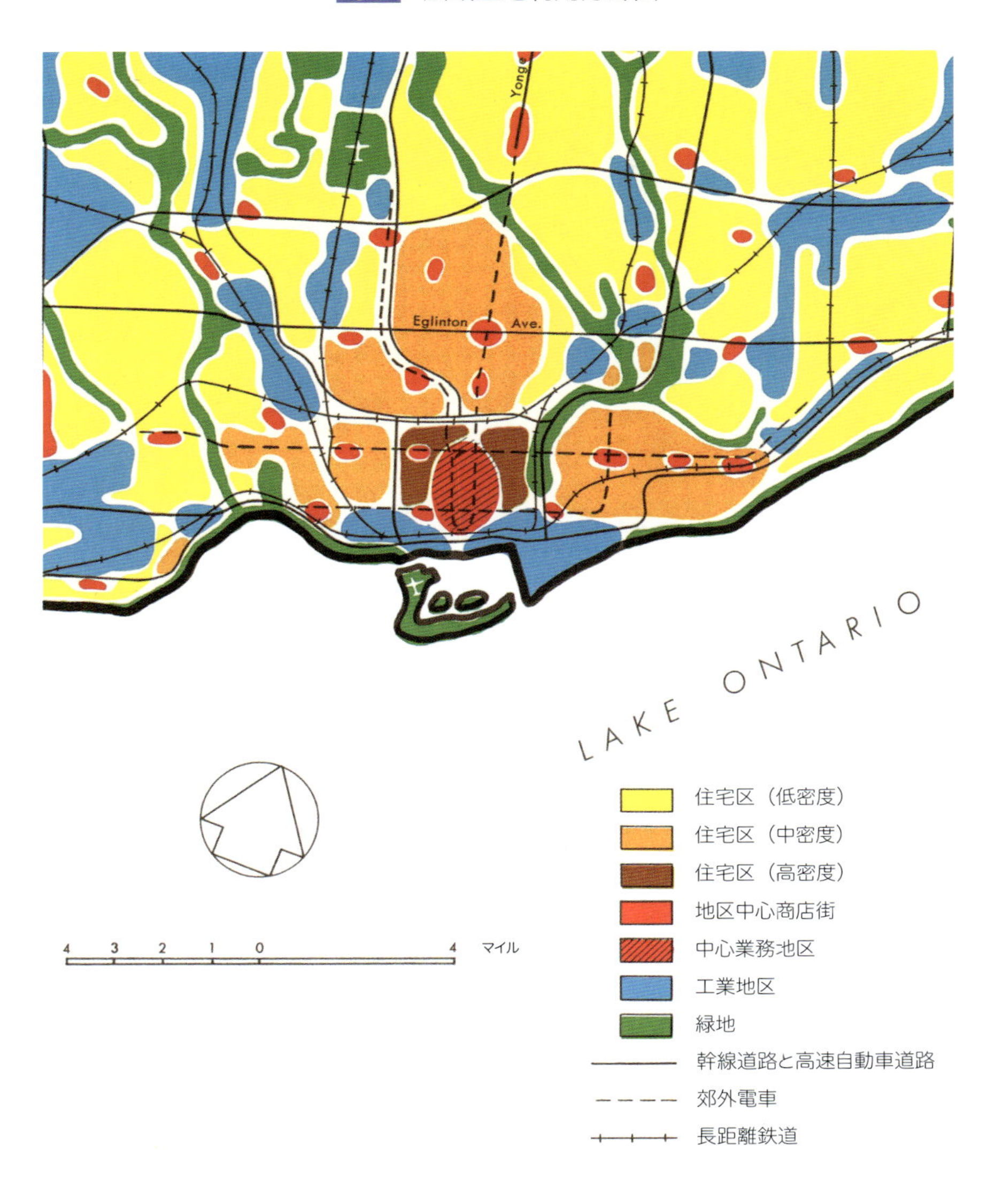

fig 12 土地利用現況図

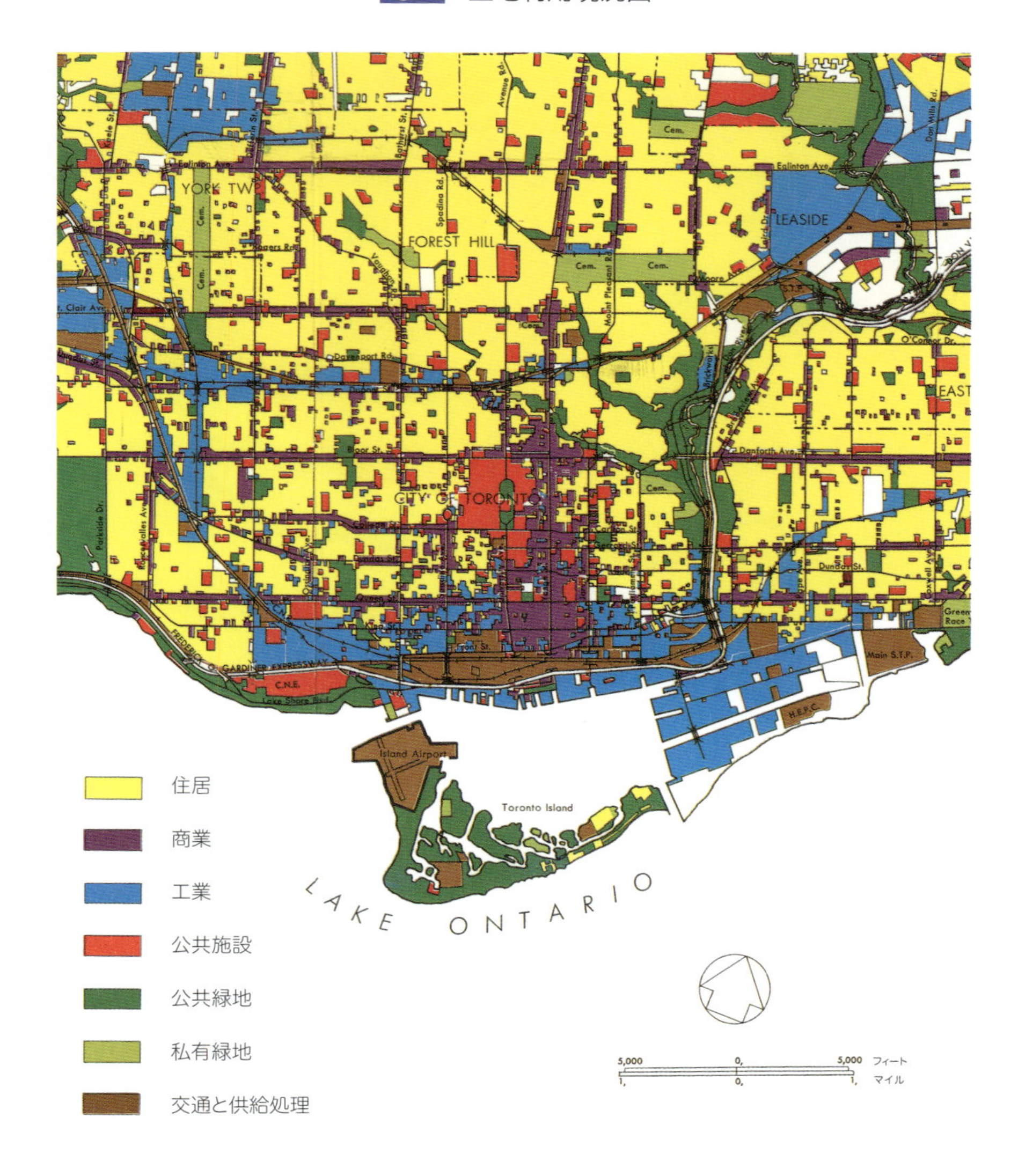

fig 13 法定土地利用計画図

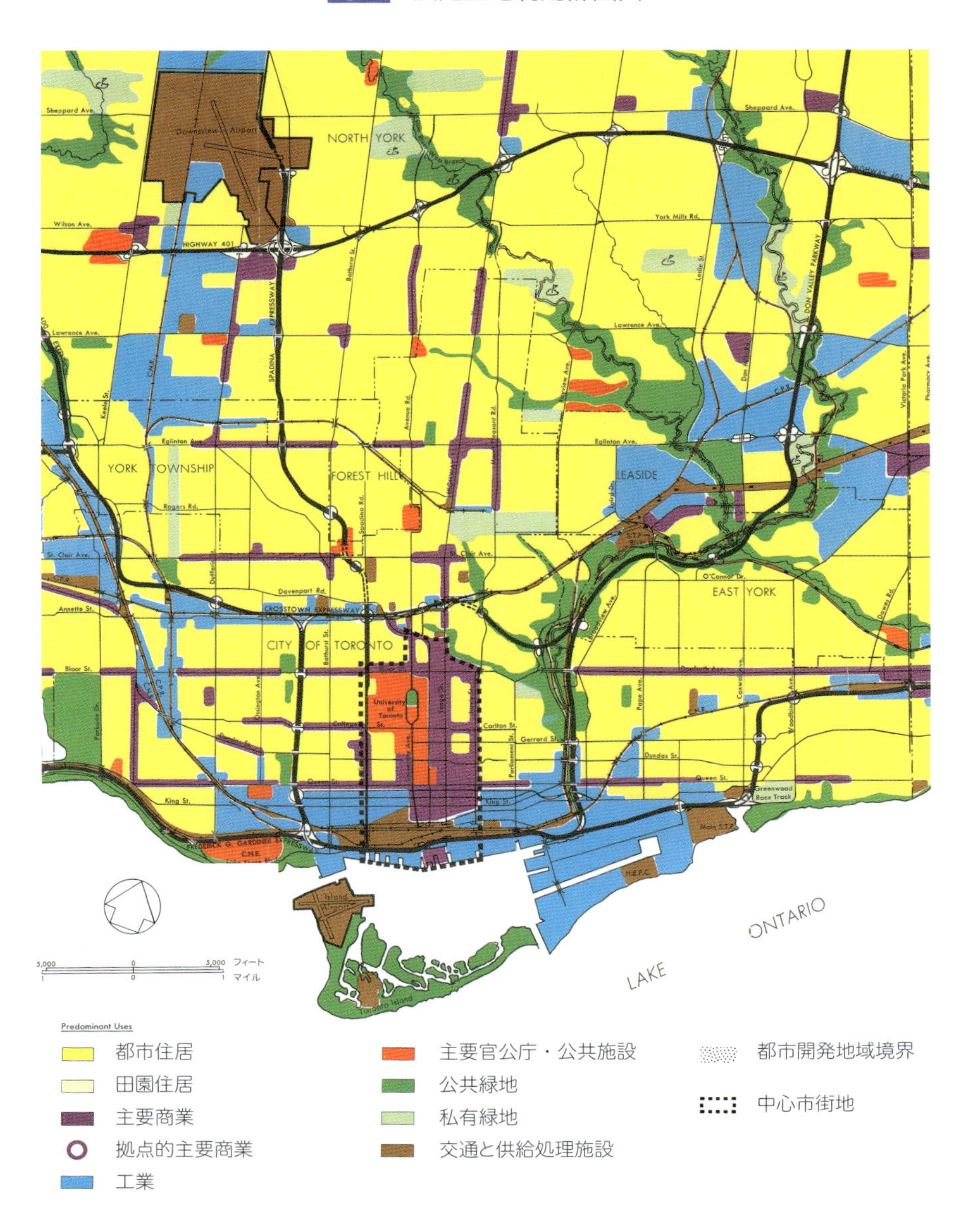

fig 14 卓越した土地利用（中心市街地）1960

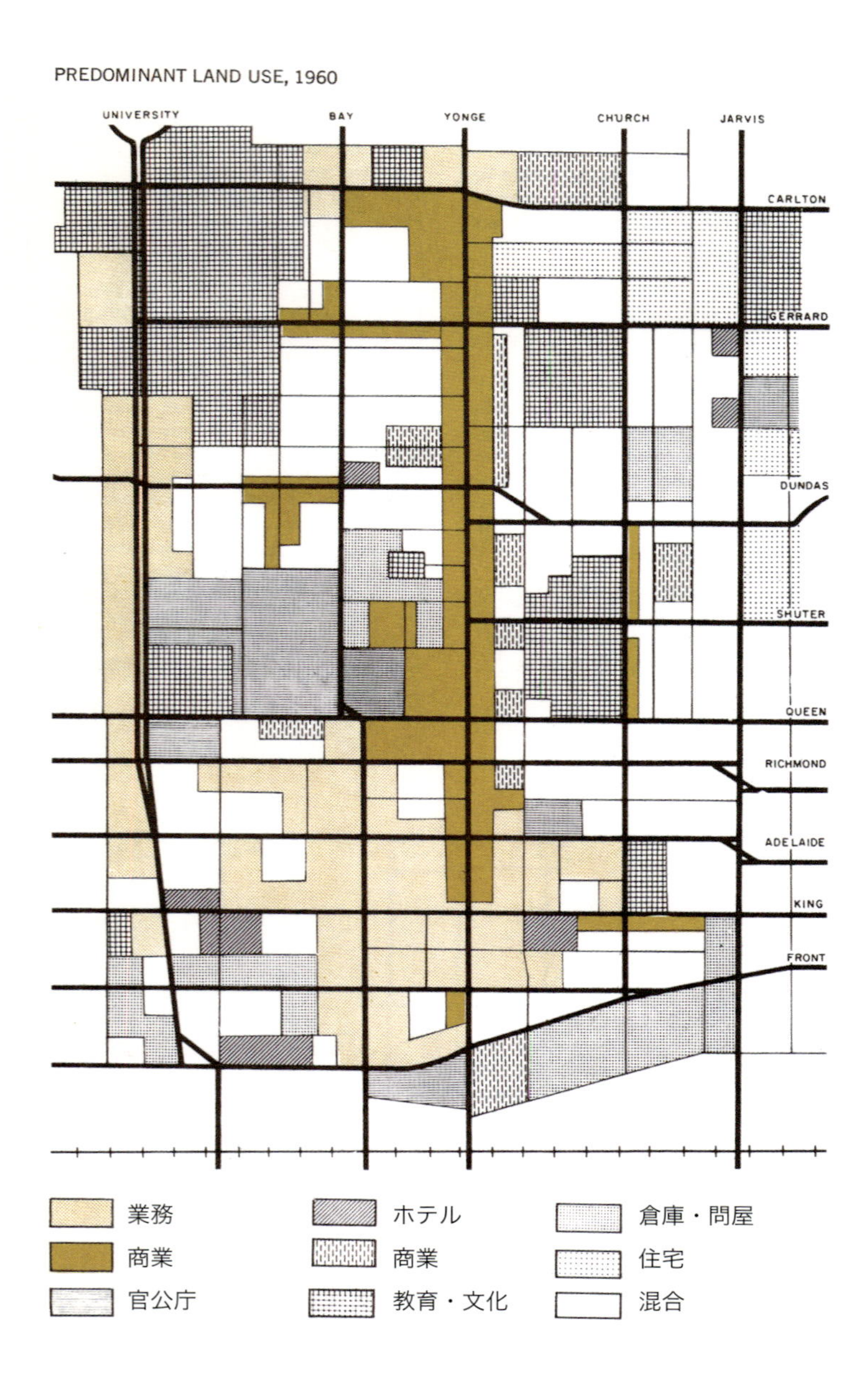

fig 15 中心市街地計画における主要な再整備と修景計画および都市設計的提案

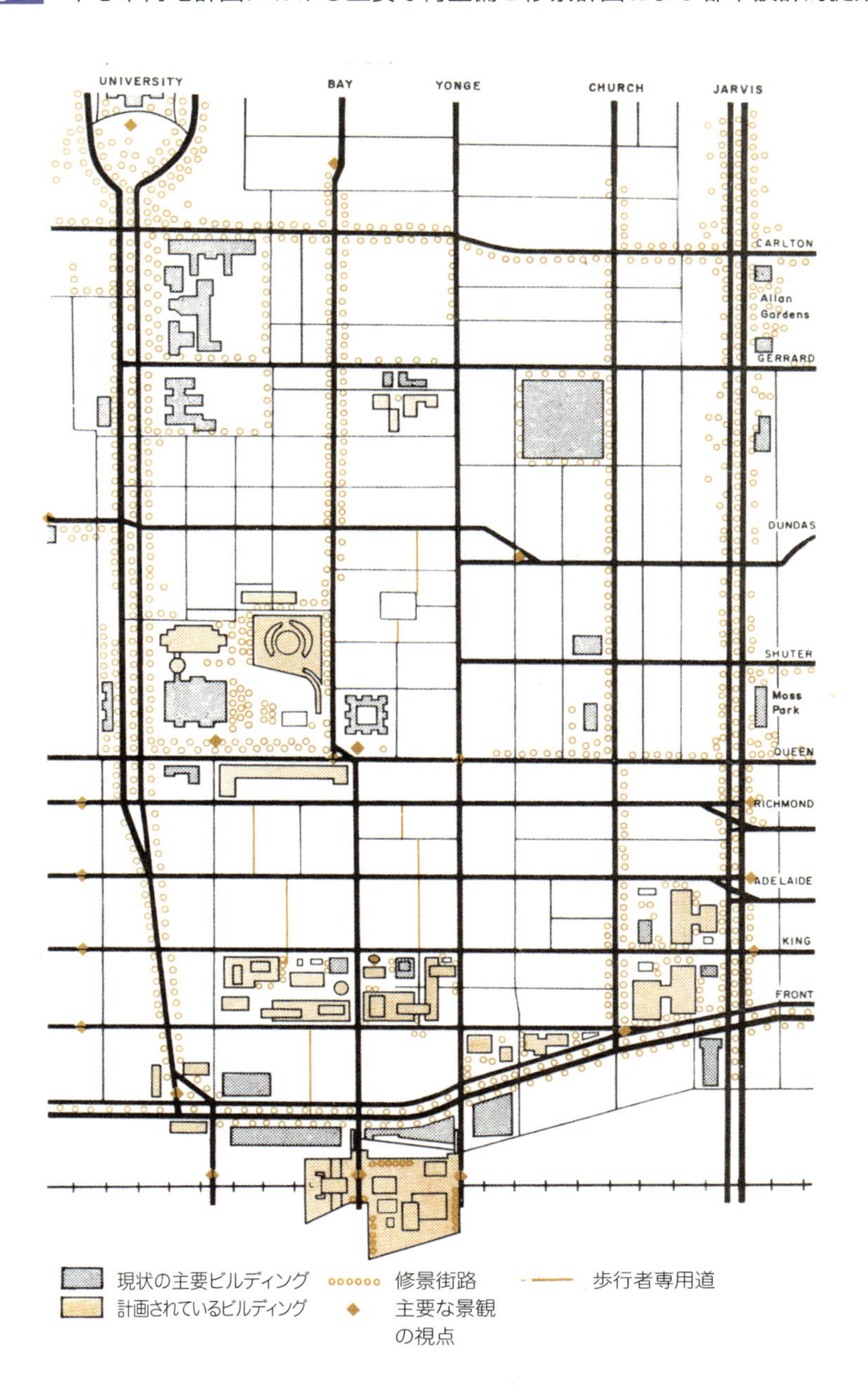

fig 16　主要土地利用の計画的配置（1980年をめざして）

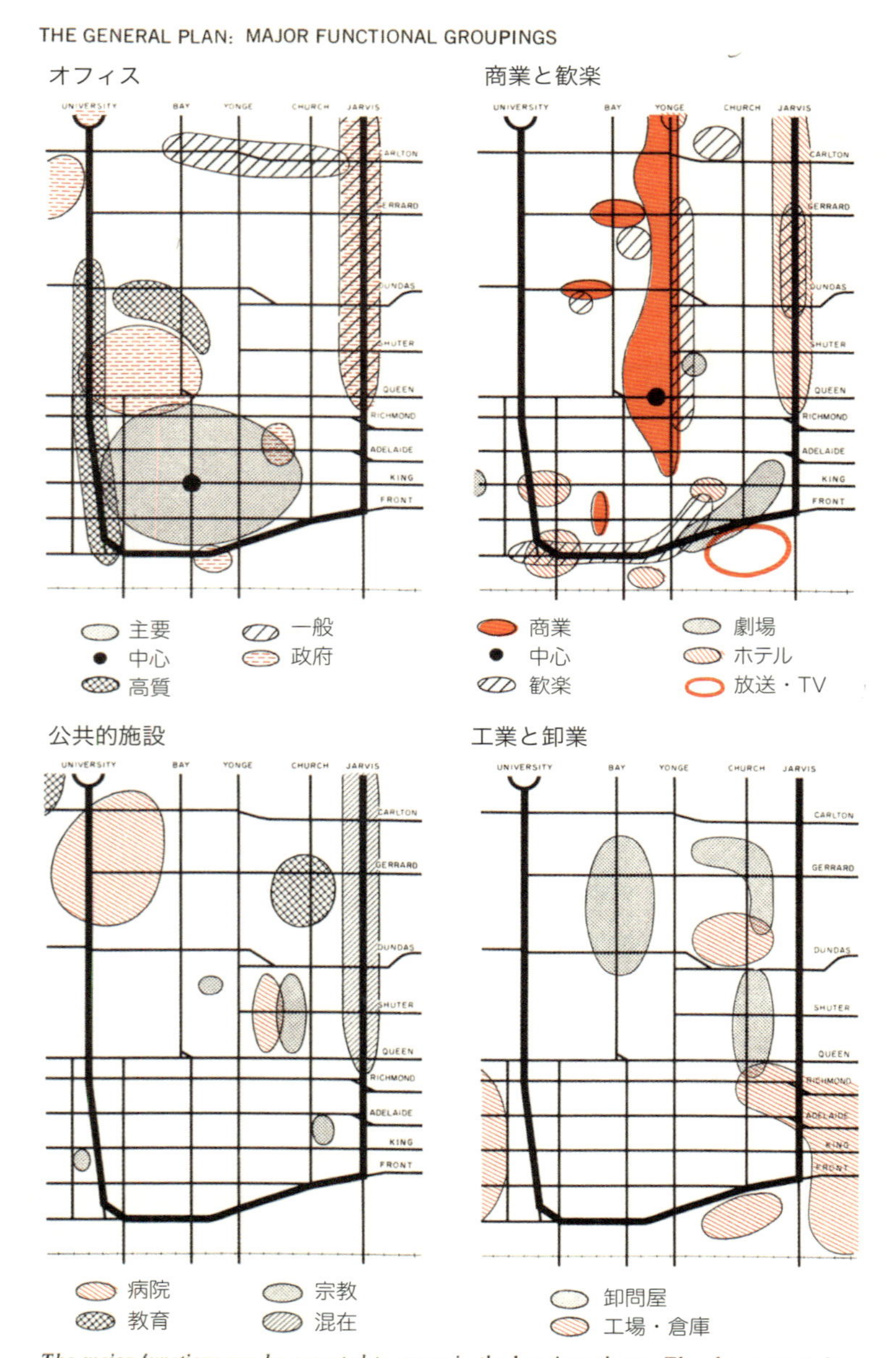

The major functions can be expected to group in the locations shown. The plan suggests how they can best be accommodated and made the basis of a handsome downtown.

fig 17 歩行者流動

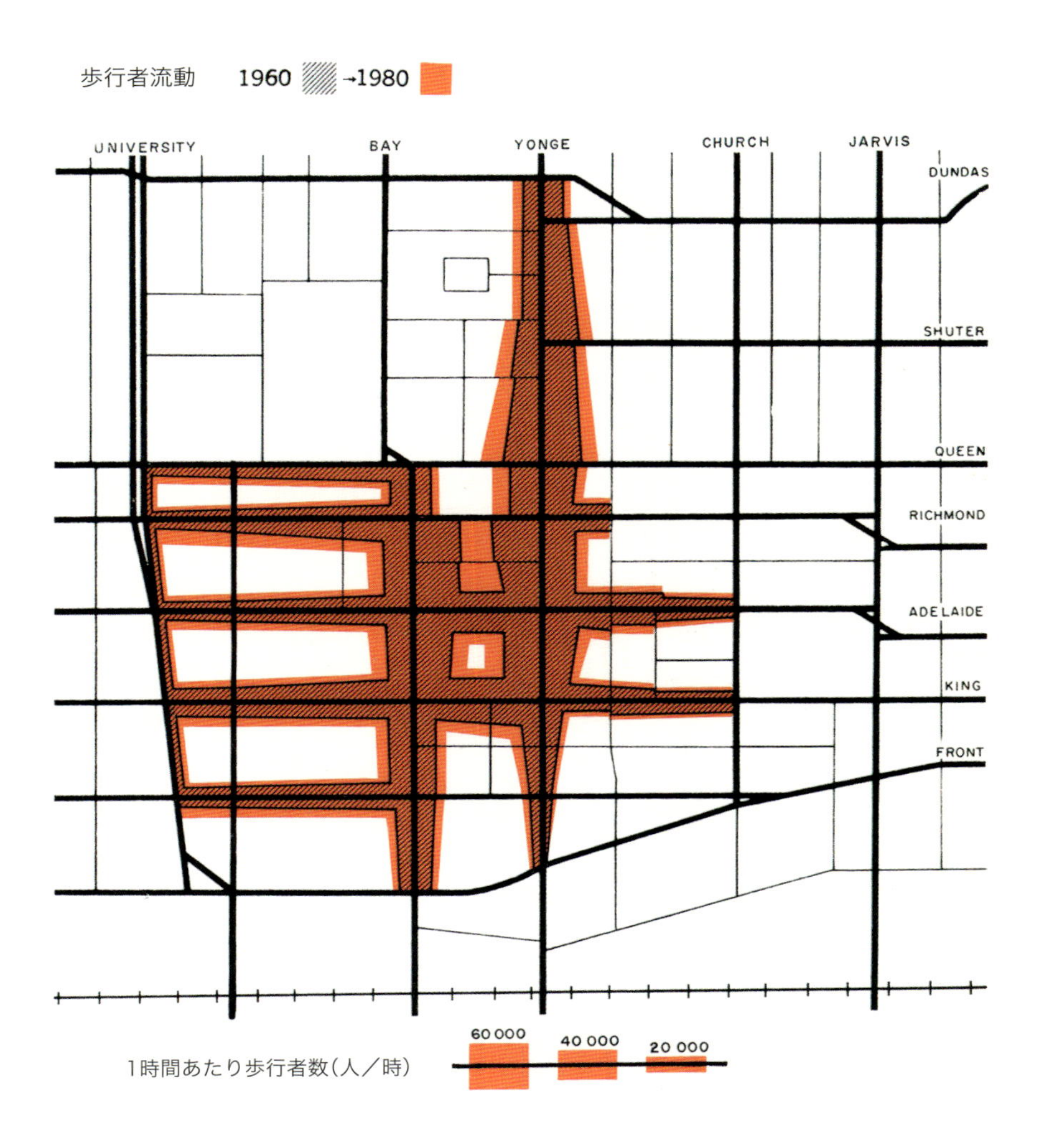
歩行者流動 1960 →1980
UNIVERSITY
BAY
YONGE
CHURCH
JARVIS
DUNDAS
SHUTER
QUEEN
RICHMOND
ADELAIDE
KING
FRONT
60 000
40 000
20 000
1時間あたり歩行者数（人／時）

fig 18　中心業務地区の今後（幹線道路は地下化する）

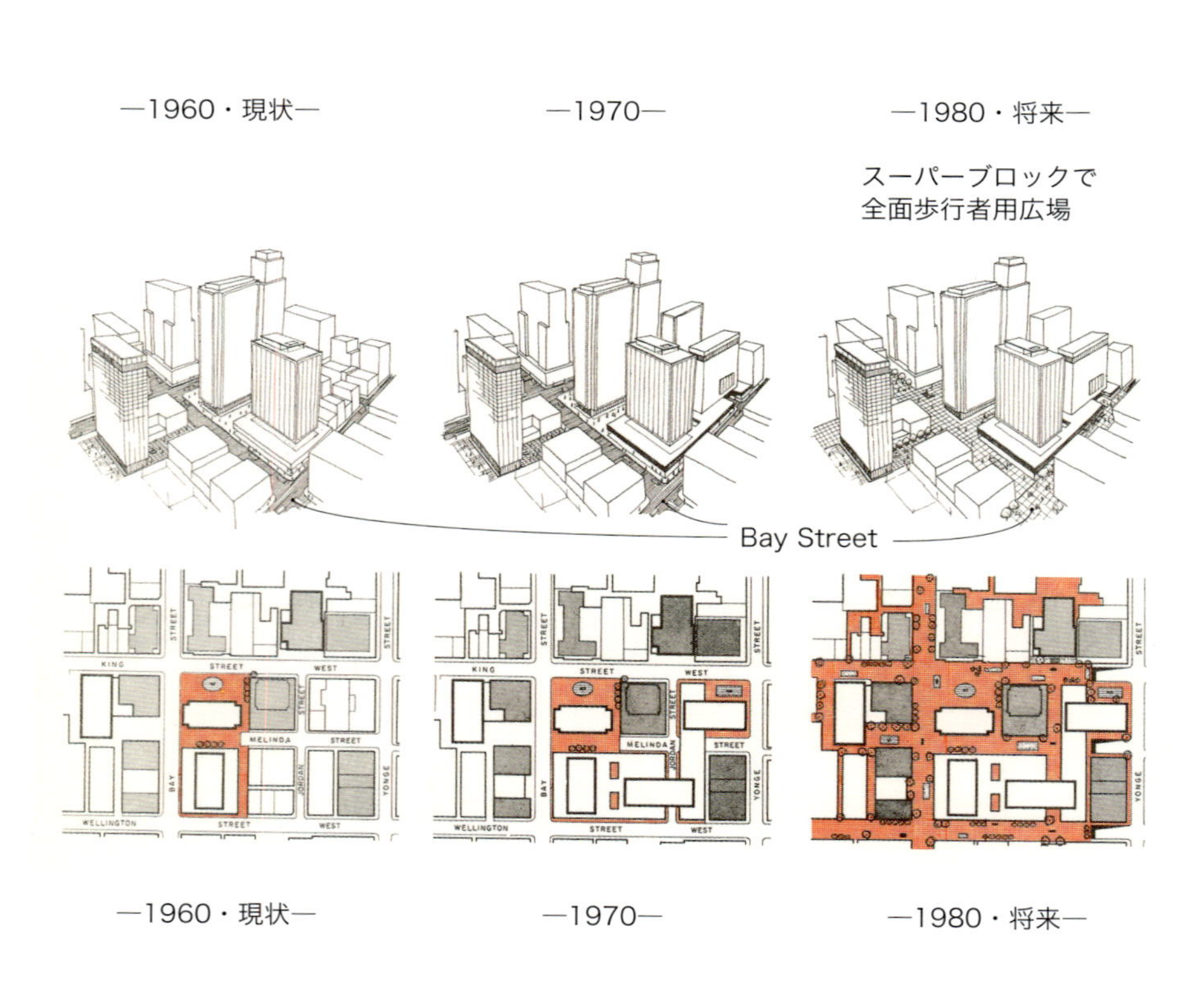

fig 19 Bay Street沿いの植樹帯

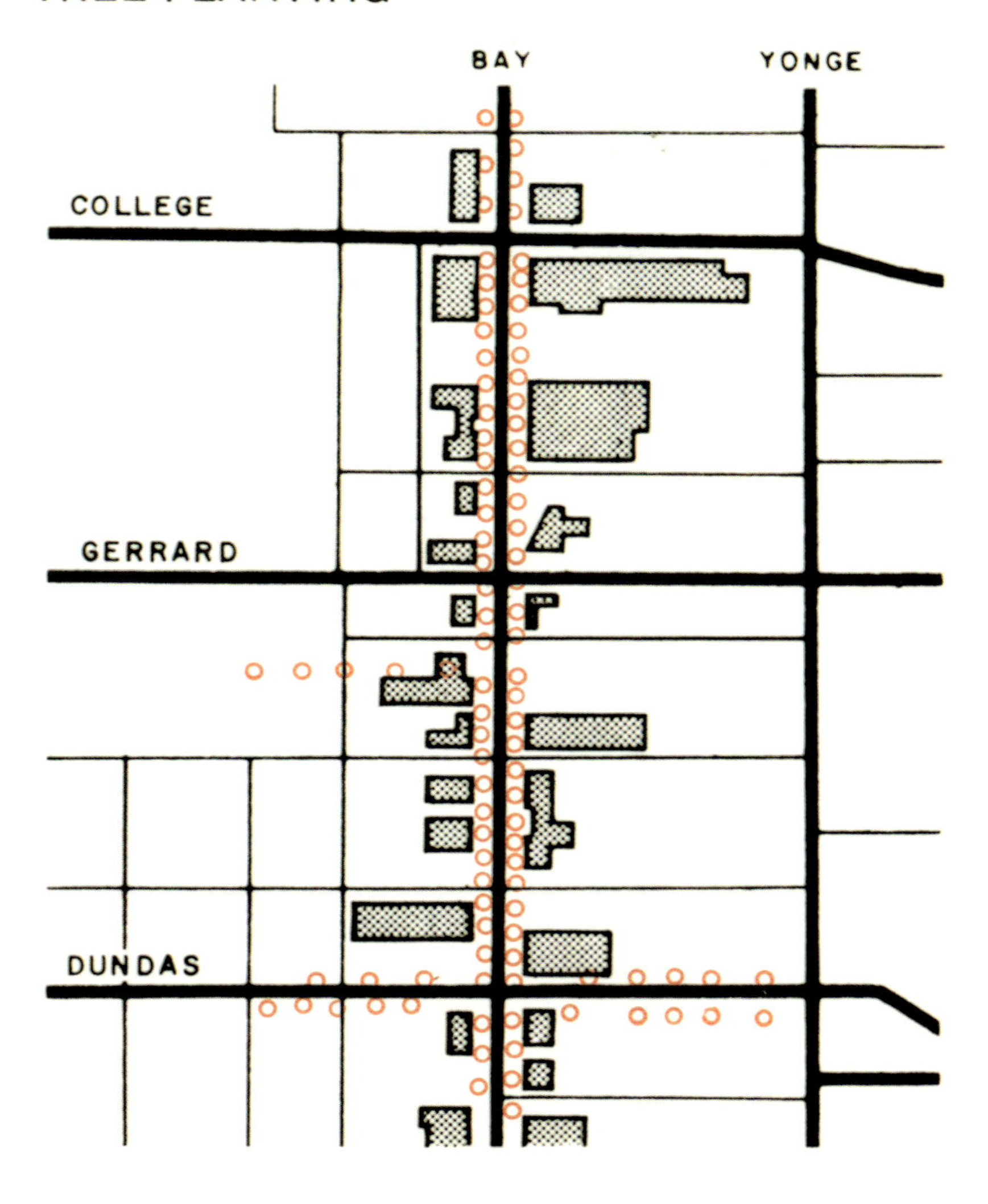

fig 20 中心市街地の建築規制案

〈用途〉R 住宅 C 商業

〈容積〉Z 住宅 I 一般商業 V 中心業務

現状の法規制　　　　将来（1980年）の法規制

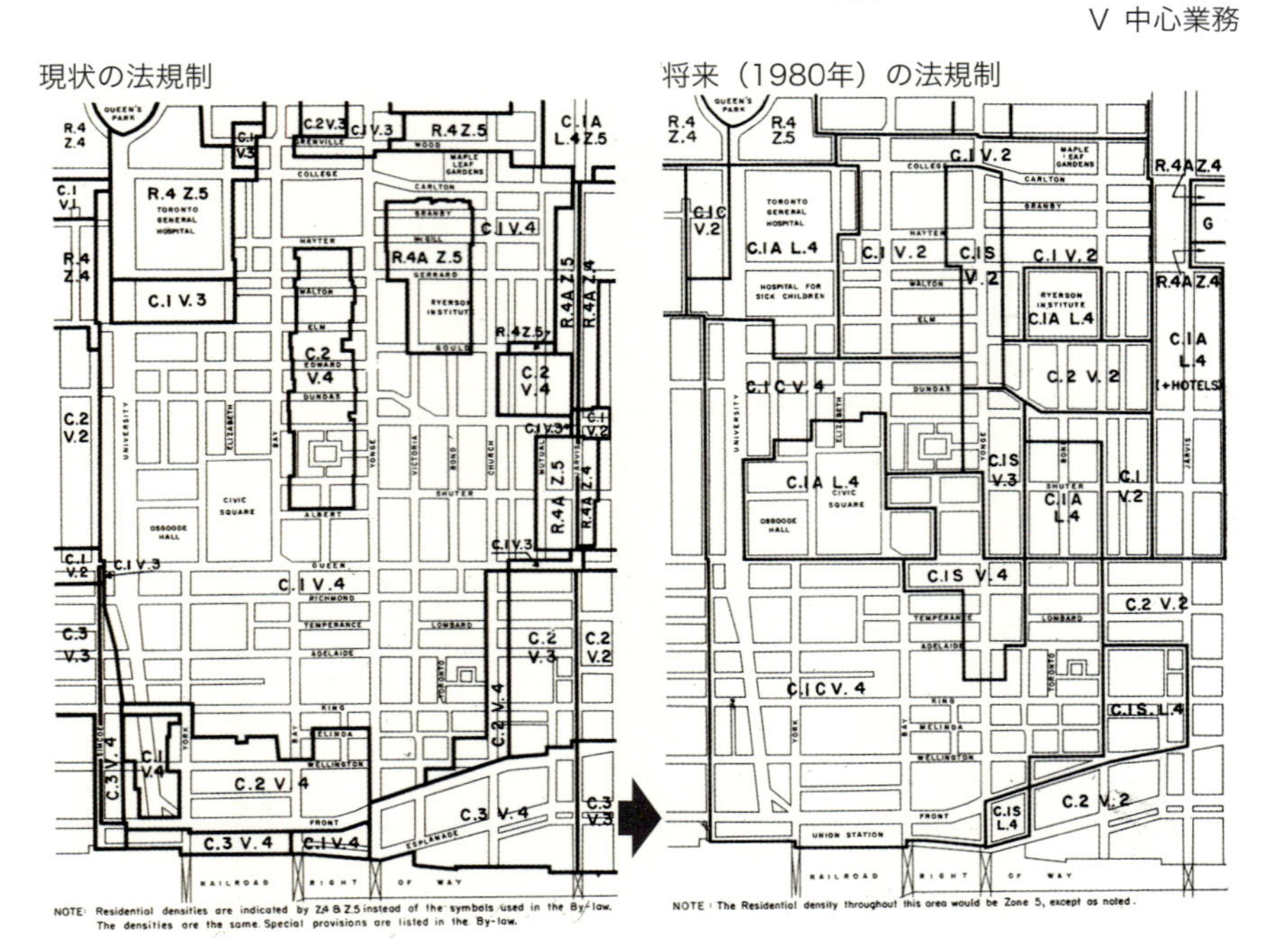

fig 21 建物用途別土地利用規制と土地利用別容積水準（Zoning System）

ZONING SYSTEM 地域制

① 容積率限界

主として住宅地区

Zone 1	Zone 2	Zone 3	Zone 4	Zone 5
0.35	0.6	1.0	2.0	2.5

主として一般商業地区

L 1	L 2	L 3	L 4
1.0	2.0	3.0	4.0

主として中心型業務・商業地区

V 1	V 2	V 3	V 4
3.0	5.0*	7.0*	9.0†*

② 許可する建物用途

	住居地区	G	R.1	R.1A	R.1F	R.2	R.3	R.4	R.4A
1	Park—Playground	●	●	●	●	●	●	●	●
2	Community Centre	●	○	○	○	○	●	●	●
3	Church		○	○	○	●	●	●	●
4	Detached Dwelling		●	●	●	●	●	●	●
5	Doctor, Dentist		○	○	○	○	○	○	●
6	Semi-Detached Dwelling				●	●	●	●	●
7	Duplex			○	○	●	●	●	●
8	Double Duplex			○	○	●	●	●	●
9	Town House*				●				
10	Triplex					●	●	●	●
11	Double Triplex					●	●	●	●
12	Row House					●	●	●	●
13	Apartment House			○		○	○	●	●
14	Converted Dwelling			○	○	●	●	●	●
15	Boarding House					○	○	●	●
16	Parking Station					○	○	○	○
17	Nursing Home						○	●	●
18	Day Nursery					○	○	●	●
19	Children's Home						○	●	●
20	Boys' Home						○	●	●
21	Public School					○	○	●	●
22	Private School					○	○	●	●
23	Public Hospital							●	●
24	Private Club							●	●
25	Fraternity House							●	●
26	Public Library							●	●
27	YMCA, etc.							●	●
28	Institutional Office								●
29	Professional Office								●
30	Head Office Building								●

	商業・業務地区	C.1A	C.1C*	C.1S	C.1	C.2	C.3	C.4
31	All Residential Buildings				●			
32	Some Residential Buildings	●	●	●				
33	Public Buildings	○	●	○	●	●	●	●
34	Institutions	●			●	●	●	●
35	Office Building	●	●	●	●	●	●	●
36	Hospital	●			●	●	●	●
37	Bank	●	●	●	●	●	●	●
38	Hotel		●		●	●	●	●
39	Restaurant	○	●	●	●	●	●	●
40	Theatre, Hall		●	●	●	●	●	●
41	Commercial Club		●	●	●	●	●	●
42	Place of Amusement		●		●	●	●	●
43	Retail Store		●	●	●	●	●	●
44	Personal Service Shop		●	○	●	●	●	●
45	Bake-Shop		●	●	●	●	●	●
46	Repair and Service Shop			○	●	●	●	●
47	Studio, Custom Workshop		●	○	●	●	●	●
48	Commercial School	●	●		●	●	●	●
49	Supermarket		●	●	●	●	●	●
50	Animal Hospital				○	○	○	○
51	Private Parking Garage	●		●				
52	Public Parking Garage		●		●	●	●	●
53	Service Station				●	●	●	●
54	Used Car Lot				●	●	●	●
55	Open Air Market					●	●	●
56	Restricted Industry					●	●	●
57	Warehouse					○	●	●
58	General Industry						●	●
59	Heavy Machinery Yard						●	●
60	Obnoxious Industry							○
61	Junk and Scrap Metal							○

● Permitted　○ Permitted subject to restrictions in By-law　*Recommended; not presently included in the by-law

1 公園・運動場
2 公民館
3 教会
4 戸建て住宅
5 医院・歯科医院
6 2戸1住宅
7 2戸1アパート
8 4戸1アパート
9 長屋型アパート
10 3階建て住宅
11 2戸1・3階建てアパート
12 3階建てアパート
13 4階以上アパート
14 用途変換型アパート
15 寄宿舎
16 駐車場ビル
17 養老院
18 デイケアセンター
19 孤児院
20 男子型寄宿舎
21 公立学校
22 私立学校
23 病院（公立）
24 会員制クラブ
25 同業者会館
26 図書館
27 YMCA
28 公共事務所
29 民間事務所
30 本社事務所

31 全住宅
32 特定住宅
33 公共建築
34 研究所
35 事務所建築
36 病院
37 銀行
38 ホテル
39 飲食店
40 劇場、公会堂
41 商業的クラブ
42 慰楽施設
43 小売店舗
44 個人サービス商店
45 パン屋
46 修繕業
47 デザインスタジオ
48 職業学校
49 スーパーマーケット
50 動物病院
51 民間駐車場
52 公共駐車場
53 ガソリンステーション
54 中古自動車置き場
55 青空商店市場
56 特定指定工場
57 倉庫
58 一般工場
59 重機械置き場
60 危険物取扱工場
61 金属廃棄物置き場

fig 22 キルドラム17・18住区の住戸配置図

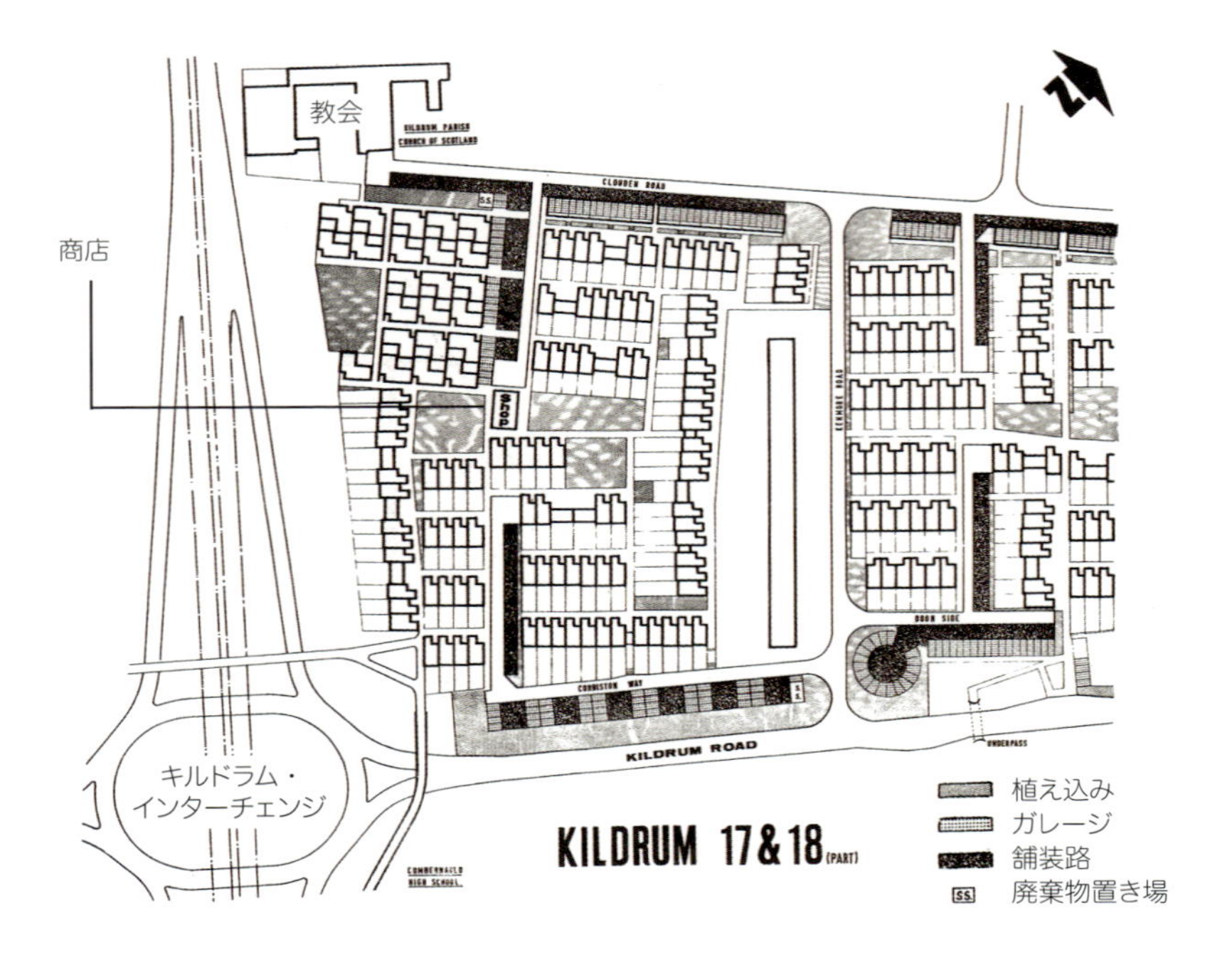

出典：Cumbernauld New Town（Planning Proposals –First Revision, Cumbernauld Development Corporation, May 1959）

fig 23 キルドラム17・18住区の住宅　床面積101平方メートル

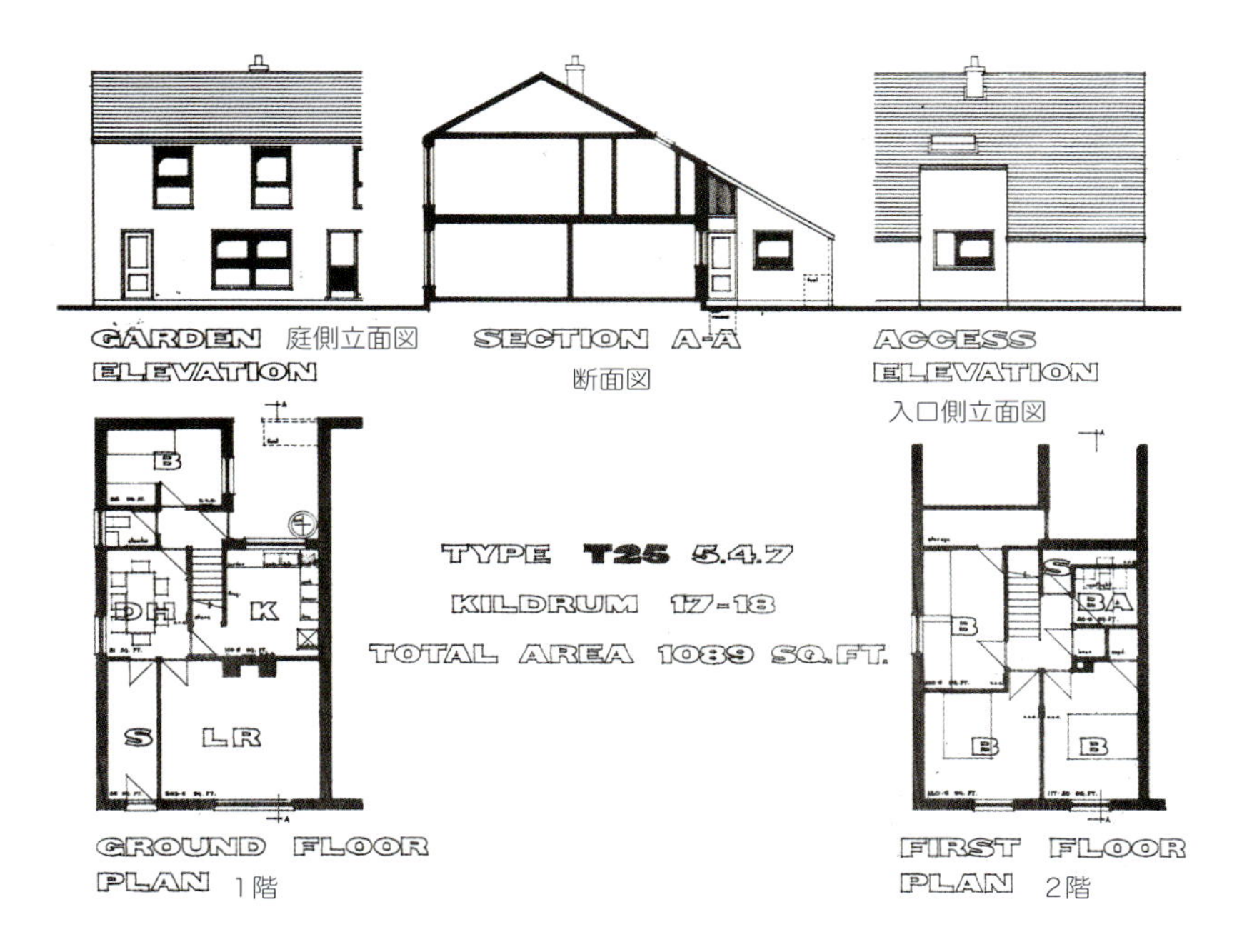

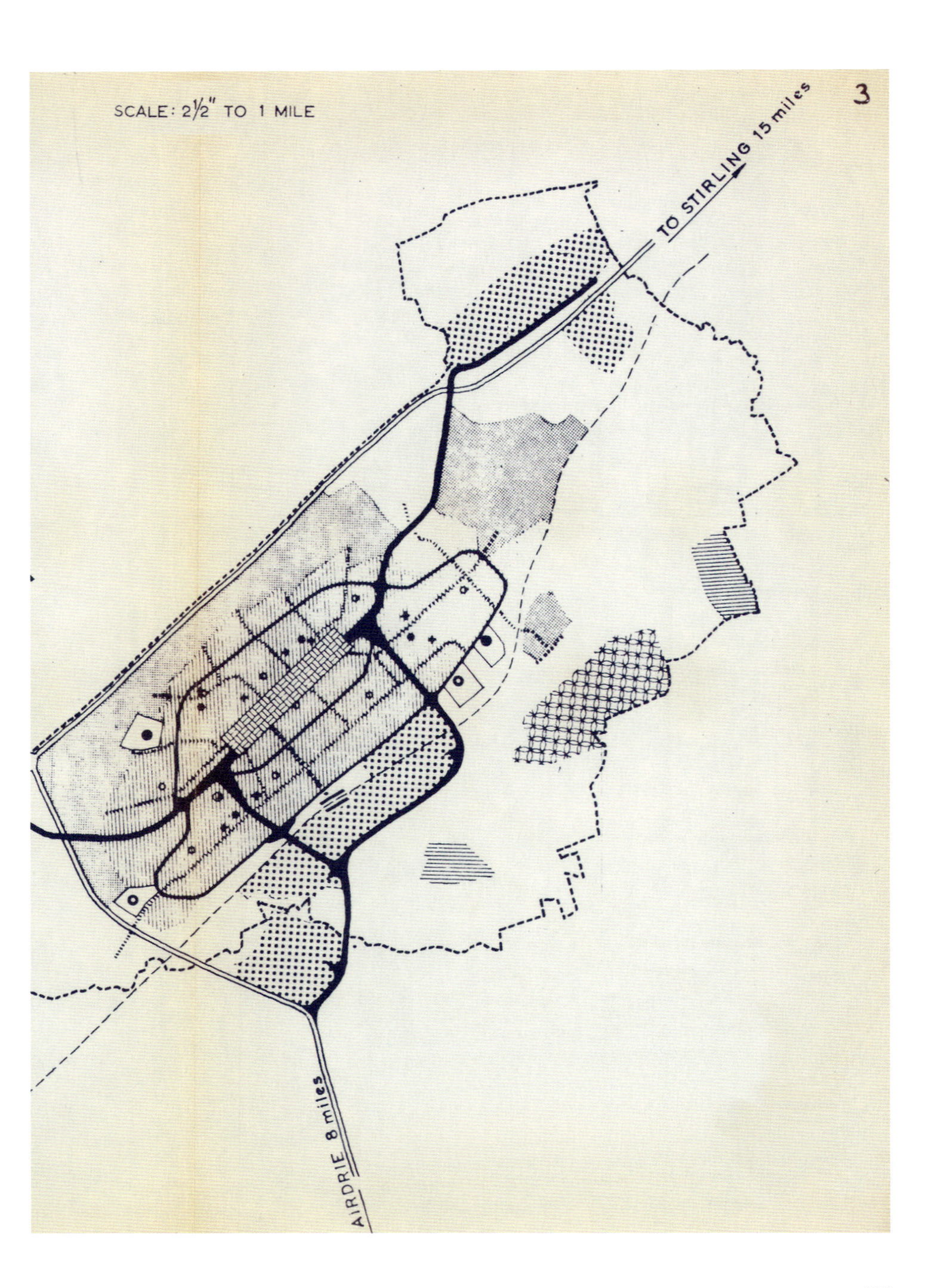
SCALE: 2½" TO 1 MILE
3
TO STIRLING 15 miles
AIRDRIE 8 miles

fig 24

カンバーノルドニュータウン
基本計画（修正案）

小学校（計画）
小学校（既設）
中学校（計画）
中学校（既設）
特別学校
教会
歩行者道
鉄道駅
住居
中心施設
工場
緑地
ゴルフコース
墓地

fig 25 ホワイトホール再開発対象区域

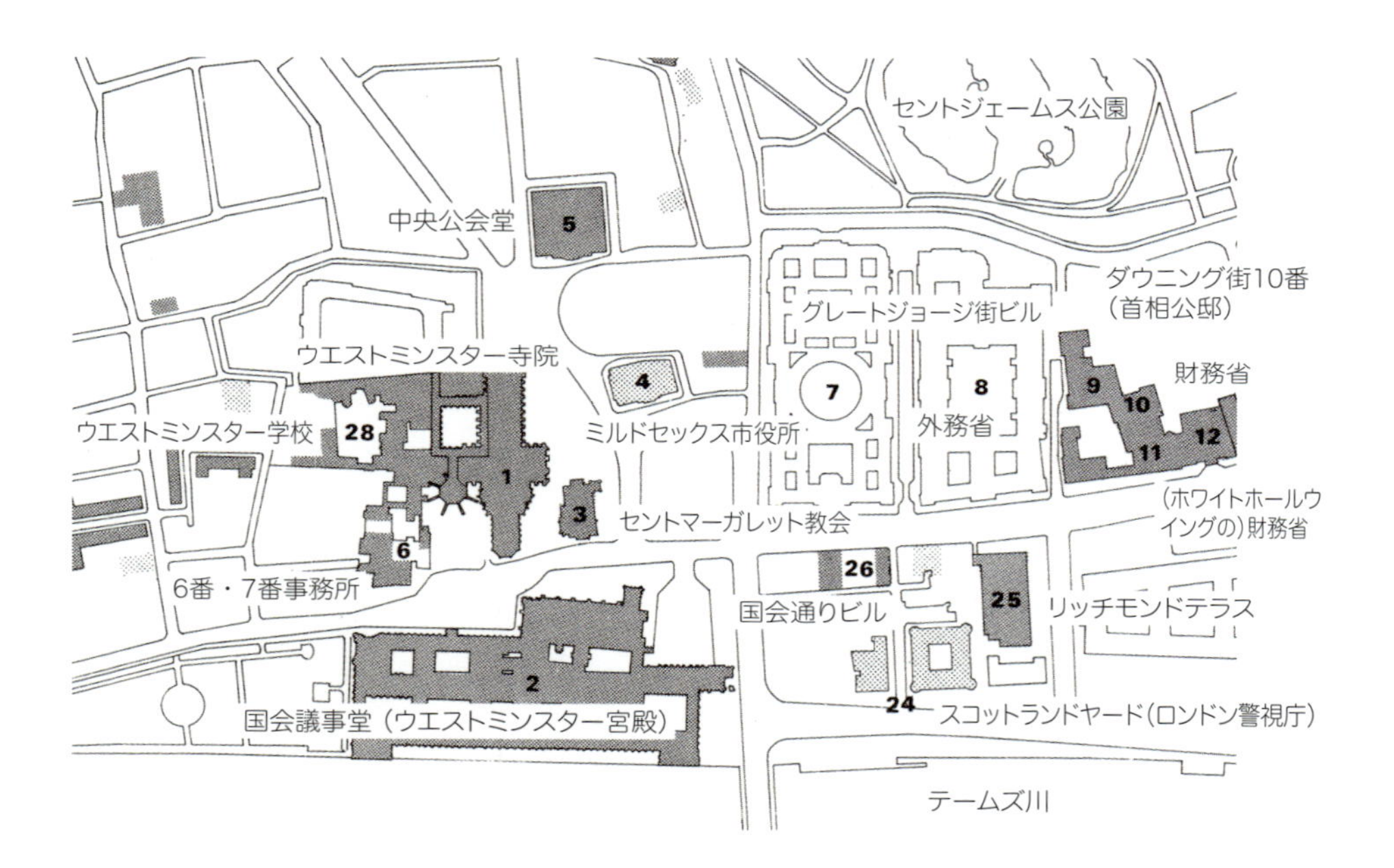

1965年（昭和40年）に英国中央政府の文書局から出された、White Hall（日本でいえば霞が関）の官庁街再開発計画（Whitehall: a plan for the national and government center, compiled by Leslie Martin; London, Her Majesty's Strategy Office, 1965）

fig 26　国会議事堂

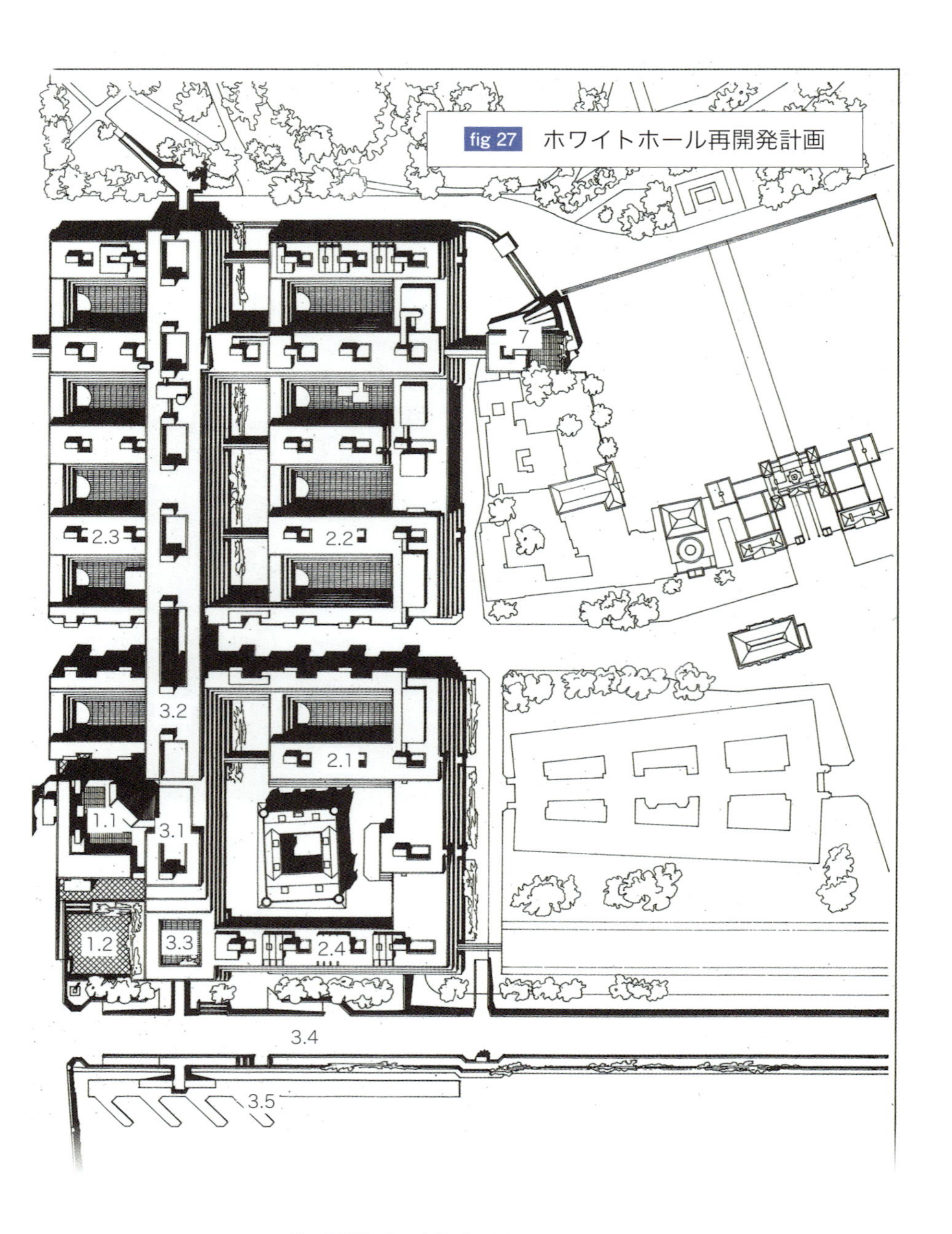

注：再開発後の建築群の外観は、当時世界中を席巻していたガラスと鉄骨とプレキャストコンクリート板による国際建築様式であって、あまりおもしろくない

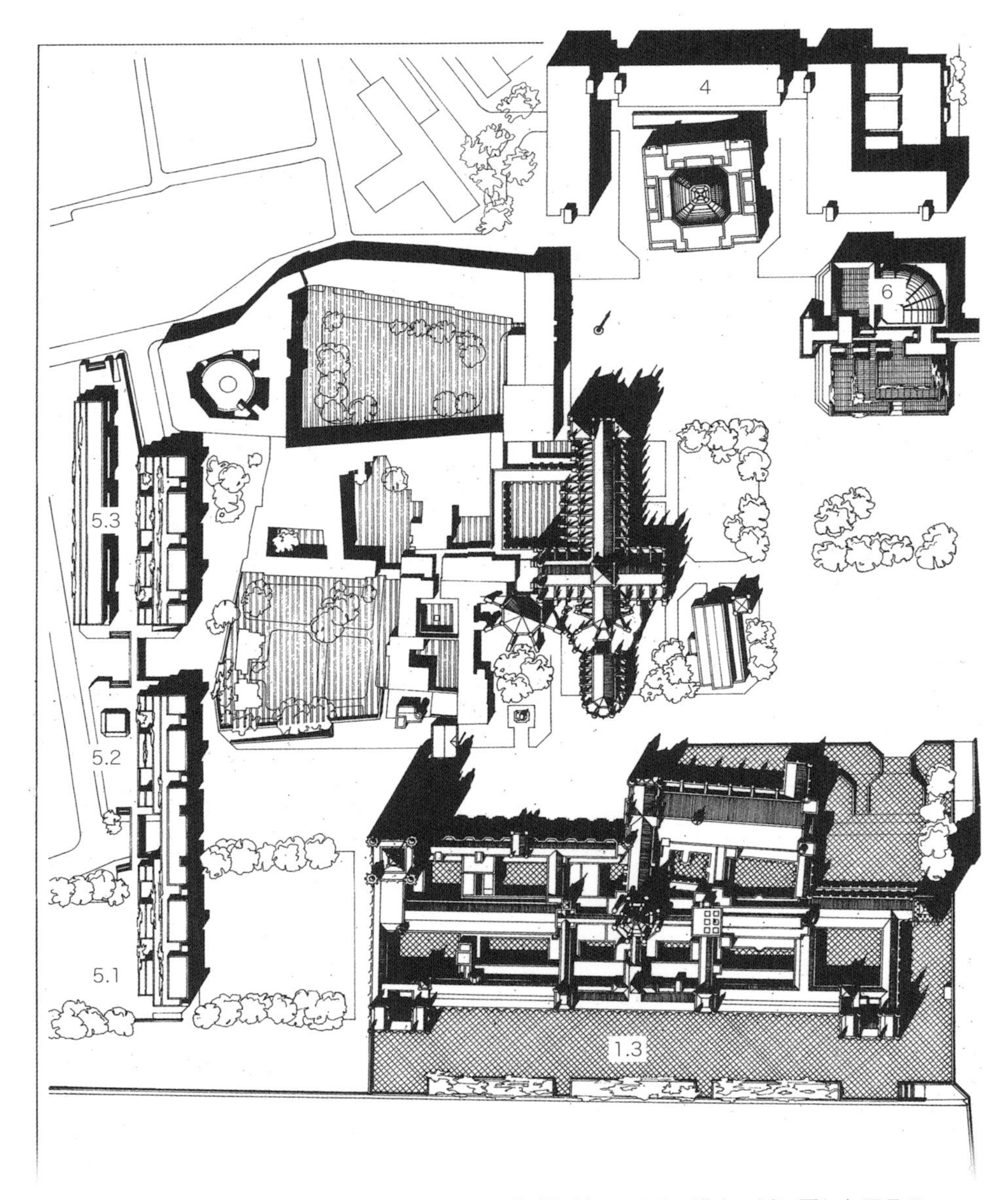

1.1　議会増築部(ブリッジ街)　　1.2　議会増築部(前庭)　　1.3　議会の川に面したテラス　2.1, 2.4　政府事務所(ブリッジ街敷地)　　2.2　政府事務所(外務省敷地)　　2.3　政府事務所(グレートジョージ街敷地)　　3.1-3.3　商店街と地下鉄駅　　3.4　遊歩道(トンネル上部)　3.5　遊歩道(トンネル上部)と桟橋　　4　商業と民間事務所　　5.1-5.3　居住棟　　6　国際会議施設　　7　首相公邸との連絡ビル

fig 28　バービカン立面模型図

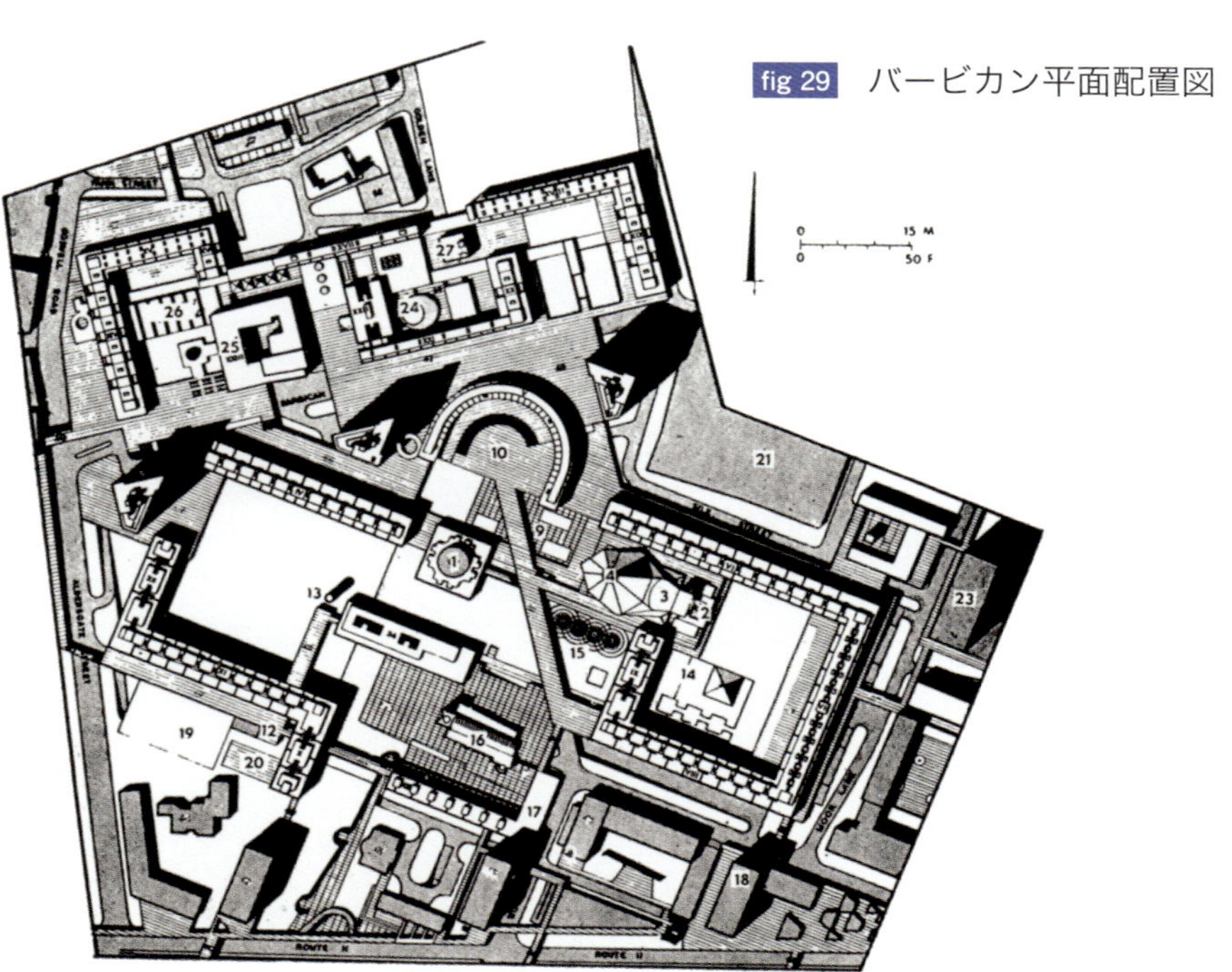

fig 29　バービカン平面配置図

fig 30 スティブネッジ基本計画1966

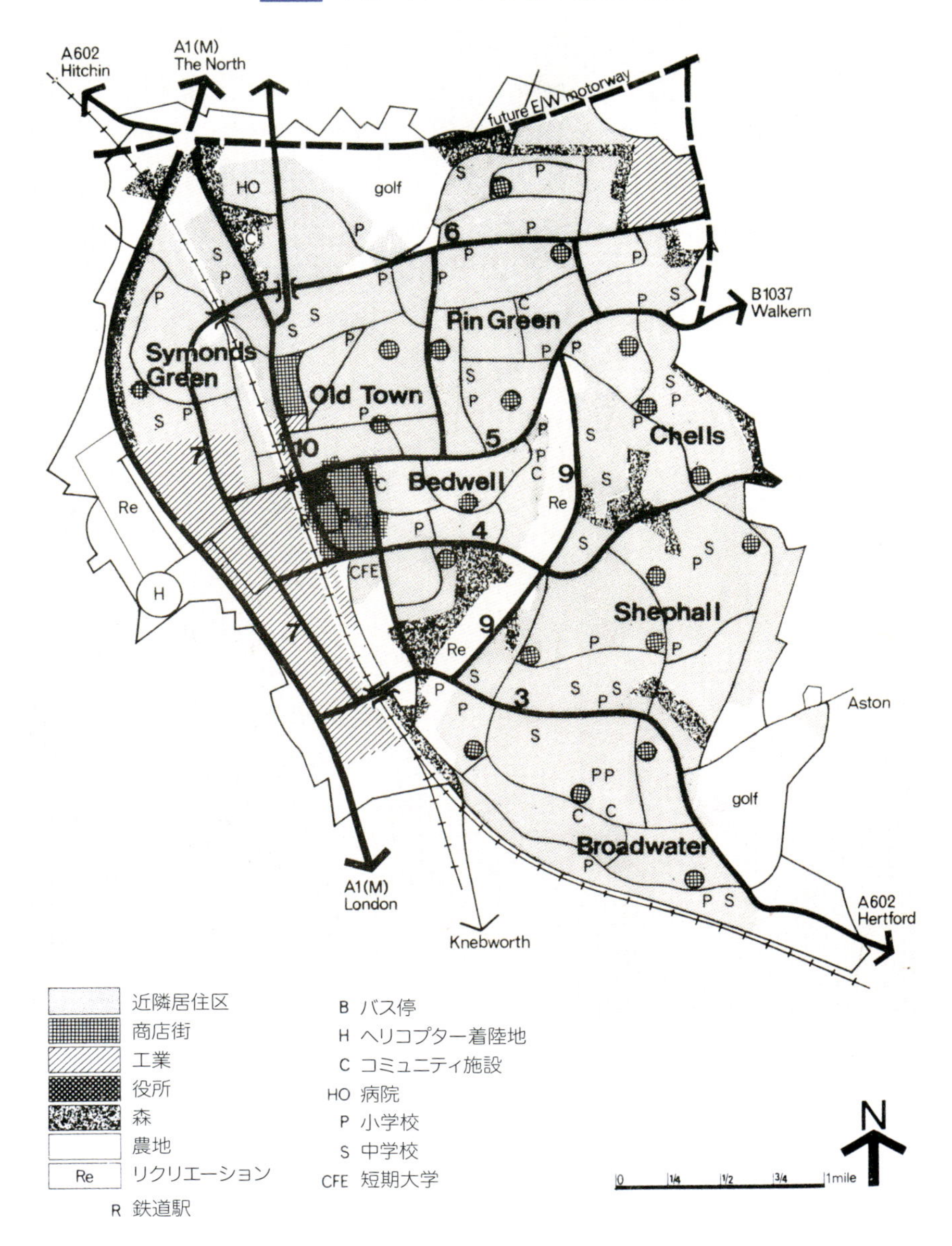

出典：スティブネッジ基本計画1966の概要報告。Leonard G. Vincent編著（1966）。
（スティブネッジ開発公社の依頼による）

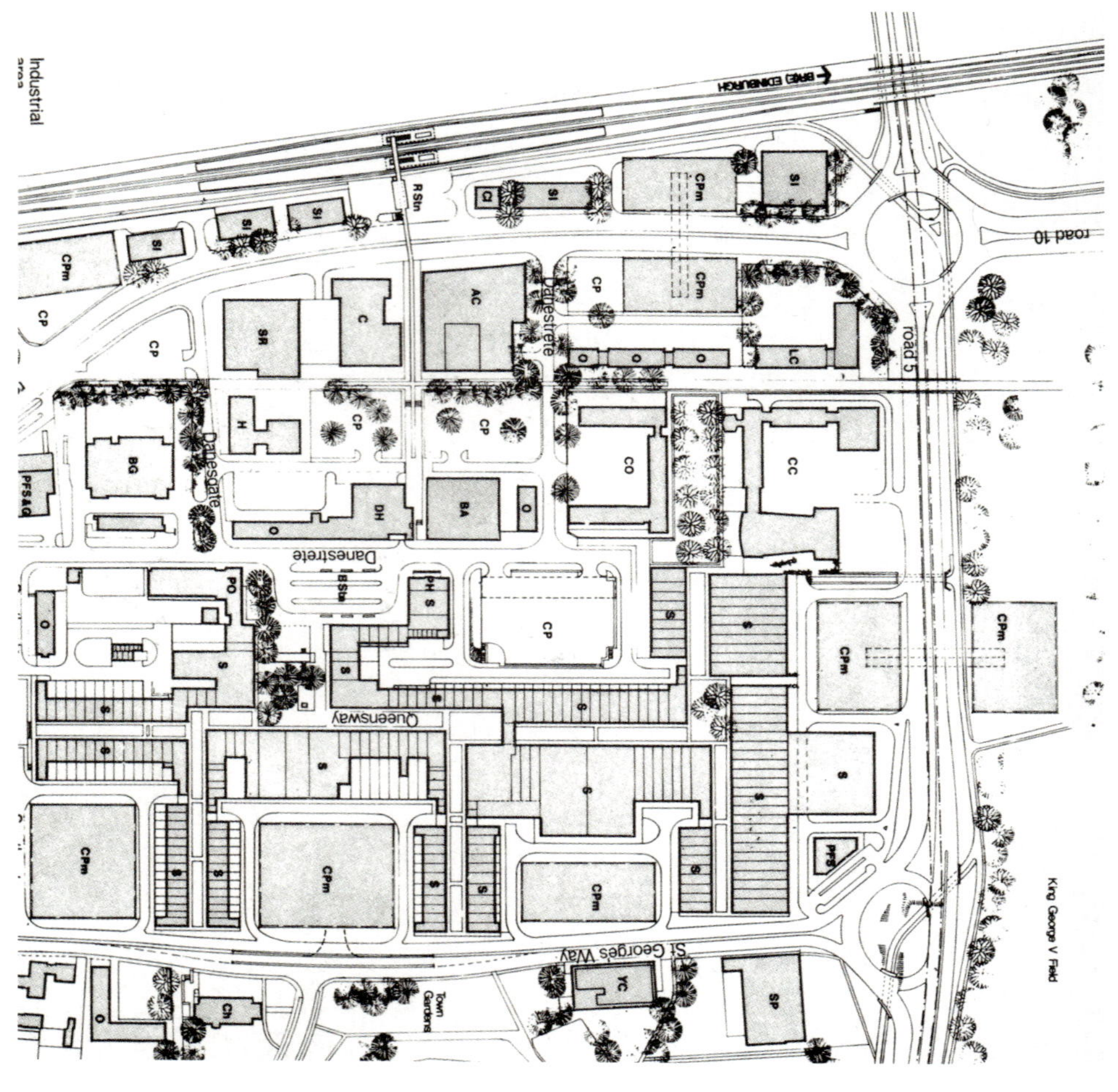

S —— 商店
SP —— 水泳場
SI —— サービス施設
CC —— シビックセンター
CO —— 役所
CP —— 平面駐車場
CPm —— 立体駐車場
Ch —— 教会
C —— 映画館
L —— 図書館
LC —— 裁判所
O —— 事務所
PFS —— ガソリンスタンド
G —— ガレージ
BStn —— バス停
BG —— バス車庫
BA —— ボウリング場
F&A Stn —— 消防署
PStn —— 警察署
F —— 高層住宅棟
DH —— ダンスホール
HC —— 診療所
AC —— 美術館
R Stn —— 駅
Cl —— クラブ
H —— ホテル
SR —— スケートリンク
YC —— 青少年施設
PO —— 郵便局
U —— その他

fig 31 タウンセンター

樹木(既存)
樹木(提案)

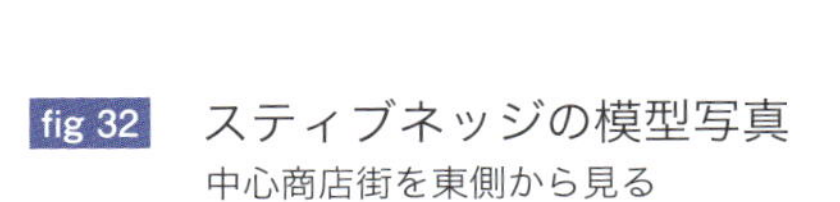

fig 32 スティブネッジの模型写真
中心商店街を東側から見る

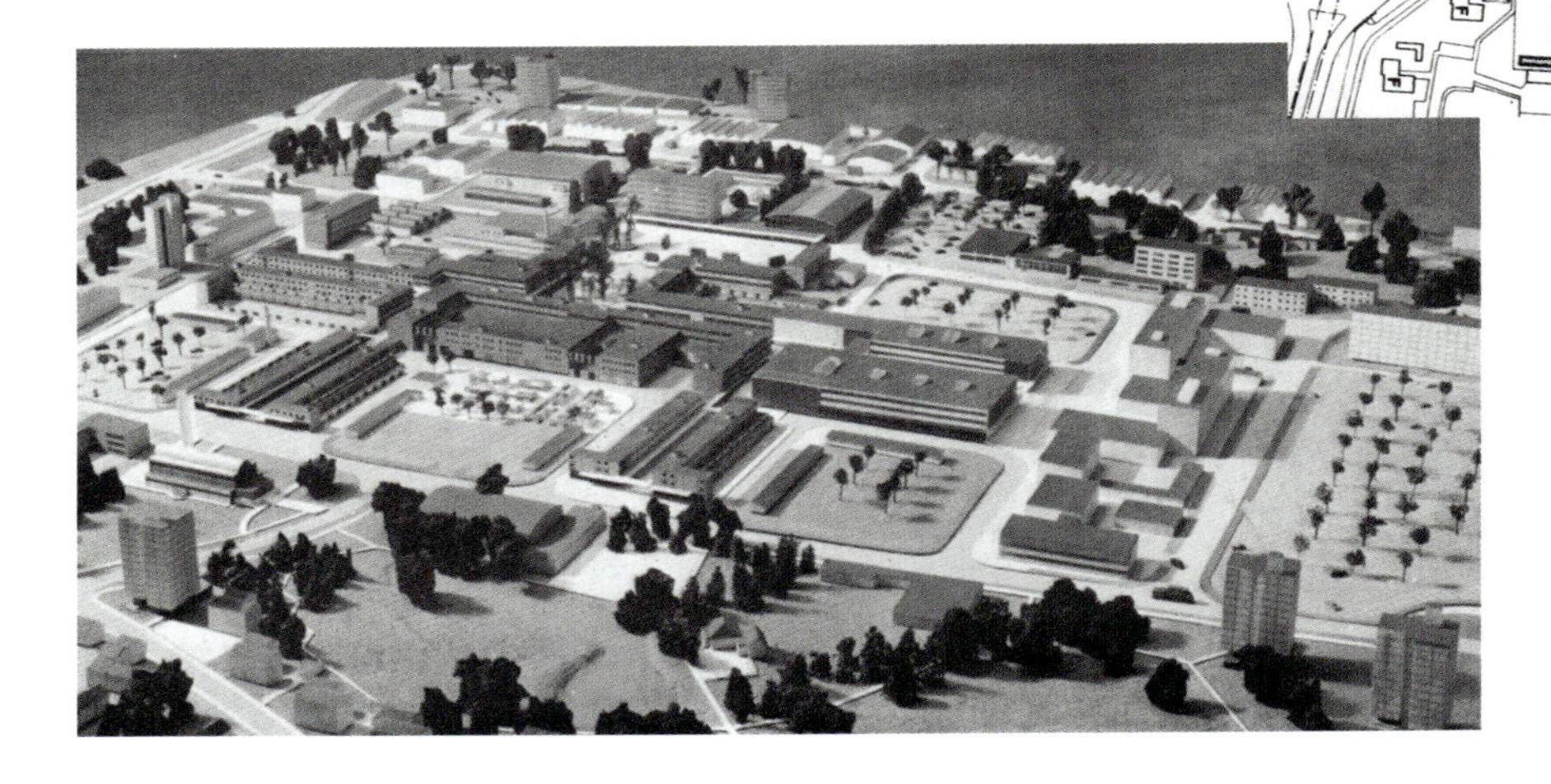

fig 33 Stephani地区の1928年ごろの市街地現況図

出典：Die Neugestaltung Bremens; Heft 7 Stephani-Gebiet. Herausgegeben vom Senator für das Bauwesen, Bremen im September 1959, 2 Auflage, Mai 1965

Zum Hafen
Eisenbahn
Faulenstraße
Am Wall
Wallanlagen
Stephanitorswallstraße
Stephanibrückstraße
Kleine Krummen Straße
Große Krummen Straße
Focke Museum
Grossen Straße
Wichelnburg
Stephanibrücke
Wasserstraße
建物
個人の庭
公園と寺院の庭

fig 34　Stephani地区の鳥瞰写真。1928年ごろ

fig 35　1945年4月の空襲を受けたStephani地区の状況

Am Wall
Am Wall
Fuhrleutehof
Doventorstraße
Faulenstraße
Straßenbahn
Faulenstraße
Diepenau
Auf Stephanikirchhof
Stephanikirche
Geeren
Grossen Straße
Öffentliche Grünfläche
Radweg
Fußweg

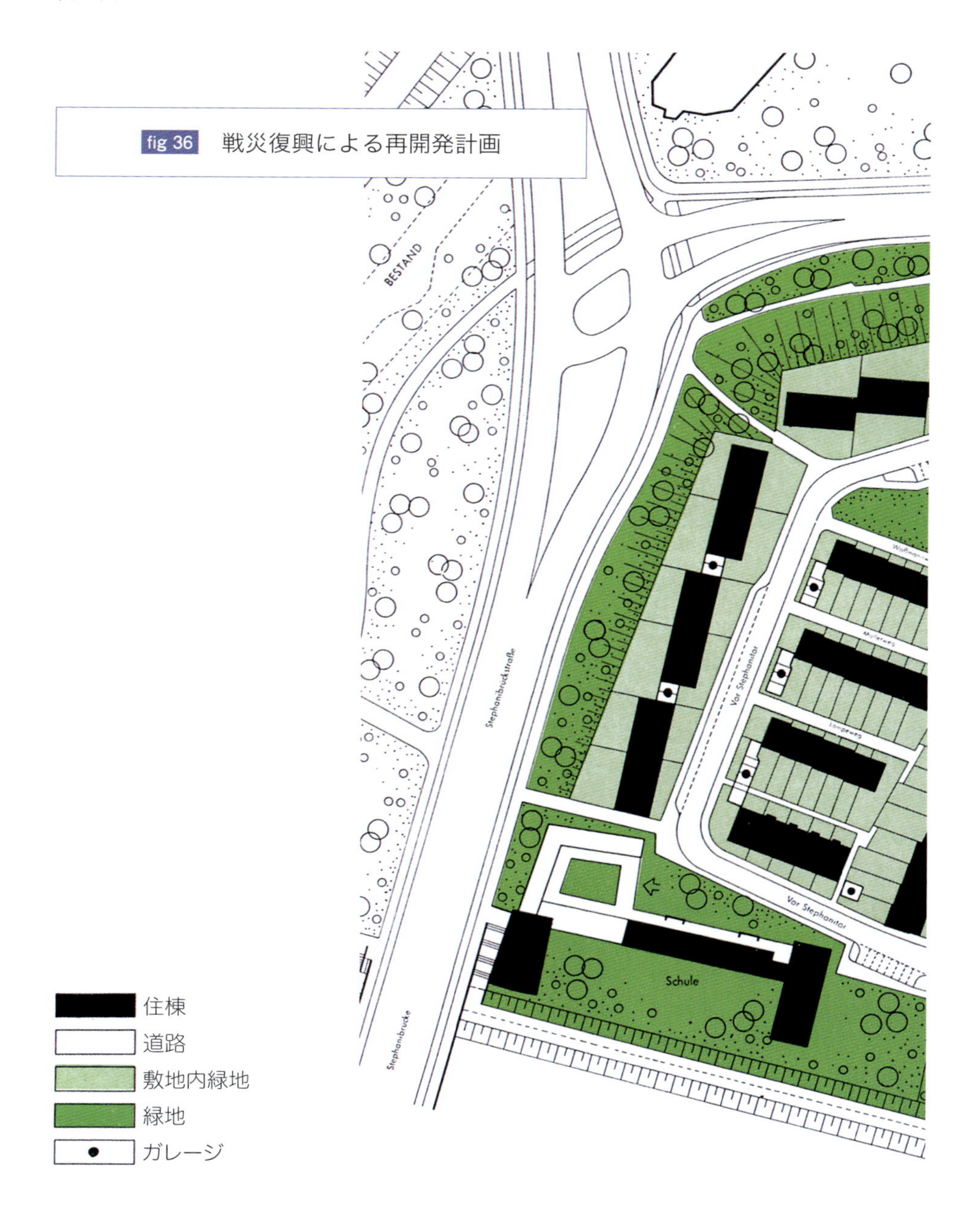

fig 36　戦災復興による再開発計画

fig 37　復興した住宅地域の姿（右の教会がこの地区の中心に昔からあった）

fig 38 3階建て集合住宅の1階平面図。多人数家族用住宅

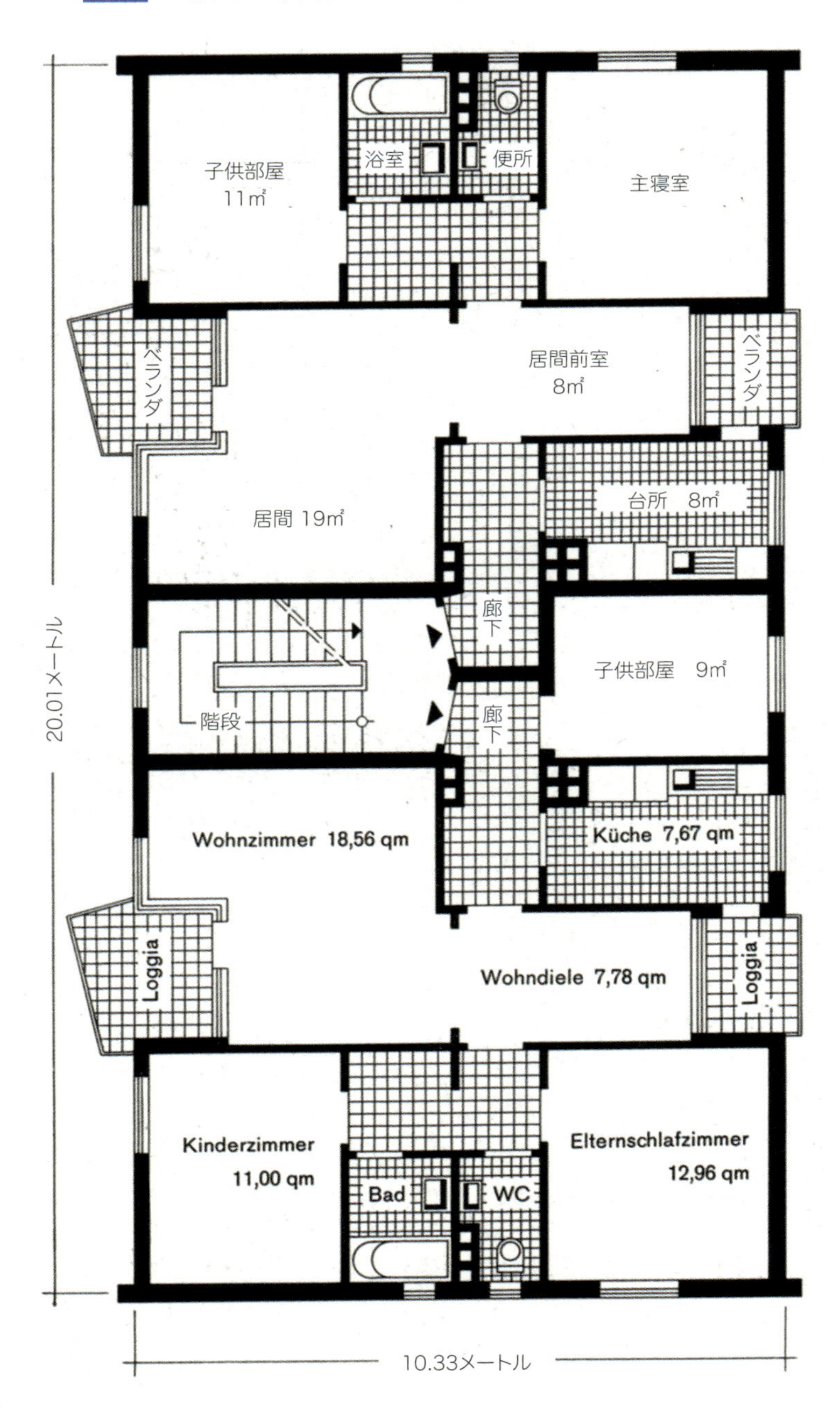

fig 39　ケルン市街地

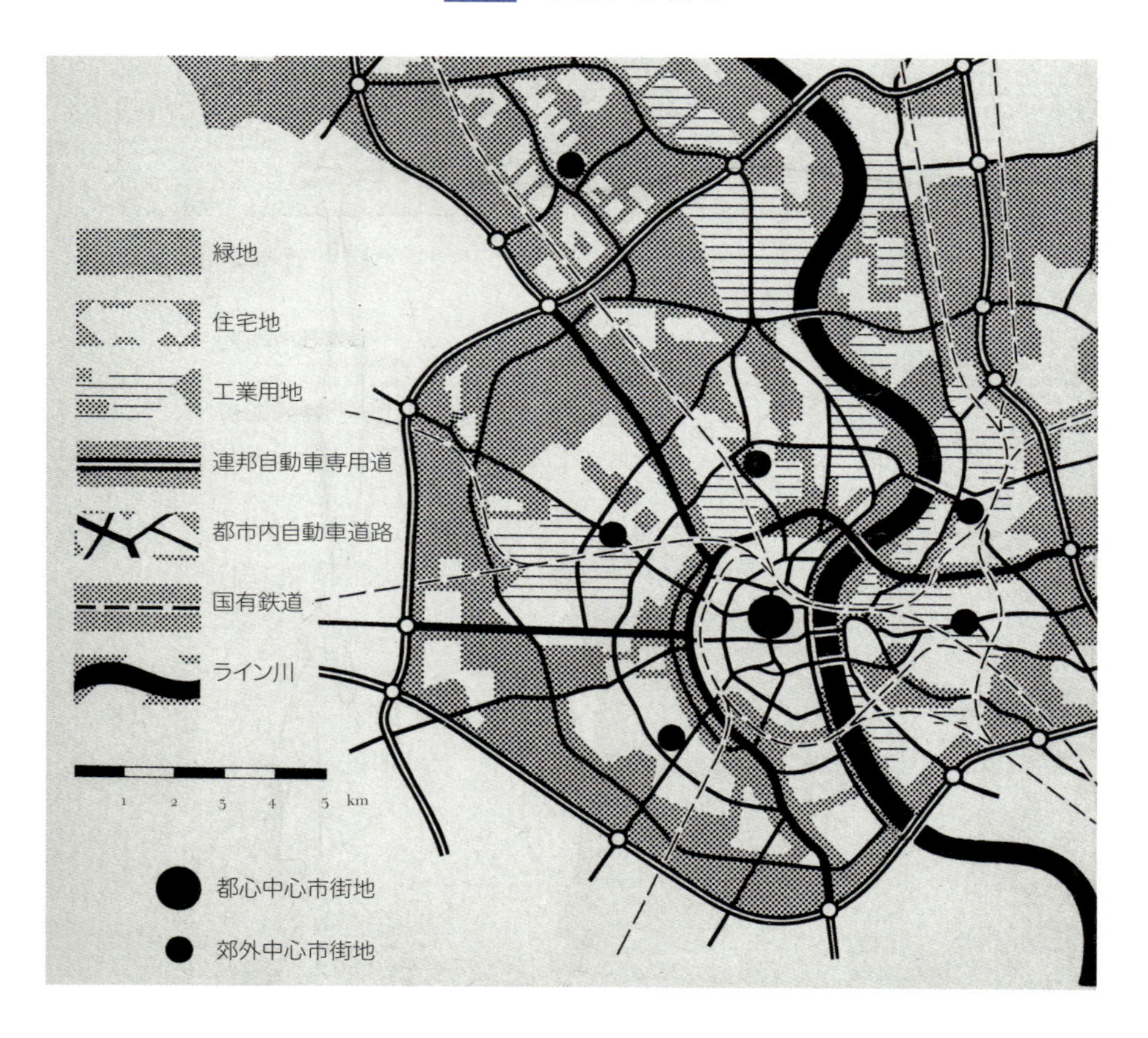

出典：ドイツの都市計画雑誌 “Stadt Bauwelt”, 1965 Heft. 5

fig 40　ケルン市街地

①大聖堂
②聖アンドレア教会
③聖マリア・ヒンメルファールツ教会
④聖ウルスラ教会
⑤ミノリテン教会
⑥聖コロンバ教会
⑦アントニター教会
⑧大マルティン教会
⑨聖マリア・キャピトル教会
⑩カトリック大司教区
⑪中央駅
（注：⑫は欠番）
⑬中央郵便局
⑭中央電話局
⑮ローマ・ゲルマン博物館
⑯西ドイツ放送局
⑰ウォーラフ・リシャール博物館
⑱オペラ座
⑲国民大学
⑳シンフォニーホール
㉑国有鉄道支社
㉒州政府事務所
㉓区裁判所
㉔市役所公館
㉕市役所行政館

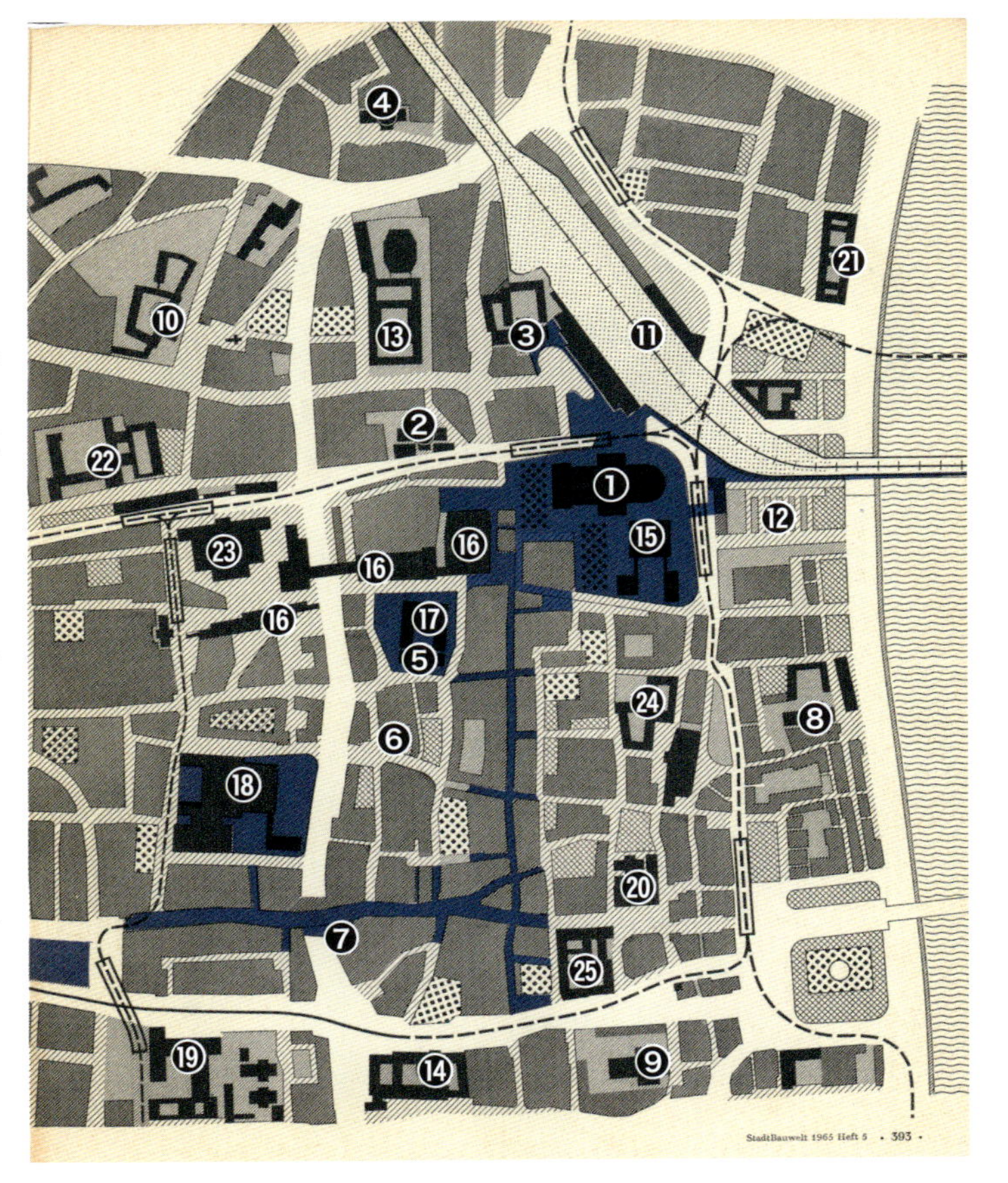

 主要一般道
 地下鉄と地下駅
 通行制限付き道路
 宅地
 歩行者専用地区
 公開建築物
 平面駐車場
 鉄道用地
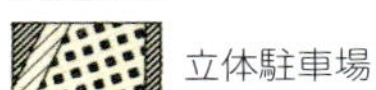 立体駐車場

fig 41 シュバイツァー商店街の交通処理システム図

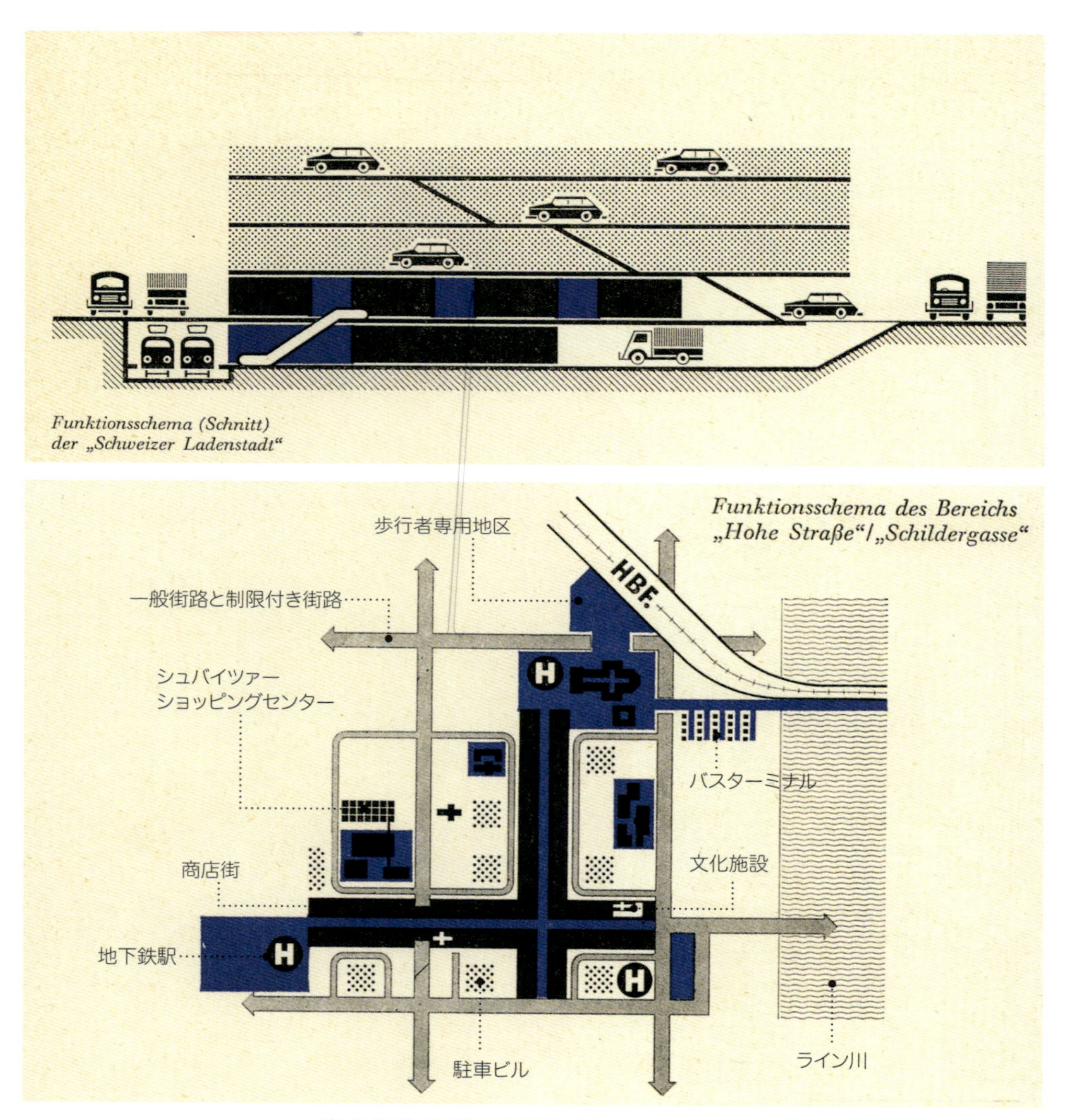

高台通り地区の交通処理システム図

fig 42 エッセンの中心市街地の交通動線（路面電車と自動車）

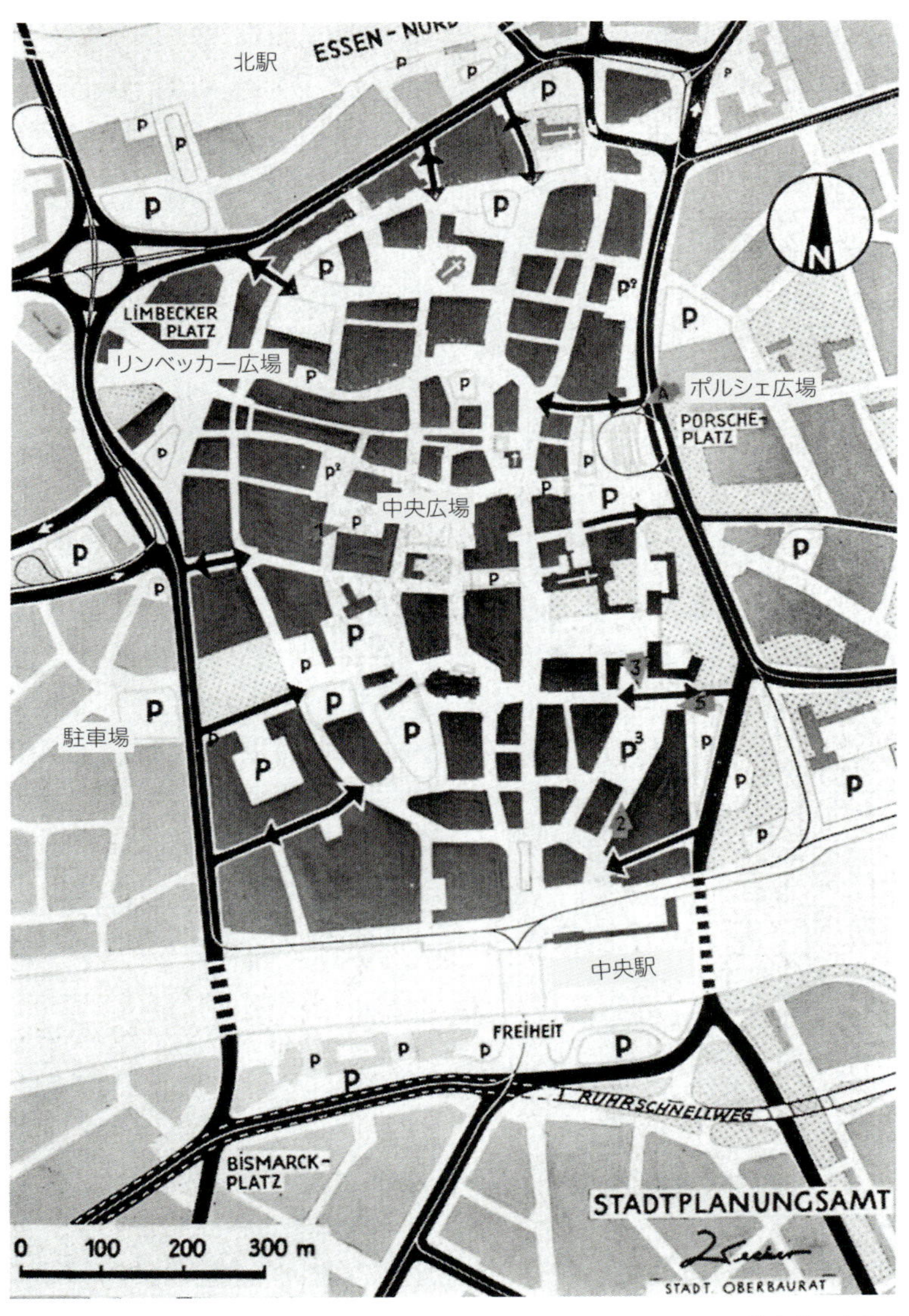

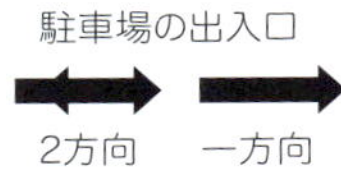

出典：DEUTCHER STÄDTEBAU NACH 1945; Bearbeitet von Prof. E. Wedepohl, Berlin. Copyright 1961 by Richard Bacht: GRAFISCHE BETRIBE UND VERLAG GMBH. ESSEN

fig 43　エッセンの中心市街地の歩行者動線

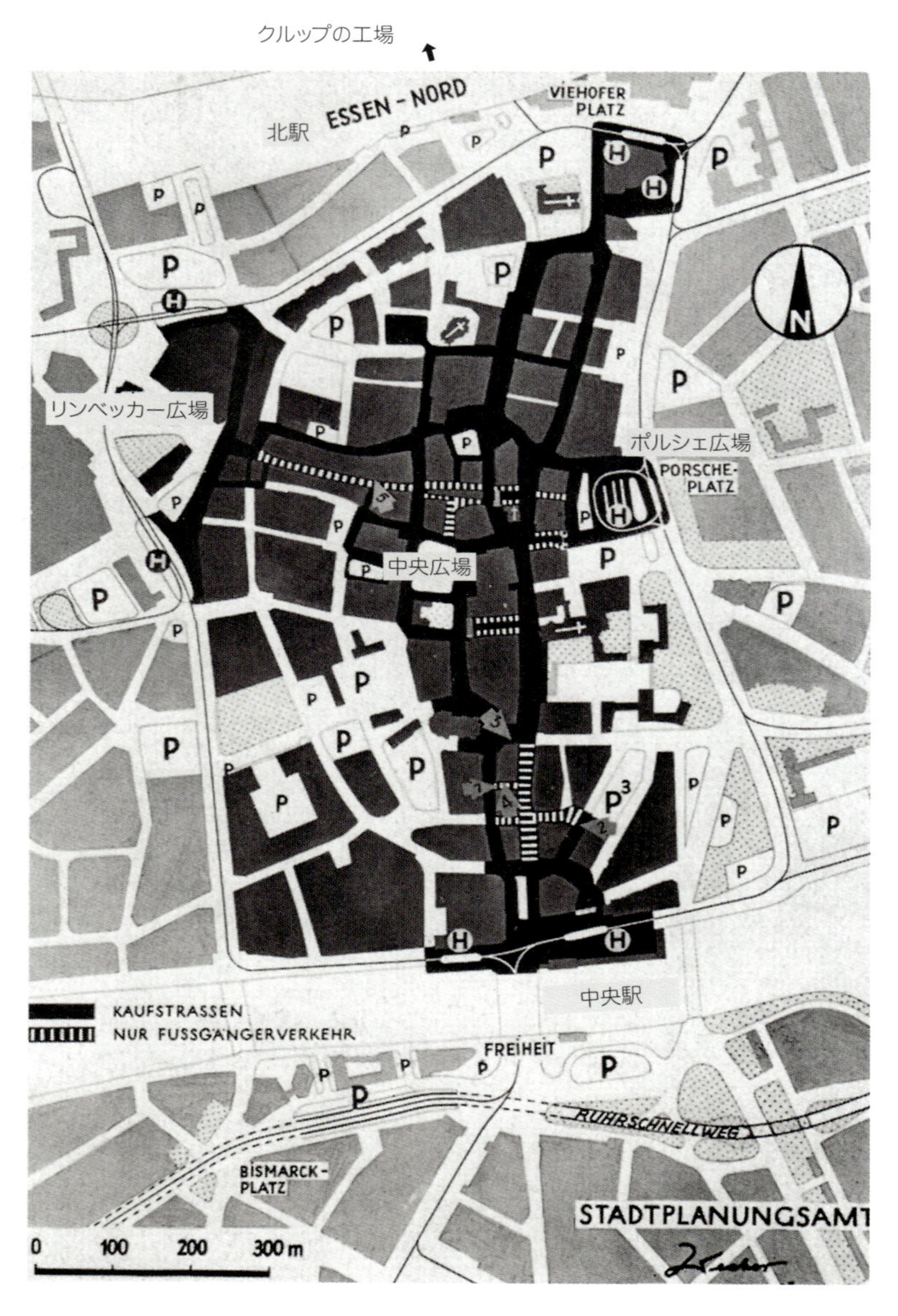

fig 44　エッセン都心部の鳥瞰写真。手前に中央駅、写真上部に北駅が見える

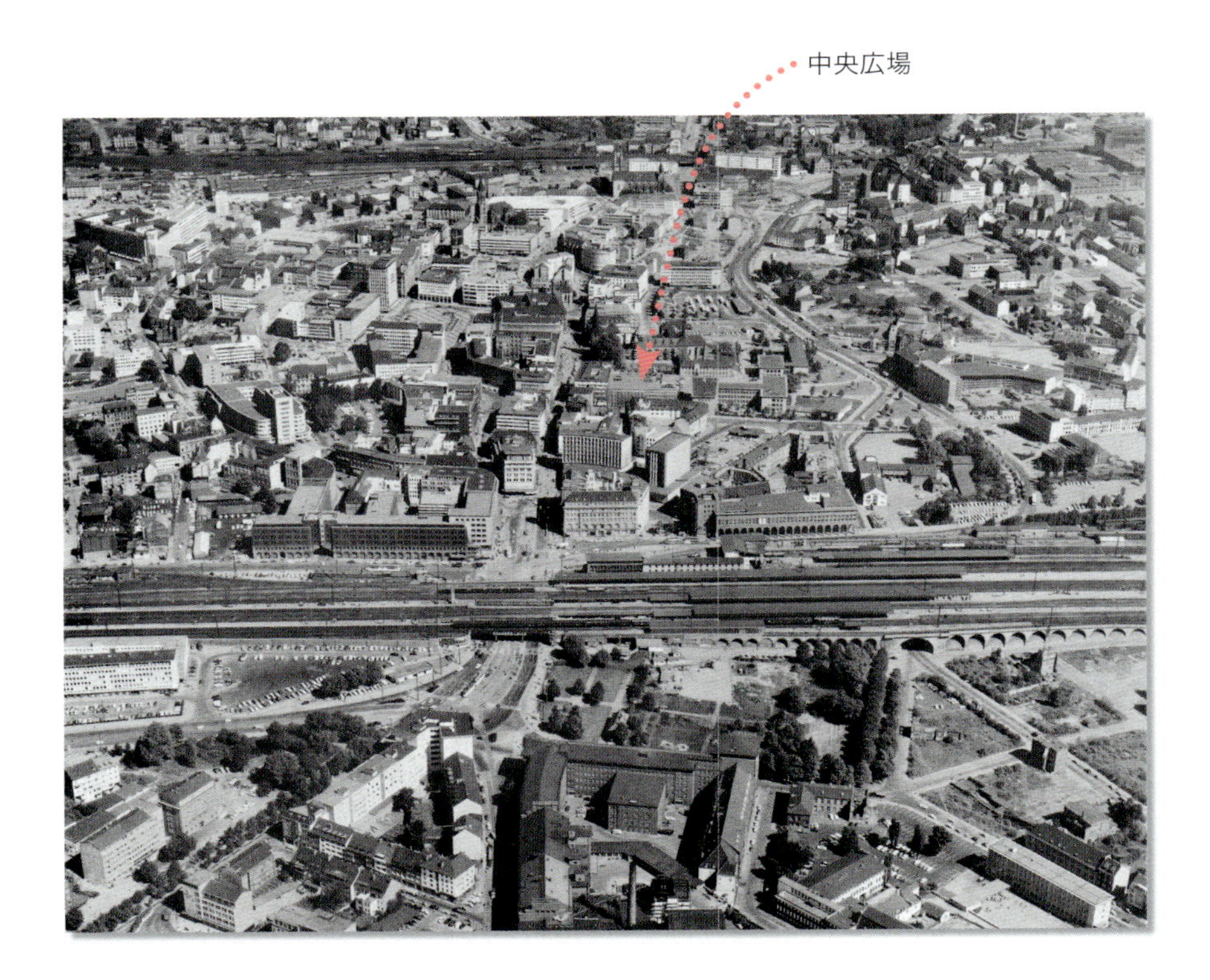

fig 45　買い物客用の歩行者専用道

fig 46 デュッセルドルフ交通網

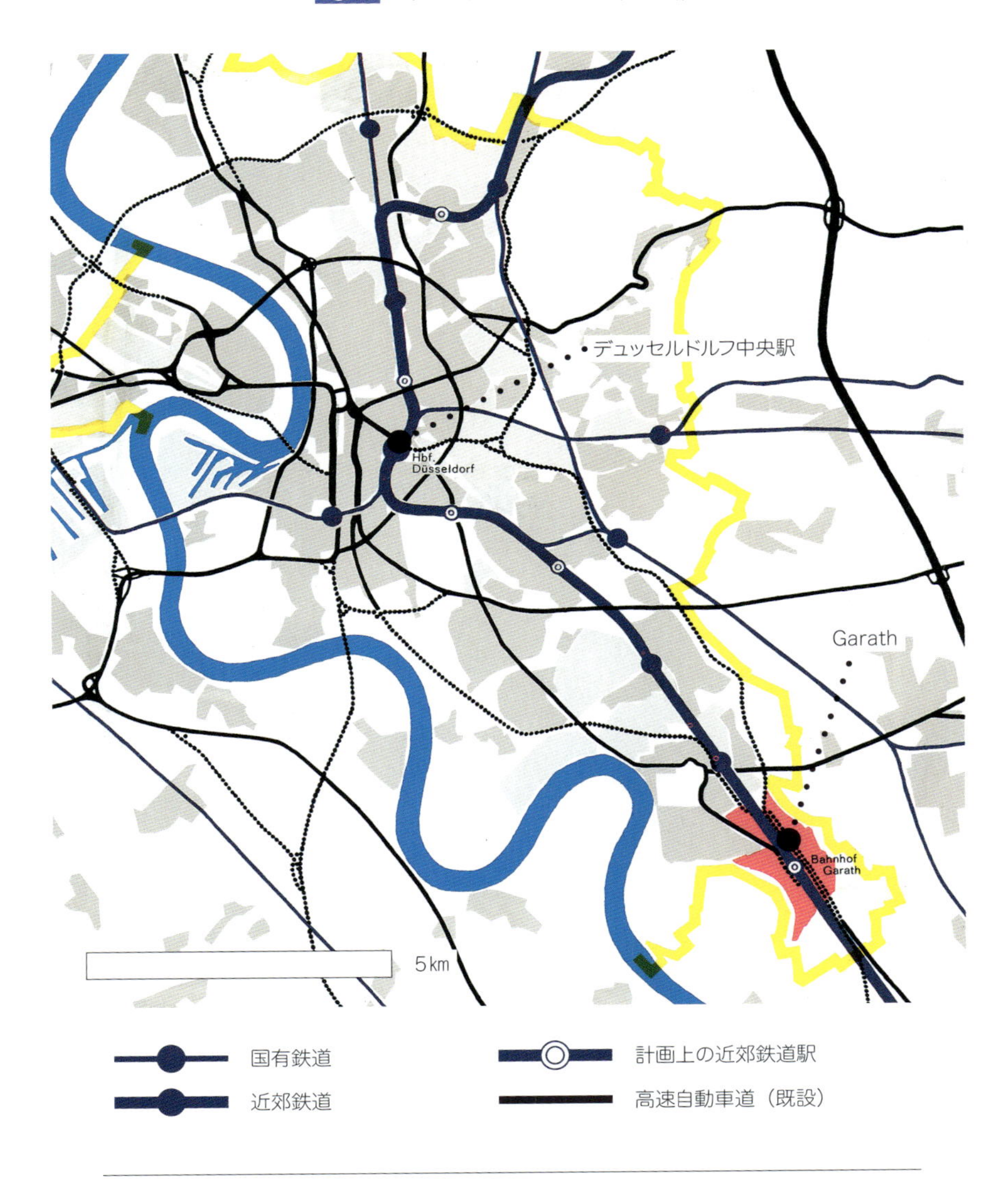

出典："Düsseldorf-Garath; ein neuer Stadtteil", Herausgegeben com Oberstadtdirektorder Landeshauptstadt Düsseldorf 1965. Beiträge: Beigeordneter Prof. Friedrich Tamms

fig 47 ガラートニュータウンの全体像

fig 48 ガラートの土地利用計画

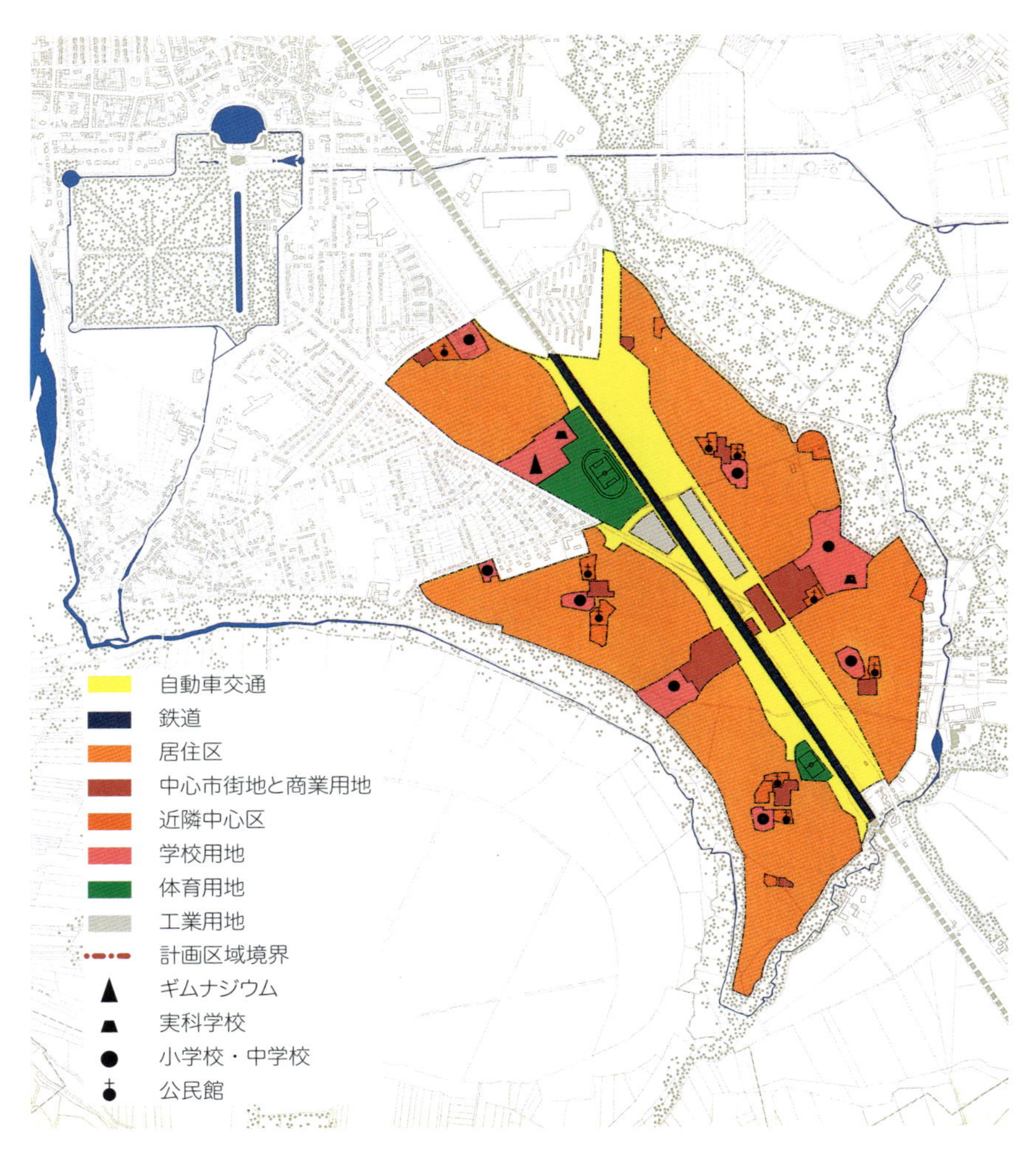

○用地区分		
	・住宅地	160ha
	・中心市街地	18 ha
	・スポーツ用地	13ha
	・工業用地	4 ha
	・高等教育施設用地	6 ha
	・基幹交通用地（鉄道と高速道路）	55 ha
	計	255 ha

○居住人口　28,200人

○人口密度　対全域110人／ha
対住宅地180人／ha

fig 49　計画住宅地の詳細（ガラートの南西部）

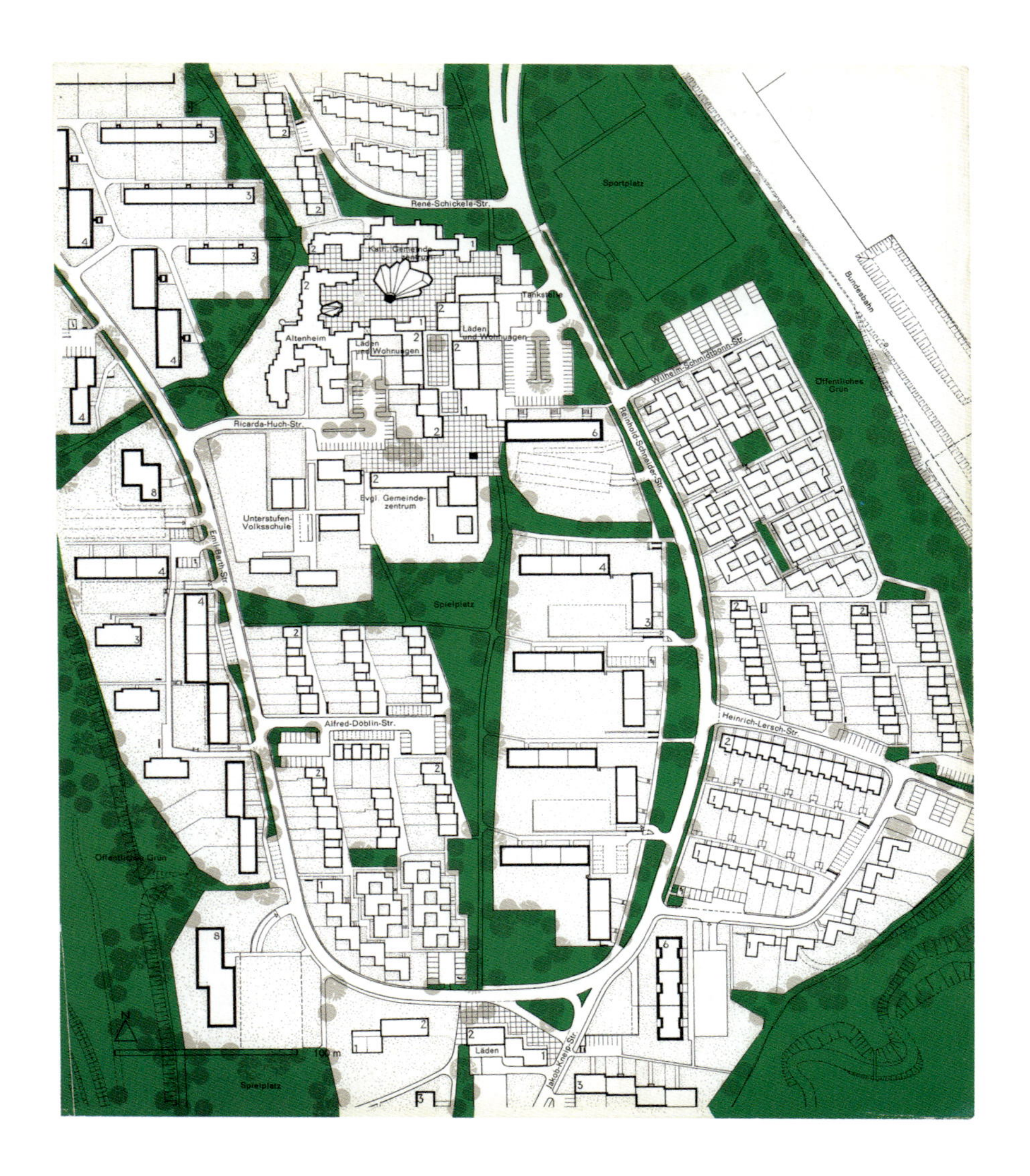

fig 50　計画住宅地の建設後の現状（1964年）

左側の2階長屋は分譲住宅。右側の7階建て集合住宅は賃貸住宅

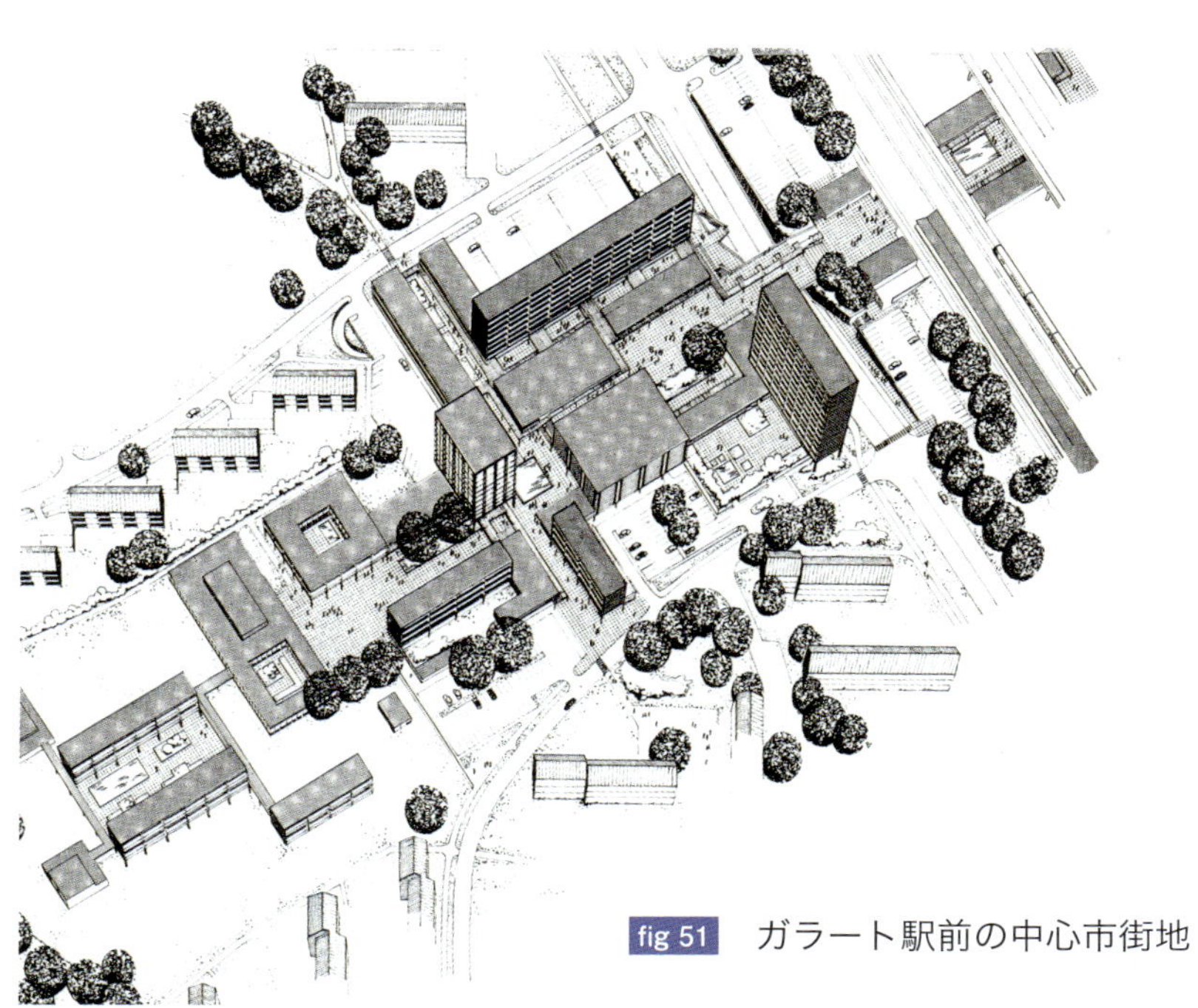

fig 51　ガラート駅前の中心市街地

fig 52　1947年、フィンガー・プラン作成時の市街地

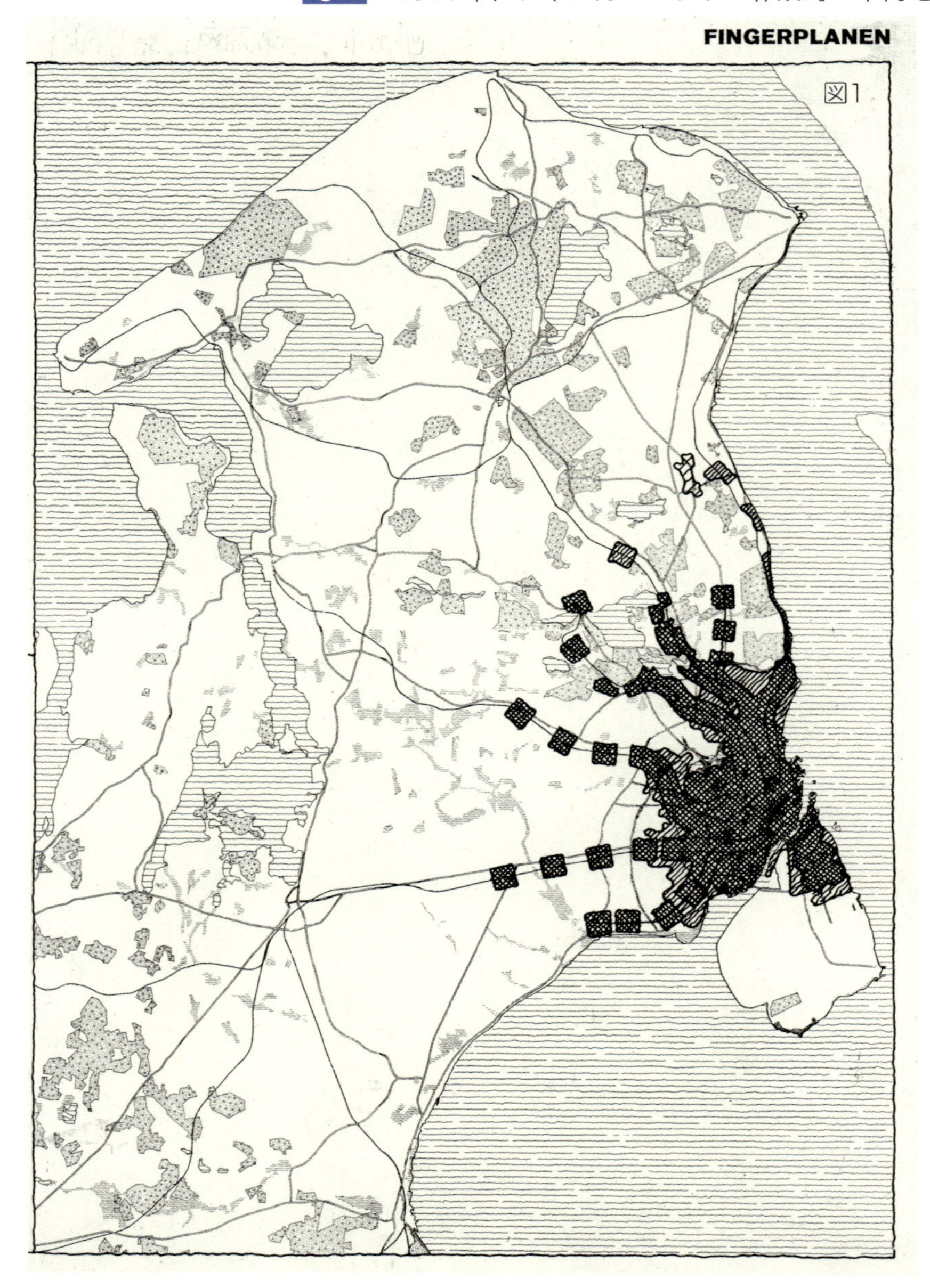

出典：Report of the Technical Committee Appointed to Examine the Preliminary Outline Plan for the Copenhagen Metroporitan Region, Nov. 1964:The Copenhagen Regional Planning Office

図1　通勤条件

都心部まで良好な電車サービスが行われる地区
1. 都心中央部まで30分以内の通勤時間で行ける
2. 駅まで1キロメートル以内で到達できる
3. 乗り換えなしで住宅から仕事場まで電車で直結
4. きっちりとした時刻で電車が運行される
5. 1時間に少なくとも3本の電車が運行（ピーク時）

都心部まである程度良好な電車サービスが行われる地区
1. 都心部まで30分で到達できる
2. 駅もしくはバス停まで1キロメートル以内で到達できる

都心部まで貧弱な電車サービスが行われる地区

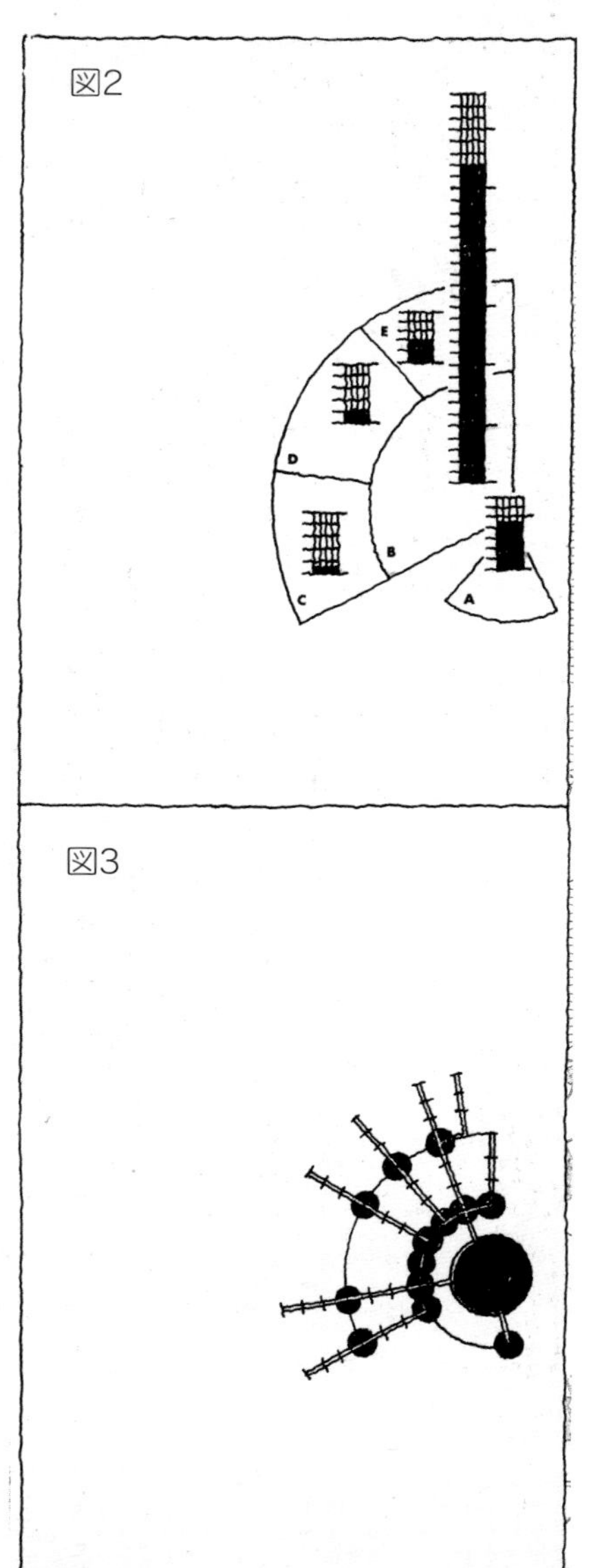

図2　住宅について

1万戸単位

フィンガー・プランによって期待される住戸数

1945年現在の住戸数

A　アマーガー

B　コペンハーゲン市内の4地区（フレゼレクスベア、ゲントフテ、ビズオウア、レズオウア）

C　ロスキレとケーエ湾（フィンガー部分の内部）

D　フレズレクソンとファールム（フィンガー部分の内部）

E　ヒレレズとヘルシンゲル（フィンガー部分の内部）

図3　市街地のランク付け

中心市街地

第2次中心市街地

郊外電車駅の地区市街地

主要道路

郊外鉄道と主要道路両方を備える交通路線

fig 53　1962～63年次の市街地

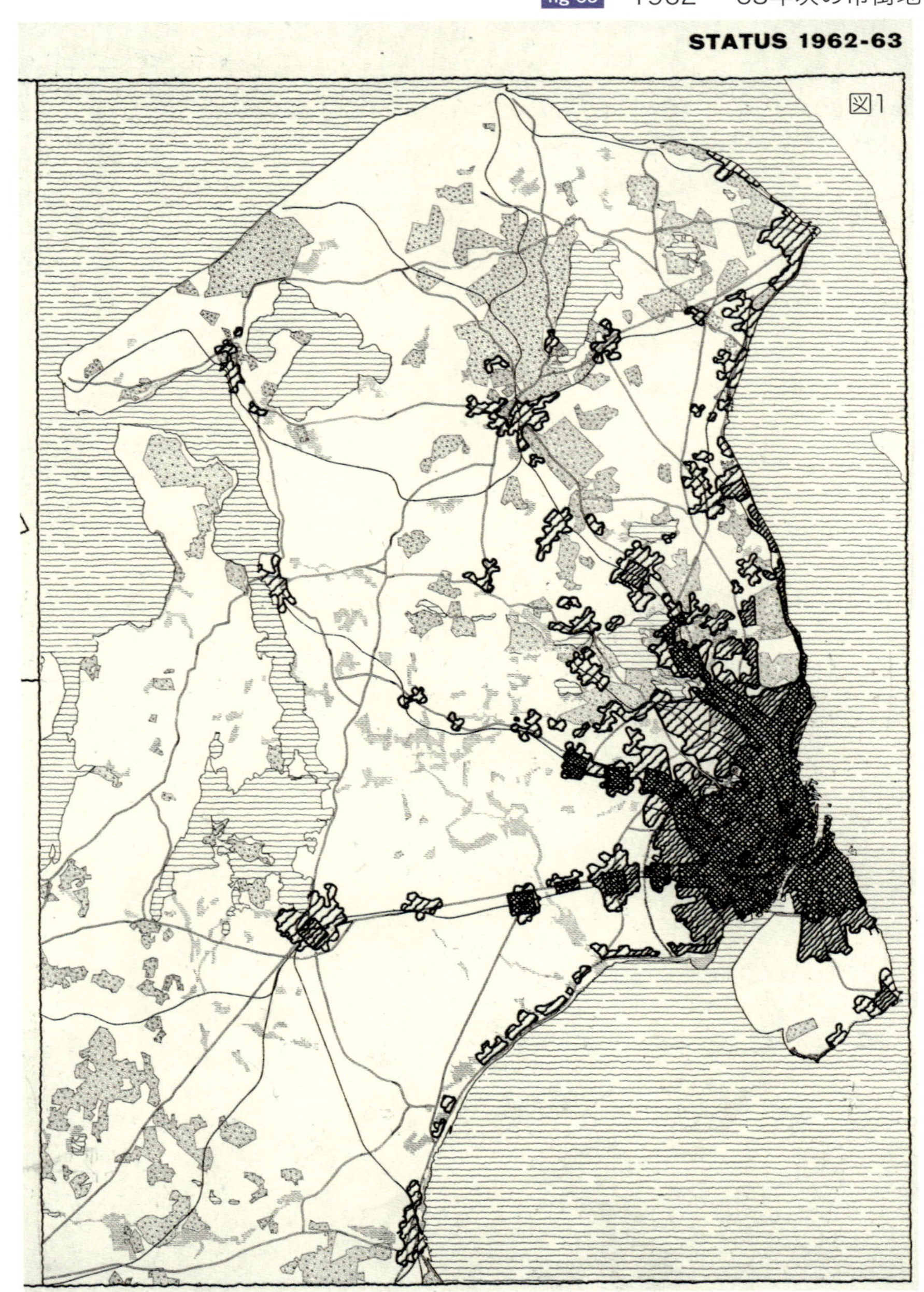

図1　通勤条件

都心部まで良好な電車サービスが行われる地区
1. 都心中央部まで30分以内の通勤時間で行ける
2. 駅まで1キロメートル以内で到達できる
3. 乗り換えなしで住宅から仕事場まで電車で直結
4. きっちりとした時刻で電車が運行される
5. 1時間に少なくとも3本の電車が運行（ピーク時）

都心部まである程度良好な電車サービスが行われる地区
1. 都心部まで30分で到達できる
2. 駅もしくはバス停まで1キロメートル以内で到達できる

都心部まで貧弱な電車サービスが行われる地区

図2　住宅について

1万戸単位

1962～63年現在の住戸数

A　アマーガー
B　コペンハーゲン市内の4地区（フレゼレクスベア、ゲントフテ、ビズオウア、レズオウア）
C　ロスキレとケーエ湾（フィンガー部分の内部）
D　フレズレクソンとファールム（フィンガー部分の内部）
E　ヒレレズとヘルシンゲル（フィンガー部分の内部）
F　ロスキレとケーエ湾（フィンガー部分の外部）
G　ノアシェランのその他の部分

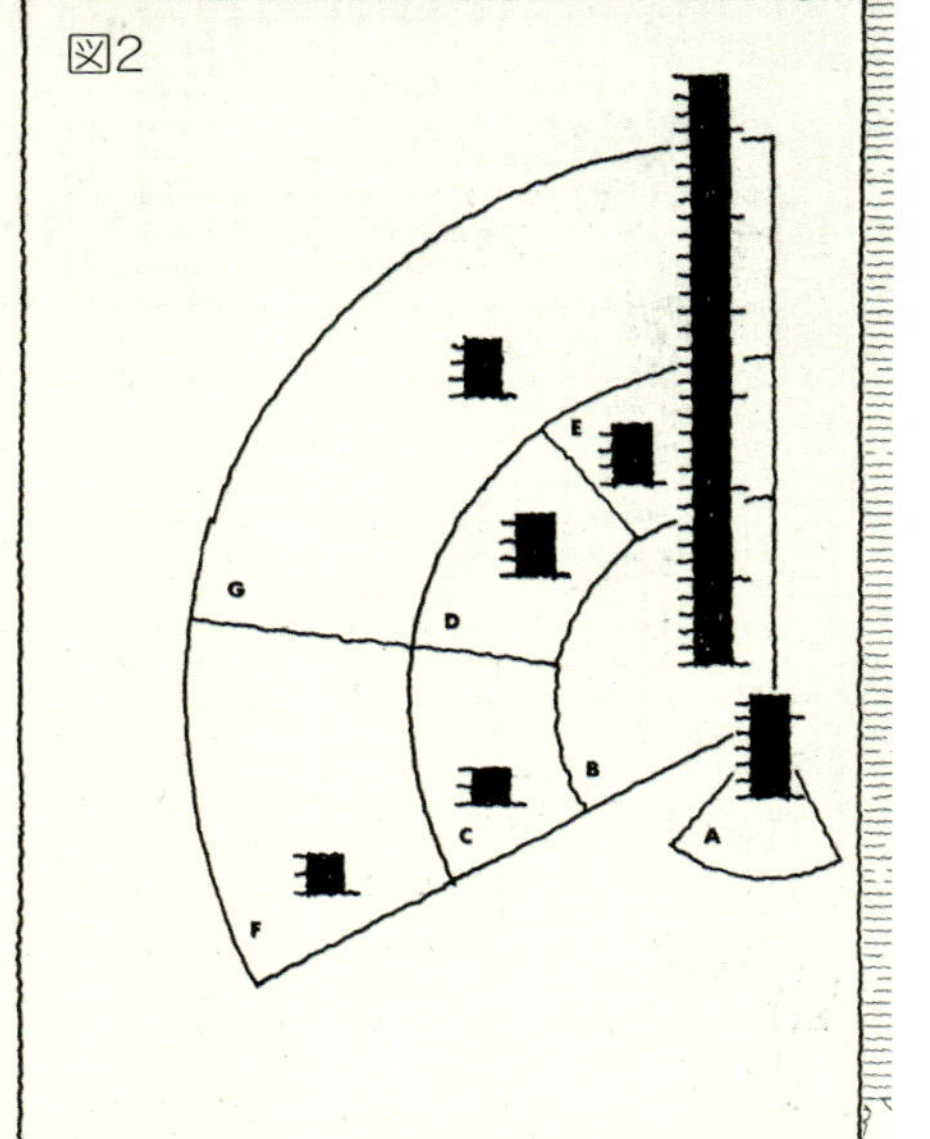

図3　市街地のランク付け

中心市街地

第2次中心市街地

郊外電車駅の地区市街地

主要道路

郊外鉄道と主要道路両方を備える交通路線

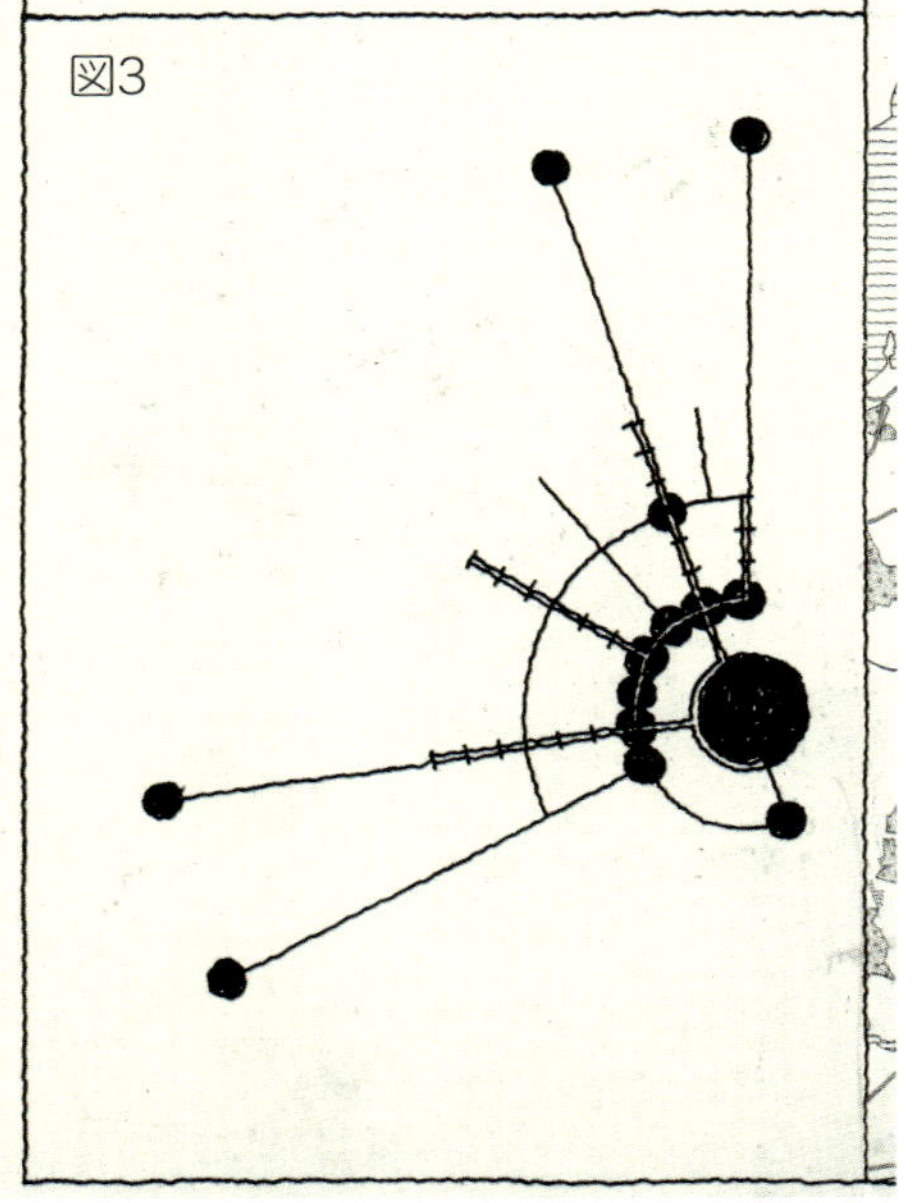

fig 54　1980年を目標とした長期計画A案

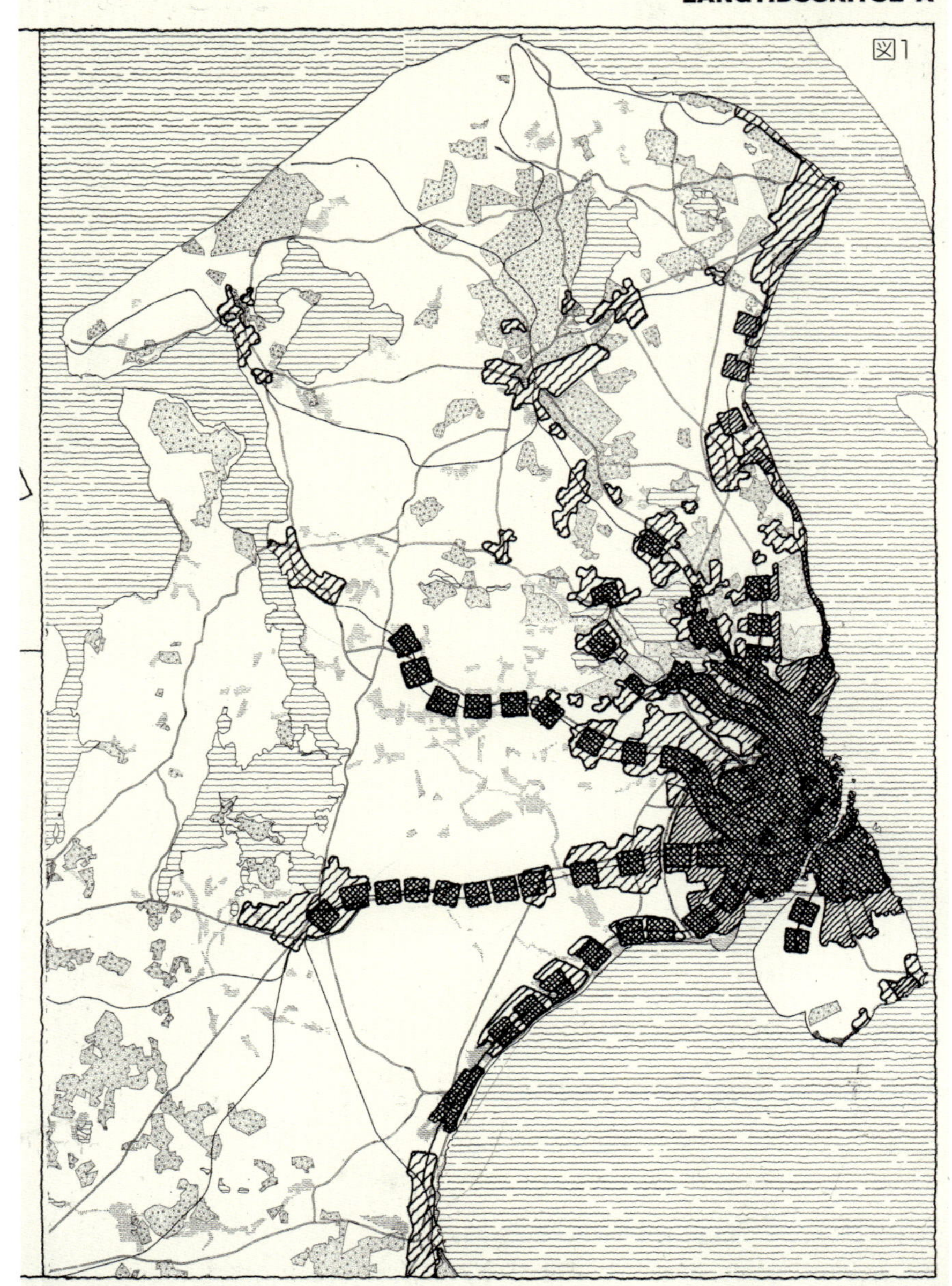

図1　通勤条件

都心部まで良好な電車サービスが行われる地区
1. 都心中央部まで30分以内の通勤時間で行ける
2. 駅まで1キロメートル以内で到達できる
3. 乗り換えなしで住宅から仕事場まで電車で直結
4. きっちりとした時刻で電車が運行される
5. 1時間に少なくとも3本の電車が運行（ピーク時）

都心部まである程度良好な電車サービスが行われる地区
1. 都心部まで30分で到達できる
2. 駅もしくはバス停まで1キロメートル以内で到達できる

都心部まで貧弱な電車サービスが行われる地区

図2　住宅について

1万戸単位
1970年から長期計画(1980年)で提案された住戸数
1962年から第1期計画(1970年)までに提案された住戸数
1962 ～ 63年現在の住戸数

A　アマーガー
B　コペンハーゲン市内の4地区（フレゼレクスベア、ゲントフテ、ビズオウア、レズオウア）
C　ロスキレとケーエ湾（フィンガー部分の内部）
D　フレズレクソンとファールム（フィンガー部分の内部）
E　ヒレレズとヘルシンゲル（フィンガー部分の内部）
F　ロスキレとケーエ湾（フィンガー部分の外部）
G　ノアシェランのその他の部分
H　ヒレレズとヘルシンゲル（フィンガー部分の外部）

図3　市街地のランク付け

中心市街地

新しい第1次中心市街地
第2次中心市街地
郊外電車駅の地区市街地
既存の中心市街地を補完する地域
主要道路
郊外鉄道と主要道路両方を備える交通路線

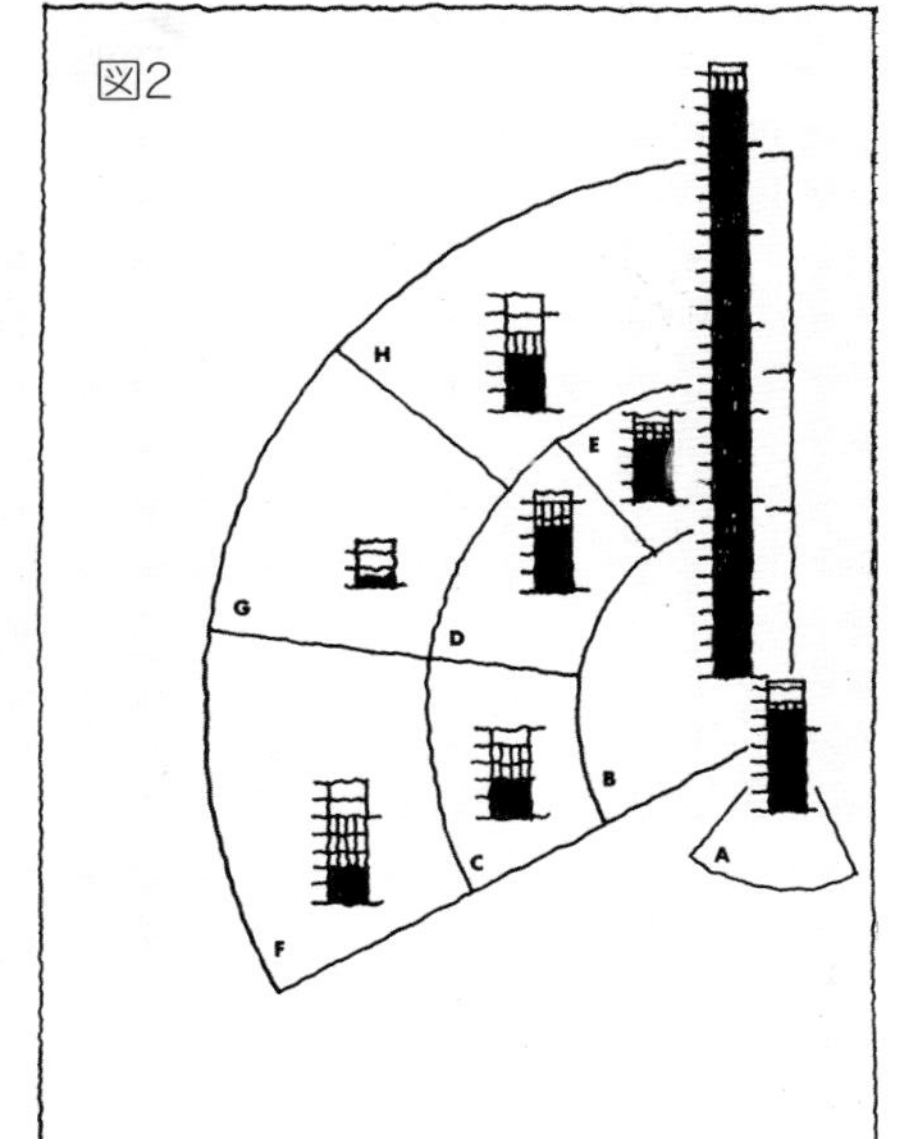

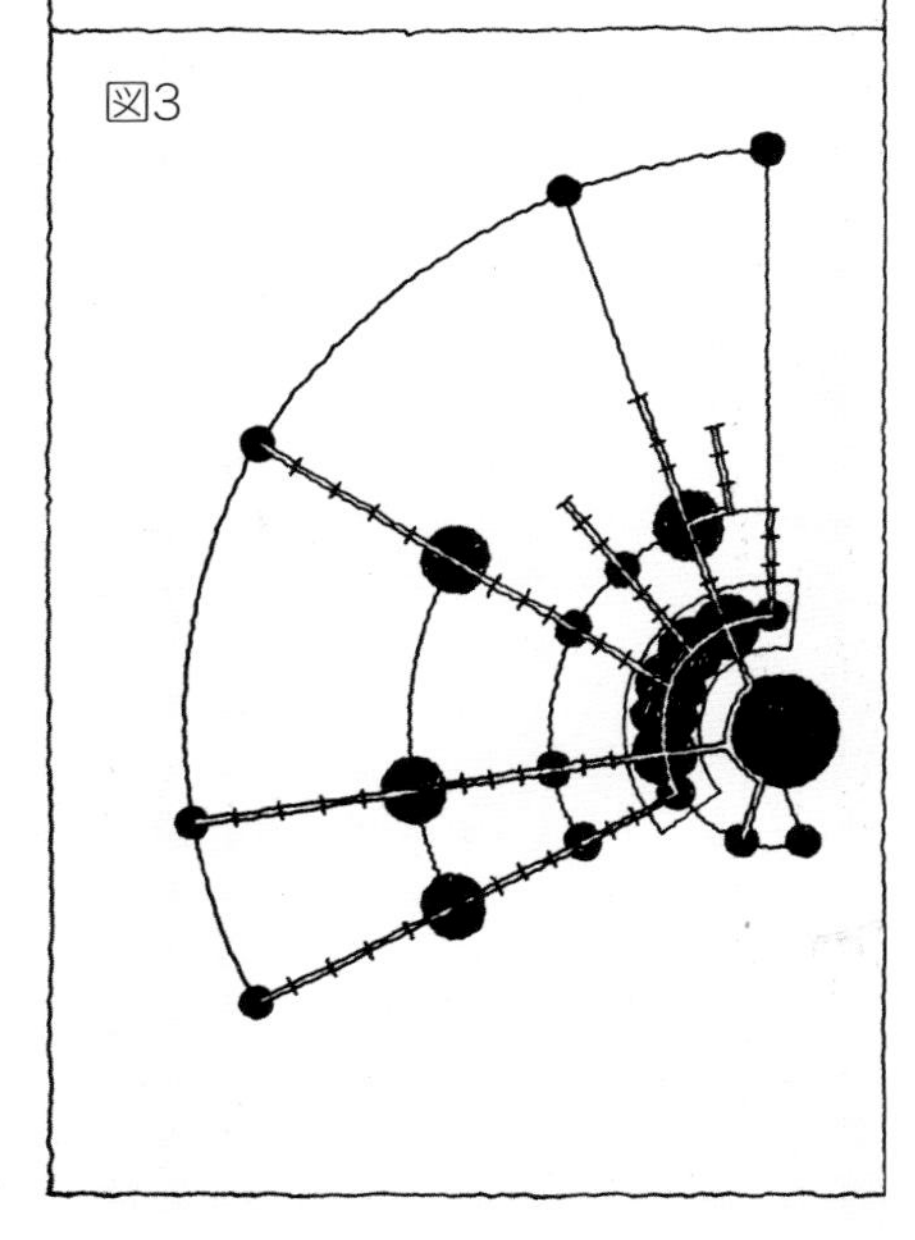

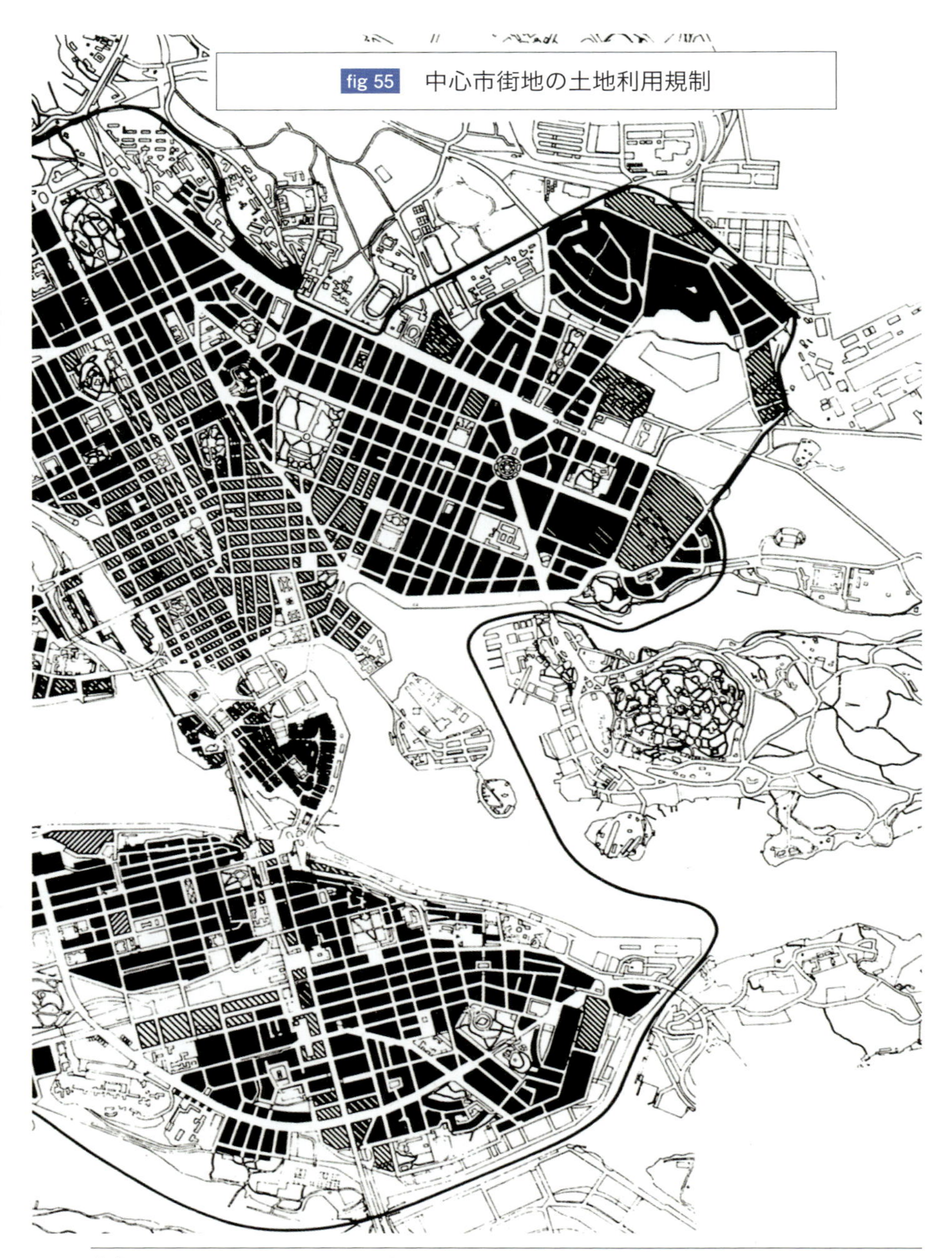

fig 55 中心市街地の土地利用規制

出典："Stockholm; Regional and City Planning". The Planning Commission of the City of Stockholm, 1964

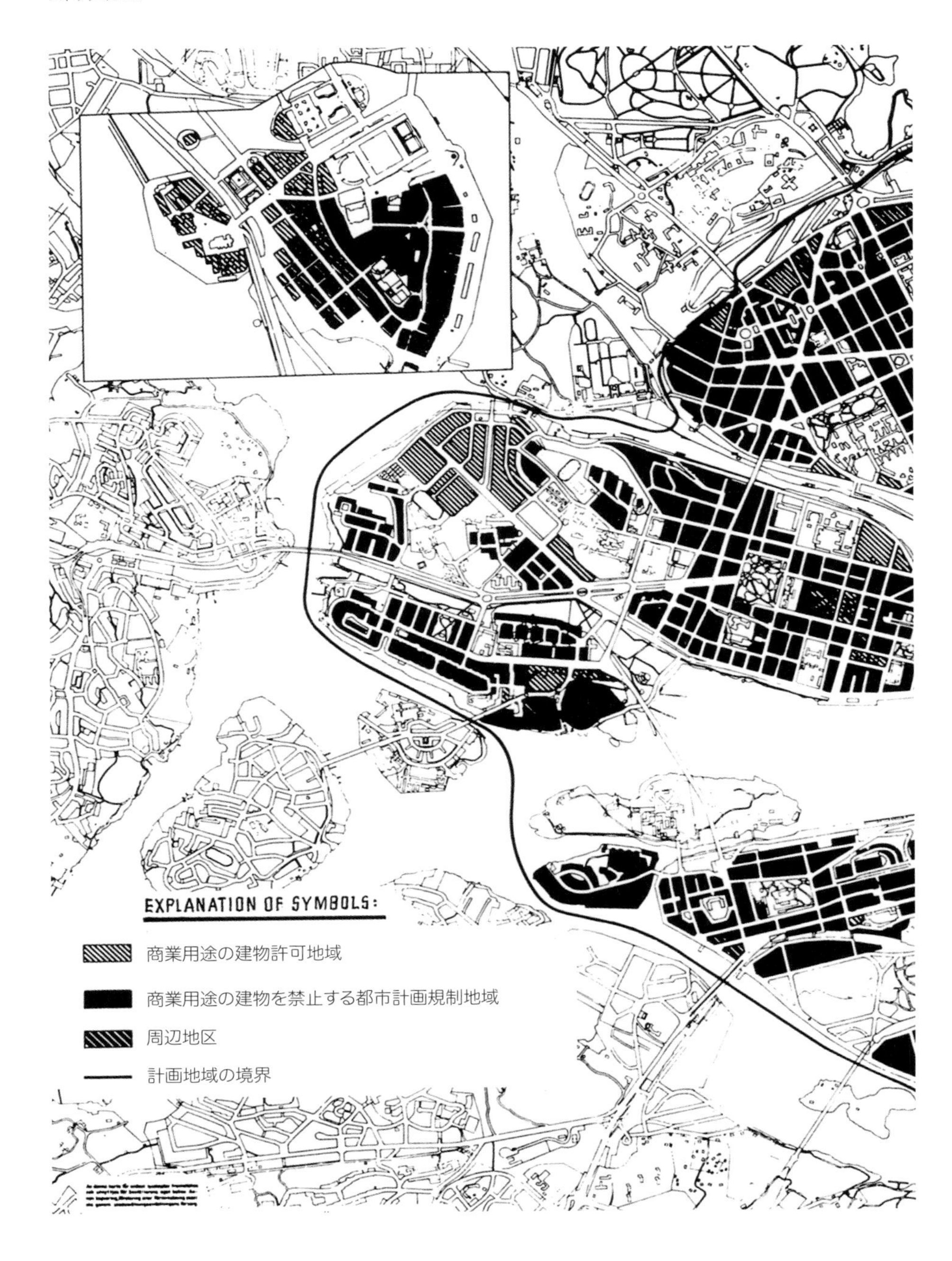
EXPLANATION OF SYMBOLS:
商業用途の建物許可地域
商業用途の建物を禁止する都市計画規制地域
周辺地区
計画地域の境界

fig 56　ストックホルム中心市街地の鳥瞰図

出典：ストックホルム中心地再建設（トルステン・ウエストマン都市計画局長著、ストックホルム市役所刊。日本人向けにつくられたパンフレット）

fig 57　ネーデルノルマールム（Lower Norrmalm）の年次別土地収用の実態

市有地
1956年に土地収用が決定された民地
1964年に土地収用が決定された民地

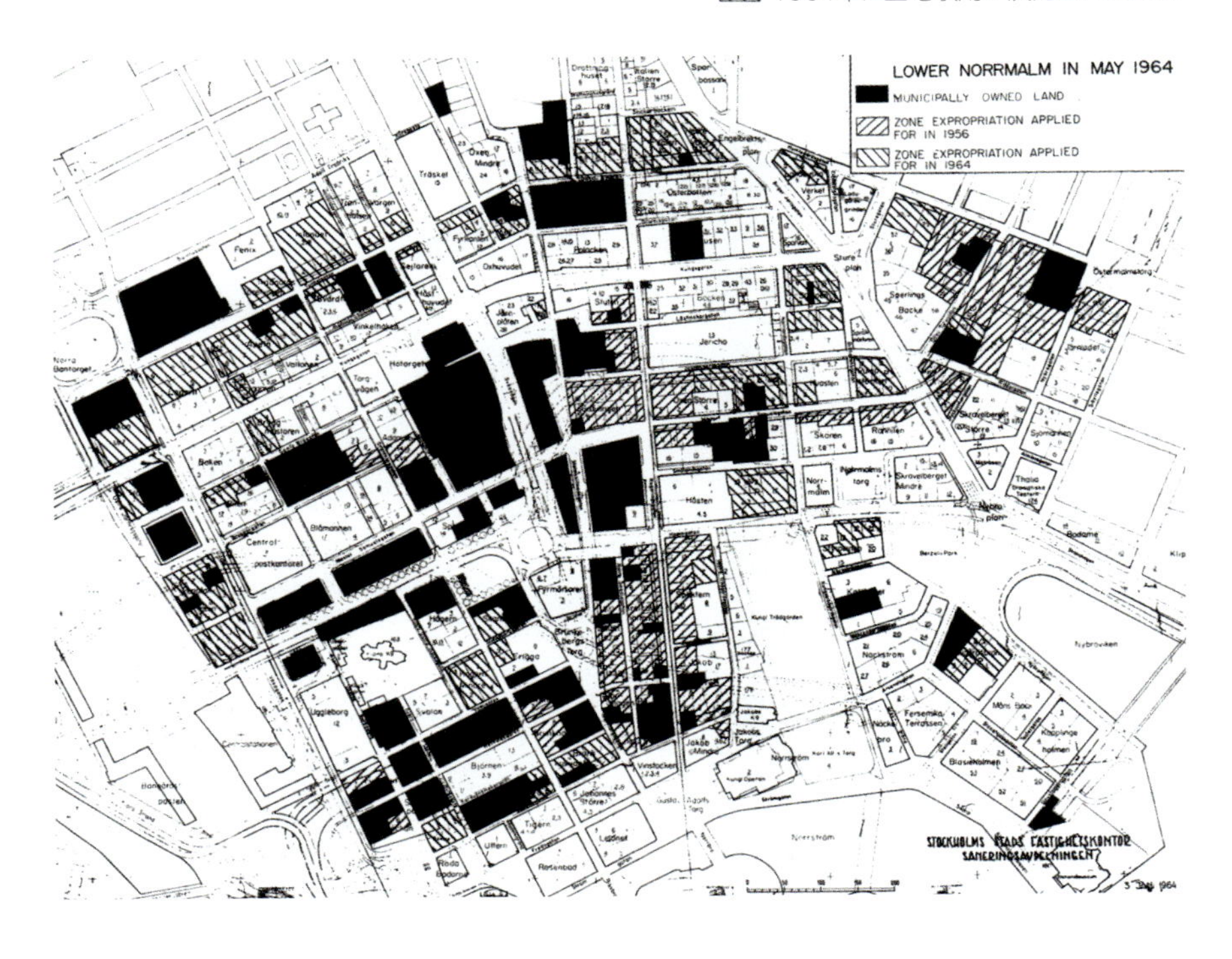

fig 58　ネーデルノルマールム地区の模型。東側から見る

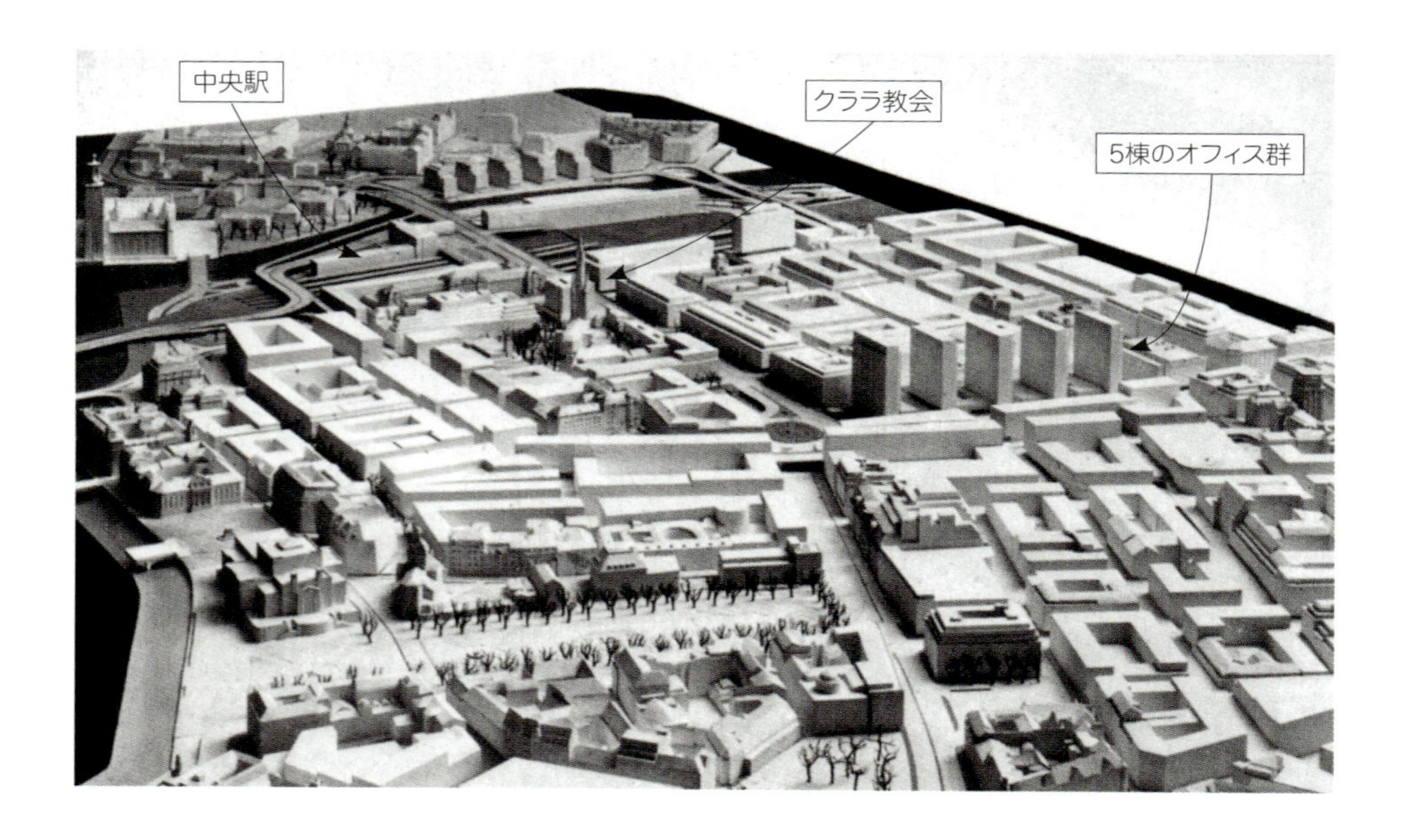

fig 59 ヒョートルゲ（Hötorg）地区の鳥瞰図

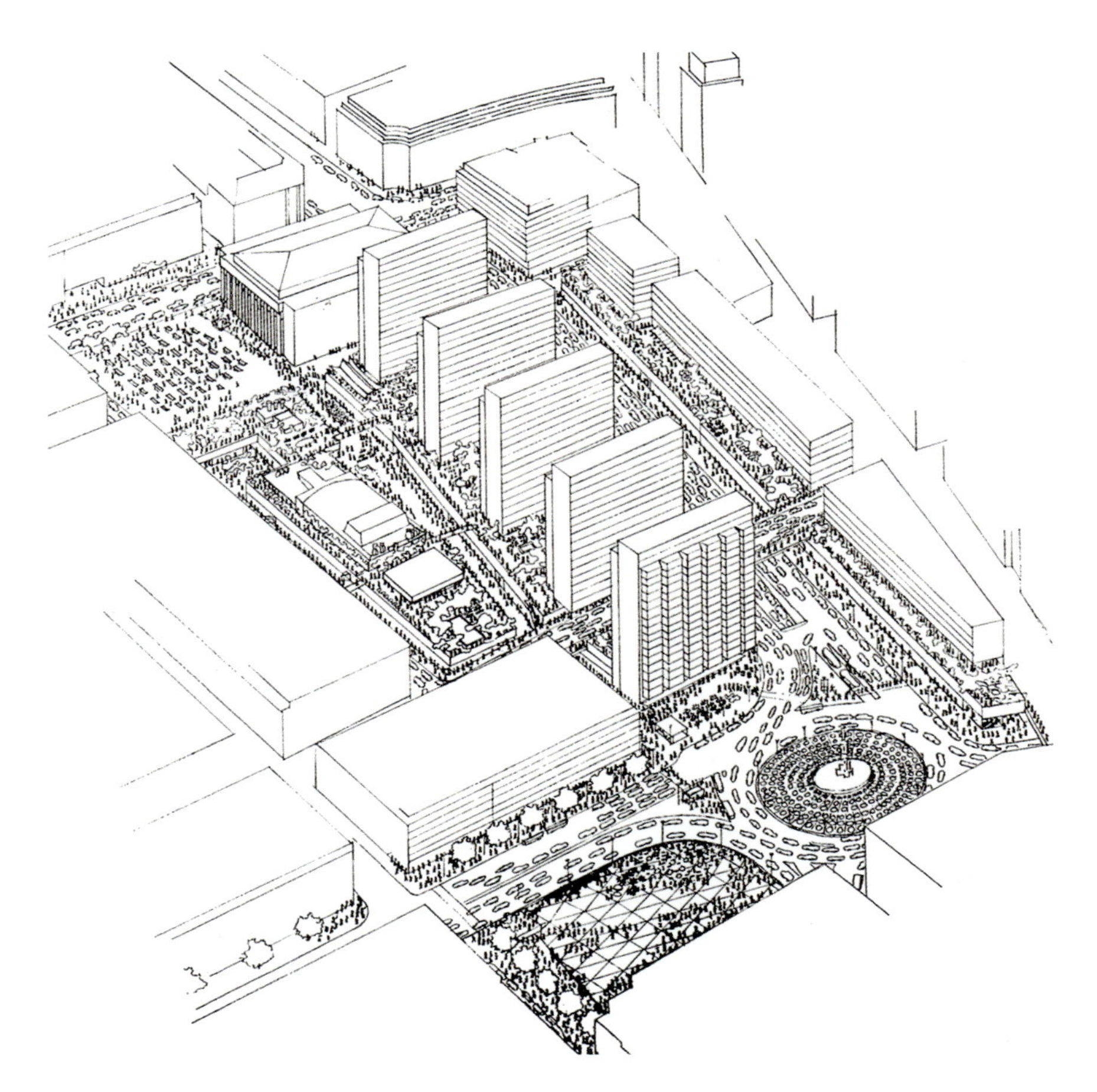

ネーデルノルマールム地区内のヒョートルゲ再開発区域。高層のオフィスビルが５棟たつ。そのうしろにノーベル賞を授与する市の公会堂がある

fig 60　オフィス棟から見た人工地盤とその下の買い物商店街

fig 61　Vällingby Centreの鳥瞰図（1960）

fig 62　ベリングビー駅前商店街の配置図

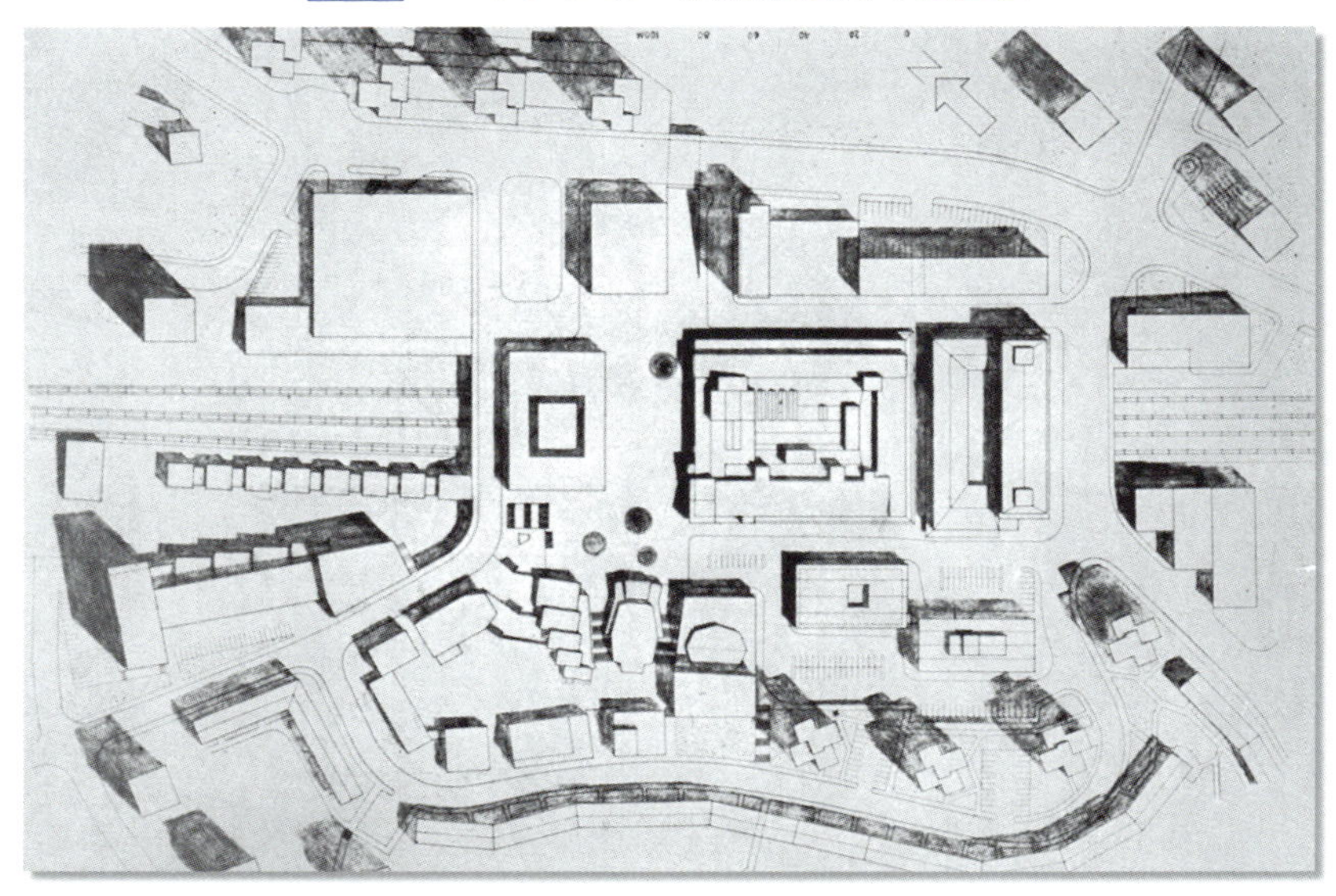

出典：The Satellite Towns of Stockholm by Giorgio Gentili. Edizione di "Urbanistica", Torino, Corso Vittorio Emanuele II, 1965

Hässelby/Strand
Grimsta
Blackeb

fig 63 ベリングビー全体計画図（1960）

地下鉄

高速道路

幹線街路

地区道路

歩行者・自転車道

工場地区

中心商業地

体育と文化・リクリエーション地区

fig 64　駅直近の住宅棟配置の現況

fig 65　アトランティス地区の詳細

北部地区の住宅地。建築家ホーヤ、リンゲクリスト、
カーレン、ストック

fig 66　ベリングビー中央北住区配置図

渡米後、ボストンへ向かう経路（1、2 章）
ボストンからシアトルへ向かう経路（3 章）
シアトルからボストンへ向かう経路（4 章）
ボストンからシアトルへの途上、訪れた都市（3 章）
ヨーロッパへ
モントリオール
ミネアポリス
セントポール
ミルウォーキー
トロント
チェスター
ボストン
イーストランシング
デトロイト
ナイアガラ
オマハ
シカゴ
デモイン
クリーブランド
リンカーン
インディアナポリス
コロンバス
ピッツバーグ
ニューヨーク
デイトン
フィラデルフィア
ボルティモア
シンシナティ
セントルイス
ウイチタ
タルサ
0
1000km

■アメリカ各都市回遊図

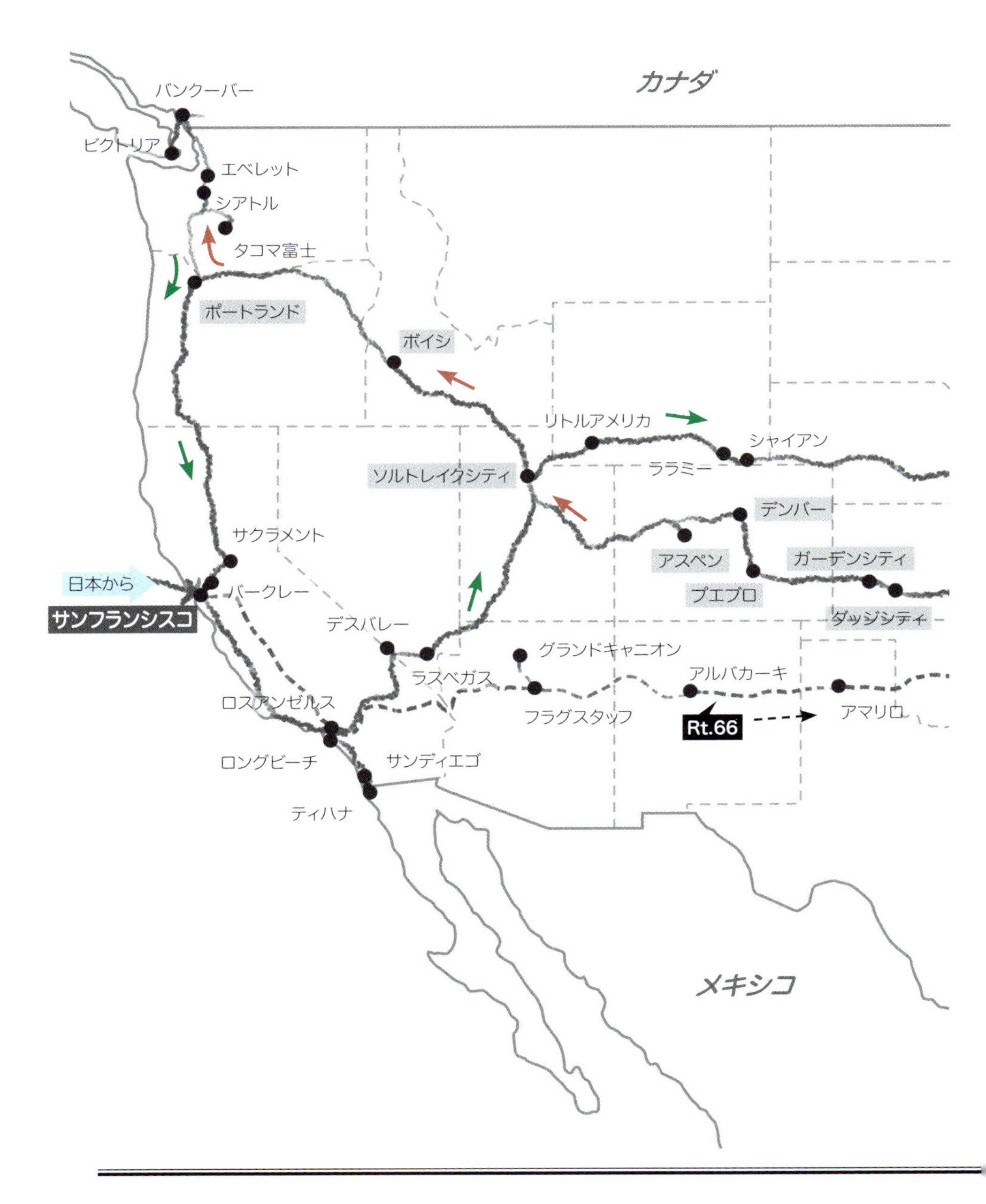

カナダ
バンクーバー
ビクトリア
エベレット
シアトル
タコマ富士
ポートランド
ボイシ
リトルアメリカ
シャイアン
ララミー
ソルトレイクシティ
デンバー
アスペン
ガーデンシティ
プエブロ
ダッジシティ
サクラメント
日本から
バークレー
サンフランシスコ
デスバレー
グランドキャニオン
ラスベガス
アルバカーキ
フラグスタッフ
Rt.66
アマリロ
ロスアンゼルス
ロングビーチ
サンディエゴ
ティハナ
メキシコ

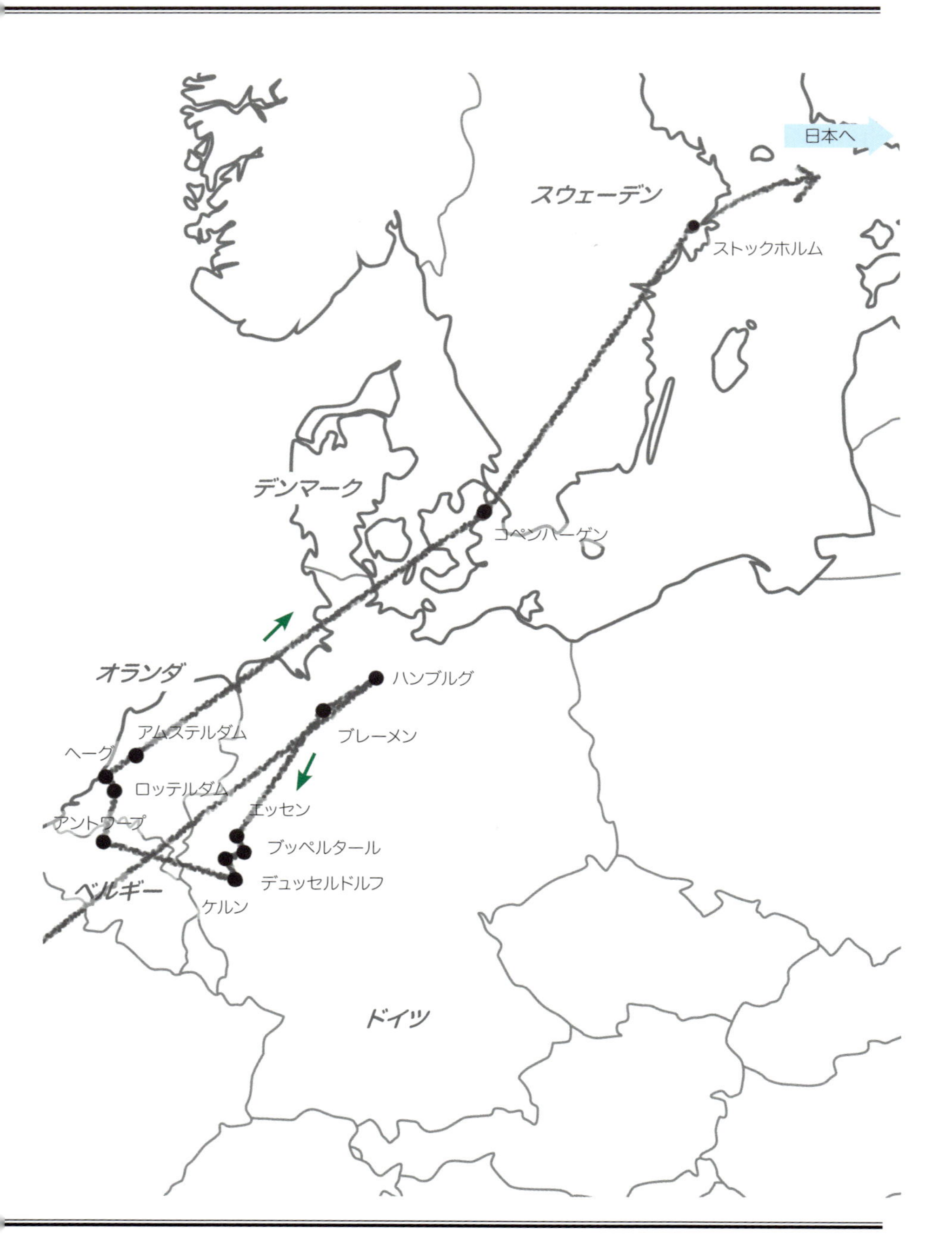
日本へ
スウェーデン
ストックホルム
デンマーク
コペンハーゲン
オランダ
ハンブルグ
ブレーメン
アムステルダム
ヘーグ
ロッテルダム
エッセン
アントワープ
ブッペルタール
デュッセルドルフ
ベルギー
ケルン
ドイツ

■ヨーロッパ諸国回遊図

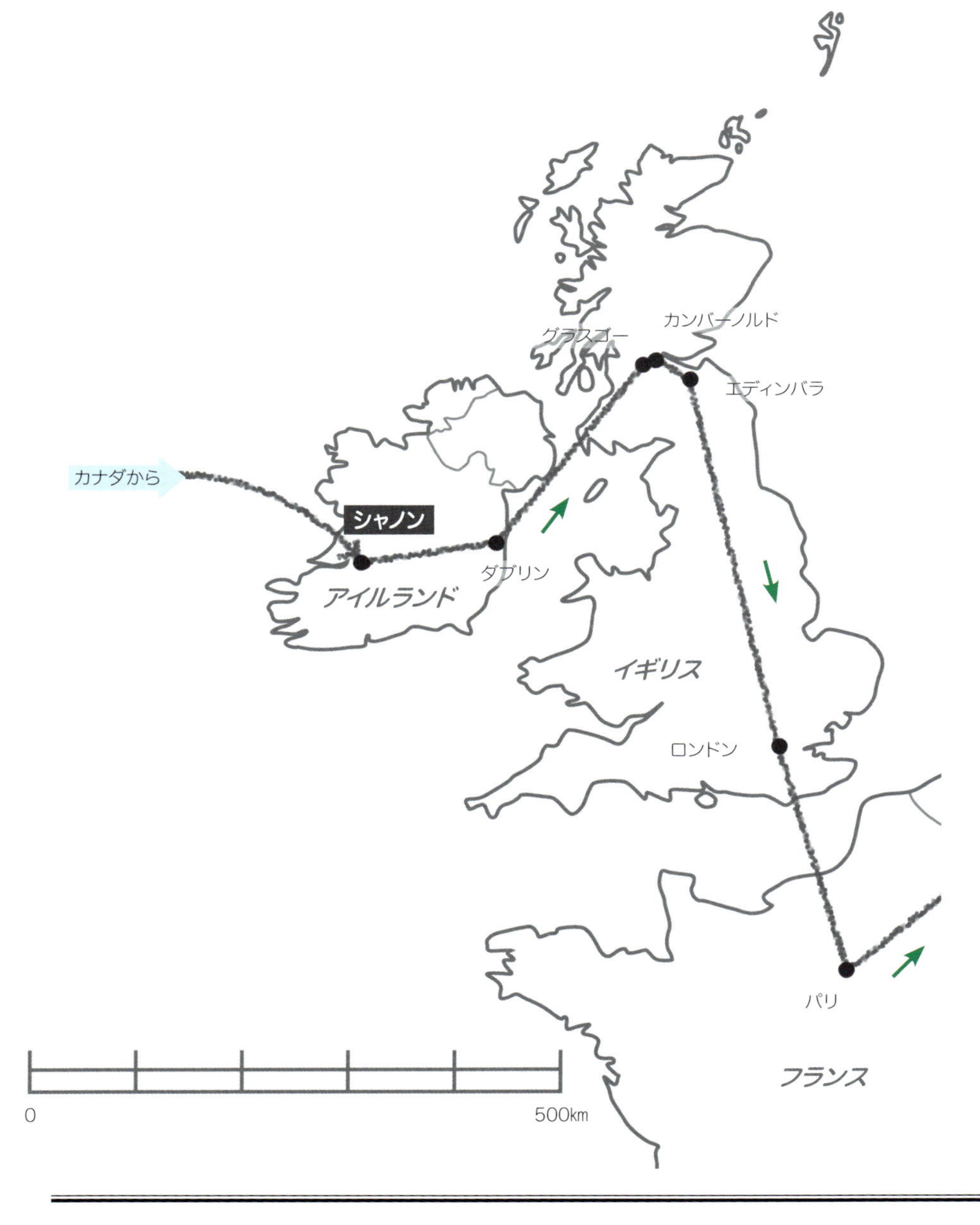
渡欧後、各国を訪問した経路(5章)
カナダから
シャノン
ダブリン
アイルランド
グラスゴー
カンバーノルド
エディンバラ
イギリス
ロンドン
パリ
フランス
0
500km

1章

アメリカへ

アメリカへ留学したい！

私は一九六二年（昭和三十七年）三月に工学博士になりました。博士号を取得する前、六一年の秋ぐらいから「博士を取ったらアメリカに留学しよう」と頭に描いていました。

しかし、博士課程の最後の年（六二年）の九月にアメリカへ留学しようとすると、そのための準備を六一年の秋ぐらいからはじめなければなりません。願書だの経歴書、研究業績を整え、アメリカの大学に申請する入学手続きは結構大変です。実際には六一年には博士論文を書くので手一杯、留学の準備をすることができませんでした。

アメリカに留学したいと思った動機は単純でした。

そのころの日本には、単純であるけれど明るくて元気なアメリカ文化が席巻していました。ですから、この文化を創り上げているアメリカ大都市の空間像を、この目で確かめたかったのです。現場を直視しないで、アメリカの都市計画や交通計画をそのまま紹介したり、解釈することはできないと思ったのです。

そのころすでに日本の若い建築家や学生は、たくさんアメリカに留学していました。しかし、なんと日本の若い都市計画の学徒は、全くといってよいほど、留学していなかったのです。「それならば自分が日本を背負って、アメリカの都市と、都市計画の現場に立って勉強してやる！」というちょっと思い上がった自負の念もあったのです。私はハーバード大学の大学院でアメリカ流の都市計画を勉強したいと思っていました。なぜならば、ハーバード大学の都市計画学科はアメリカで一番古い創設であると聞いていたからです。そして何よりも、ハーバードが立地しているニューイングランド（New England）の欧州的雰囲気のなかで勉強をしてみたいと思っていたからです。

六二年の三月に博士号を取ってから、やっと具体的にアメリカ行きの仕事にとりかかりました。しかし、六二年の四月から動いたのでは六二年の秋からの大学院入学には間に合いません。なぜならば、ハーバードやＭＩＴ（マサチューセッツ工科大学）などの有名大学の大学院の入学願書の締め切り期限は、六二年九月の入学であれば、遅くても六二年一月末であったからです。それで、一年遅れで、一九六三年の九月の新学期からハーバードに行くことにしました。ところが、私はすでに東大で学位を取っていますから、あらためてハーバードの博士課程の大学院に入学して、博士を取る必要がありません。それでも講義や演習には参加して、アメリカの都市計画教育を実体験したいと思いました。しかし、ハーバードには都市計画の研究所がありません。いろいろ思いあぐねた結果、とにかく正面からハーバード大学院の都市計画の博士課程に留学することを決めました。

博士課程のビジティング・リサーチャー（客員研究員）扱いで、一、二年勉強して東大に戻ってこられたら、と思ったのです。

師匠の高山英華先生も私の海外留学を応援してくれました。なぜならば、新しくできる都市工学科が採用する都市計画系の若手教員四人のうち、一人ぐらいは国際派がいてもよいと、考えていたらしいのです。

磯村先生に相談する

アメリカ留学の話を進める前からなのですが、私は東京都立大学の教授であった都市社会学の磯村英一先生と親しくお付き合いさせていただいておりました。

博士論文をまとめていたころ、磯村先生から「伊藤さん、一、二年アメリカで勉強したいと聞いたけれど、いいんじゃないかな。私の知り合いを紹介しようか」と言われました。私は磯村先生のその言葉には本当に有り難く思いました。なぜならば、当時、高山先生はあまり外国との付き合いがなく、何よりも、二、三年後に始まる東京オリンピックの競技場建設のことで、頭がいっぱいだったのです。

そのころ、フォード財団は、世界中の三つの研究所に研究費を提供して、それぞれの自国やアメリカの援助国の地域開発調査をさせていました。その手始めとして、一九六一年（昭和三十六年）ごろに当時のお金で五十万ドルぐらいの研究費をハーバード大学とＭＩＴに渡していました。

その結果、六二年にはＭＩＴとハーバード大学の共同都市研究所（Joint Center for Urban Studies of M. I. T. and Harvard）が設立されていました。さらに言えば、フォード財団はその後、一箇所の研究機関に同額の五十万ドルの研究資金を交付しています。そのひとつはギリシャの船舶王ドクシアデスが設立したドクシアデス財団に、ふたつは日本の経済同友会が六二年に設立した日本地域開発センターに対してでした。

そのジョイントセンター（Joint Center）の初代所長にハーバード大学都市計画学科のマルティン・マイヤーソン教授が任命されました。磯村先生はこのマイヤーソン教授とは旧知の間柄でした。

一九六〇年ごろ世界銀行は、設立間もない日本道路公団がつくる東名・名神高速道路の事業費を融資することを検討中でした。その調査団の一員として、マイヤーソン教授は来日しており、英語がしゃべれる磯村先生と親しくなったそうです。

同じころ、マイヤーソン教授のほかに、コロンビア大学のエイブラムス教授、ＭＩＴのロドウィン教授らも世界銀行が実施する調査のメンバーとして来日し、磯村先生と親しくなりました。

率直に言って、当時の日本では、都市政策、地域開発を専門とする学者は多くありませんでした。さらに、欧米の専門家と英語で議論できる学者はほんとうにわずかでした。英語が話せて、当時アメリカの地域政策関係の学者と親しくしていたのは、後に国際基督教大学の総長になった鵜飼信成先生と磯村先生ぐらいだったと思います。

くりかえしますが、私は博士号を取ったあと、研究室で高山先生が引き受けた国や地方自治体の仕事をこなす、身分不安定な研究員として在籍しながら、六三年には絶対にアメリカへ行くぞ！　と、改めて決心をしました。アメリカの都市計画学の名門大学は当時ハーバードとＭＩＴ、それにカリフォルニア大学バークレー校でした。

私としては、欧州社会と結びつきが強い東部、つまりニューイングランド、できればボストンに行きたいと心に決めていました。

ハーバードからの返事

一九六二年（昭和三十七年）十二月に、ハーバードへ願書を出しました。すると六三年一月そうそうに返事が来ました。

「あなたはすでに博士号を取っているので、ハーバードの博士課程に入る資格がありません。しかし、あなたの願書はかなり具体的で、大学側としても興味があります。ポスト・ドクトラルのビジティング・フェローということで受け入れることにしました」

という内容でした。当時日本には「ポスト・ドクトラル」というシステムがなかったので、何のことだかわかりませんでした。ポスト・ドクトラルとは博士号を取ったあと、正規の講師や助教授になる前に就く、順番待ちのポストです。日本でいうと助手のような存在です。逆にアメリカには「アシスタント（助手）」という身分がありません。

アメリカで博士号を取ると、助教授（アシスタント・プロフェッサー）になり、準教授（アソシエイト・プロフェッサー）になり、教授（プロフェッサー）になる、この三段階があるのです。

しかしアメリカでも博士号取得者は増える一方で、助教授の枠はあまりひろがりませんから、時限付き研究職としてポスト・ドクトラル・フェローが生まれてきたのです。

逆に、日本の助手はアメリカのアシスタント・プロフェッサーに相当し、助教授はアソシエイト・プロフェッサーと同等です。最近は日本でも大学教員の位置づけはアメリカ流になりました。そしてポスト・ドクトラル・フェローも特別研究員として処遇されるようになりました。

ハーバードの許可書によればポスト・ドクトラルは授業料免除、教員会館（ファカルティー・クラブ）や図書室は自由に使えるとありました。ただし、残念ながら勉強部屋は与えてくれませんでした。

日本にはそういうシステムがなかったのでわからなかったのですが、ファカルティー・クラブのメンバーになることは、先生待遇なのだそうです。ファカルティー・クラブとは、教員食堂というか教員クラブのようなもので、ここで食事をしたり勉強会をしたりする、排他的な教員限定の組織です。

このメンバーになるということは、一人前の研究者として認められている証しなのです。しかし正直なところ、ファカルティー・クラブのメンバーになることより、授業料免除のほうが嬉しかったです。

ハーバードからこういった返事がきたことを、磯村先生に話しました。すると先生から、

「ファカルティー・クラブのメンバーになれるとはすごいではないか！　しかし訪問研究員とはいえ給料が出るわけではないから、あらかじめ日本で金の工面をしなければならない」と言われました。

お金を貯めるといっても当時一ドル三百六十円、実効四百円ぐらいでしたから大変なことです。

しばらくたって（多分六三年の三月ごろ）磯村先生は、

「ぼくの知り合いのマイヤーソン教授が、ジョイントセンターの所長をやっているので紹介しよう」

と言ってくれました。磯村先生はちゃんと紹介状をジョイントセンターに送ってくれました。六三年の三月に、ジョイントセンターから「あなたはハーバードのポスト・ドクトラルになる予定であるが、そこにいるより新設されたジョイントセンターの研究員になったほうがよい。ジョイントセンター所属の客員研究員という身分で受け入れましょう」と返事が来ました。私の身分は英語で「アフェリエイト・メンバー（客員研究員）」と書いてありました。

六三年に日本の日本地域開発センターがフォード財団から資金を提供されました。その額は五十万ドルでした。この機会に、ジョイントセンターと日本地域開発センターで情報交流ができないかと磯村先生は考えて、若造の私をその手先として送り出したのでしょう。

「新米の伊藤滋という研究者がハーバード大学のポスト・ドクトラルで留学することになったので、ジョイントセンターに所属させてもらえないだろうか」と磯村先生がかけあってくれたそうです。

六三年の五月に、私は都市工学科の正式な助手になりました。しかし、東大の助手の給料は二万円ぐらいでした。この安月給の若者に、日本地域開発センターはフォード財団から来た五十万ドルの中から一千五百ドルを出してくれることになりました。

ありがたいことでした。これだけあれば、一年間はなんとかなりそうに思いました。

六一年、私が学位論文を書いていた年の十月、東大に都市工学科が設立されるという内定が文部省（現文部科学省）から出ました。翌六二年の三月に私は工学博士になりました。六三年の三月にジョイントセンターから入所の許可書が来ました。五月に私は正式に都市工学科の助手になりました。この六二年の春から、六三年の秋に日本を離れるまでの一年半は、私のその後の人生を決める激動の一年半でした。

ハーバードから留学の許可がおりたのが六三年一月。磯村先生にそのことを報告したときには、すでに日本地域開発センターはフォード財団から資金提供を受けていたのです。お金の目処がちゃんとついていたので、磯村先生は私の話をジョイントセンターに持ち込んでくれたのだと思います。

東大に新設された都市工学科

私は、博士になった一九六二年（昭和三十七年）四月から翌年の三月まで、文部省採用の助手ではなく、非正規な都市工学科の助手として働いていました。

六二年四月、都市工学科八講座ができ、予算が決まりました。しかし、いっぺんに八講座ができるわけではなく、四年間に八講座、つまり一年二講座ずつできたのです。一年生で二講座、二年生で四講座、三年生で六講座、四年生で八講座となるのですから、都市工学科の第一回の学生は四年目になって、やっと八講座の教官全員と顔合わせできるのです。おまけに第一年目の二講座は、新講座ではなく既設講座の振り替えでした。純粋には六講座しか増えていないのです。

都市工学科は、建築と土木でつくった学科なので、土木四講座、建築四講座でつくっています。土木は衛生工学、建築は都市計画が主体です。両方合わせて都市工学科になったのです。

既設の二講座は建築の高山教授と土木の徳平教授の二研究室です。これで六二年にスタートしました。これらは既設講座なので最初の一年目に新任を採用することができません。二年目の六三年から新設の講座が始まるので、そこで初めて新任を採用することができます。私は六三年五月にやっと正式の助手になることができました。そのとき、私は満三十一歳でした。浪人せず大学に入り、五年で大学院を終了できれば満二十七歳で助手になれます。浪人と学士入学、無給助手とあわせて四年間、フレッシュな若い助手たちよりも無駄道を歩いてきたことになります。そのときの私の胸中は、感極まっていました。なぜなら、東大工学部の通常の学科で助手になる若手の研究者は、現役で入学し、理科一類を出て所属する学科で成績優秀でなければなりません。それが私はその点で全く資格のない回り道をした大学院生でした。もし都市工学科ができていなければ、どこかの財団の研究所に入所しているのが一番の近道だったでしょう。それが都市工学科ができるという機会にぶつかったことで助手の道が開けたのです。これは幸運そのものです。皮肉なことに、四年の無駄があったからこそ、この機会にあうことができたわけです。人生は何が起きるか判らない。本当に高山英華先生の研究室にいて良かったと思いました。日本の戦後の成長拡大の時代が、私のようなできの悪い研究者をひろいあげてくれたのです。

アメリカに行くのは一九六三年の八月です。あとで教員の先輩たちから「助手になって五ヶ月たらずでアメリカに行き、二年後に帰国したらすぐ助教授になるなんて！」と怒られました。

本来は一年で戻ってくるつもりだったので、その間まずは休職扱いになりました。休職中は月給が七割出ます。その給料はそのまま手つかずで私の口座にあずけられていました。

私のようにポスト・ドクトラルでハーバード大学に在籍し、ジョイントセンターのような国際的な研究所の客員研究員になるということは、これまで日本の都市計画の分野では全くなかったことです。アメリカでの給料は出ませんでしたが、その点、自由気ままに行動することができて運に恵まれました。

アメリカへは飛行機ではなく船で

渡米するにあたり、羽田からハワイ経由でプロペラ飛行機に乗って行くこともできましたが、私は船で渡米することにしました。

なぜその道を選んだかというと、一九六〇年（昭和三十五年）、私の父親がアメリカからヨーロッパ経由でフランスから東京まで帰ってきたからです。その克明な旅行記が本になりましたが、そのなかで書かれているゆったりとした船旅の魅力に引きつけられたからです（伊藤整『ヨーロッパの旅とアメリカの生活』新潮社刊）。

私も船で行くことを考え、父に相談すると、父が友人の三井船舶の進藤常務にかけあってくれました。それでサンフランシスコ行きの貨物船に乗せてもらえることになったのです。当時、安い船便というと、貨物船を利用することでした。なぜならば、大きな貨物船には数は少ないけれど客室がそなえられていて、船客サービスをしていたからです。しかし、この船賃は父親が支払ったので今でもいくらだったかわかりません。しかし安かったのは事実です。

その進藤常務が手配してくれたのは、飯野海運がつくった当時の新営貨物船「平島丸」という船で、一部コンテナーも積んでいました。新しくつくっただけあって、全体はねずみ色に、すみずみまできれいに塗装されて、大型で力強い印象を受けました。客室は六つあって、一室に二人泊まりますから、乗船客は十二名でした。

横浜から出港してサンフランシスコまでは船で行きます。しかしそこからボストンへ行くにはどうすればよいか、調べてみるとバスで行けることがわかりました。

アメリカでは当時、古参のグレイハウンド社と新参のコンチネンタル・トレイルウエイの二社の長距離バス会社がありました。そのうちのグレイハウンド社がこのバス会社が日本に支店を設けていました。なぜ日本の帝国ホテルの中に支店を設けていたかというと、復員する下級の兵士が故郷に帰るのに、鉄道や飛行機よりグレイハウンド社のバスを利用したほうが安かったからです。彼らは帝国ホテルの一室にある窓口で、長距離バスのチケットを購入していたのです。

そのことを友人から聞いた私は、さっそく帝国ホテルに行き、サンフランシスコ発ボストン行きのバス・チケットを購入しました。そのチケットは九十九ドルで、九十九日以内であればどこにでも行ける割安のチケットでした。つまり、その間であれば、どこへ行っても良い乗り放題チケットでした。

私は、「サンフランシスコから直接ボストンへ行くなんてもったいない。この機会を利用して、アメリカの都市をあちこち見て回ろう」と考えました。最短時間ではサンフランシスコから四日でボストンに行けます。私はそこを二週間かけて行くことにしました。

短い旅行ではないので荷物がいろいろあります。それをどうやって運ぶかが次の問題でした。大きなトランクに入れて三十キロぐらいになりました。母親が心配して何着もの洋服のほかに梅干しやらセンベイやらいろいろ詰め込んでくれたからです。船だから飛行機より多少多く運べると思いましたが、それでも大変な荷物になりました。

今もありますが、当時ジャパンエキスプレスという会社が海外への手小荷物の運搬を一手に引き受けていました。この会社は横浜にありました。日本通運ではありません。そこに依頼して荷物を運んでもらいました。

アメリカへ出航

旅客船だと旅立つ人をたくさんの家族や友人が見送ります。ドラが鳴り、テープも投げられて出航は派手です。でも私が乗ったのは、貨物埠頭である山下桟橋から出た貨物船です。見送りに来たのは両親と妹二人だけで、寂しいものでした。それでも妹たちが埠頭から声を大きくしてはげましてくれる様子を見ると、ちょっと目頭があつくなりました。出航は一九六三年(昭和三十八年)八月十四日の午後二時ごろでした。今から五十四年前の出来事です。

この船旅は横浜からサンフランシスコまで十一日かかりました。

船には私と同じような何人かの貧乏留学生がいて、お互い自己紹介し合いました。

一人は高校卒業したての学生で、親戚がカリフォルニア州のサンノゼにいて、そのつてでカリフォルニアの短大に留学するということでした。親戚がむこうにいるので緊張感もなく、のほほんとした子でした。その子が私と同室でした。

　もう一人は、東大の化学を出た助手です。奥さんと子ども二人を連れてどこかの研究室に行くと言っていました。

　また、東大の医学部で基礎医学をやっていた助手で、私よりちょっと年配のオジさんが乗っていました。彼はニューヨークにある基礎医学の研究所へ行くと言っていました。

　あと一人、とてもかわいい女の子がいました。十一日間の船旅の間、彼女はわれわれのアイドルでした。寺尾さんといいました。ＩＣＵ（国際基督教大学）を出た子で、お父さんは東大の電気学科の教授でした。そのお父さんも若いときにテキサスの大学に留学していたそうで、そのときの人脈をたよりに、彼女もテキサスのオースティンに留学すると言っていました。

　それからアメリカ人のオジさんが三、四人でした。

　船長、航海士は乗客と一緒に朝食、夕食をとりました。乗客に対するおもてなしです。とても雰囲気のよい食事でした。

　サンフランシスコまでの航路は、ハワイのほうから行くのだと思っていたのですが、実際は最短距離を通るということで千島列島からアリューシャン列島のアラスカのほうへ行きました。八月だというのに寒く、波が荒くなり新造船の平島丸でも大揺れをしました。船長は、貨物船はいつもこの大時化の海域を通るので、揺れるのは当然だと言っていましたが、それにしてもよく揺れました。幸いにも私は船酔いには強かったのですが、他の人たちは大変でした。

　船に乗ってから四日目ぐらいまで、日本語の短波放送を聞くことができたのですが、五日目から日本語の放送が聞こえなくなり、英語放送になりました。そこから私のカルチャーショックが始まったのです。

　もちろん出発前に英語の勉強はしてきましたが、実践的なことは何一つやったことがありません。平島丸も日本人の乗客が多かったので、言葉で不自由することはありませんでした。それが急に英語の短波放送が始まり、日本語放送が聞けなくなったのです。アメリカの荒っぽい英語を聞いて「いよいよオレは、一年間日本と縁が切れるんだな……」と身に染みて感じました。

それから帰るまでの二年間（予定より一年延長）、ラジオもテレビもすべて英語です。私は、日本語とは〝久遠の別れ〟をしたとこの瞬間に思いました。

私たち日本人の乗客は、初めてリアルな英語を聞いてショックを受けたのです。その中で一番英語を理解していたのが、ＩＣＵを出た女の子でした。何を言っているのか、彼女が私たちに教えてくれました。

アメリカで受けた最初のショック

サンフランシスコに到着すると、第二のカルチャーショックを受けました。船がサンフランシスコのゴールデンゲートブリッジの下をくぐったとき、この橋の巨大さに圧倒されました。「日本はなんで、アメリカと戦ったんだろう。なんてバカげたことをしたのだろう」と痛感しました。ゴールデンゲートブリッジが完成したのは一九三七年（昭和十二年）、アメリカは第二次大戦よりはるか前に、こんなに大きくて立派な橋をつくる技術を持っていた国でした。そんな国と戦争をして、勝てるはずがありません。

ゴールデンゲートブリッジのところで船が止まり、検疫を受けました。タラップにあがってきたアメリカ人の係員が、早口の英語でパパパパーッとしゃべりますが、何を言っているのかさっぱりわかりませんでした。とたんに、われら日本人は彼らと対等な扱いは受けず、まるで捕虜収容所にいるような感じを受けました。英語がしゃべれない、ということでこれだけ差別を受けるのかと、初めて痛感したのです。

街並みを見て、日本と比べてあまりにも街の格が違うことに驚かされました。当時の日本といえば、木造バラックが建ち並ぶ、粗末な街並みがまだあちこちに残っていました。ところがサンフランシスコは違います。サンフランシスコの市街地では木造住宅がたくさん建ち並んでいます。しかし、その住宅の一戸一戸がとてもしっかりしたつくりになっています。そして、この木造住宅は三角屋根の二階建てです。二階にはかわいいバルコニーがついています。外壁はすべて白ペンキで塗られていました。太陽の日差しをあびて、この白い外壁のつながりが輝いて見えました。木造の住宅は同じくらいの高さと大きさで整然と建ち並んでいました。街路と建物がきれいに調和していました。私は都市計画家だからこそ、余計そう感じたのかもしれません。

このサンフランシスコの街並みを見て、日本で都市計画は「ない」のも同然だと思いました。白くペンキを塗られた大きな住宅のつながり、きれいに手入れされた庭には、小さなプールまでありました。そして巨大な土木構造物のゴールデンゲートブリッジとベイブリッジを目の当たりにしたとき、第二次大戦の口火をきった日本軍人の独りよがりと思い上がり、国際的な視点の欠如を、心の底から思い知らされました。絶対勝てない国と、日本は戦争をしたのです。その責任を昭和十年代の日本の首脳たちが厳しく問われることは当然だと思いました。

誰も迎えに来てくれない

サンフランシスコに上陸しました。正確に言うと、サンフランシスコの対岸にある工業都市オークランドの貨物岸壁に着いたということです。乗客は次々と下船していきます。ところが私はこれからどうしていいのかわかりませんでした。

ジャパンエキスプレスに頼んだから、アメリカ側の代理店の人が来て、その後の私の荷物の手配をしてくれると勝手に思い込んでいたのです。ところがジャパンエキスプレスの仕事は、私の荷物をオークランドで降ろすところまでだったのです。

ＩＣＵの女の子には、多分お父さんの助手でしょう、若い男の子が迎えにきていました。私と同室だった男の子にもちゃんと港に迎えのアメリカ人が来ていました。東大の化学の人にも、誰か迎えにきていました。

一人減り、二人減り……残ったのは私と例のドンカンな医学部の助手だけです。荷物を抱えて、これからどうしようかと途方に暮れていると、私と船で同室だった男の子を迎えにきていたホストファミリーのお父さんが「君たち、これからどうするの？」と声をかけてくれたのです。この一声は本当に、本当に有り難い救いの声でした。

私は「ボストンまで行きたいのだけれど、荷物をグレイハウンド・バスの貨物ターミナル（貨物駅）まで持っていかなければならないのです」と、たどたどしい英語で応えました。しかし、私はそのバスターミナルがどこにあるのかが、全くわかりませんでした。親切にもそのホストファミリーのお父さんが、私たちとトランクを、彼の大型バンに詰め込んで、グレイハウンド・バスの貨物ターミナルまで連れていってくれました。そして彼はちょっとニヤッとして「グッドラック」といって別れました。

残されたのは私と医学部の助手。

その貨物ターミナルで、自分たちの荷物を手荷物扱いで運んでくれるよう、英語で頼むのがこれまた一苦労でした。黒人の係員はとても速くしゃべります。こちらの英語は全く彼らに通じません。ラチがあかないので係員が紙に英語を書いて、筆談で話を進めることができました。

わかったことは、私の荷物はボストンのグレイハウンド・バスの貨物ターミナルまで、手荷物で運ばれる。ボストンにこの手荷物が着くのは一週間くらい後であるということでした。グレイハウンド・バスの貨物ターミナルでのこの一件は、私がアメリカで初めて行った「世紀の大仕事」だったのです。私の荷物が貨物ターミナルの手荷物置き場に置かれるのを見たとき、今までにない大きな疲れがドッと襲ってきました。

アメリカで過ごす最初の夜

とりあえず身軽になった私たちは、一晩サンフランシスコで過ごさなければなりません。

まずはどこに泊まるか、宿場探しとなりました。しかしどこのホテルに泊まってよいのかさっぱりわかりません。地図を頼りにあっちへウロウロ、こっちへウロウロ。そのうちに安宿街を見つけることができました。しかし宿に泊まるのも英語で交渉しなければなりません。どこに言っても「満室」という理由で断られました。変な日本人とは付き合わないほうが良い、ということだったのでしょう。

そのとき「サンフランシスコには、日本人の移民がたくさんいるから、もしかしたら日本人が経営している宿屋があるかもしれない」と思いました。さらに散々歩き回って探し回り、やっとのことでKusano Hotel

（草野ホテル）という四、五階建ての小さな宿を見つけました。

思ったとおり帳場にいる日系のおじいさんには、日本語が通じました。二人で一部屋を借りて、荷を下ろし、やっとアメリカでの第一日目を終えることができました。部屋は八畳ぐらいの大きさでした。清潔なベッドカバーを取り除き、やわらかいベッドに身を横たえたとき、「アーア、アメリカにオレはいるのだ。これからどうするのか、どういうことが起きるのか」という思いで頭がいっぱいになりました。

今でもそのホテルのことは鮮明に覚えています。その後、何度もサンフランシスコへ仕事で訪れているのですが、二十年ぐらい前、Kusano Hotelがあった場所に行ってみました。しかし残念ながらもうなくなっていました。

翌朝、朝食をどうするか、これもまた問題です。ホテルでは朝食のサービスはやっていません。とりあえず外へ出てみました。するとホテルの周辺にはカウンターだけの軽食屋があり、ベーコン、トースト、コーヒーぐらいは食べられそうでした。ここでまた英語で注文するのに四苦八苦。

たしか一ドル五十セントぐらいだったでしょう。当時の値段で六百円ぐらいでしたから、日本の朝食とくらべればとても高い値段でした。その代わり、朝食だけでかなりのボリュームがあり昼食を食べずにすみそうでした。

昼食を食べずにすむということは、店に入って英語で注文するという行為をしなくてすむのです。とにかく、英語で交渉することが大変でなりませんでした。安宿に泊まり、食事代もまちまちの旅行をしているのですから、私はお金が減ることにとても敏感でした。ですから軽食屋でも、そのおやじさんが何を言っているのかわからず、ごまかされて高い食事代を請求されることにとても神経質だったのです。英語がわからないのに、金勘定にピリピリするのはとても神経にこたえるものです。そのことをアメリカ上陸一日目でいやというほど思い知らされたのです。

カウンターでホッと一息。医学部の助手と二人、これからちゃんと目的地へ行けるか不安になりました。

マイヤーソン教授と会う

サンフランシスコに上陸し、草野ホテルに宿をさだめた私にとって、一番大きな仕事は磯村先生から〝会うこと〟を指示された、マルティン・マイヤーソン教授に会うことでした。

マイヤーソン教授は、英語で会話が成立するという点で、日本の学者グループのなかでは磯村先生と一番近かったと思います。そして両先生とも学問分野が都市社会学であったから、お互いを良く理解できたのでしょう。このマイヤーソン教授は、一九六一年に設立されたMITとハーバード大共同の都市研究所の初代所長になりました。そのとき、彼は四十歳になった直後でした。そして所長在任二年たった後に、カリフォルニア大学に新しく設立された環境デザイン学部(College for Environment Design)の初代学部長(Dean)に任命されました。このように大きな昇進の階段を駆け上がっていく彼の経歴の積み重ねは、学問と同時に社会的な業績をしっかりと評価できる、アメリカのアカデミズムの世界だからこそ初めて実現できたことなのでしょう。彼が当時四十一、二歳としますと、私はそのとき三十二歳でしたから、十歳も違わない年齢差です。つまり、私がアメリカに旅立つ一九六三年の六月に、マイヤーソンはカリフォルニア大学バークレー校に招かれたのです。私がサンフランシスコに上陸したときに、マイヤーソンもバークレー校の環境デザイン学部の学部長になってわずか二ヶ月程度しかたっていなかったのです。

草野ホテルから私にとっては初めてのVIP訪問です。必死になって、サンフランシスコの通勤バスターミナルを探しだし、バークレーキャンパスまでバスで行きました。バークレーキャンパスは西と南に向いたなだらかな丘に広がっています。私はそのキャンパスが色鮮やかな花木と草花で覆われていることに驚きました。このキャンパスの雰囲気は日本の大学の暗くて肩をはったような雰囲気とは全く違いました。学部長室のある校舎は、ガラスを多用した明るい建物でした。彼マイヤーソン教授は笑顔で私を迎えてくれました。彼はゆっくりと私に向かって話しかけてくれました。しかし残念なことに、私の英会話能力はあまりに拙劣でした。彼の話している内容をほとんどつかまえることはできなかったのです。

しかし、マイヤーソンが〝伊藤がジョイントセンターに赴けば、ちゃんとそこで研究員として働けるように段取りしてあるから、安心して良い〟という語りだけは理解することができました。私はそのときマイヤーソンに何を話したかは記憶がありません。多分〝このたび日本に初めて都市計画専門の学科ができた。そこで、私の上司の教授たちに、アメリカの都市計画教育の実情をちゃんと調べてほしいと私は言われた〟といった〝月次〟の挨拶をつたない英語で精一杯話したのでしょう。そのときの二人の関係は、年の差が二十歳を超える実力教授が、新米助教授に学校でのこれからの講義のやり方についてやさしく手ほどきをしてくれるといった状況でした。それは比喩的に言うならば、当時の自信満々のアメリカと何でも教えてほしい日本との立場そっくりであったでしょう。

その会話の途中に、背の高い建築家風の若い男が入ってきました。マイヤーソンは彼にどうやらこれから頑張って仕事をしろと言っているらしいのです。彼は（そのとき初めて私は知ったのですが）コストリスキーという都市デザイナーであったのです。彼はハーバードの都市計画学科の卒業生でした。在学中にマイヤーソン教授と特に親しく付き合っていたと彼は言っていました。卒業後、どこかの建築事務所に勤めていたのです。しかしアメリカの諸都市で再開発が活発になってきた状況を見て仲間四人と都市計画と建築の事務所をボルティモアに開設。その開設の挨拶で、マイヤーソン教授のところに来たというのです。その四人の名前は、Rogers、Tafiafero、Kostritgsky、そしてLambでした。したがって事務所名はＲＴＫＬになるということでした。彼は私に小さなアーバンデザインの手法に関する小冊子をくれました。そのとき私は、彼はその営業活動範囲を日本にも広げようとしているのかなと感じました。彼は気さくな男でした。話し相手を安心させる雰囲気を持つ男でした。私と同じくらい、つまり三十代になりたてくらいの年まわりであることが判りました。その後、ＲＴＫＬはボルティモアを本拠地として立派に成長し、アメリカ有数の都市デザイン事務所になりました。マイヤーソンは社会学の他に、都市デザインにまで人的ネットワークを広げていったということです。その後、二十年くらいたって、マイヤーソン教授はカリフォルニア大学を去ったあとに、学者の最高のポジションとして、ペンシルベニア大学の学長になっています。学者としての立派な花道を歩いたということです。

ロスアンゼルスに行く

草野ホテルに滞在している間、医学部の助手と今後どのように旅路を進めるか相談しました。私の予定として、まずはロスアンゼルスに行くことでした。なぜならば、私の妹の英語の先生であった村山先生は、戦前アメリカで生活していたという、とても優秀な女性であり、その彼女の姉がアメリカの兵隊と結婚し、ロスに住んでいたからです。その住所を教えてもらっていたので行くことにしました。その後、私はグランドキャニオン、アルバカーキ、アマリロ、タルサと、アメリカ南部の街を見てみたいと考えていました。その道筋は、アメリカの小説家ジョン・スタインベックの著作『怒りの葡萄』で語られている、オクラホマの貧農の家族が、緑したたるカリフォルニアにおもむく壮大な馬車の旅のルート、国道66号でした。この農民たちとは逆に西から東にたどる道筋であったのです。

元々、私は地図が好きなので、以前からアメリカの地図を眺めていました。せっかく九十九日有効のバス・チケットを持っているのだから、可能なかぎりあちこち見て回りたかったのです。

ところが医学部の助手にとっては都市を訪ねることは全く関心のないことでした。付き合う気はないと言われました。結局ロスまでは一緒に行き、その後彼は飛行機でニューヨークに向かいました。私はグレイハウンド・バスでアメリカを横断したのです。

ロスに着くと、今度は私たちに迎えの人が来てくれていました。私が草野ホテルから、私の妹の英語の先生のお姉さんに連絡を取りました。ロスに到着するバスの日時を伝えていたので、お姉さんとご主人が二人で迎えに来てくれたのです。

オークランドに着いたときとは違って、迎えの人が来てくれていることが本当に嬉しく、心強かったです。

お世話になったところは、普通の庶民のお宅でした。

ご主人は日本で軍隊にいて、兵役解除になりロスアンゼルスの工場で働いている実直な労働者でした。奥さんである村山さんのお姉さんは、多分日本では上智か青山を出たと思われる知的な女性でした。しかし、白人と日本人という異人種結婚の社会的立場と、工場労働者の低賃金の生活の両方を肩に背負って、目をつりあげるようにして、家をきりもりしていました。本当にお姉さんには同情しました。

お姉さんの住宅は、一戸建ての平屋で床面積約四十坪、部屋は寝室が三室、敷地面積は百坪といったところでしょうか。高速道路が通るすぐ近くの丘の上に建っていました。土地柄はあまり豊かではない白人の住宅地でした。この家で私が一番びっくりしたことは、大きな冷凍庫がデンと台所の真ん中に置かれていたことです。冷蔵庫やテレビは日本でもそろそろはやりだしていたから驚きませんでしたが、この冷凍庫の大きさには驚きました。お姉さんは一週間に一回、ショッピングセンターに行ってまとめ買いをするから、大きな冷凍庫が必要だと言っていました。その巨大なショッピングセンターそのものの存在が、私にはまたカルチャーショックでした。

ご主人がせっかくロスに来ているのだからと、車で街を案内してくれました。ロスは高速道路が四方八方に張り巡らされた都市で、都市計画家としてはぜひ見ておきたいところでした。そこでご主人に、どこへ行きたいというわけではないが高速道路を走ってみたい、とお願いして連れて行ってもらいました。

高速道路から見たロスの景色は、どこまで走っても市街地です。平坦な市街地が限りなく広がっていました。地平線に至るまで住宅地でした。まず最初に驚いたことは意外と緑が多かったこと。次に驚いたのは大通りには三、四階建ての煉瓦づくりの長屋が続き、その裏には、平屋の戸建て住宅地という単純な市街地の連続で、高層棟の集合住宅は見られなかったことです。ですから高速道路から見ると、すべての住宅地が緑の樹木の中にあり、平屋建ての住宅が延々とつながり、どこが中産階級住宅地で、どこが低所得者の住宅地かわかりませんでした。ロスはスラム街ですら緑があるので一見キレイに見えました。後でわかったのですが、ロスアンゼルスの金持ちはこの平坦な市街地には住んでいません。海に面して、平坦な市街地を北と西に区切る山脈の麓にぜいたくな家を構えていたのです。

何にもまして嬉しかったのは、ロスアンゼルスで生まれて初めて都市内の高速道路網を走ったことでした。一九六三年（昭和三十八年）当時、まだ日本には都市内の高速道路はありませんでした。私が留学している間に、東京オリンピックが開催され首都高速道路ができたのです。

ロスの高速道路は街中を縫うようにして走っています。私にとってそれはまさにサイエンスフィクション、二十一世紀の未来社会のような印象を受けました。鉄道は全くありません。そして高速道路が交通の主人公で、平面を通る一般の道路は、その主人公に仕える従者の立場でした。

網の目のように張り巡らされた高速道路は、片側二車線の道路はありません。大体が三車線か四車線、なかには五車線の道路もありました。そこを混んでなければ百マイルの速度で乗用車が走っているのです。アメリカの都市文明とはこういうものだということを目の当たりにしたのです。あまりにも日本の都市づくりとは違っていたのです。

グレイハウンド・バスの一人旅スタート

お世話になったお姉さん夫婦の家を後にし、ロスから一人旅が始まりました。

ロスアンゼルスから乗ったグレイハウンド・バスは、シカゴ行きの長距離バスでした。銀色に光る車体のこのバスはとても大きく、当時の日本のバスの二倍の長さがありました。後輪は二軸で客室の後部は前部と比べて三十センチほど高くなっていました。シカゴまで行く乗客はおりません。皆、途中のバスターミナルで、途中下車します。運転手も三時間ぐらいたつと交代します。つまりバスだけがシカゴに行くのです。地図上の高速道路沿いの距離は約二千五十マイル（三千三百キロメートル）です。時速百キロメートルのバスに乗って三十三時間、約一日半はかかります。実際には途中のバス休憩時間を入れれば丸二日の行程でしょう。ちなみにロスアンゼルスとボストン間の道路距離は二千八百マイル（四千五百キロメートル）です。私が初めてバス旅行をしたサンフランシスコとロスアンゼルス間は四百十マイル（六百六十キロメートル）です。

運転手たちは軍人のようにたくましい体つきの人たちでした。長時間、長距離を運転する間にバスの中で、トラブルが発生する場合があります。運転手はそのことに対応しなければなりません。ですから警察官のように大柄な運転手が必要になったのでしょう。多分、車内である程度の警察的な権限を持っていたのだと思います。腰に警棒を下げていました。乗客は、買い物かちょっとした用事でロスアンゼルスに来た中高年のご婦人が意外と多く、その次にやはり黒人のおじいさんたち、そして子どもづれの家族でした。当時、黒人差別問題が激しくなっていましたが、座席をめぐって黒人は後ろ、白人は前という扱いはなかったと思います。それは黄色人種の私の席がどこでもよかったことからきた、私のいい加減な印象かもしれません。

バスはロスアンゼルスからアリゾナ州に入り、フラグスタッフという人口が当時は七千人ぐらいの田舎町（二〇一〇年現在は七万人）に停車しました。高層ビルどころか、四、五階建てのビルも一軒もない、木造二階どまりの全くの平らな街でした。土はとても赤っぽくて乾いていました。街路樹もまばらにたっているだけでした。ロスアンゼルスから距離にして八百キロメートル（東京から下関ぐらいの距離）、時間にして十一時間、延々とバスに乗りました。

そこから地元の観光バスに乗ってグランドキャニオンを見に行きました。これが私にとって、アメリカで最初の観光旅行です。

とにかく「大きい」の一言でした。グランドキャニオンは想像以上の大きさだったのです。垂直の崖は深さ一キロメートルに達します。その崖と崖にはさまれた巨大な峡谷が延々と樹枝状にわかれながら地平線までつづくのです。その峡谷の幅は五キロメートルから十キロメートルはあったでしょうか。谷の底を流れる川も実際は大きいのでしょうが、とても小さく見えました。崖の上は真っ平らに赤土が積み上がった土漠が地平線までつづいています。アメリカは巨大です。その巨大さは農業地帯の麦畑やトウモロコシ畑、そして工場地帯にも当てはまるのでした。日本のせせこましくて湿っぽい風景を思い起こして悲しくなりました。

バスの旅は続きます。有名な「ルート66（現在は州間高速道路40号）」を通って次に訪れたのがニューメキシコ州アルバカーキ、次がテキサス州のアマリロ、そしてオクラホマ州のオクラホマシティとタルサでした。フラグスタッフを夕方に発ってバスに乗ること七時間、真夜中に着いた街がアルバカーキでした（当時の人口は十万人、二〇一〇年現在は五十二万人）。

到着したバスターミナル周辺には、人影が全くありません。しかし煌々と街灯がついていました。乾ききった空気が冷やっとして、肌が心地よくなりました。バスターミナルの周りには、木塀にかこまれた大きな戸建て住宅が並んでいました。その庭からサボテンの樹がニョキッと突出していました。どんな人たちがこのような砂漠の街で暮らしているのか不思議でした。おまけにアメリカの田舎町はとても広い道路が格子状に組み合わさって広がっています。その道路が明るい街灯でやけにくっきりと浮かび上がっていました。私の目から見た真夜中のアルバカーキはまるで、地球外のどこかの星にあるような街でした。

深夜営業しているファストフードの店もありました。これは当時の日本とは大違いでした。

そして私はこのバスターミナルで、生まれて初めてコカ・コーラを売っているベンディングマシーン（自動販売機）を見ました。

タルサではYMCAに二泊しました。あらかじめ東京でグレイハウンド・バスの営業所の人のアドバイスでYMCAの会員になっていたので、YMCAという安宿に宿泊することができたのです。タルサのYMCAに行くと受付の女性が私の顔を見て、ちょっと怪訝な顔をしました。タルサがあるオクラホマ州は映画「オズの魔法使い」で有名です。ここはアメリカの完璧なディープ・サウスです。つまり一九六五年（昭和四十年）でもアメリカの南部には、根深い人種差別があったのです。黄色人種である私が現れたことは、彼女にとって好ましいことではなかったのでしょう。

ところがYMCAの会員証を提示したとたん、対応が変わりました。彼女は私よりちょっと高いくらいの背丈で小柄でした。そしてショートノーズの小顔できりっとした美しさがありました。私は彼女を見たとき、これがアメリカ南部のフランス系の血をひいた女の子だと思いました。彼女を見て話をするだけで、このオクラホマ州タルサのＹＭＣＡにきてよかったと思いました。それほど知的でキリッとして、しかもにこやかな笑顔の女性でした。

彼女はにこっとしながら、親切にＹＭＣＡの使い勝手を教えてくれました。彼女にとってもこのような田舎町のＹＭＣＡに日本人が訪れたのはとても珍しかったに相違ありません。そのときの宿代が一ドル五十セント。食事代がたしか五十セントだったと思います。

ＹＭＣＡの個室は本当に質素でした。ベッドと小さなテーブルとトイレがあるだけでした。浴室はなく、共同で使えるシャワー室がありました。まるで刑務所の監獄のようでした(とはいっても想像の話ですが)。しかし、ここでもまたカルチャーショックでした。初めてコインランドリーを使ったのです。つまり、自動洗濯機でした。

ボストン行きのこのバス旅行の道中、私にとってカルチャーショックだったのは、前述したベンディングマシーン、コインランドリー、そしてスーパーマーケットでした。

スーパーマーケットには日用品と食料品が揃っていて、日本の百貨店から高級商品売場を除いて「その他」を平らにして広く伸ばしたように思いました。店内を見て回るだけでとても楽しかったのを、今でも覚えています。

また、アメリカの高速道路沿いにファミリーレストランがありました。ハワード・ジョンソンというチェーン店です。このハワード・ジョンソンは当時アメリカの高速道路に沿って広がっていた、全米に広がる数少ないチェーンレストランでした。その後のアメリカ滞在中、自動車旅行のときには値段も安く、よく利用しました。

セントルイスからこのバスに若い日本人の男性が乗り込んできました。彼はシカゴに住んでおり、働きながら専門学校に通っていると言っていました。バスで日本人同士が一緒になることは、奇跡みたいなものでした。そして彼から「シカゴに仲間がいるから一緒に行ってちょっと顔を出さないか」と誘われたのです。

セントルイスからシカゴへ……数少ない日本人同士、お互いが情報交換がしたかったのです。そこで連れて行かれたのが、貧乏飲み屋。日本人や中国人など、アングロサクソン系から差別されている人たちが集まるところでした。でもみんないい若者たちで、明るく楽しい時間を過ごしました。

私がバス旅行をした昭和三十八年、そして私がシカゴの安い飲み屋で、貧乏だけれど明るい日本の若者とおだをあげていた昭和三十八年、アメリカはアメリカンドリームのまっただ中にいました。ケネディ政権のアメリカは、世界で一番健康的で豊かな国でした。アメリカの正義は世界の正義であった時代でした。そのアメリカに私はこのようにして首を突っ込んだのです。

2章

ケンブリッジでの研究と生活

ボストンに到着

アメリカの入学式は九月中旬です。オークランドに平島丸で着いたのが八月二十五日。それからバス旅行が始まりました。サンフランシスコで三日、ロスアンゼルスで二日、グランドキャニオン、アマリロ、タルサ、セントルイスと一泊ずつして、シカゴで三泊、クリーブランドで二泊、これで十四日たちました。泊まるホテルはすべてYMCAでした。急いでボストン（ケンブリッジ）に着かなければなりません。

授業開始までに五日間ぐらいは必要です。クリーブランドからエリー湖沿いに、バッファローからシラキュースを経由してボストンに直行しました。ボストンに着いたのは九月九日の夜遅く、十時ごろでした。人影もまばらになった、薄暗くて汚れたバスの待合室を出ると、一人の日本人が「伊藤さんですか？」と声をかけてきてくれました。この方が浅見定雄さんでした。彼にはクリーブランドから電話をかけて到着時間を伝えていました。バスが遅れて二、三時間、私を待っていてくれたのです。迎えの人がいることは本当に有り難いことです。

浅見さんはハーバードの神学部で博士論文を書いているプロテスタントの牧師さんの留学生でした。

私の所属していた東大の高山研究室では、私の弟分に渡辺俊一さんという学生がいました。渡辺さんはクリスチャンで、ハーバードの大学院の院生となり、私より先にケンブリッジに来ていたのです。ケンブリッジのキリスト教会の活動を通じて浅見氏と知り合いになり、その渡辺さんから私のことを頼まれていたのです。

浅見さんのオンボロ車に荷物を載せてまず彼の家に案内され、そこで奥さんがつくってくれた日本食をご馳走になりました。日本食を食べたのは平島丸に乗っていた八月二十四日ごろが最後でしたから半月ぶりでした。味噌汁とあったかくて白いご飯のおいしさが、体の中に染みこみました。本当に日本人同士とは良いものです。外国にいるという緊張が一瞬とけました。なぜ私は、何もかもストレスに感じるアメリカに来たのかと、ちょっと後悔もしました。そのとき、意外なことに浅見家で私は気付きました。

それは部屋の明かりがとても暗く感じたことです。天井から日本のように蛍光灯が下がっておりません。明かりは全部白熱球でしかもすべてがスタンドからでした。手元を照らしているのです。間接照明でした。日本のただただ白く明るく部屋を照らす蛍光灯は、アメリカ人から見ればずいぶんお粗末な発展途上国の文明だったのでしょう。工場の照明のようだったのです。

それから私の下宿先へ連れて行ってもらいました。到着したとたん溜まっていた疲れのせいもあり、そのままベッドへ倒れ込みました。翌日の昼まで起きませんでした。

渡辺俊一さんの話によると、浅見さんは一九六四年（昭和三十九年）には学位を取り、日本に戻って東北学院大学の教授を長く続けられ、定年退職されたということでした。

下宿先はマサチューセッツ州ケンブリッジ市アーヴィング通り四十四番にある下宿屋です［P14／ph 1］。私の部屋は建物の三階、屋根裏部屋でした。ここの家主はドン・バイロン（ちょっとフランスの有名な詩人に名前が似ていませんか？）といって、ハーバードのカレッジを出た男です。なんでこんな下宿屋稼業をしているのか、後でこの下宿先の留学生間の話題になっていました。しかし彼はなかなかしっかりとした家主で三階の屋根裏部屋を五つに仕切って貸していました。表通りに面して三部屋、裏庭に面して二部屋です。私の部屋は裏庭に面しているほうでした。

三階の五部屋のほかに、二階に五部屋、一階に四部屋、全部で十四部屋でした。建物自体は古く、私が下宿をしていた当時すでに築五十年はたっていたでしょう。もともと小金持ちの家だったと思われます。なぜそう私が考えたかというと、地下に掃除人の部屋があったからです。多分、この建物ができた第一次世界大戦の後には一階に客間、二階に自分たちの寝室、三階は使用人の部屋、そして地下には暖房と掃除を引き受ける雑用係の部屋というように使われていたと思います。私の部屋はその使用人の部屋でした。昭和初期の資本主義が花咲いたころ、つまり大恐慌直前のアメリカでは、小金持ちでもそれだけ使用人を使っていたのです。

このアーヴィング通りの両側には、同じように大きな家が並んでいました。そのほとんどの家で家主が一階に住み、二、三階を学生や研究者に貸している、古いけれどそれなりの格式のある賃貸アパートでした。

なぜこの下宿屋にきたかというと、話は私が東大建築の大学院で博士課程の二年だったころまで戻ります。そのとき、高山研究室に卒業論文で入ってきた学生がいました。当時、東京オリンピックの仕事で忙しかった高山先生は卒論の面倒まで見てられないと、卒論の学生を大学院生に預けていました。一九六〇年（昭和三十五年）の秋、私がこの渡辺俊一さんという学生の面倒を見ました。久我山の私の家に連れてきて、食事をおごったりしました。当時の貧乏学生は、この食事の恩は後々まで忘れませんでした。渡辺俊一さんもその貧乏学生でした。

彼は都市計画で算術を使って町の調査をし、統計学的に通勤・通学者の流れを分析した論文をまとめました。卒業設計もなかなか立派でした。つまり貧乏ではあっても彼は優等生であったのです。

ある日、渡辺俊一さんは私に「実は新潟のロータリー財団から奨学金をもらいアメリカに留学することになりました」と言ったのです。それでアメリカに留学することになりました」と言ったのです。私もよく知らなかったのですが、ロータリー財団は昔から財政が豊かで、アメリカに留学したい若い日本人の学生たちに奨学金を出していました。

渡辺俊一さんは新潟出身のクリスチャンでしたからアメリカにも、キリスト教のネットワークがあったのでしょう。その人間関係を使いながら新潟のロータリー財団から奨学金を得たのです。彼は若い学生でありながら、私よりも人生設計ではすぐれていました。

いくつかの大学に願書を出し、ジョージア工科大学の大学院の都市計画学科に行くことになったと、彼は言いました。

卒論が終わり、四年を終えた渡辺さんはすぐ渡米して、ジョージア工科大学の大学院に入学しました。そこで成績が優秀だったので、ハーバードの大学院の都市計画学科に二年から編入することになったのです。それが一九六二年九月のことでした。

私がハーバードへの留学が決まった六三年一月に、

早速彼に手紙を書きました。彼からは、ハーバードの修士課程が終わって、プエルトリコ政府の都市計画課に就職することになったと、返事が来ました。ハーバードの都市計画学科に所属する学生も、すでに国際化が進んでいて、外国人が多かったようです。そして就職先も国際的に広がっていたのです。

彼の手紙には次のように書かれていました。

「私は一九六三年六月にハーバードを卒業してプエルトリコに行きます。伊藤さんは同じ年の九月には大学院の客員研究員になります。その間三ヶ月だけ前もって家賃を伊藤さんが払ってくれれば、私が住んでいたところはそのまま居抜きで伊藤さんが住めるようになります。改めて不動産屋に行って、下宿先を探す苦労が省けます。これは名案ではありませんか？」

という内容でした。海外留学に不安が高まっていた私には、彼の申し出は渡りに船でした。家賃は毎月六十五ドルでした。日本円に換算して二万四千円です。それが相場として高いかどうかわかりませんが、ＯＫという返事を出しました。三ヶ月分の家賃は私がアーヴィング通りのその下宿に着いたら家主にまとめて払うことを、付け加えました。

彼が住んでいた下宿部屋というのが、実は私が住むことになった三階の〝この〟屋根裏部屋だったのです。つまり、彼と私は入れ違いになったわけです。

たしかに、右も左もわからないボストンですから、あらかじめ住むところが用意されていれば助かります。実際アメリカの下宿とはどんな家か、来るまでわかりませんでした。日本の貧乏学生が住んでいる東京の下宿と、さほど変わらないだろうと思っていました。しかし来てみてびっくり。三階建ての大きくて立派な家でした。下宿というより木造三階建てのアパートでした。

この渡辺君の友人の浅見さんが、私がくるまで渡辺君がいた部屋（つまり私が住むことになる部屋）の鍵を預かってくれていたのです。そして私をバスターミナルまで迎えに来てくれたのです。

浅見さんは日本からではなく、アメリカのプロテスタント宗派から得た奨学金で生活していました。その奨学金は私が日本地域開発センターから得た千五百ドルよりも、ずっと多かったようです。

浅見さんはケンブリッジでもう二年も暮らしていると言っていました。おだやかに私のこれからの生活について、アドバイスをしてくれました。日本食の食材はどこで買ったらいいか、新聞はどこで売っているか、銀行はどうしたらよいか、そして自動車の免許はどうやって取れるか、といった明日からの生活に関することでした。あとでわかったのですが、彼は私と生まれた年が一九三一年で同年でした。しかし、そこには初めての留学生を気遣ってくれる配慮がありました。彼はとても素晴らしい人でした。こんな牧師さんなら、キリスト教の話を聞いてもいいかなと思わせる人でした。

アーヴィング通りの下宿

私が住んでいた部屋は、ファーニッシュドといって、あらかじめ家具が揃っていてすぐ生活できるというふれこみの部屋でした。しかし実際家具は揃っていましたが、どれも中古品のガラクタでした。

まずはベッド。それは木枠の上にワラマットが置かれたシングルベッドです。小さな洗面台とガス台、これで何とか食事の準備ができます。それに建て付けの悪い衣裳ダンス。あとは三、四十年たった小さな書斎机とイス、どこの古道具屋にもっていってもおかしくない代物でした。その他にこの部屋には電気冷蔵庫が置いてあったのです。日本にいたとき、わが家にGE（ゼネラル・エレクトリック）のイギリスの会社が製造した冷蔵庫がありました。当時は国産より外国製のほうがデザインも性能もよかったのです。

ところが私の部屋の冷蔵庫は、そのような現代の冷蔵庫とは全く比較にならない旧式の冷蔵庫でした。冷蔵庫の上に放熱器がついていました。放熱器がちょうど人間の頭で、その下の胴体部分が四角い冷蔵庫であるという形をしていました。多分第二次大戦前のものだったのでしょう。その冷蔵庫が活発に動いていると、夏になると部屋の中がとても暑くなりました。

私の部屋以外の各部屋にも洗面台を兼ねた小さな流しと食器入れがありましたから、朝食はそれぞれの部屋ですますことができました。しかし、それらの部屋にはガス台がないから温かい食事はつくれません。さらに、シャワールームとお手洗いは共同でした。それらはそれぞれ各階に一つずつありました。そして一階の北東の角に比較的大きな共同の台所と食堂がありました。ここに下宿人が使える大きなガス台、それに大きな冷蔵庫と大きなテーブルが置いてありました。ここが下宿人のたまり場でした。

シャワー室の順番待ちの場所は、一階の食堂でした。つまり、私の部屋にだけはガス台と冷蔵庫がありましたが、他の部屋にはなかったのです。ですから下宿人たちは自分の食料をビニール袋に入れ、部屋番号を書いて食堂の冷蔵庫の中に保存していました。下宿人の大学院生たちはカネがない連中ですから、外食は贅沢なことです。ですから、けっこう自炊をしていました。

夜十時をすぎると人恋しくなった下宿人たちが、食堂に集まって夜食を食べたり話をしたりしていました。

アーヴィング通りはハーバード大学のメインキャンパスから東北に歩いて十分ぐらいのところにあります。通りの全長は約百五十メートルくらい、幅が十三メートル、そのうち両側に幅二メートルの歩道があり、そこに立派な落葉の街路樹が植えられていました。これらの樹木は半世紀以上前にここに植えられたものでしょう。車道は九メートルで片側は駐車帯になっている一方通行の通りでした。ですから下宿人たちの車はこの駐車帯に停めるのですが、その駐車ロットの数に限度があるので、毎日駐車場探しが大変でした。建物はその道路のはしから四メートル後ろに下がって建てられていました。

この道路に面した建物群は全部木造の二階か屋根裏部屋のある三階で共同住宅でした。戸建て住宅はありません。一軒一軒古くて大きな建物でした。その大きさは、一階が四十坪か五十坪、延床面積が百坪から百五十坪くらいまでありました。多分、地域制（zoning）によれば、その通りの両側の住宅地は三階建て木造のアパート建築のみが許される場所になっていたのでしょう。このような建物が道路の両側に六、七軒ほど向かい合って建てられていました。そこに住む住民の半分は、ハーバードやその他の大学の学生と関係者、あとの半分はボストンに通う若いサラリーマンでした。そして六十歳代ぐらいの家主とその家族が住んでいま

ハーバード・スクエア周辺の市街地

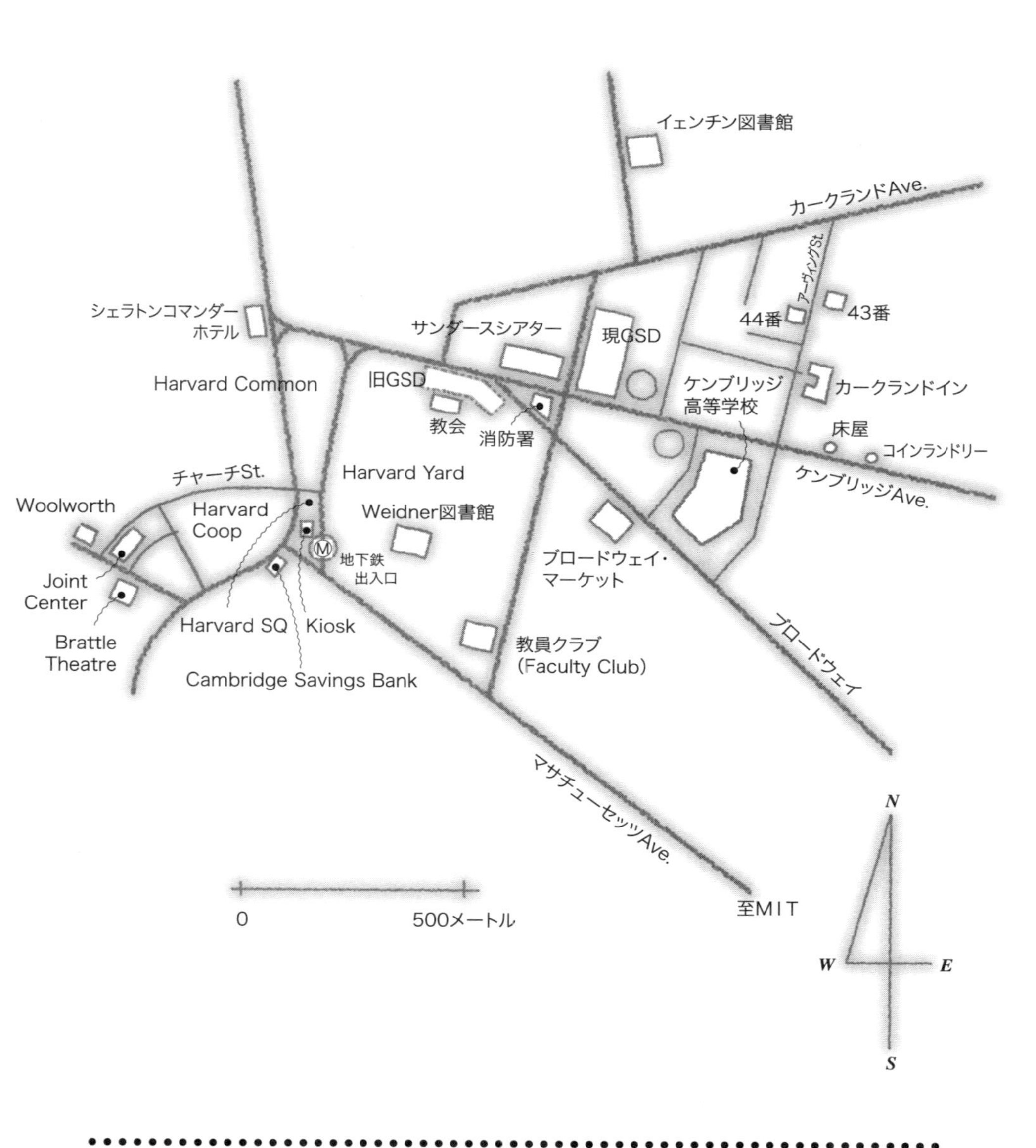

した。黒人は全くいませんでした。通り全体の雰囲気は静かで落ち着いており、まさに学園街の通りでした。

ケンブリッジとジョイントセンター

一九六三年（昭和三十八年）九月十五日、カリフォルニア大学バークレー校のマルティン・マイヤーソン教授から紹介されて、マサチューセッツ工科大学（MIT：Massachusetts Institute of Technology）とハーバード大学との都市共同研究所、通称ジョイントセンター（Joint Center for Urban Studies of M.I.T. and Harvard）へ初めて行きました。

研究所はボストンの地下鉄レッドラインの終点、ハーバード・スクエア駅の裏側にありました。ハーバード・スクエアは、地下鉄駅の真上にある広場です。そのスクエアの東側はハーバードカレッジがある大学の中心部、北側はハーバードの法律大学院に面しています。南側は商店街で、レストランや雑貨屋がありました。西側にはハーバード・クープ（ハーバード生協）と銀行がありました。クープはハーバードの学生だけではなく、ケンブリッジに住んでいる人たちにとっても大事な商店でした。東京でいえば丸善のような大きい書店兼文房具店です。その他に洋服や生活雑貨を売っていました。ハーバードの学生や先生たちはクープのメンバーになります。買い物をすると「クープナンバー？」と聞かれて会員証を提示するとディスカウントされます。支払いは大体小切手でした。

クープの一階は文房具、二階は書籍の売場、それらの売場の後ろ側にレコードと洋服の売場がありました。クープの後ろ側は裏路地になっています。この路地は英語でいうミュール、つまり馬を馬小屋に引っ張っていく小道です。その路地に面して煉瓦造り二階建ての倉庫が並んでいました。その倉庫群のうしろにチャーチストリートがあります。その通りに面してジョイントセンターがありました。

ジョイントセンターは大きい金物屋の二階にありました。どういうわけか、今でも思い出すのはこの金物屋の西側にあった「ウールワース」というディスカウントストアです。私はそこをよく利用しました。安物のイスや書棚を買うのは、ここが一番だったからです。

それからもう一軒、ジョイントセンターと道路を挟んだ向かい側に有名なブラットルシアターという小さな芝居小屋がありました。ここは小さくて古い劇場です。ケンブリッジの観光案内書には必ず出ています。映画館としても使われていましたが、何よりも有名だったのは、ハーバートの学生が彼らなりの芝居や踊りの会、そして音楽会を開催するときは、たいていこの劇場を使っていたということです。大学の所属ではないけれど、学生が〝共有?〟していた昔からのなじみ小屋でした。

金物屋の横にある玄関を入り、階段を上がった二階にセンターの事務所がありました。ボストンへ来るまでの旅の途中、簡単な英語の会話はしてきました。しかしジョイントセンターでは、ちゃんとした英語で会話をしなければなりません。「日本から来たイトウシゲルです。マイヤーソン教授の紹介で来ました」と、受付にいた二人の若い女性秘書に言いました。何とか理解してくれました。後からわかったのですが、その秘書二人もその年の九月から働き始めたばかりだったそうです。二人の秘書のうち、一人はドイツからボストンに来て仕事を探し、ジョイントセンターでパートタイムで働いていたのでした。彼女はドイツ人の彫りの深い顔立ちで大柄な美女でした。てっきり二人のお嬢さんは、長年勤めているベテランかと思ったのですが、私も新米、彼女たちも新米。今から考えると、そのときの会話はずいぶんトンチンカンだったようです。

二人のうちの一人、ドイツ人ではないアメリカ人の小柄な秘書がうしろに行って誰かと何かを話しました。すると大柄な美人が現れました。彼女がジョイントセンターの事務局長、キャサリン・クラークでした。年齢は四十五歳くらいのイギリス系の顔立ちでした。雰囲気はおだやかでしたが、なかなか笑わない。「これは一筋縄ではいかない相手だな」と、警戒心を持たせる女性でした。東京でいうと聖心女子大や東洋英和にいる舎監の先生……そういう雰囲気がありました。しかし美人です。のちにキャサリンは、ジョイントセンターで共同研究をしていたハーバード大学のパウワーという政治学の教授と結婚しました。

このおっかないキャサリンが「マイヤーソン教授から連絡が入っています。当センターはあなたを受け入れることになりました」と言っていることだけはなんとかわかりました。私とキャサリンとのやりとりを聞いて、二人の秘書の私を見る目が変わりました。怪しいヤツではないとわかったのでしょう。

その後、キャサリンが私にくれた身分証明書でも「伊藤はジョイントセンターのaffiliate memberである」と書いてありました。日本語にすると提携会員、つまり訪問研究員です。これは、同じフォード財団から研究資金を受けている日本地域開発センターから私は派遣されているとジョイントセンターが考えたからです。私は、この身分で以後二年間、ジョイントセンターに籍を置くことになりました。

数日後、キャサリンのところへ行って、あらためて「私が日本から任された仕事は、アメリカの『都市計画』はどういう教育をしているのかを調べることです。最初の一年はＭＩＴとハーバードの授業を聞くつもりです。しかし一般の生徒とは違うので授業を聞くだけではなく資料を集めたり、若い研究者と意見交換をしなければなりません。そのためにはこの研究所に小さい机がほしいのですが」と恐る恐る言いました。キャサリンは少し考えて「ここは狭いから、一人一部屋というわけにはいきません。たまたまあなたと同じような目的で、イタリアからパウロ・チェッカレリという研究者がきています。相部屋になるが、彼と一緒に使ってください」と、言いました。六畳ぐらいの小さな部屋に机が二つ。これで何とかジョイントセンターに私の居場所ができました。ここまでの交渉もすべて英語ですから大変でした。

さらにキャサリンは「ジョイントセンターでは毎週火曜日の昼、ランチョンミーティング（昼食談話会）というのがあり、あなたはそれに参加する権利があります。毎回参加する必要はありませんが、参加する場合は事前に連絡をください」と言いました。

ここに来て、私がジョイントセンターでする仕事が次第に明確になってきました。ランチョンミーティングに参加する。パウロ・チェッカレリと海外訪問研究員同士で、意見交換をする。私たちの部屋に続くいくつかの小さい研究室には、ＭＩＴとハーバードで博士課程を卒業して、ジョイントセンターで一時的に研究員をしている学者の卵が二、三名おりました。彼らとも意見交換ができます。

パウロは当時ベニス大学の準教授をしていました。年は私と同じくらい、三十二、三歳でした。イタリア人特有の明るい性格でいつもニコニコしていました。奥さんも同伴でした。何を勉強しに来たか、どんな金でジョイントセンターに来たかよくわかりませんでしたが、多分アメリカの都市計画の歴史を研究の対象にしていたかもしれません。なぜならば、イタリアの都市計画の研究者はみな必ずローマ時代の遺跡と現代都市がいかに格闘しているかをえんえんと話すからです。彼のアパートには何回か招かれて食事をいただきましたが、それがきっかけで、パウロ・チェッカレリとは現在まで、五、六年に一度は世界の都市のどこかで会うような関係になりました。今でも日本に、なんらかの会議にかこつけて〝遊び〟に来ています。パウロはイタリア人の性格から、友だちをつくるのが上手です。日本人も彼の上手な口車にのせられて、いつの間にか友だちになってしまうのです。とても面白い私の友だちです。

余談ですが、パウロの奥さんは才能のある女性で、イタリアに帰国してから、中央政府に登用されて国会議員から外務大臣になってしまいました。私たちパウロの仲間は、後日パウロは〝ヒモ稼業教師〟で気楽なものだとからかったものです。

事務所にはこのメンバーのほかに、カール・コナンというユダヤ系の事務局次長がいました。私はその後、彼と親密に付き合うようになりました。

ジョイントセンターに所属したからといって、これから一年間、センターの委託研究などの仕事を、強制的にさせられるわけではありません。医学部や化学の研究所のように平研究員として、安月給でコキ使われるわけではありません。その代わり、ジョイントセンターから恒常的に給料が出るわけではありません。しかし、ジョイントセンターの訪問研究員になれたのは、素晴らしい待遇と勉強の機会を与えられたことであるとつくづく感じました。これは磯村英一先生とマルティン・マイヤーソン教授の交友関係から生まれた成果です。私は今でも両先生に感謝しています。

ジョイントセンター設立経緯

ジョイントセンターは、フォード財団の寄付金によって一九五九年（昭和三十四年）に、ＭＩＴとハーバードが共同で設立した共同都市研究所です。しかし、初めにイニシアティブをとったのはＭＩＴです。ＭＩＴの都市計画の教授ロイド・ロドウィンがフォード財団にかけあって、資金提供を受けたからです。そのため、この研究所の正式名称は「ジョイントセンター・フォー・ＭＩＴ・アンド・ハーバード」というように、ＭＩＴのほうが先に表記されます。しかし、その後研究所が設立されてからは、ハーバードが主導権を握りました。その結果、ハーバードの都市計画の教授、マルチン・マイヤーソンが初代の所長になりました。

マイヤーソン教授が初代所長になったこの一九六〇年代初頭、当時のアメリカはＪ・Ｆ・ケネディ政権の時代でした。アメリカは、国外的にはロシアとの冷戦（キューバ危機は当時の世界を震撼させました）、国内的には黒人に対する差別がまだ激しい時代をくぐり抜けつつありました。マーティン・ルーサ・キング牧師の黒人公民権運動や、南部アラバマ州でのアフリカ系に対するアングロサクソン系の暴行致死事件など、いろいろな問題を抱えていました。

ケネディ大統領は、この国内外の問題を解決し、世界におけるアメリカの絶対的存在を確立することに懸命でした。

国内では、大都市における低所得者層と白人エリート支配層ＷＡＳＰ（White Anglo-Saxon Protestant）との対立問題が悪化していました。ですからフォード財団がジョイントセンターに提供した研究資金は、ケネディ政権を支えるために、大都市における多民族間の宥和を可能とする都市政策を創り出すことを狙っていたのかもしれません。このことがジョイントセンター設立の第一目的であったと思います。つまり都市の新しい社会福祉政策を確立させることだったのです。

人種差別をなくすこと……その課題において、社会学の専門家であるマイヤーソン教授が適任者だったのです。ですから彼が初代所長になったのだと思います。

マイヤーソン教授のあと、二代目所長にはジェームズ・キュー・ウィルソン教授が就任しました。彼もハーバード大学の先生で、行政学を専門としていました。特に、地方政治と連邦政治の関係、すなわち地方政府が主張することに対し、連邦政府はどうリアクションをとればよいのか、といった課題に取り組むのが行政学の仕事です。ウィルソン教授は、はじめ法律大学院の教授でしたが、のちにケネディ公共政策大学院の教授になりました。

ジョイントセンターのランチョンミーティング

ジョイントセンターに所属したあと、さっそく、ランチョンミーティングに出席してみました。参加者の大半は私より十歳から二十歳ぐらい年上の先生たちです。

ランチョンミーティングでは、約三十分の食事のあと、招待者（ゲスト）が一時間ぐらい話題を提供します。それから参加者全員が加わった質疑応答が三十分、計二時間ぐらいで食事会が終わります。この小講義（ショート・レクチャー）の発表者は、ほとんどがＭＩＴとハーバード以外の大学の研究者です。たとえばペンシルベニア大学や、シカゴ大学、カリフォルニア大学などから来る、四十歳前後の若手の先生たちでした。聞いているのはＭＩＴやハーバードの五十歳前後の大物教授陣。ですから、招待された講演者は一生懸命に話をします。話を聞く共同研究所所属の先生たちも一生懸命この小講義を聴いていました。発表会の後に続く議論の場の熱中度が私にも伝わってきました。

ランチョンミーティングは、ボストン以外の地域で何が起こっているのかを聞く重要な時間です。たとえばシカゴ市やフィラデルフィア市の中心市街地でおきていた、黒人と低所得白人の対立といった社会構造には、ケンブリッジ学派の先生たちは大変興味を持っていました。

ＭＩＴ、ハーバードはアメリカのトップスクールです。このランチョンミーティングで、仮にシカゴのノース・ウエスタン大学から若い先生が来て講演をすると、ケンブリッジ学派の先生たちは、この若い先生に対する学問的評価をします。アメリカでは学閥がないので、カリフォルニア大学バークレー校の先生がハーバードの先生になったりすることはいくらでもありま す。能力がある人はどんどん雇われます。必ずしも、ハーバード出の人がハーバードで先生になるわけではありません。ランチョンミーティングは、ゲストに対する暗黙の学問的評価がされる場所でもあるのです。もしハーバードで先生のポストの空きがあれば、このランチョンミーティングはゲストの若い学者にとって絶好の事前プレゼンテーションになるわけです。そういう仕組みがこの会にはありました。「この前のランチョンミーティングで話した彼は、なかなか良いな……」なんてことが、ハーバード・スクエアの南側のレストラン街で、ケンブリッジ学派の先生たちの間で話題になります。教授会で決める前に、一種の根回しが昼食時に行われているのです。「昼飯を食いに行こう！」という誘いには、いろいろな意味が含まれているのです。

共同研究所の教師たちは、ランチョンミーティング以外の昼飯時には、三人から五人くらいのグループで昼食にでかけます。私もハーバードの社会科学系よりもＭＩＴ系、つまり技術系の若手教授によく誘われました。私一人で食事をするということはほとんどありませんでした。それは昼食を利用して教師間で様々な情報交換をするからです。ですから、食事の時間は一時間以上になる場合も多々あります。この研究を誰と組んでやるか、新しい研究開発の枠組みをどうつくるのか、といった話題のほかに、ボストン界隈の大学に生じた空いたポストに誰をもっていくか……そういう大事な話も昼食時にされていました。このような実態は研究所に籍を置いて、半年ぐらいたってからわかってきました。私が昼食時に彼らに呼ばれるのは、アジアで何が起きているか、日本に行って研究費をどうやって獲得できるのか、ということを聞きたいからなのでした。

ハーバード・クラブの特権

ハーバードでの私の身分は、特別研究員（Special Researcher）でした。ハーバードからの受入許可の書類には、「この資格は、他大学で博士号を取得した大学院生が、さらにハーバードで研究を継続することを希望する場合に与えられる地位である」、と記されていました。また、「この特別研究員は授業料が免除される」、「図書館は大学院生と同じように、自由に使用することができる」、ということも書かれていました。その他にもう一つ特権が記されていました。それはハーバード・ファカルティークラブの図書室や会議室が使え、そこのレストランで昼食、夕食を食べることができる、ということでした。このクラブには普通の学生、大学院生は入ることができません。その差別的な処遇の裏には、ハーバードが持つ英国型エリート主義がありました。

ファカルティークラブとは、アメリカの大学において、準教授以上の教師のみが入会を許される会員制クラブです。会員であることそれ自体がステイタスでした。映画『八十日間世界一周』の主人公デイビッド・ニーブン扮するフィリアス・フォッグが、彼が属しているクラブの仲間と賭けをして、八十日間で世界を一周するという話がありました。まさに、あれが特権階級のクラブなのです。イギリス、アメリカ社会において、クラブとはそれほど重要なものなのです。

私が五十歳のころ、シカゴのイリノイ工科大学の招聘で、講演に行くことがありました。そのときに、イリノイ工科大学の先生は、私にシカゴの有名な企業人クラブの宿泊施設を用意してくれました。ちょっとしたホテルより豪華で、心地よい施設でした。シカゴでもこのような、地域の指導者が集まるクラブに宿泊できるということは、やはり特権階級の証しなのです。

私は、ときどき日本人で留学している大学院生を連れてこのファカルティークラブで食事をしました。学生もファカルティークラブの会員とならば入室が許されるからです。そこは、煉瓦二階建て、三百坪ぐらいの広さで、図書室や会議室もあります。周りには綺麗な薔薇の庭があり、とてもしゃれているところでした。

下宿人たち

アーヴィング通り四十四番地の住人を紹介しましょう。

ケンブリッジ市は大学の町なので、ここ四十四番地に下宿している人たちも大半が大学院の学生でした。

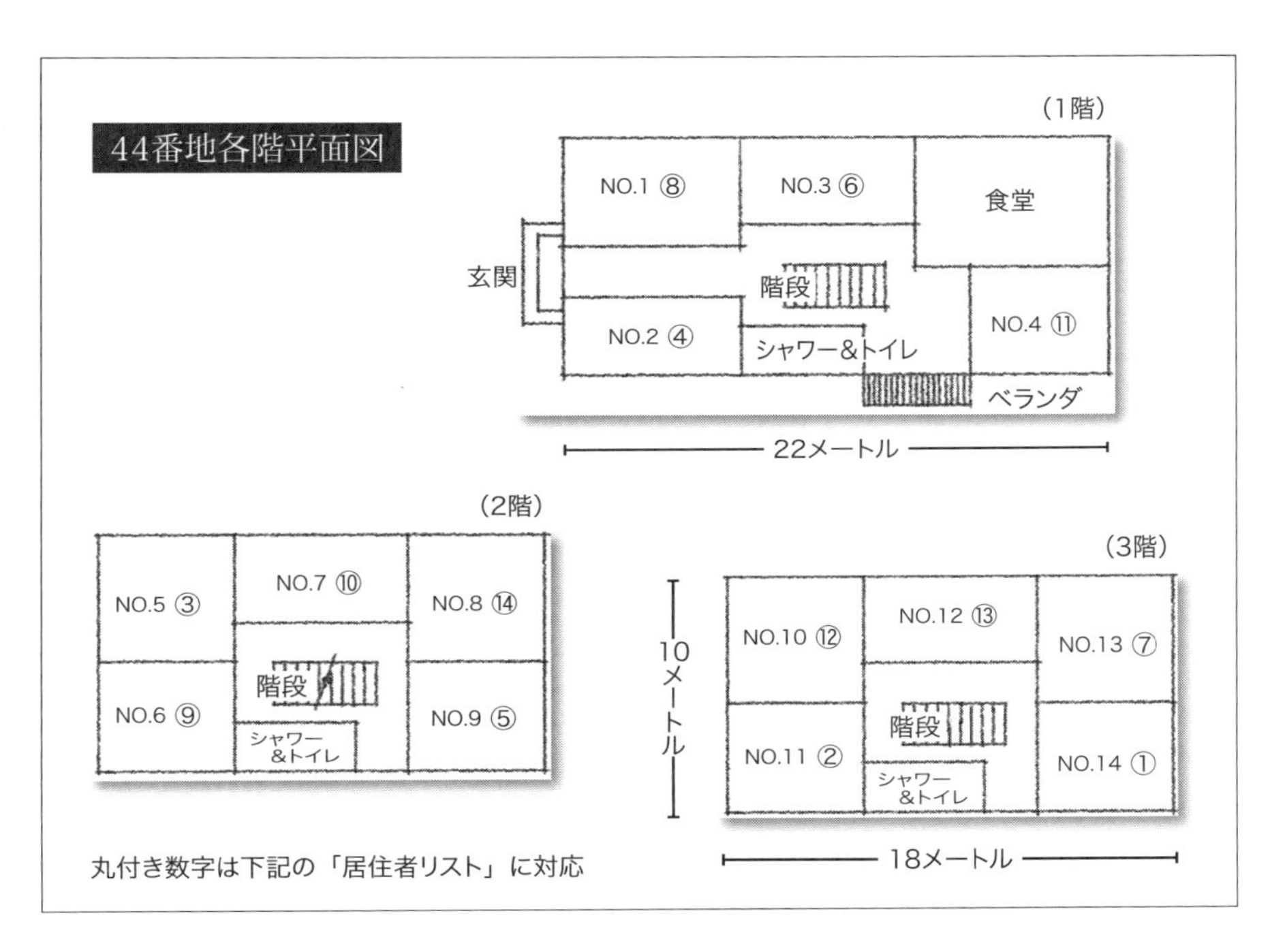

アーヴィング通り44番地居住者リスト

	名前	性別	国	所属	年齢	部屋
①	滋（伊藤）	男	日本	研究所／MIT、ハーバード	31	3階
②	将志（小島）	男	日本	MIT（院）／建築	29	3階
③	裕（鶴田）	男	日本	MIT（院）／土木	28	2階
④	ナンシー	女	アメリカ･フィラデルフィア	ハーバード（院）／教養	24	1階
⑤	パッティ	女	カナダ・トロント	ハーバード（院）／理	23	2階
⑥	アリッサ	女	アルゼンチン	ハーバード（院）／美術	25	1階
⑦	マリアン	女	アメリカ・ボストン	ウェルスレイ卒／高校教師	27	3階
⑧	マルグリット	女	アメリカ・N.H	B.U卒／ハーバード大学事務局	23	1階
⑨	デイビット	男	ブラジル	ハーバード（院）／法律	26	2階
⑩	ジョージ	男	チリ	ハーバード（院）／法律	27	2階
⑪	ケン	男	アメリカ（N.Y）	ハーバード（院）／教養	25	1階
⑫	勤人	男	アメリカ（Pen）	ハーバードGSD卒／設計事務所		3階
⑬	勤人	男	アメリカ			3階
⑭	勤人	男	アメリカ			2階

ハーバード大学についていえば、学部の学生は全員大学の寮に住むことになります。しかし大学院の院生は大学の寮と下宿に半分くらいずつ住んでいたようです。

私の部屋の家賃は前述したとおり六十五ドル。アーヴィング通りの他の共同アパートと比べると、ちょっと値段は高かったのですが、この街の中で四十四番地のこのアパートが一番古くて、有名だったからです。

アーヴィング四十四番地の一九六三年（昭和三十八年）の居住者をリストにしてみました［P177］。

手元にあった当時の古い手帳等の資料と私の記憶でまとめていますから完全ではありませんが、大筋は合っています。

この居住人たちが一年間生活した四十四番地下宿でどのようなことがおきたでしょうか。まず日本人同士について話をします。

日本人三人はこの下宿で初めて顔合わせをしました。鶴田裕さんは、早稲田大学建築学科を卒業していました。建築の世界で有名な建築構造学の権威、鶴田明早大教授の御曹司でした。大成建設から派遣されてMITで一年間、修士課程で建築材料学の勉強をするということでした。真面目で毎日机にむかっている学究の徒でした。一週間に一度は食堂で会って、二人きりになってMITの教授連中の話をしました。一年間の付き合いでしたが一度も羽目をはずすことなく、鶴田さんはMITと下宿を往復されていました。彼の部屋はとてもきれいでした。

小島将志さんも鶴田さんよりちょっと先輩の早稲田大学建築学科出身の方でした。東京生まれでしたが、大阪市大の助手をされていたそうです。その契約期限がきたのでMITのアーバンデザインコース（大規模建築群専攻）に入学したとのことです。同じ三階で部屋が向かいあっていることと、専門が私の都市計画と彼のアーバンデザインが似ていることもあって何かと会って話をしあいました。私は、MITの都市計画の授業でジョン・ハワード教授の都市計画概論の授業を聞いたり、土木工学科のD・ボーン教授の交通計画の授業をきくのでMITに行くことが多かったのです。それでときどき小島さんがいる製図室に行くこともありました。小島さんは細かいことにあまり気をかけない人でしたので部屋はきれいではありませでした。これが鶴田さんとの最大の相違点でありました。その一つの例をあげてみます。それは下宿におさまって三、四ヶ月後に彼の部屋に入ったときのことです。床の上に何十とスーパーマーケットの空袋がおいてありました。それらはすべて彼の生活上の整理袋であったのです。

何回となくはいた靴下や下着、シャツがコインランドリーに持ってゆくためにそれらの紙袋に細かく仕分けされてつめこまれていました。食べ物では菓子、食事用の野菜やパン、さらには授業用の資料、これら生活と授業用の資料がその何十という袋につめこまれて〝床の上〟におかれていました。もうひとつ小島さんの話をしたいと思います。それは雪と自転車の話です。私たちの下宿からMITまでは、バスで十五分くらいの距離でした。しかし設計の時間が長引くと帰宅が深夜になることがありました。バスはありません。しかし小島さんには自動車を買うお金の余裕がありません。そこで一計を案じて、自転車を買いました。秋の自転車通学は快適でありましたが、問題は冬でした。雪がつもって堅くなった歩道で冬の強い風にさらされるから自転車に乗るのは不可能でした。しかし、小島さんは、自転車を手放さず、引っ張ってMITに通いました。自転車を引いて学校にかようのですから、手ぶらであるくことより時間がかかるのです。それでも頑張りました。下宿では正志の自転車物語として有名になりました。小島さんはMITの大学院を卒業後、私がバークレーで会ったコストリスキーが経営する、RTKLに就職するために、翌年にはボルティモアに去っていきました。しかし、この四十四番地のご縁で、彼が帰郷した後も、長く都市計画の仕事で彼とは付き合いをすることになりました。

女性たちについて

二番目に、女性たちについての出来事です。私は四十四番地の女性たちのうち、二人と一年間淡いお付き合いをしました。

一人はナンシーです。彼女は気持ちの優しい日本女性的な性格の女の子でした。フィラデルフィアの名門女子大学ヴァッサーを卒業してハーバードに来たのです。フランス系の細面の彼女にはなんとなく男をひきよせる柔らかい雰囲気がありました。

入居して間もない十月の初めごろ、住人が食堂に集まって雑談をしているところにチリから来た法学生のジョージが、日本人から手に入れたと言って、〝雨月物語〟の映画の券を四枚持って入ってきました。あのおどろおどろしたお化け映画の上映をハーバードのオリエンタル文芸系の図書館〝イェンチン〟で行うというのです。そのとき、食堂には私と小島さんがいたので、私たち二人は二枚欲しいと言いました。ジョージと私たち二人分を除く一枚はというと、意外なことにナンシーが行くというのです。これで四枚の切符の取得者は決まりました。映画は日本人にとってはお化け映画ですが、やはり東洋的お化けは西洋人の若い二人にとってとても刺激的なようでした。この映画の帰り道、私の英語もナンシーとジョージの会話にひかれて、少しなめらかになっていました。

それから数日後、ナンシーが食堂で話しかけてきました。「あなたは大学院生でないから、大学が世話するホストファミリーがいないと思う。アメリカのことは何もしらないのだから、私の親戚を紹介しよう」と言ってわざわざWalthamという郊外の街にいる老夫婦のところへ連れていってくれました。これをきっかけとして、私も東京の話、来年のオリンピックの話をして彼女の東洋に対する好奇心にこたえました。彼女の部屋に入り、つたない英語で一生懸命話をつなぎました。彼女ならもしかしたら東京に連れて帰れるかなという淡い期待も持ちました。ところが、十二月ごろから急に彼女が部屋にいなくなったのです。大学院の同級生の男につかまってしまったのです。部屋をあけることがなかった彼女がいなくなってしまったのです。私は気が気でありませんでした。それから全く会話が途絶えた五月のある日、彼女の部屋で大きな声で彼女に話をしている中年の女性がいました。母親でした。私がこの母親に挨拶をしてナンシーにはいろいろ世話になったことを話すと、ちょっと困った顔をしながら、娘にはよくない男ができて大学にも出席していなくて大学から通知が来た。それで、娘を引き取って、フィラデルフィアに帰るのだ。貴方にもいろいろ心配をかけてすまなかったとちょっとニコッと答えてくれました。ナンシーは私の顔をちらっと見ながらうつむいていました。そして母親と娘をのせたワゴン車はあっという間にケンブリッジを去って行きました。

その次の女性はマリアンでした。彼女は私の隣部屋の住人でした。ボストン出身でウェルスレイという名門女子大を出て私立の高校の教師をしていました。父親は裕福な医者でした。父親は乗用車としてボルボを娘に買い与えていました。当時、ボルボは一番頑丈なスウェーデン車で医者が乗る車といわれていました。当時としては珍しくシートベルトがありました。下宿の男たちは彼女がシートベルトをしてちょっと不恰好なボルボに乗るのを見て、セラミックガール(陶器の女)と呼んだりしていました。マリアンはドイツ系の女性です。ナンシーと比べると堅くてなかなか笑いません。会話は議論になってしまいます。顔は小顔できりっと引き締まった顔立ちで美人型ですがとにかく愛想が悪い女性でした。そのマリアンが十一月ごろ、どうしたことか、私に話しかけてきたのです。高校で休みをとったから、ボストンの北にあるマーブルヘッド(Marblehead)という森林公園に紅葉を見に行かないかという誘いでした。全く女っぽくない女だけど、誘いがあったので私は乗りました。二人ともぎこちない不器用な男と女なので高く生い茂ったカヤの散歩道を歩いても何もおきませんでした。しかし、下宿に帰って彼女の部屋に初めて入ったときには、もう少しつきあいが深くなってしまいました。そのときわかったことは、彼女の身体は意外とやわらかで弾力があるということでした。それから半年、彼女とは周りの下宿人は誰もしらない関係が続き、翌年の六月に終わりました。そのとき思ったのは、このドイツ系の女性の心はやはり堅くて柔らかくならないということでした。

私の話題を離れて三番目に話したいことはマルグリットとデイビットの関係です。マルグリットはボストン大学を卒業してハーバード大学の事務局に採用されている可愛いけれど普通の娘です。彼女がこの下宿に住んだ目的は良い旦那さん探しであったと思います。なぜならば、この下宿人はほとんどがハーバードかMITの大学院生であるからです。下宿人の男どもは彼女が可愛いから食堂で話すことを楽しみにしていました。他の大学院生の女性軍とは違う良妻賢母的雰囲気があったからでしょう。彼女が目につけたのは人の良いちょっとぼんやりとしたブラジル出身の法律学校の大学院生デイビットでした。彼女のデイビットへのアプローチは食堂に来る他の大学院生たちにはよく判っていました。デイビットだけが感受性が鈍くてよくわからなかったのです。ある日の夜、私が食堂へ行くと、そこで、二人の男の居住人がちょっと意味ありげな笑い顔で「シゲル、マルグリットがデイビットの部屋へ入って行ったよ」と言いました。私はとうとうあの象さんのような人の良い男が攻めまくられたと思いました。翌朝、下宿人の男女が全部食堂に集まって、マルグリットが出勤のために朝食をとりに食堂へ現れると皆でオメデトウと言いました。彼女は嬉しそうでしたが、後から入ってきたデイビットがちょっとバツの悪そうな顔をしていました。この話はそれだけでは終わりませんでした。六月の卒業式間際になると、デイビットは司法試験の一次に落第して留年することになったのです。それがきっかけで、後から聞いた話では二人は別れることになりマルグリットは別のアパートへ移ったと聞きました。

一方で、二階の角部屋に住んでいたパッティの行動は奔放でした。彼女は理数系の勉強については抜群の成績で、カナダの大学では一年飛び級でハーバードの大学院に入ってきました。体は大柄で顔も丸顔の明るい性格の美人さんでした。しかし、彼女は大の酒飲みでした。二ヶ月に一回ほど食堂でフルーツパンチのパーティが開かれると、必ず参加してシェリー酒を飲みながらテーブルの上に立ってジャズダンスを踊りまくります。その踊りがまた上手でした。しかし男どもは、下から見ているので、スカートの中の黒いパンツが丸見えでした。全員がムラムラとしました。そのあとに意気投合した男の院生と彼女は自分の部屋に入ってしまうのでした。翌朝酔いが覚めるとその男は彼女とは「サヨナラ」です。酒乱であったかもしれません。何もないときは本当に愛想の良い子でした。そして成績が抜群に良いので一年で修士の資格を取り博士課程に進学してゆきました。彼女も四十四番地の下宿には一年でサヨナラでした。

ついでながら、爪の中がいつも絵の具で汚れていた、ちょっとブサイクであったアルゼンチンから来たアリッサは美術学校大学院の二年目を順調に終了し帰国しました。チリから来たジョージもブラジルからきたデイビットとは対照的に法律学校をめでたく卒業し、どこかの法律事務所に就職しました。要するに男女のしがらみに巻き込まれたナンシーとデイビットはうまくゆかなかったのです。日本人三人も無事に一年目を終えて、この四十四番地から去っていきました。

四十四番地の男女物語はこれくらいにして、アーヴィング通りでちょっと面白い家があったことをお話しします。そこはカークランドインという簡素な旅館でした。大きさが私たちの住んでいる四十四番地よりこぶりで、二階建てであるから、部屋は八室ぐらいだったでしょう。しかし敷地の手入れはよく、真っ白なこの建物を手入れの良い緑の芝生が囲んでいました。ちょっとみれば、中流階級の家庭二世帯が入る質の良い戸建て住宅のように見えました。実はこのカークランドインはハーバード大学の事務局から見れば、訪問者用の大事な宿舎だったのです。発展途上国の研究者には十分な旅費をまかなえる人は多くありません。しかし、社会的には著名な学者がいます。そのような学問的には高名なご夫婦に、安い滞在費の宿舎を提供できる大事な物件がこのカークランドインであったのです。多分一人一泊十ドルくらいでこれらの部屋を他大学の先生方に提供していたのでしょう。ときどきこのカークランドインに出入りする宿泊客をみかけることがありましたが、ほとんどが地味な年配のご夫婦でした。カークランドインはこのアーヴィング通りの住民にとっての誇りでした。

床屋とコインランドリー

四十四番の下宿で、一年間暮らすためには、生活上必要な店をいくつか確かめておく必要がありました。まず、一番目は金の出し入れをする銀行を見つけることでした。二番目は、食材の調達です。三つ目は身だしなみを整えることです。食生活については後でブロードウェイ・マーケットについて説明しますが、身だしなみについてはまず床屋です。床屋はアーヴィング通りがぶつかる大通り、ケンブリッジ通りにありました。この床屋は頭を洗ってくれません。ヒゲはそってくれます。洗髪台のない簡単な床屋でした。一人三ドルくらいで頭をかってくれました。ここの親父さんはギリシャ人でした。私がアメリカに上陸した半年ほど前に、アテネから移民でボストンに来たのですが、資金がないので簡単な床屋を開いたと言っていました。言葉もギリシャ訛りの強い英語で、私よりも下手でした。しかし、お互い貧乏人同士、何となくうまがあい二ヶ月に一度くらい、この床屋に通いました。この床屋にはギリシャ人の他にイタリア人、ベトナム人、そして私のような日本人が集まってきました。貧乏国の若者のたまり場でした。私にとって、このちょっとやぼったい雰囲気がとても好きでした。

もう一つの店はコインランドリーでした。この店もケンブリッジ通りにあり、床屋より二、三軒先でした。コインランドリーは当時の日本には全くなかったのです。洗濯屋が自転車で御用聞きに来て、ワイシャツやズボンを自転車の後ろにすえられた大きな袋に詰め込んで店に持ち帰るのが当時の東京の流儀でした。それが、ここでは二十五セントを入れると洗濯してくれて、あと二十五セント入れるとドライヤーが回るといった無人店舗です。このコインランドリーが一番賑わうのは夜中でした。近隣の大学院生や若い研究者が汚れものを持ってきて回転ドラムにいれ、乾かすまでランドリー据付の机で本を読んだり、書き物をしています。そのコインランドリーの洗濯物をたたみ込む整理台の周りにいる大学院生同士の間でも、自然と夜中の雑談会は始まります。そしてお互いがこの整理台を通して親しくなっていくことがあるのです。ここでも若い男女の出会いのきっかけがありました。

槇文彦さん

次に、ケンブリッジ滞在の間に特に親しくなった友人について説明をします。まず私の東大の先輩、槇文彦さんのことを説明します。槇さんは昭和三年の生まれで私より三つ上でした。お父さんは慶応を出て、当時の防衛大学校の校長をされている方でした。槇さんも慶応の幼稚舎から日吉の予科まで進んだ正真正銘の慶応ボーイです。しかし大学は慶応の工学部に行かず、東大の建築学科に来られたのです。東大入学が昭和二十三年ですから、日本が敗戦のショックの真っ只中にあったとき、大学を慶応から東大に変える試験を受けていたのです。そのチャレンジ精神は見上げたものです。卒業後すぐにアメリカに渡り、アメリカ中西部の有名な建築の単科大学に入り、そのあとハーバードの建築の大学院に移っております。卒業後はセントルイスにあったワシントン大学の建築学科の準教授になって、その後ハーバードに準教授として呼び寄せられました。アメリカで活躍をしていた日本人の中でも抜群の秀才でコスモポリタンの先輩でした。

その槇さんとは、ケンブリッジで二年間一緒でした。おかげで、槇さんがひまなときには、彼の車に乗って近くの都市の話題の建築や中心市街地の再開発を見学に行くことができました。槇さんとはその後、東京に帰ってからも永い付き合いを続けています。

マイケル・ジョロフ

二番目はマイケル・ジョロフです。彼はケンブリッジではなくて、私が東京にいたときに親しくなった友人です。彼は私より六歳下のアメリカ人です。私が東大の博士課程の一年のときに（私が二十九歳のころ）、突然ボストンから手紙が来ました。それが、マイケル・ジョロフからの手紙でした。綺麗な、英文の手紙でその内容は次のようなものでありました。「私はコーネル大学を出て、ハーバードの大学院で都市計画を学んで修士号を取りました。成績が良いので、シェリダンという財団から世界一周の旅行奨学金（トラベルグラント）をもらいました。これから旅に発つのですが、私のクラスメートの目良浩一に日本のことを聞いたら、彼の友だちで東京大学の建築学科にいる伊藤滋に会うと良いというアドバイスをもらいました。是非日本で会いたい」という内容でした。私はすでに修士の学位を取っており、アメリカに行きたいと思っていたので、魚心あれば水心で歓迎するという返事を書きました。それは昭和三十五年のころでした。彼は日本にやってきました。初めて会ったときのことを今でも覚えています。まず、背丈が僕よりもちょっと高いくらいで、高すぎないということで安心しました。二番目は彼の話し方が欧米人特有のたたみかけるような語り方ではなくて、ちょっとはにかみながら遠慮がちに私に話しかけてくるところがとても気に入りました。彼にとって日本はボストンを発って初めての外国でした。後でわかったのですが、彼はニューヨーク生まれで、東欧系のユダヤ人の家庭で育っていたのです。日本とは全く縁のない生活と家庭環境にいたので、東京に着いて体験した日本人の行動様式については、全く新鮮な驚きのようでした。東京の〝類似型米国文明の街〟よりも、日本そのものが判る街について特別の関心を持っていました。その場所は下町の隅田川沿いでした。更に日本独特の美術や建築に関心をもつようになりました。上野の東京博物館に行って、日本画や陶器を見たいと私に頼んできました。そして、日本女性の着物姿に全く惚れ込んでしまったのです。何回も上野の東京博物館に行っているうちに一人の女の大学生と知り合っていました。彼女の着物姿に惚れ込んでしまい彼女と恋に落ちてしまいました。なんと、旅の始まりにおいてです。彼女の小金井の家にも何回も訪れていたようです。彼は日本で嫁を見つけたと思ったのですが、彼女の両親の反対でこの恋は結ばれませんでした。世界旅行の出発点で初めての失恋をしてしまったのです。彼は東京に三ヶ月程いたと思います。しかし田舎を回ったり、森を歩いたりして、都市計画については全く関心を示しませんでした。私は彼を家に何回か呼んで飯を食べさせたりしました。しかし、この失恋のせいか、当時の彼の心は都会の生活の全く外にあったわけです。日本を離れると、彼は都市計画の実習を放棄しネパールに行ってしまいました。そこで三ヶ月くらいいました。つまり旅行の日程の半分は日本とネパールにいただけでした。

アメリカに出かけるときに、このマイケル・ジョロフがボストンにいるとばっかり私は考えていました。しかし、彼はワシントンにいたのでした。帰国後、どういうことか彼はアメリカ陸軍幹部候補生として志願し兵隊になっていました。彼がボストンに戻ってきたのは私がアメリカ留学を続けて半年ほどたった一九六四年春ごろではなかったかと思います。除隊後、彼はArther de Littleという日本でいえば野村総合研究所のようなシンクタンクに就職をしました。同時にハーバードのナッシュ教授（一九六四年に彼は教授に昇任していました）から彼が開いていた都市計画事務所の運営をまかされることになりました。その事務所はCommander Hotel（ハーバード広場の西側）の一室にありました。当時すでにナッシュ教授はパーキンソン病で歩行困難になっていたので彼の愛弟子であるマイケルに事務所を任せていたわけです。マイケルは私を呼び出して、ナッシュも自分もこの事務所は使わないからお前の勉強部屋にしろと私に鍵を預けました。これは思いがけないナッシュからの贈り物でした。私は早速、いろいろ集めた資料をそこに持ち込んで、整理をしてときどき来るマイクとそこで他愛のない話をしました。しかし、この事務所もナッシュの体調不良でそう長くは続きませんでした。私が帰国する一九六五年の春には閉じることとなりました。そのとき、ナッシュは事務所で私と会って、元気になったら日本へ行きたいと最後の挨拶をしてくれました。

若き日本人の建築家たち

次に若い日本の建築家の人たちです。まず何かと理由をつけて私の部屋に来ていたのは小沢明さん［P14／ph2］と長島孝一さんです。二人は多分私より六歳くらい若かったと思います。早稲田の建築学科の同期で小沢さんは〝清水建設〟、長島さんは〝竹中工務店〟に就職しました。昭和三十七年のフルブライト奨学金の試験を受けて、二人ともハーバードのＧＳＤ（デザイン大学院）に合格し、小沢さんは建築、長島さんはアーバンデザインの修士課程に入学しました。二人ともハーバードの大学院生用の寮に入りました。その寮生活に飽きてしまうと、私の部屋へ押しかけてきていたのです。大学院生の寮と四十四番地は歩いて十分くらいの距離でしたから押しかけてくることは何ということもなかったようです。もう一人、早稲田卒の建築家がいました。織部博孝さんです［P14／ph2］。彼は小沢さんや長島さんより二つくらい年上でした。そして彼も日本でどこかの奨学金を手に入れてハーバードの建築の修士過程に入学し卒業しました。その後はケンブリッジにあるセルト学部長の設計事務所ＴＡＣで建築家として働いていたのです。いわゆる、しぶとい生活力のある一匹狼のような建築家でした。当時は近くにあるクフト大学（ここはユダヤ人が作った大学です）を出たイタリア娘と付き合っていると言っていました。そして尾ビレの跳ね上がった大きなアメリカ車を乗り回していました。彼はちょっとこぶりで太っていたので、私や小沢さん、長島さんはアメリカ軍をもじって鬼軍曹と言っていました。なぜならば、私たち三人、そして同じ下宿にいたＭＩＴの小島さんにとっても、アメリカ留学に関しては〝日本の建築業界〟の先輩であったからです。彼はいつも「はーい、伊藤さん」と明るい掛け声で、私の部屋に入ってきました。ハーバードを含め、ケンブリッジ界隈の教師連中や設計業界の裏話が彼の口からでてくるのが私にとってとても楽しみでした。

もう一人、これも早稲田の建築学科で小沢さん、長島さんと同じ時期に卒業して竹中工務店に入社していた高橋志保彦さんについても説明したいと思います。高橋さんもフルブライト留学生でしたが、彼は奥さん同伴でケンブリッジに来られました。奥さん同伴ですから、その寮は目良浩一さんと同じマリッジドスチューデントドーミトリー（結婚学生寮）でした。したがって、高橋さん夫妻は目良夫妻とよく付き合っていましたが、ときどき私のところに明るい声で〝伊藤さん、元気ですか〟と声をかけて訪ねてきてくれました。彼は全く根が明るく、まっとうに物事を考える人柄でした。彼がいるだけで、私は明るい気分になりました。

一年後、長島孝一さんはハーバードを卒業してギリシャにあったドクシアデス建築事務所に就職し、そこでイギリスのウェールズガールを見つけて結婚しました。国際結婚でした。この長島孝一さんの娘のご主人が指揮者として有名な大友直人です。

高橋志保彦さんは真面目に日本にまっすぐ帰りました。

ケンブリッジにいた日本人の建築系の院生にとって忘れてはならない日本人の若き芸術家がいました。それは伊原通夫さんです。彼は昭和五年の生まれで、私より一年先輩です。彼は東京芸大の教授であった画家伊原宇三郎氏と小説家由起しげ子さんとの間に生まれた長男です。芸術的才能を二乗で身体にしみこませて生まれたわけです。東京芸大の美術学部を卒業後、ＭＩＴの立体造形家ケペッシュ教授の助手としてケンブリッジに来られた彫刻家でした。彼の彫刻は建築物の大空間の壁面や空中を繊細な金属片のスクリーンで覆うという、極めて緻密で大規模な作品でした。多くの建築家とのコラボレーションで素晴らしい作品を次々と発表していました。

この伊原さんが嫁をとるいきさつについて、当時、ケンブリッジにいた日本人の建築系の学生なら誰でも知っている話がありました。その説明をしましょう。伊原さんは、私がケンブリッジに暮らし始めていた一九六三年、MITで助手をしていて二年目がすぎていました。彼は彫刻家ですから、MITの助手のほかに彼独自の仕事場をもたなければなりません。そのアトリエをセントラルスクエアの商店の二階を借りて開きました。開設のお披露目会のおふれが私のところにきました。私たち日本人の若き建築家仲間が四、五人でそのパーティに参加しました。そこでも何種類かのフルーツポンチがふるまわれました。実はガラスボウルに盛り込まれたフルーツポンチは当時の貧乏学生たちのパーティではつきもののカクテルでした。

アーヴィング四十四番地の下宿でも、食堂の仕切り屋のGSDを出たケンがちょっとしたお祝いのときにはこのフルーツポンチをつくって下宿人にふるまっていたのです。

伊原さんのこのアトリエは二階の物置場であった場所でした。そこに大学院生や設計事務所の若手スタッフなど五、六十人が集まって、賑やかなパーティでした。その宴が終わりかかると、若い職人や学生が集まるパーティではつきものの踊りが始まりました。多数の客の踊りがちょっとおさまったころ突然照明が明るくなり、一人の若い女の子が踊り始めたのです。ちゃんとパーティドレスを着てメーキャップをしているので、周りの普段着の学生たちの中ではひときわ異彩を放っていました。アメリカ人としてはちょっと小柄でしたが、化粧のせいでとても美しく見えました。映画にでてくる女優みたいだなと当時の私は思いました。それは男の目からみると〝私は伊原通夫の女である。誰にも伊原を渡さない〞と明らかに宣言しているように見えました。伊原さんはMITで造形芸術として恰好よい建築の彫刻をつくっていたので女性にはもてていたらしいのです。彼女が今の伊原夫人ドリーンです。

彼女はユダヤ人でした。今は伊原さんと一緒にコンコードという歴史的な街に住んでいます。暁夫という長男ができてから、ふっくらと太ってしまいました。

もう一人、ケンブリッジの私のアメリカ生活を通り過ぎた若き優れた日本の建築家について、説明しなければなりません。それは芸術院会員の谷口吉生さんです。谷口吉生さんは私より五つ下で、昭和三十八年には二十七歳であったと思います。彼は慶応大学工学部を卒業していますから槇さんと同じ慶応ボーイです。彼のお父さんは有名な建築家で東京工大の教授をされた谷口吉郎先生です。谷口吉郎先生は金沢生まれですから、日本の伝統芸術を身体にしみこませ育っています。建築デザインの世界では申し分のないバックグラウンドを持っています。その谷口先生の長男の彼が、ハーバードの五年制の建築学科を卒業しようとしていたのが一九六四年（昭和三十九年）でした。ある日、例の織部博孝さんが僕のところに来て次のような話をしました。それは、〝槇さんがわたしのところに来て、谷口の卒業設計の枚数が多すぎて、提出期限までに完成できないかもしれないので、手伝ってくれないか〟という依頼でした。私は〝義を見てせざるは勇なきなり〟ということで、彼と二人で谷口吉生さんのボストンの下町のアパートに出かけました。彼のアパートは川に面して明るく私の下宿の二倍以上の大きさがありました。そこの席に制作途上の図面がいっぱい広がっていました。早速、図面の清書をロットリングを使って始めました。二、三時間たつと、谷口さんもちょっと申し訳ない気分になったのでしょう。自ら作った、遅い昼飯を私たちに提供してくれました。その昼飯が実は見事にアレンジされていて、とても美味しかったのです。彼の作ったこの昼飯は、彼の書いた図面以上に素晴らしかったといえばジョークになりますが、それくらいきれいで美味しかったのです。その皿にはまず、真っ白なご飯があり、その上の半分に甘辛く煮た褐色の牛肉のひき肉がそぼろ風にのせられていました。残りの半分に黄色の卵のスクランブルを甘くしあげたものをのせ、その真ん中に紅色のショウガを細切りにのせたふりかけ風のご飯でした。それは盛り付けの色合わせも、そして、味にも絶品の美味しさがありました。吉生さんは建築設計のみならず、シェフとしても立派な才能をもっていました。私は彼からそのレシピを聞き、その後私の下宿でのメニューに加えてみながら好評をえることになりました。これは谷口吉生さんのおかげです。

その他の日本人たち

建築の仲間を離れて、あと三人の日本人の友だちの話をします。一人はGSDの造園学科の院生であった浅田義恵さんです。浅田さんは大阪府立大の造園学科を卒業して、ハーバードに来ました。彼の話によると、実家が大阪で由緒ある造園会社を経営していて彼はその跡継ぎになるということでした。それで勤めている設計会社をやめてハーバードに願書をだして入学したとのことです。多分GSDに留学していた日本人院生の中では一番金に不自由はしていなかったと思います。おっとりして感情的にならずに真面目に造園学コースの授業を受けていました。彼もときどき伊藤さんと言って私の部屋を訪れて来ました。なぜかというと私も建築学科に入る前には農学部の林学科の学生でしたので、造園学についてもある程度専門的な授業を受けていたからです。その点で浅田さんは他の建築学科出身の日本人の院生よりは私に親近感を覚えていたのでしょう。私がフォルクスワーゲンを買ったあとには、五月ごろ、マサチューセッツ州の奥にある森林公園、Tanglewoodを彼と一緒に訪れたりしました。

もう一人の友だちは石井宏治さんです。彼は慶応ボーイです。慶応の工学部機械学科を出ていることは谷口吉生さんと同じ学歴です。大学院に進み、MITの機械工学の大学院の院生でケンブリッジに来ていました。有名な石油タンクメーカー、石井鉄工所の御曹司です。どこで彼と会ったかは、はっきりしませんが、多分MITのエンジニアリングライブラリー（大学図書館）だったのかもしれません。なぜならば、この図書館はMITのどの学科からもアクセスしやすい、本館中央部の大きなドームの下にあって二十四時間出入り自由、図書館の外側にちょっとしゃれたカフェ付きの休憩室があったからです。

この休憩室は居心地がよいので教授と学生、そして外国からの研究者も一緒になって、仕事の打ち合わせができるところでした。彼はどういうことか、MIT近くの彼のアパートメントから特別な用事がなくとも、三十分くらい歩いて、ハーバード・スクエア近くの私の下宿に来てくれました。そこで、もっぱら、勉強に関係のないMIT関係の日本人研究者コミュニティの雑談をしていくのが常でした。彼はMITの縄張りから抜け出して、一息つきたかったのかもしれません。彼は私より六、七歳年下でしたから、私はちょっと兄貴分の気持ちになっていたのかもしれません。

結びにもう一人、久保正彰さんのことを話さなければなりません。彼は私より一歳上の大親友です。それは私の中高時代（旧制成蹊高校の最後です）の友だちであったからです。敗戦の翌年（昭和二十一年）に彼は大阪の北野中学から成蹊中学の三年生に編入で入ってきました。たまたまクラスが一緒だったのですが、彼の英語と数学、物理の成績は抜群によかったのです。当時、私は、秀才の存在を認めたくなかったのですが、彼は正真正銘秀才でした。どういうことか、うまが合って、彼の杉並区浜田山の自宅に遊びに行きました。そのときに子ども心にもびっくりしたのは彼の部屋がきれいに片づけられていて、勉強しているぞと思わせるような乱雑さが何もなかったことです。そして英語の原書が何冊かありました。私は、彼と友だちになれたことをとてもうれしく思いました。ところが、高校にうつって一年目に彼は突然日本からいなくなりました。彼の父親のアメリカ人の友人の助言でアメリカ、マサチューセッツ州の受験予備校（Prep School）に入ったのです。それからハーバードの教養学部に入学しました。アレヨアレヨという間に彼は私の前からいなくなったのです。それがまたびっくりしたのは、私が建築学科の大学院生のときに、彼は東京に戻ってきて東大の文学部の西洋古典の大学院生になりました。彼はハーバード大学の学部時代、はじめは数学専攻でしたが、自分の才能に見切りをつけて西洋古典（ラテン語学）に移って卒業していたのです。東大で優れた成績をあげ、大学院卒業後に助手になり、ギリシャ悲劇の芝居を開催するなどの活躍をしていました。私が学位論文に挑んでいた昭和三十七年ごろ、母校のハーバード大学から、学部学生に西洋古典を教えろという指示が来て私より一年先に（昭和三十七年九月）ハーバードへ戻り、ケンブリッジに居を構えていたのです。彼とケンブリッジで再会できたことは望外の喜びでした。他の友人の場合と違い私のほうから彼の家を訪ねて、ボストンにある美術館やシンフォニーホールの話を語り合いました。彼の存在は私の建築や都市設計という職業の外側にあっただけに私にとっては貴重でした。彼も昭和三十九年に東京に帰って、東大文学部の西洋古典の助教授になりました。その後、彼は東大で文学部長になり学士員会員になって学士院長を務めました。彼は私の本当の親友です。

四十三番地へ引っ越す

一九六四年（昭和三十九年）六月になると卒業式が間近に迫ります。四十四番地下宿の住人たちも各人各様旅立ちをします。女性五人のうち残ったのは高校の教師であったマリアン・クニスナーだけでした。男性陣のうち残ったのは法律学校を卒業できなかったブラジル人の男性だけで、残りはここを立ち去っていきました。日本人三人のうち鶴田さんは帰国、小島さんはボルティモアの建築事務所RTKLへ。そして私は道路の反対側の四十三番地の共同アパートに転居しました［P15／ph3］。こうして学生下宿は一年ごとに大きく人が入れ替わり、下宿で起きるドラマも時代を追って変わっていきます。

私も道路の反対側にあった共同アパートに移りました。そこが空いているという情報をもってきたのは、ハーバードの大学院にいた日本人の建築学科の学生、小沢明さんでした。彼も卒業をしてケンブリッジの設計事務所TACに就職するので、学生寮を引き払って四十三番地のアパートに引っ越しすると言ったからです。このように私にとっては不動産情報は不動産屋に頼るのではなく、日本人のネットワークの口コミで手に入れられたのです。ケンブリッジの日本人コミュニティは小さいですが相互扶助の機能を果たしていました。この建築家の友人、小沢明さんはこんなことを言いました。「四十三番地の家主の未亡人は店子に日本人が入ってくれることを希望しているそうです。なぜなら日本人は静かだし、部屋をきれいに使う、そして何よりも毎月家賃をきちんと払うから、だそうです」と。

私が入るであろう四十三番地の部屋はハーバードのビジネススクールに留学していた日本企業の社員が入っていたところであったのです。

四十四番地の家は、小さな部屋に分割された、まさに下宿といった建物でしたが、四十三番地の家では、その一住戸は寝室と居間の二部屋、そして台所と便所、浴室も揃っていました。そしてこの家では各階が二戸、三階建てですから合計六戸の住居があるアパートでした。

私が入ったアパートは一階にありました。全体で十五坪ぐらいの広さでしたから、日本風にいえば立派な1LDKのマンションでした。家賃は七十五ドルでした。四十四番地の下宿に比べれば面積的には割安でした。しかもファーニッシュドの家具の質も高く、室内の内装もきれいで心持ちよい住み心地でした。よくまあこれまで、あの四十四番地のオンボロ下宿に高い家賃で住んでいたものだとちょっとうらめしくなりました。

移った先はこのように品のよい、静かなところでしたが下宿人同士の付き合いはありませんでした。もう前の下宿のように、にぎやかで少し乱雑な雰囲気はなくなってしまったのです。そしてマリアンとの関係も淡雪のように消えてしまいました。

ちなみに私がその下宿屋を出た後、入ってきた日本人が政治家の加藤紘一氏だったそうです。当時彼は外務省の在外研究員としてハーバードに留学していたのです。

このようにアーヴィング通りは、共同住宅街でしたが結構ケンブリッジでは貧しいけれど知的な研究者や学生が住んでいる通りとして有名でした。その証拠の一つとして、前にも述べましたが、この通りには二百年くらい前に建てられて、ハーバードを訪れた有名な学者たちが泊まったという〝歴史的な安宿〟カークランドインがありました。このホテルの名前を言うだけで、多くのケンブリッジ市民はちょっと尊敬する態度になったということでした。

その後、私は何回もボストン（ケンブリッジ）を訪れていますが、私が住んでいたアーヴィングの四十三番地の下宿屋は現在でも健在です。もう百年建築物になったはずです。

一昨年も見に行きましたが、外壁の色も同じ鼠色にきれいに塗り直されていました。

ハーバード・スクエアのキオスク

ハーバード大学の西側の塀の外側は、ハーバード・スクエアという広場です。その広場に面して東側は大学構内ですが、西側にはハーバード・クープ（COOP）という共同組合（学生生協）があり、いろいろな品物を売っていました。この広場の地下に、ボストンのダウンタウンに結びつく地下鉄ハーバード・ラインの終点駅がありました。その地下鉄駅の階段を上がったところに、広場をロータリーのように回る車道で区切られた卵型の歩行者島があります。そこに、古い銅板の屋根と木の壁で組み立てられた大きなキオスクがありますす。これは日本のキオスクのようなちっぽけなものではありません。十坪ほどの建物でした。中に入ると雑誌やお菓子など売っていますが、ここの最大の商品は新聞の朝刊でした。特に、ニューヨークタイムズとワシントン・ポスト、そしてボストングローブとクリスチャン・サイエンスモニター、この四つの新聞が売れ筋でした。

ハーバードの学生は金曜日に学校の授業に一区切りつけます。金曜の夜は一番解放されるときで、彼らは街中にくりだしてどんちゃん騒ぎをやります。その彼らのたまり場が、ハーバード・スクエアだったわけです。そしてそこでいろいろなハプニングが起きました。騒ぎは金曜の夜から土曜の明け方まで続きますが、土曜日は比較的静かな一日になります。そして日曜日の朝、学生たちはキリスト教徒ですから教会へ行きます。

彼らは教会へ行く途中やその帰り、ハーバード・スクエアのキオスクに立ち寄ります。教会に行かない人でもたいてい朝七時ぐらいにはキオスクに行きます。何をしに行くかというと、「ニューヨークタイムズ」の日曜版を買いに行くのです。月刊誌では「ディーダラス」を買うのが学生の習慣でした。

キオスクは単なる新聞売店ではなく、ハーバードの学生や先生たちにとって知的な情報源でした。私もよくキオスクに行って「ニューヨークタイムズ」の日曜版を買いました。日曜版は普通の朝刊の一週間分ぐらいの厚さがありました。その内容は小説、歴史、文明論、科学など多岐に分かれた社会分野について、質の高い情報や評論を高名な寄稿家に書かせていたのでした。この日曜版を全部読みこなせば、ハーバードの教養学部の大学院の授業は受けなくてもよいぐらい、質の高い記事が並んでいました。

日曜版には都市再開発や住宅市場の情報など、都市計画に必要不可欠な情報もたくさん載っていました。つまりその時代、時代の一番新しい情報を提供してくれるところが、このキオスクであったのです。

ハーバードやMITの学生たちが「キオスクで会おう」というのは、渋谷のハチ公前広場で会おうというのと同義語でした。

ブロードウェイ・マーケット

ところで、一九六三年(昭和三十八年)当時の日本では、青山の紀ノ国屋、広尾のナショナルマーケットを除けば、一般市街地には「スーパーマーケット」はありませんでした。ですから私は日本にいた間、スーパーマーケットがどういうものか全く知りませんでした。しかし初めに住んだ四十四番地の下宿を手始めとして、アメリカ留学中、私は自炊をしなければなりません。食材をどこで手に入れるのか、初めはとまどいました。しかし、スーパーマーケットがあることを知りました。アーヴィング通りから徒歩五分ぐらいのところに、ブロードウェイ・マーケットという店がありました。このブロードウェイというのはハーバード広場から東に向かう大きな幹線道路の名前でした。

ブロードウェイ・マーケットのすぐ近くに消防署(ファイアーステーション)がありました。ここは堂々としたコンクリートづくりの建物で、日本の消防車の二倍ぐらいの大きさのピカピカに磨かれた消防車が四、五台置かれていました。ハーバード・スクエア近くで「君はどこに住んでいるの?」という会話が起きるとファイアーステーションの東とか、西とか北というぐらい、そこはまち案内上、重要な目印になっていました。今でもケンブリッジから日本に戻ってきた連中の会話には、必ずこの「ファイアーステーション」が上がってきます。ですから〝ブロードウェイ・マーケットはブロードウェイ大通りにあって、ファイアーステーションから東に約百メートル離れたところにある〟と言うとちょっとしたケンブリッジ市に通じた会話になるのでした。

この店にはありとあらゆる生鮮食品がありました。今ではめずらしくありませんが、入口に並べられたカートを引っ張り出して、そこに好きなモノを入れてレジで支払う、こういう体験自体、日本ではしたことがありませんでした。

スーパーマーケットはアメリカを説明するのに一番ピッタリとした存在でした。大量生産、大量消費、余ったモノはどんどん捨てる、そういうアメリカ人の生活の活気がマーケットには満ちあふれていました。私はケンブリッジ市のどこかの小母さんのように、ここに買い物に来るのがとても楽しみになりました。私のような発展途上国から来た留学生にとって、スーパーマーケットはアメリカで受けたもう一つのカルチャーショックでした。そこでいろいろな品物を比較検討しながら小一時間ぐらいいることもありました。なぜ、それほど店にいられるかというと、当時の日本の魚屋や八百屋で当たり前であった対面販売ではなかったからです。店の売り子を気にせず、のびのびと買い物ができたからです。

このマーケットでの私の好きな買い物は二つありました。一つはドイツ人の大好きな酢キャベツの瓶詰めです。二つ目はニシンの酢漬け、これも瓶詰めでした。これは日本食でいえば、ご飯の漬け物と魚の刺し身に対応できる絶好のおかずでした。

ケンブリッジ周辺では当時、五、六十人の学生や研究者がいましたが、彼らが最も必要とする日本食の食材店が二軒ありました。一軒はハーバードからＭＩＴに行く途中のセントラルスクエアにある吉野屋という雑貨店でした。ここにはコメとか味噌とかしょう油という日本食をつくる最低限の食材や調味料がそろっていました。ボストンやケンブリッジに留学した日本人にとって、吉野屋は教科書以上に必要不可欠な存在でした。

セントラルスクエアのちょっと北にあるインマンスクエアには魚屋があって、そこにも日本人が集まってきました。そこでは日本人のために鮪をさくに区切って刺し身用の塊をつくってくれました。烏賊の細切りもつくってくれました。

このブロードウェイ・マーケットの横には、コーヒースタンドがありました。地元の小父さんたちが新聞を読みながらコーヒーを飲んだり、マフィンを食べたりしていました。そこは、奥さんからほっぽり出されたか、離婚した中年のおじさんたちが情報交換する場所でした。一昨年ケンブリッジを訪れたときにも、ブロードウェイ・マーケットは賑やかに商売をしていました。店はつぶれることなく、半世紀以上続いているわけです。そこには四十年前とそっくりに、薄汚れた中年の小父さんが三人ぐらい、背中を丸めてコーヒーをすすりながらタブロイド紙を読んでいました。

日本人で、あの界隈に住んでいた連中のキーワードは「キオスク」「ファイアーステーション」そして「ブロードウェイ・マーケット」、この三つです。多分それらは今でもケンブリッジ市にたむろする留学生の共通のキーワードになっていると思います。

目良浩一さんのこと

私がハーバードに都市計画を勉強しにきた一九六三年（昭和三十八年）、私より前にここで同じく都市計画を勉強していた若き学徒が二人いました。一人はすでに前述した渡辺俊一さんですが、もう一人は東大の建築学科で私とは同級生だった目良浩一さんでした。

目良さんは大学院では丹下健三先生の研究室に入りました。私は高山英華先生の研究室に入りました。彼は建築に情熱を傾けていた学生で、初めはデザイナー志望でした。彼の出身高校は福岡県の伝習館ですが、佐賀っぽのまっすぐでひたむきな性格をもろに背負ってきた男でした。

彼はクラスでも学生をひっぱる役目をしました。三年生のときから同級生数名を集めて、翻訳が仕上がったばかりのマンフォードの『都市の文化』や、ギーディオンの『時間・空間・建築』の勉強会を始めたりしました。誰もが「目良はこれから建築デザイナーとしてジャーナリズムに取り上げられるだろう」と噂をしていました。卒業のときには総代をつとめました。

建築デザインが好きで、しかも上手でないと丹下研究室では生き残れません。大学院に入ってから目良さんは、彼の頭に描くデザインと実際に彼が図面に描く建築物との間に大きなずれがある事態に直面します。実はその現実には、設計という仕事を通して建築の学生の誰もが直面するのです。目良さんも大学院に入る前、その事実に直面しました。それはこの若きデザイナーが、卒業設計で高い順位を得られなかったからです。

また建築設計ではクライアントに完成予想図を見せなければなりません。ですから図面に色をつけてわかりやすくします。デザイナーにとって彩りが苦手な建築家は、クライアントに納得してもらえません。

私も図面はほどほどに描けるのですが、タイルを何色にするか、壁を何色にするか、など彩りが本当にへタだったのです。目良さんも彩りがあまり上手くなかったようです。それは卒業設計の透視図描きのときにはっきり出てきました。目良さんの透視図の色は失敗でした。この透視図で彼は卒業設計の一等を逃したのかもしれません。

丹下研究室にはすでに先輩として槇文彦、磯崎新など若き建築デザイナーの卵が一杯いました。

彼は建築デザイナーとしては成功しないだろうと自分の将来を結論づけたのでしょう。修士が終わって博士課程に移るとき、突然プリンストン大学の建築学部都市計画学科の修士課程に留学することを決断しました。

この彼の行動は私にとって衝撃でした。彼はデザイナーという初めの意図を捨てて、アメリカで都市計画を勉強する、そのことを彼は大学院に入ってからひとことも私たち同級生には知らせませんでした。よっぽど丹下研究室の実像が、彼の求める道筋と違っていたに違いありません。そのとき彼は思い悩むことなく人生の方針をスパッと転換してしまったのです。そこに彼の〝佐賀っぽ〟としての鋭い刀の一振りを見た思いでした。

大学は有名ですがプリンストン大の都市計画では世界に通用しません。彼はプリンストン大の修士を出て、博士課程でハーバードに来たわけです。

目良さんは建築デザインを捨てて、アメリカの大学で身につけた都市計画で人生の勝負をすることになったのです。アメリカの学会の都市計画の分野では、日本人にとって文章を書くより算術をするほうが優れた論文が書けるようです。なぜならばそのころのアメリカの都市計画は経済に大きく傾斜していったからです。経済学の理論で都市の調査データを統計的に処理すれば何らかの結果が出ます。

目良さんは勉強しました。「都市経済学」「地域経済学」という領域で算術を駆使しながら論文をつくってゆきました。日本人にとって英語を使って長々と論文を書くことは、あまり得意ではありませんでした。しかし、数学を使えば、英語に頼らずに優れた論文が書けます。

私がハーバードに留学したとき、目良さんは博士課程の三年で学位を取るために必死に勉強していました。ところが久しぶりに会うと、彼はもう結婚していました。奥さんは何と彼が東大の学部学生のときに彼の卒業設計を手伝いに来ていた、日本女子大住宅学科の美しい大柄の女の子でした。彼女はいつも陽気に前を向いて、後ろを振り返らない性格の女性でした。彼女がグイグイと目良さんを後ろから押しまくったにちがいありません！

そのころハーバードには結婚している学生専用の宿舎があったのです。「マリッジステューデント・ドミトリーハウス」といいました。ここは建築ジャーナリズムから見ても、とても有名な建物でした。当時ハーバードのデザイン大学院・院長であったホセ・ルイ・セルトという建築家が設計しました。目良さんもそこで生活していたのです。

私がケンブリッジにいた一九六三年の冬に、彼からちょっと論文書きの手伝いをしてくれないかという頼みがありました。話を聞くと、地域経済の変動を、人口と距離と生産財の三次元の図面で表したいということでした。私は透視図的なグラフを製図器具のロットリングを使ってきれいに仕上げました。彼はとても喜んでくれました。理論経済学の論文に建築の製図器が立体視という手法で役立ったのです。

そして翌年（一九六四年）の六月、めでたくＰｈ・Ｄ

の学位を手にして、すぐハーバード大学都市計画学科の助教授になりました。とてもめでたいことでした。

私は彼の卒業式に参加して、角帽とガウンをまとった彼と彼の奥さんと一緒に写真を撮りました［P15／ph4―6］。

パイプのこと

当時ハーバードやMITの三十代以上の若手研究者たちの間でパイプをくゆらすのが流行になっていました。特に社会科学系、建築系の世界ではそれが目立ちました。ハーバード・スクエアにあった煙草屋には、まるで駄菓子屋のガラス瓶に入った菓子のように、何十種類もの葉煙草が売られていました。客はその煙草を何種類か選び、ブレンドしてもらって自分のパイプ煙草として仕立てるのです。

実際、顔が小さくて凹凸が大きい欧米の若い男が、パイプをくわえていると、とても思慮深く知的に見えて恰好が良くなるのです（実態はそうでなくてもです）。

私は背が低くて顔が大きくてのっぺりした東洋人です。パイプをふかしても恰好良く見えるわけではありません。しかし、この欧州系の男のパイプ姿を見て、何の自己反省もなくパイプにとびつきました。

私はアメリカへ行くまで酒も煙草もやらなかった人間だったのですが、こうして留学中にパイプで煙草を覚えました。

ハーバードの都市計画学科にピーター・ナッシュという準教授がいました。イギリス系の顔つきでちょっとおすまし顔の教師でした。率直に言うと、私がパイプにひかれたのは、彼のパイプ姿を見てからでした。彼はまだ若く、私より三つ、四つ上でした。ナッシュと私はその後とても親しくなりました。なぜならば、彼は大学院で〝プランニングテクニック〟という授業を行っておりました。その内容は、市民に対してどのようにして都市計画を理解してもらうかということでした。この授業は、実際に市役所の役人と一緒になって公開討論会で市民と議論をしたときの経験、そしてそれを素材とした研究成果をまとめたものでした。彼はその資料作成のために、都市計画事務所をつくっておりました。この実践的な講義はこれまでの日本にはない新鮮なものでした。私は彼の講義にとてもひかれました。ときどきは彼の研究室に行って、日本の都市計画の実践について下手な英語でぼそぼそと話をしたりしました。残念なことに、彼はその後足を引きずるようになりました。足がだんだん麻痺していく病気、パーキンソン病になってしまったのです。当時のハーバードの都市計画学科は、それまでのデザイン至上主義から社会科学的分析主義に移行する過程で、バウハウス系の老教授がいなくなり、若手準教授が台頭してくる移行期でした。ピーター・ナッシュはその準教授グループの先頭にたって、建築系の教授たちに対抗して新しい都市計画教育の枠組みをつくっていたのです。私が彼に会ったときは、新しい三年制の都市計画大学院をつくると、意気軒昂でした。その彼がパイプをくわえていたのです。同じ都市計画学科の準教授ウイリアム・アロンゾ氏もパイプ党でした。

ところで、私の所属先であったジョイントセンターでは、火曜日の昼時の二時間、ほかの大学の先生を呼んで話を聞き、ディスカッションをする「ランチョンミーティング」が有名でした。このミーティングに私は参加する資格がありましたが、博士号を取っていても、呼ばれない若手研究者はたくさんいました。その出席できる顔ぶれは、学部によっても異なっていました。

ジョイントセンターに入ってわかったことですが、博士号を取っていても建築・土木系の都市計画の連中はほとんどこの食事会に呼ばれませんでした。呼ばれるのは社会科学系の若手研究者でした。出席する教授もそういう分野の人たちが多かったのです。アメリカで都市を論ずることは、デザイン的な都市計画の学者よりも、社会学、政治学、行政学の学者が行っているのです。建築や土木、そして都市計画ではなくて社会科学の分野が、アメリカの都市づくりの主流になっていることを理解しました。

私をジョイントセンターに紹介してくれたマイヤーソン教授は、ユダヤ人でしたがハーバードの都市計画学科の教授を務め、ジョイントセンターの初代所長になりました。彼の専門は建築や土木から来た都市計画ではなく、社会政策、都市社会学に軸足をおいた都市計画でした。日本ではあり得ないことです。日本で都市計画といえば建築か土木です。このような都市計画はドイツ型と呼ばれていました。ところがハーバードに見られる英米型の都市計画では、建築、土木は端に追いやられるようになったのです。

なぜそうなるかというと、アメリカの都市問題はマイノリティー問題だからです。マイノリティーの社会的不安を、どれだけ緩和させられるか、どうしたら彼らが安定した生活を送れるようにできるのか、というのが都市計画の新しい領域になりつつあったのです。

このジョイントセンターのランチョンミーティングに参加している社会科学系の若い連中も、パイプをやっていました。それにも影響されて、私も吸うようになったのです。

ナッシュ教授のこと

私がハーバードに滞在していたとき、都市計画学科には教授がいませんでした。それは、マルティン・マイヤーソン教授がバークレー校の環境デザイン学部長に転出してしまったからです。残ったカール・シュタイニッツ教授はオールドタイマーになって学科の現役教授としては働いていませんでした。ですから、残ったのは四人の準教授でした。そのうちのナッシュは計画技法を、ビル・ドーベルが法律を、アロンゾは軽量技法を、ビジュエが歴史を、そして非常勤の講師ドーバーが都市計画基本法を担当していました。その四人の準教授の中では、ナッシュが最年長で都市計画学科の再編に積極的でした。私が彼と会ったときでも、初めに「私は敗戦の後、陸軍将校として日本へ行った。そのときの状況からよく立ち直って、よく東京オリンピックにこぎつけたものである。日本人はすごい」、という話からハーバードの都市計画科の再編について次のように語りました。「ハーバードの都市計画学科をこれからの時代の変化に対応させてゆくためには、現在の社会科学的都市計画にもう一度ヨーロッパ型の都市計画を融合させなければならない。なぜならばハーバードの大学院にはこれから海外からの学生が押し寄せてくる。この海外からの学生に必要な教育は、造形的都市計画であると思う。そのためにはこれまでの二年の教育年限を三年にする必要がある。それによって他大学の都市計画学科の目標となる教育体系をつくりたい」と語り、その教育の視点は、蟻の目のように下から都市を見つめることであると続けました。

突然に現れた新米の日本人にこんな話をするのは、驚きでしたが、後でわかったのですが、マイケル・ジョロフがナッシュに私の話を吹き込んでいたからだったと思います。それにしても、どういうわけか、彼は私のことを気にかけてくれました。留学期限を一年、延ばすことについてもニコッとして承認してくれました。とてもさっぱりとしたアングロサクソン系の若い学者でした。おそらく、そのときのナッシュの頭の中は、アメリカ都市計画をリードするハーバードの教育体系が組み込まれていたのでありましょう。そのときは、彼は元気でありました。ところが、一九六四年(昭和三十九年)の秋ごろ(私の留学の二年目の初めのころです)、彼は杖をついて歩くようになったのです。今から思えば、パーキンソン病にかかっていたのでしょう。歩くのが如何にも億劫な状態でした。私が東京に戻った一九六五年の秋には都市計画の彼の授業が休講になることも多くなったと、マイケルから聞きました。その後、私が日本に戻った後にハーバード大学の環境デザイン学部の執行体制が大きく変わりました。まずセルト学部長の任期が終わった後の学部長に、建築家ではなくて経営大学院(ビジネススクール)の教授が就任しました。そして都市計画学科の取り扱いが問題になりました。なぜならば、ナッシュの主張どおり、一九六七年ごろ、都市計画学科は三年制になりました。その試みは失敗しました。三年制のハーバードは他の大学の二年制の大学院とは違い学費が高くなり、人気が落ちて、学生が集まらなくなったのです。逆に二年制のMITの人気が高くなりました。その結果、一九七二年ごろにハーバードの都市計画学科は潰されて、都市計画プログラムとなって公共政策大学院に移し替えられることになりました。これでこの後、四半世紀ハーバードのGSDからは都市計画学科は消失しました。今から二十年くらい前からようやく復活することとなりました。この悲劇の中心はナッシュ教授でありました。彼は一九七二年にジミー・カーター(後の大統領)がジョージア州知事になると、彼に請われてジョージア州立大学の都市計画学部長となり、ハーバードを去ることになりました。その後、彼の病状は少しずつ悪化しましたが、どういうことか今から三十五年ほど前に車椅子に乗りながら奥さんと一緒に東京を見たいと来日されました。私は一生懸命東京の案内をし、そして彼はとても喜んでくれました。別れるときに、彼は涙を流しながら、「伊藤がケンブリッジにいた一九六〇年代は私も思い切って、仕事ができたのだが、このような病気になって本当に悲しい。伊藤さん、ありがとう」と私に話しかけてくれました。これが、彼との最後の会話になりました。今でも、素晴らしい、アメリカの都市計画家に会えたと私は思っています。

自動車を購入する

留学一年目は、真面目にハーバードとMITの授業を聞き、ジョイントセンターのランチョンミーティングに参加しました。そのうち自動車が欲しくなってきました。車がないと思うように動けなかったからです。

私は国際免許を持っていなかったので自動車学校へ行きました。五十代の太った小母さんが何人もいました。アフリカや中近東から来た移民の人たちもいました。英語がわからないらしく、絵入りのパネルを使って授業は行われていました。そこでは自動車の仕組みや法律を教えるだけ。つまり座学だけでした。運転の練習はやりません。

日本のペーパーテストならひっかけ問題が出ます。ところがアメリカのペーパーテストは単純明快です。引っかけ問題がないからです。ですから五十歳、六十歳の老齢の女性も一回で受かっていました。私もそのペーパーテストは「一回」で受かりました。

このように、日本の運転免許の試験とは大違いでした。運転の練習は実際の道路で行われます。二十分ぐらい試験官と一緒に運転をして、審査を受けました。私は東京にいるときから、五年ほど運転免許を持っていましたから、実学では誰にも引けを取りませんでした。つつがなく、免許をとることができました。

問題はここからです。どの車をいくらで買うか、です。日本から持ち込んだ留学の資金は千五百ドルです。このうちからどれぐらい車に消費してよいのか、心配になりました。大金をはたいて車を買ってしまったら、残りの金だけでは生活できません。ジョイントセンターでどの程度金儲けの仕事ができるかも気がかりでした。

車を購入することについて下宿の住人に相談すると、ハーバードの生協（クープ）の入口にある掲示板、特に学期末の一、二月に出る売り物情報を見ろと教えてもらいました。学期が変わるときに学生は不用になったものを売るからです。学校よりも生協のほうがいろんな人たちが出入りしているので、ここの掲示板は人の目にふれやすいからです。

ここで生協（クープ）の話をします。大学生協といっても当時の日本の大学のみすぼらしい生協とは全く違います。日本の生協は文房具とカップラーメンに下着ぐらいしか売っていませんでした。しかしハーバードのクープはケンブリッジにある百貨店といってよいほど、きれいで高級品も売っていました。たとえば、セミオーダーのハーバードのジャケットやゴルフ道具まであります。私はそのちょっと華やかな雰囲気が好きでした。クープはハーバードの地下鉄の駅前にありました。私は二年目になると金のめどもついてきたので、レコード売場に行って、当時の日本では絶対に買えなかった、何人かの作曲家のレクイエムとかオラトリオ、メサイアといった何枚組かの宗教音楽を買うことに夢中になりました。

車の話に戻ります。当時、車の買い方は二通りありました。大きいアメ車を買うか、小さい欧州車を買うかです。アメリカの中古大型車というと、とても安いのですがせいぜい二、三年もてばいいというのが学生の意見でした。売るほうも、買うほうもそのつもりで掲示板を利用します。アメ車は故障が起きたとき、修繕に相当費用がかかります。安く車を買ったとしても、その後の維持管理費用がかさみます。

これに対してヨーロッパから来た留学生たちは、フォルクスワーゲンを買っていました。当時、フォルクスワーゲンは学生の間で故障しないということで人気でした。フォルクスワーゲンは買ったときより高い値段で売れる、という神話もありました。

ちゃんとした生活設計をしている学生たちは、フォルクスワーゲンを買っていたのです。

掲示板の売り広告をいろいろ見ながら、結局七百五十ドルでフォルクスワーゲンを買いました。買った時期は結果として四月になってしまいました。売り主はハーバードのカレッジを四年で卒業したアメリカ生まれの日系人三世でした。日本語はしゃべれませんでした。彼はオックスフォード大学が海外の大学に出しているローズスカラーという、とても権威のある奨学金を得て英国に留学するのだと言っていました。アメリカの大学を出て、ローズスカラーをもらうという人は、限られています。彼を見て、日本人は世界的に見ても優秀だと思いました。

ボストンの冬は寒いのです。ですからこの車には特別にヒーターがついていました。

日本人学生はみんな貧乏で、車を持っている人はほとんどいませんでした。そのころ、車を持っている日本人は二人いました。一人は東大建築学科の先輩、槇文彦さんです。彼はハーバード大学のＧＳＤの準教授をしていましたから、留学生とは比べものにならない高額の給料を手にしていました。おまけに彼は竹中工務店の一族ですからお金に困りません。彼の車は中古のベンツでした。ベンツですからフォルクスワーゲンよりずっと格上でした。実は、ハーバードの若手教授連中の間で流行っていたのがベンツだったのです。槇さんもその流れに乗ったのかもしれません。

伊原通夫さんはフォルクスワーゲンのバンを持っていました。彼の車の中にはストーブが設置されていて、そこで煮炊きできるようになっていました。伊原通夫さんは、このフォルクスワーゲンのバンを大改造してキャンピングカーにしたてていたのです。

そこに第三番目として私のフォルクスワーゲンが加わったのです。ですから、ケンブリッジにいた建築やデザインの日本人留学生から見たら、いろいろ利用できる良い〝カモ〟が現れたと考えても、無理もないことでありました。

槇さんは顔つきが庶民的ではなくて、行動も品が良いので若い留学生はなかなか近寄りがたかったのです。それに比べて、伊原さんのところと私のところには、二人とも庶民顔でいい加減な性格ですから、若い日本人連中が集まりました。

車を使ってあちこち行くようになりました。私がその後のアメリカ大陸横断に使った車は、このフォルクスワーゲンでした。
ちなみに、アメリカを発つときこの車を売ったので
すが、一年三ヶ月乗って八百五十ドルで売れました。
イラン人の法律学生が買いました。買ったはいいけれ
ど彼はまだ免許を持っていませんでした。一週間ぐら
い運転の練習に付き合いました。運動神経のない学生
でした。

アメリカの都市計画は日本と違う?

留学の第一歩として、MITとハーバードで、大学
院における都市計画の授業を聞かなければなりません。
どういう授業を聞くか、カリキュラムをチェックして、
MITでは「交通計画」「航空政策」「都市計画」、ハ
ーバードでは「計画の手法」「都市計画概論」「都市計
画法制」を選びました。
日本で都市計画というと、まず図面を描くことから
始まります。団地や公園の設計、市役所とその周辺の
官庁街などの図面を設計します。これは都市計画の大
事な仕事です。この仕事を日本では都市デザインと呼
んでいました。大学院でも市役所から委託を受けて都
市計画図面を描きました。丹下健三先生は、都市工学
科の看板となる都市デザインの大御所でした。高山英
華先生も図面を描くことが重要な都市計画研究の出発
点であると言われていました。
ところがハーバードの大学院の都市計画では、ほと
んど図面を描きません。製図室はあるけれど、そこで
図面を描いている人など誰もいませんでした。なぜか
というと当時のアメリカの都市計画では、基本的に住
民間のフリクション(摩擦)をどのように起こさずに
すませるか、起きたとしたらどのように最小限に食い
止めるか、ということが一番大事な仕事だったからで
す。
一九六〇年代のアメリカには、今よりもっと激しい
人種差別がありました。当時のアメリカの大都市の中
には、アフリカ系の低所得者層が住む地域、ヨーロッ
パ系の低所得者層が住む地域、ドイツ系の中産階級が
住む地域、イギリス系の上流階級が住む地域……と人
種および社会的階級によって住む場所が分けられてい
ました。中心市街地の中でも、ここはイタリア系のレ

ストランが多い場所、ここはオランダ系ビジネスマンが多い場所、といった棲み分けが自然に発生していました。家賃と、地域社会に支払う固定資産税（地区の維持管理費）によって、自然にそう分けられていったのです。

イギリス系、北欧系が住む住宅地では、住民自治（建築協定）ができています。たとえば三百坪以下では土地を売らない、と決めてしまうと必然的に富裕層しか住めない街ができあがります。建物は木造、壁の色は……と、その住民が決めていくのです。そうすると、おのずとその地域に住める人種が決まってくるのです。上流階級の住宅地とは、そのようにしてできあがっていきます。

六〇年代のアメリカでは、市役所や地区自治体が、住宅地において敷地の規格、建物の規格、あるいは住宅取得希望者の職業について一定の制限を課すことが一般的でした。しかし、これらの制限は、少数人種や低所得者を差別することになり憲法違反ではないかと、アフリカ系を中心とした、被差別少数人種から連邦政府に対して大きな抗議が浮上していました。たしかに、そのような地域防衛の住民行動は差別を助長します。ハーバード大学法律学校（Law School）のハール教授は、被差別少数人種が起こした反対運動の理論的指導者でした。しかし、現実の地方政治の場では、なかなかうまくいきません。北部のマサチューセッツ州の住民は、差別はおかしいと思うかもしれませんが、南部のバージニア州やジョージア州の住民は、差別があって良いと考えます。

アメリカでは市街地の土地柄を決める法律的手法として、ゾーニング（Zoning）があります。それは、市役所に設けられた都市計画委員会が決めます。保守的な州や都市では、このゾーニングによって都市地域を差別してゆくことになります。それは結果的に「市役所が決めた」ということになり、ゾーニングによって、アフリカ系やイタリア系を排除する……市街地の区分けが生まれるのです。

私が留学していた六〇年代前半には、ゾーニングをめぐって大憲法論争が起きていました。連邦政府は、差別を定着させる地方政府の定めるゾーニングは違憲だと決めますが、地方政府、特に末端の市町村では連邦政府の方針を無視してしまいます。日本では「お上」が決めたことに地方は従います。しかし、アメリカは植民地国家なので、「ここは私たちの先祖がつくり上げてきた土地だ」という独立意識が強いのです。連邦政府がいくら違憲といっても修正されません。そうはいってもゾーニングは敷地規模や建物の高さを決めたり、まさに「都市計画」そのものです。この「都市計画」によって住民が差別化されるのか、それとも差別を解消できるのか、その課題はハーバード大学デザイン大学院都市計画学科が解くべき国家的課題になってきたのです。ゾーニング技術を支えている法律的根拠や社会学的基盤を都市計画学科の教師と学生が議論するのが授業の中心になりますから、図面をつくることや模型づくりは都市計画教育にはいらないのです。

アメリカの公営住宅には、家賃が安いので低所得者層が入居します。高所得のWASP系の市民にとって、低所得者を公営住宅団地に封じ込めることができれば、そのほうがいいのです。ところが大規模な公営住宅団地では維持管理がよくないため汚くなり、犯罪も起きます。そこで公営住宅団地を小規模にして数多く、中産階級の住宅地に分散配置したらどうかということを、都市計画家は考えます。しかしこれも保守的な欧州系の人たちの反対にぶつかります。その宥和方策はあるのか。これもまたハーバードの都市計画学科の大学院生の課題です。

一九六〇年代、アメリカの大都市の都市計画委員会は、低所得者の住む市街地を、ブルドーザーで全部壊して市所有にし、その土地を安い値段で民間の不動産業者に売ってしまうということをしていました。この際、追い出された低所得者層に対して、公営住宅を供給するべきか、隣接する同水準の市街地の既設住宅に入居させるべきか……、これもまたアメリカ都市計画の新しい課題でした。

アメリカ都市計画の現実をとりあげてみると、それは日本でいうエンジニアリング的な都市計画、つまり製図板の上でつくりあげる都市計画とは全く違うのです。極めて社会的なディスカッションを必要とする都市計画なのです。

このように、アメリカの都市計画は工学的ではないので、ケント紙や製図板がいらないのです。その都市計画の論争の真っ只中にあったのが、ハーバードの都市計画学科だったのです。

日本で通常考える都市計画は、アメリカでは「敷地計画」(Site Planning)といわれています。この分野はハーバードではデザイン学部の一分野であったアーバンデザイン・コースというプログラムで教えていました。そのコースの設計課題とは次のようなものです。リゾート地区のホテル群、郊外の高級住宅地、大規模病院の複合体、中心市街地のオフィスとホテルの再開発。このコースの学生たちは与えられた課題を、製図板の上におおいかぶさって、ケント紙に建物と樹木や苑地をていねいに、そして緻密に美しく描きこんでいました。その精密な図面を仕上げる技術は、まさに絶品といえる水準でした。しかし、それは都市計画ではありません。

ＭＩＴでも都市計画学科とは別に、ハーバードのアーバンデザイン・コースに対応して、建築学部の中にラージスケール・アーキテクチャーというコースがありました。日本語でいう「敷地計画学科」です。そこでは東大の丹下研究室で仕上げられていく図面に似た作品を、学生たちはつくりあげていました。徹底して樹木も美しく描き、歩行者道路の石畳までも丹念に描いていました。

もうひとつ、当時のＭＩＴとハーバードの都市計画教育で気づいたことがありました。それはハーバードでは交通計画や市街地道路の技術指針を全く教えていなかったことです。ハーバードには土木工学科がありませんから、都市計画学科の学生は、経済学に堪能であっても交通には全く無知のまま卒業してゆくのです。これにはびっくりしました。要するに、当時のＭＩＴとハーバードの都市計画学科の大学院生には、立体的感覚は全くなかったのです。しかし、今は違ってきているようです。ＭＩＴでは建築的造形感覚を都市計画学科の学生にも要求しているようです。

カール・シュタイニッツ教授との出会い

ハーバードの都市計画学科で、風変わりな老教授に会いました。それは私がハーバード大学の授業を聞きはじめて二週間くらい経ったころでした。デザイン大学院の建物であるロビンソンホールの横道を歩いていたときでした。「あなたは日本から来た学生ですか？」と、その教授に声をかけられました。「そうです」と応えるとその人は、「アメリカの都市計画は日本と違うでしょう。私も同じ思いをしています。ヨーロッパの都市計画とは大きく異なってきました」と言いました。

実はその人は、カール・シュタイニッツというユダヤ人で、ハーバード大学都市計画学科の教授だったのです。当時すでに六十歳を超えていそうな風貌でした。あとでわかったのですがシュタイニッツ教授は、ドイツのバウハウス運動に参加した有名な建築家だったのです。

バウハウスのリーダーで、近代建築の四大巨匠の一人とされる、ヴァルター・グロピウス（一八八三〜一九六九）は、ヒットラーによるユダヤ人迫害がひどくなると、一九三四年イギリスへ、そして三七年にアメリカに移住し、ハーバードで建築学部の学部長になりました。そのグロピウスの右腕として活躍したのが、シュタイニッツ教授でした。

私と会った当時のシュタイニッツ教授は、ほとんど授業もしていなかったようでした。しかしあるとき、この老教授の都市計画の授業を聞く機会がありました。聞いている学生は少なくて十人ぐらいでした。彼の講義は、差別論、社会政策、都市経済学と全く関係ないものでした。日本と同じように造形的でデザイン論をともなった都市計画でした。それがドイツ的都市計画教育でもあったのです。工学的で、模型をつくり住宅用地（Siedlung）や都市の基本計画の図面を引くやり方なのです。教授の講義を聞いているうちに、私は気づきました。二十世紀初頭のドイツでは、その都市計画は国民のほとんどがドイツ人であるからこそ、成立したのです。だから造形的技術的都市計画が可能であったのです。しかし、アメリカのように、初めから価値観の異なる多民族が共存する国では、大多数の合意を前提とするドイツ型の都市計画は通用しません。シュタイニッツ教授はそのことを知りつつ、依然としてドイツ的都市計画にこだわったのでしょう。そのようにしていつの間にか彼はオールドタイマーになり、若手の教授たちとたもとを分かつことになったのでしょう。

たしかに欧州諸国の都市計画、つまり街を造形的に組み立ててゆく概念は、欧州諸国では市民が広く理解していています。欧州市民は都市はみんなで相談してつくられるという立場に立ちます。しかしアメリカでは、市民同士が初めから意見を衝突させます。その中に都市計画家が入りこんで、皆を仲良くする術を考える、それがアメリカの都市計画なのです。

シュタイニッツ教授がハーバードへ来た一九三〇年代のアメリカでは、一九六〇年代の日本のように都市計画は図面を引いていたに違いありません。それが時代とともに大きく変わってしまったのでしょう。

一方、ＭＩＴの都市計画学科はトーマス・アダムスというイギリス人の大御所がつくりました。彼は理屈よりも先に図面を描く、実務的な都市計画家でした。この姿勢はＭＩＴの校風に合いました。ですから、ハーバードとは違って都市のマスタープラン（総合都市計画）をどうつくるかに、教育の重点がおかれていました。それも文章よりも図面と数学を使ってきれいに仕上げるのです。

快適で美しい都市をどうつくればよいか、その手段としての都市の土地利用基本計画は大事です。その土地利用計画は図面に表示されます。図面を説明する数字や表も必要になってきます。ハーバードが社会科学的都市計画に移り変わることに悩んでいたとき、ＭＩＴの都市計画は「美しい都市」をつくることに専念していました。私が留学していた当時、ＭＩＴには日本の若い都市計画研究者にも有名であったケビン・リンチ教授がいました。彼は都市空間を論理的、構造的に分析して、都市計画の技法に役立つ計画要素を抽出し、都市のイメージ『敷地計画』という名著をつくりだしました。

もう一人、ジョン・ハワード教授がＭＩＴにいました。彼は欧州仕込みの正統的土地利用基本計画を教えていました。彼はＭＩＴにくる前、クリーブランド市の都市計画局長を務めていました。第二次大戦後、アメリカで初めてマスタープランの名のもとに、都市の土地利用計画をクリーブランド市全域に描いたプランナーでした。

ハーバードは基本的に社会科学の大学です。まず教養学部が大学の中心です。それから経営学部（スクール・

オブ・ビジネス）、医学部、法律学校が大学の骨格をつくっています。

ケネディ大統領が亡くなったあとつくられたケネディ・スクール・オブ・パブリック・アドミニストレーション、日本語でいうとケネディ公共政策大学院もその骨格に加わりました。そして私が日本に帰って数年後、一九七〇年にデザイン学部の都市計画学科はなくなりました。都市計画の授業は公共政策大学院で行うようになりました（この話を私は東京で聞いてとても悲しくなりました。しかし、その後十年くらいたってから、デザイン学部の都市計画学科は復活しました）。それに対してＭＩＴは実学中心の大学です。この二つの大学のその後を見てみますと、ハーバードの蹉跌を契機にＭＩＴの評価が上がり、今ではＭＩＴの都市計画学科（Department of Urban Studies and Planning）は全米で一番の都市計画学科であるという地位を確立しました。

二つの大学の基本的な違いは、半年ぐらい経ってからようやくわかってきました。私はハーバードの特別研究員でしたが、ＭＩＴのほうが面白かったのです。一年ぐらい経ってからはＭＩＴに入り浸り、二十四時間使えるエンジニアリング・スクールの図書館をよく利用しました［P17／ph7］。

ケネディ大統領暗殺の日

一九六三年（昭和三十八年）十一月二十三日のお昼ごろ、私はジョイントセンターに雑誌を読むために立ち寄りました。そこには今まで感じたことがない異様な雰囲気が漂っていました。みんなが殺気立っていて仕事に手が着かない。事務所ロビーにみんなが集まり、口数も少なくぼーっと立っているだけでした。一体何があったのか……それはケネディ大統領が暗殺された直後だったからです。

センターの所員のなかから、これは南部の陰謀じゃないかという噂がたちました。なぜなら、テキサス出身のリンドン・Ｂ・ジョンソンが副大統領だったからです。理屈も何もなく、感覚的にボストンの人たちはそう思ったのです。私にはその感情の奥底にあるモノはわかるはずもありません。しかし、あらためてそのヒソヒソ話から、当時のアメリカ社会の地域分断を知らされました。ジョイントセンターの研究員や職員たちは、今でも南部と北部の対立は根が深いと私にささやきました。ジョンソン副大統領にやられたんじゃないか、ボストンとケンブリッジの市民は事件の初めにはみんなそう思っていたようでした。ジョイントセンターには、この日いろいろの先生が集まってきて、これからの大統領はリンドン・B・ジョンソンで良いのかとか、テキサス閥がホワイトハウスを占拠したら、アメリカの国政はどうなるのかという話をとりとめもなくして一日が経っていきました。

十一月二十五日、ボストン中がお葬式になりました。ケネディの死を悼むミサがボストンのカソリックの大教会で、枢機卿リチャード・クッシングによって行われました。クッシングもケネディと同じく、先祖はアイルランド出身でした。

J・F・ケネディはハーバード出身です。彼が大統領に就任して、すぐキューバ危機（一九六二年十月十五日～二十八日）がありました。ソビエト連邦最高指導者ニキータ・フルシチョフが、核弾頭を積んだ貨物船をキューバに向けて出航させました。途中ケネディの開戦を覚悟した警告によって、その貨物船は引き返しました。あそこで核戦争が始まったかもしれなかったのです。しかし日本人の私は何も知らず脳天気に過ごしていました。キューバ危機の真剣な米ソ間の交渉は、当時日本の国民にはほとんど伝わっていなかったのです。キューバ作戦は、全部ケネディ大統領のスタッフが組み立てました。ハーバード、MIT、タフツといった著名大学の卒業生で構成されたケンブリッジ・マフィアがケネディ政権に入っていたのです。ケネディが暗殺されたことによって、国家の権力構造はガラッと変わってしまいました。政権に強い影響力を与えるアカデミー（大学群）がケンブリッジから南へ移りました。

ジョイントセンターはフォード財団の他に石油資本、ロックフェラー財団と渡りをつけて、南米ベネズエラのギアナ地域の地域開発についての調査研究を引き受けていました。当時、ベネズエラへ進出したアメリカの石油関係の企業が、ギアナ地域の石油資源開発のために必要となる技術者たちの街づくりを必要としたからでしょう。その他に、現地の住民にも雇用を提供できる産業振興計画も必要であったのです。

ジョイントセンターにいるポスト・ドクトラルの若い研究員の研究費は、そこから賄っていたわけです。ところがジョンソンが政権をとると、テキサスなど南の大学の研究者がワシントンに進出し、このような国際的開発プロジェクトに参加します。そうなればジョイントセンターの仕事が減少する危険性があったのです。この政治的変化に翻弄されて、ジョイントセンターは数ヶ月間混乱していました。

私はハーバードに来て、日本にいたときよりも世界がどう動いているのかがわかるようになりました。ジョイントセンターの若い仲間たちは、ヨーロッパや南米から来ているので、自然と会話は冷戦の話、ラテンアメリカとアングロサクソンの対立の話になってきます。国際社会が時々刻々と変化していることは、ケンブリッジの研究者間の話だけでも敏感に感じ取れました。さらに毎週日曜日の朝、ハーバード・スクエアのキオスクに行って、ニューヨークタイムズの日曜版を買います。これが世界の動向を知る宝箱でした。

日本の新聞の論説なんて、ニューヨークタイムズの記事をただ訳しているにすぎない、ということがわかってくるようになりました。

その他、ニューヨークタイムズ日曜版には、ニューヨークの建築事情がものすごく詳しく書かれています。ちょっとした単行本二、三十ページ分ぐらい描かれていました。世界の都市問題も特集に組まれていました。その記事を読むだけで都市計画の大学院の勉強をしているぐらいになりました。

夏休みの研修会の募集

一九六四年（昭和三十九年）五月の末ごろ、学生の卒業式も間近になったころです。ＧＳＤの掲示板に「オヤッ？」と思う募集広告が貼られました。それはＩＢＭが後援する「コンピュータによる地図表現」の夏季の講習会でした。資格は大学院の博士課程以上の若手研究者。場所はなんとアメリカ西北部のワシントン州シアトルにあるワシントン州立大学でした。二週間で二百ドルの滞在費支給とありました。私の本音をいえば、金額が何よりも魅力でした。なぜならばジョイントセンターのデータ処理の仕事は九月からです。七、八月の二ヶ月間アルバイトもせずに収入もなく、ケンブリッジで無為に過ごすわけにはいきません。講習会のテーマは二の次でした。しかし同時に次のようなことが頭をよぎりました。それはこの講習会を利用して、〝私のフォルクスワーゲンを使いながらアメリカ大陸横断ができるから、いろいろな州の大中小いろいろな都市を見ることができる。都市計画の研究者にとってまたとないチャンス〟という打算です。「外国からの留学生だが、都市計画の実績は一杯ある」といった、あるようなないような願書を添付して、この講習会に応募しました。六月中旬、ちょうど卒業式のころ、許可の返事が来ました。

向こうはわざわざ日本人がボストンから来るというので、面白がって採用したのでしょう。後で参加者を見てわかったのですが、ボストン、ニューヨークから来たのは私一人。その次に遠いところから来たのがシカゴから一人。ピッツバーグ一人とシンシナティから二人でした。外国人ではデンマーク人でコペンハーゲン工科大学の助手が、一人いました。その他のかなりの多くの連中はロスアンゼルス、サンフランシスコなど、アメリカ中西部から西海岸あたりの研究者たちでした。それればかりでは地域性に偏りがあるので、私みたいなボストンからの学生もとったのだと思います。講習会参加者は全員で二十人ぐらい、小規模でした。

この許可の書類が届いたとき、私は思いがけない贈り物が入っているのを見て驚喜しました。そこにはボストン、シアトル間の往復旅費として三百ドルの小切手が入っていたのです。

なお、私の車〝ビートル〟で走り回った、ボストン市、ケンブリッジ市の郊外の市街地と、ニューハンプシャー州のかつての産業都市の写真を載せておきます［P17／ph8－11］。

3章

アメリカ大陸横断——東から西へ

アメリカ横断計画

一九六四年（昭和三十九年）四月初旬にフォルクスワーゲンを手に入れました。

五月中旬にシアトルのワシントン大学からコンピュータ講習会の受講許可書が届き、後はフォルクスワーゲンでアメリカ横断の旅をいつ始めるかを決めるだけです。講習会は八月上旬から始まります。大陸横断旅行に何日ぐらい費やすか、大まかな見当を付けなければなりません。予定は次のようにしました。

ニューヨーク、フィラデルフィア、ボルティモアを計五日間で、ピッツバーグ、インディアナポリス、セントルイス、ウイチタ、デンバーをそれぞれ一泊ずつ、アスペンで二泊、ボイシとポートランドで各一泊ずつ、計十四泊とすると約二週間の旅が組み立てられます。ですからシアトルに着いてから、ワシントン大学で講習会の前に一週間くらいゆっくりするとすれば、七月十日にはボストンを発たなければなりません。そんなもくろみをしてジョイントセンターでの雑用の片付けをしました。

六月もおしつまった二十五日ごろ、前から知り合いだった日本人でハーバードの造園学科（Landscape Design）の大学院生であった浅田義恵さんとデザイン学部があったロビンソンホールの横で会いました。夏休みをどうするのかという話になりました。

彼はセントルイスにある造園事務所でアルバイトを一ヶ月することになったと言いました。それならば私のフォルクスワーゲンに乗れば現地まで送り届けられます。彼はとても嬉しい顔になりました。交通費がただになるからです。しかし彼が同乗してくれることは、私にとってもとても有り難いことであったのです。なぜならば自動車の長旅では、そばに地図をしっかり見て道案内をしてくれる人がいることが絶対に必要だからです。その地図とはアメリカでは当時から有名であるランド・マクナリー（Rand McNally）の『ROAD ATLAS』でした。この地図は道路の規格別の道路番号を地図上に忠実に表現しており、しかも通過する市町村の人口までわかる、自動車大国アメリカならではの運転手必携の地図でした。

出発を七月十日に定め、浅田さんと私を乗せた小さなフォルクスワーゲンは、ケンブリッジを出発しました。帰ってくるのが九月の初めですから、途中の勉強時間を入れて二ヶ月ケンブリッジからおさらばして、アメリカ大陸横断の旅が始まりました。後で知ったのですが、この往復の横断旅行で私の小さな車が走りまくった距離は何と一万四千キロに達しました。訪れた市役所の数は三十ぐらいありました。今から考えると結構たいしたことをしたのだと思います。

ニューヨークのウエストサイド

ニューヨークでは三泊しました。泊まったところはウエストサイドの安い賃貸アパートでした。八畳の居間と六畳の台所の二室で、浅田さんの友だちでコロンビア大学の学生が借りているところでした。そこに二人で転がり込んだのです。室内はお世辞にもきれいとはいえません。窓は内庭に面しているので部屋は薄暗く、乱雑でした。映画の「ウエストサイド物語」に出てくるこの街には、街路樹が全くありませんでした。建物の内部も外部もコンクリートが剥き出しで殺風景、夏の強い光にあぶりだされた街は乾ききって白茶けた色合いでした。

このオンボロアパートに若い学生とも職人ともわからない、黒人、白人、プエルトリコ人、イラン人など雑多な若者が住んでいました。ケンブリッジの私の下宿屋とは全く異なる住人たちでした。この安アパート街から二十分ほど北に上がっていったところにコロンビア大学がありました。大学はさすがにアカデミックな雰囲気で、キャンパスにいれば安心感もありました。ニューヨーク滞在中、一日だけコロンビア大学の有名な図書館に入り込んで、ゆったりとした時間の流れを楽しむことができました。しかし一度キャンパスの外に出ると、そこには黒人が多くて気を許せない街がありました。

コロンビア大学はマンハッタンの北下りの丘の頂点にあります。その丘の途中の斜面にモーニングサイドという公園がありました。昼間はとても手入れがよく散歩する白人も多いきれいな公園でしたが、夜になるとそこは白人と黒人が入り乱れて麻薬の取引をする有名な公園であったのです。

なぜならばこの公園の真下には、当時犯罪が多発していたハーレムの住宅街がありました。そこから上がってきた黒人と丘の上のヒスパニック系の若者が、夜になるとその公園で麻薬や盗難品の取引をしていたのです。ですからコロンビア大学は、ハーバードのように品よく乙にかまえていられる大学ではありませんでした。キャンパスの外側で毎日起きる事件が、都市問題解決に関わる学問の実証実践の事例であったのです。

その点ではフィラデルフィアのペンシルベニア大学のある下町も同じでした。私たちはその汚い下町にあるYMCAに泊まりました。ペンシルベニア大学に隣接する街は、安アパート街でした。実はペンシルベニア大学の学生はこの街には住んでいませんでした。もう少し離れた丘の上のアパート街が学生の街でした。ですから大学を囲むこの街は、貧乏な白人と黒人が混在する一種の貧民街のような場所だったのです。年寄りのアルコール依存症患者が昼間でも街をよろめいて歩いていました。このような街に囲まれている大学としては、コロンビア大学とペンシルベニア大学は共に対地域社会サービスの責務を荷っている大変な大学であったのです。アイビーリーグに属する大学といっても、その大学の立地する場所によって大学の社会的な責務はこのように大きく違っていたのです。おそらくロードアイランド州のプロビデンスにあるブラウン大学も、これら二つの大学と似た状況におかれていたと思います。それに比べると、ハーバード、エール、プリンストン、そして多分コーネルの四大学は本当にお坊ちゃん、お嬢ちゃんの大学だと思いました。

アメリカ大都市の再開発

ここで少しニューヨークなど、東海岸諸都市の再開発の動きを説明することにします。

一九六〇年（昭和三十五年）ごろ、アメリカの大都市の中心ビジネス街（Central Business District）の外側は、ぐるりと、倉庫街と低所得者が住んでいるスラム街でした。このスラム街は犯罪が多発する地域でした。市役所はこの問題多発地域を何とかなくしていく再開発を考えていました。このために市役所はこの地域の民有地を買収し、そこの古い建物を全部取り壊して下水や上水をきちんとした水準で整備し、〝買値より安い値段（write down）〟で民間不動産業者に売り渡します。不動産業者はそこに緑地をたっぷりとったコルビジェ風の高層アパートを建設し、そこを中産階級の市民に売却する努力をします。これが当時の連邦政府の都市再開発戦略でした。この都市政策は私が留学していたころから、低所得者を街の外に追い払う無謀な行政行為であると、多くの都市計画の学者から〝フェデラル・ブルドーザー〟という名前をつけられて批判されました。

この役人の「無神経な市街地の改造」に一九六〇年ごろ反抗の狼煙を上げたのが、文明評論家ジェーン・ジェイコブスでした。彼女はニューヨークのイタリア人移民が居住する、高密度な住宅地が取り壊されてつまらない集合住宅地に変わってゆく状況をいきどおって、名著『アメリカ大都市の死と生』を書き、当時の「再開発都市計画」を痛烈に非難しました。

しかしそれらの非難にもかかわらず一九五五年ごろ（第二次大戦が終わって十年くらいたったころです）から、この連邦政府主導の再開発は動き始めました。ボストンでは長距離鉄道のターミナル駅、北駅とその周辺を再開発して、中産階級用の高層住宅と官公庁街をつくりました。ロスアンゼルスでは市役所の周りの低所得者住宅地を整理して、バンカーヒルという業務市街地をつくりました。これらの事例は連邦政府の思惑どおり成功しました。しかしセントルイスでは、中央駅前の非白人系の人々が密集していた市街地を壊して、より所得の高い白人系の人たちのために、高層住宅地をつくろうとしましたが失敗しました。

そして中央駅前に建てられた集合住宅は誰も住まず、長い間放置された後に爆破されました。シカゴのブルドーザー再開発も失敗しました。ここでは大面積に広がる中心市街地にある低所得者住宅地を市役所が買い上げて更地にしましたが、住宅地としての場所の評判が悪く、どの不動産業者も買いに入らず、長いこと空き地となって放置されました。

そのころ①各都市では共通して戦前につくられた古い交通施設の大改革に迫られていました。特に湾岸地域では、古くから人々になじみがあった古い櫛型の埠頭は全く役に立たなくなっており、その埠頭地区をどう再開発するかが大きな課題でした。それに伴い②埠頭地帯に引き込まれていた鉄道の貨物駅と貨車の操車場も無用の長物化しており、その敷地の再利用も課題になっていました。③さらにこれらの交通施設を取り囲んでいた膨大な倉庫地域も、貨物の出し入れがなくなり遊休化していました。この状況はどの都市でも同じでした。

ニューヨークでは一九六〇年ごろから、それらの施設の再開発が次々と浮上しました。その第一着手がリンカーンセンターの建設でした。これはセントラルパークの西南端にあった貨車操車場の上部に人工地盤をもうけ、そこにニューヨーク・フィルハーモニーのコンサートホールとバレエや芝居の劇場の複合施設をつくり、ニューヨークの音楽のメッカにする事業でした。この再開発は大成功でした。

櫛形埠頭の再開発では、世界貿易センターに隣接しウォールストリートに近い南西波止場を埋め立ててして金融センターと高級住宅地に再開発する計画が浮上していました。さらにマンハッタンの西側、グレイハウンド・バスターミナルに近い、ハドソン川に面した倉庫用地を再開発して、当時のニューヨーク市長の名前（ジャビッツ）をつけた国際会議場の建設も取り沙汰されていました。このプロジェクトは一九七〇年ごろ完成し、大成功の再開発になりました。

住宅的土地利用の再開発も進められていました。ニューヨークでは第二次大戦直後の一九四五年ごろから着手された、マンハッタン南東部のスタイブサント地区の再開発計画は数少ない成功例で〝中の下〟の所得階層の住宅地として変身しました。しかし、この再開発に〝味をしめた〟その後の連邦政府の住宅地再開発戦略は、ほとんどの都市で失敗しました。

フィラデルフィア市とエドモンド・ベイコン

そのなかにあって数少ない成功例の一つにフィラデルフィア市のソサエティーヒルの再開発がありました。ソサエティーヒルは、中心市街地のはずれの南東部の丘にあったスラム地区でした。しかしここの再開発は通常の高層棟住宅だけの再開発とは異なり、その足下に低層長屋住宅を道路に沿って配置しました。つまりストリートライフの再生を考えたのでした。私がそこを訪れた当時、この再開発はでき上がったばかりでした。私はその現場へ行き、一番心をうたれたのは、その再開発住宅の仕上げでした。低層住宅の外壁は赤煉瓦を使って十九世紀末期の中産階級の市街地住宅を表現していました。やはり再開発は、コルビジェ型ではなくロウハウス（Row House　長屋住宅）型が普通の市民感覚に合うと実感しました。

その当時、フィラデルフィア市の都市計画局長は有名なエドモンド・ベイコンでした。

彼は私が留学していた時期に、大胆なフィラデルフィア都心部の再開発計画を発表していました。その提案は、オンボロビルが林立して廃れている都心部を、思いきって全面取り壊しをし、そこにメガストラクチャー建築（一体化された巨大な建築群）からなる歩車分離の大規模再開発を行うというものでした。彼の提案の意図するところは、「中心市街地周辺のスラム街再開発だけで都市は元気になるものではない、老朽化した中心市街地そのものの再開発に切り込んで、立体駐車場とオフィスビル群そして中心商業地を一体化した街をつくりあげていけば、周辺のスラム街もそれによって自然に解消される」ということであったのです。この彼の主張は一九六〇年代のアメリカの都市計画に大きな一石を投じました。私のような若い学徒は、建築ジャーナリズムがとりあげるこのメガストラクチャーによるフィラデルフィア都市再開発の絵を食い入るように眺めたものでした。

しかし実際にフィラデルフィアの都心部を訪れると、そのような再開発は全く進んでいませんでした。名手ベイコンにしても、都市の再開発をうながすポテンシャルを楽観視しすぎたのでしょう。その現実が私につきつけられたとき、「やはり大規模再開発は都市の巨大性いかんに支配されるものであって、ニューヨーク市以外では必ずしも成功しない。フィラデルフィアは巨大都市ではない。したがって、ベイコン都市計画局長の発想はフィラデルフィアでは実現できない」と思いました。実際に、訪問した市役所の都市計画局の職員は、ちょっと声をおとして「ベイコン局長には申し訳ないけど、現在焦眉の急はデラウェア川に面した埠頭地区の再開発だ」と、私に話をしました。ここでも貨物輸送革命は国内船路を主体としたフィラデルフィアの港を廃棄してしまっていたからです。

ボルティモア市の裸踊り

ボストンから南へ下り、ニューヨーク市、フィラデルフィア市を訪れた私たちのフォルクスワーゲンは次にボルティモア市に向かいました。ボルティモアは私の印象ではちょっと面白い都市です。

それは何となくフランス人街の雰囲気があったからです。アメリカの東海岸諸都市の起源を考えると、ボストンは英国人とアイルランド人がつくった街、ニューヨークはオランダ人と英国人がつくった街、フィラデルフィアはドイツ人とオランダ人がつくった街と大別できるかもしれません。ですからフィラデルフィアの街の雰囲気はなんとなく暗いのです。それにくらべるとボルティモアにはラテン型の明るい雰囲気がありました。私の手元にある今から六十年以上前、一九五五年（昭和三十年）のコリアーズ地図帳では、ボルティモアについて次のように書かれています。

「ボルティモアはニューヨークに次いで港湾取扱貨物が多い港である。またアパラチア山脈を越えればアメリカ内陸部に他の東海岸都市よりも一番早く到達できる鉄道の便もあるし、ここと各都市をつなぐ内陸型運河が発達している。そしてここは素晴らしくおいしい菓子と食事を提供できる都市である」

この食べ物がおいしいという記事に、私はフランス人の影をみました。私が訪れた一九六五年ごろ、すでにボルティモア港は廃れていました。しかし埠頭地区には港町独特の、ちょっと怪しげな雰囲気の店が軒を連ねておりました。昼下がりに埠頭近くを歩いていましたら、古い空き家になっている数多くの商店入口に、何人もの長いスカートをはいた若い女性たちが立って、通行人に声をかけていました。興味半分に何だと話を聞くと、トランプ占いをしているから寄らないか、というのです。私は古い白黒の映画に出てくる「ジプシーのトランプ占い」を思い出しました。彼女らの顔立ちは、たしかに東欧系でした。彼女らが立っている後ろの土間には占い用のイスとテーブルが置いてありましたが、不思議なのはその後ろは厚いカーテンで仕切られていたことです。私は下らない妄想をしました。トランプ占いと称して客を引き寄せ、その後はカーテンの後ろに客を引き込んでちょっとした〝裸の商売〟をする。しかしこれはあくまでも私の妄想です。なぜならば、そのトランプ占いに応じる気持ちは全くなかったからです。貧乏学生は金がありませんから、そんなインチキ商売にひっかかってはいけないという自制があったからです。しかし東欧系の若い女の子たちは目が大きく、体もたくましく、とてもセクシーで魅力的でした。

実はボルティモアの埠頭地区の中心商店街にあったある劇場は、ケンブリッジの若い研究者の間では有名でした。その劇場の名前は俗称「ロック」と言われ、当時はニューヨークをはじめ東部のどの都市でも見られなかった全裸のヌードショーが演じられていた劇場でした。

ですから、金曜日の午後になると、ケンブリッジの街から学生や院生四、五人が一台の車にすし詰めになって乗り込み、六、七時間かけて七百キロの道程を走ります。ショーは一時間ぐらいですが十時ごろ開演して夜中の一時ごろまで二、三回くり返されます。初めは若い女の子たちの普通のストリップショーですが、ショーの終わりごろに小太りの中年の踊り子が登場します。彼女が全裸の踊りをしますが、その女性は性生活をたっぷりと体験している雰囲気をまきちらして、大胆にあけっぴろげな踊りをしました。おばさんの股間のすみずみまで全部明るい照明に照らされて、顕微鏡で見るようによく見えました。若い学生や院生はその熟女の仕草に、完全にひきつけられました。ですから入場券（多分一回五ドルぐらい）を二回分買って、途中の若い踊り子のショーは寝ていて、最後のこのおばさんの踊りだけを熟視するという若者も出てきました。そして今でも記憶に残っていることは、踊り子は全員白人で黒人はいなかったことと、観客も白人だけだったことです。

私も留学の二年間に、友だち同士や訪問客と一緒に何回かこの劇場に行きました。この劇場は多分、二十世紀の初めにつくられた、演劇を興行する上質な芝居小屋だったのでしょう。とても古ぼけていました。建物の前面はアール・ヌーヴォー的な派手な飾りの窓や壁におおわれていて、内部の客席は平土間で三百人、バルコニー席に百人ぐらいの収容力でした。しかしショーの性格からバルコニーはガラ空きでした。客席を案内する年取った男に一ドル渡すと、ステージの前の四、五列目の一番よく眺められる席に連れて行ってくれました。この席に座ると、踊り子の体の詳細もこまかく見られました。

この劇場のすぐそばに五、六軒、怪しげなバーがありました。バーのカウンターに座ってビールを頼むと五十セント、ところがカウンターの上やそばの小さなステージで何人かの若い踊り子がジー・ストリング一本だけでゴーゴーダンスを踊っていました。彼女らは何と私たちが見てきたあの劇場のショーダンサーだったのです。彼女たちはこれら場末のバーでアルバイトをしていたわけです。

金回りのよさそうな小父さんをみつけると相談が始まり、一人、二人と姿を消していきました。この裸踊りのショーダンサーも貧乏という点では私たちのような若い研究者と同じだったのでしょう。私たちは手廻し計算機と数表で統計資料の計算をしてアルバイトをし、彼女らは体を使ってアルバイトをしていたのです。

チャールズセンター再開発

ボルティモア市を夜から昼に切りかえて、都市計画の話をします。古い港を捨てて新しい港をつくる動きは、ボルティモアでも他の都市と同様でした。ボルティモアの旧港は中心市街地に隣接していました。ですから、ボルティモア市は港と中心オフィス街を一体化した再開発の計画を考えました。旧港跡地はショッピングセンター、中心オフィス街には新しい超高層のオフィスと住宅を人工地盤の上に一体化してつくるという、都市計画的には大変魅力ある計画でした。この再開発は〝チャールズセンター再開発〟と呼ばれ、全米から欧州そして日本までその噂が拡がりました。その再開発はスーパーブロック、つまり超街区（通常の街区を数箇所まとめて、最小でも一ヘクタール以上の大規模な街区で市街地を再構成すること）によって成立しています。そして、とても重要なことは、エドモンド・ベイコンによるフィラデルフィア中心市街地再開発の考えは、このボルティモアの再開発で具現化していることです。ベイコンが自分の街でできなかったことを、隣町ボルティモアでは、その街にあった大設計事務所・ＲＴＫＬの主導によって実現することになったのです。ベイコンはとても口惜しかったことでしょう。

しかし、浅田さんと私がボルティモアを訪れたときには、まだこの再開発は事業に着手したばかりでした。地下駐車場群とそれらを結ぶ敷地内通路、そしてその通路をとり囲むオフィスビルの予定地しか見ることができませんでした。

それでもアメリカの建築雑誌に載った計画図と現地を突き合わせながら、その手の込んだ再開発に私たちは深く感心しました。

当時日本でもオリンピックを契機として、新宿西口の浄水場跡地を再開発して、オフィスビル街化する計画がありました。しかし新宿の場合は空き地にビルを建てる話です。ボルティモアは衰えたとはいえ中心部の既存の市街地を取り壊して、新しい建築群をつくる〝本当の再開発〟の話です。私たちが感心したのは、その〝本当の再開発〟を動かしていく、市役所という公権力の強さと手際の良さでした。

暗くて淋しいアパラチア山脈越え

ボストンからボルティモアまでのいくつかの都市は、これまで何回か訪れたことがありました。しかしボルティモアからアパラチア山脈を越えてピッツバーグまでは初めてのドライブになります。大きな山脈越えですから、険しい道のりの運転はとても緊張しました。

正確に言うと私たちが通過する山脈はアパラチア山脈の支脈、ブルー山脈です。和訳すれば〝青くうねった山並み〟です。たしかに遠くから見たこの山脈は、いろいろな木々に覆われた美しい山でした。ボルティモアの市街からその麓まで、西にむかって古風な二車線道路が小麦畑の中を一直線に延びていました。ボルティモアのあるメリーランド州の低地からブルー山脈の麓にあるペンシルベニア州のハリスバークの町まで約百五十キロメートル弱、フォルクスワーゲンで一時間半かかりました。それからブルー山脈の頂上まで更に一時間ぐらいかかりました。その標高差は約六百メートルです。ボルティモアがあるメリーランド州からペンシルベニア州に入ってきました。

ブルー山脈の頂上にたつ展望台から東に大西洋側を見わたすと、明るい広葉樹の林にふちどられた広大な農業地帯が広がり、その中にこれもまた立派で美しい農家が散在していました。日本では絶対見られない茫洋とした田園地域でした。

しかし西に目をむけると、そことは対照的に急斜面で暗い針葉樹の森の山並みが何層にも重なっている風景が広がっていました。まるで日本の東北地方の山村風景をそこに見た思いがしました。そこは、フィラデルフィアのある繁栄のペンシルベニア州ではなく、若者が次々と逃げ出す、貧困のペンシルベニア州西部であったのです。しかし、アメリカの地理の本によれば、ニューイングランドまで続くこのアパラチア山脈には、豊かな水量の川がいたるところにあり、その急斜面の地形を利用して十九世紀初頭から、このあたりでは水車がたくさんつくられたそうです。さらに石炭も発見されました。これらの動力で紡績業や小麦粉などの製粉業が栄えました。

十八世紀から十九世紀にかけて、アメリカの生活産業の中心地帯としてこの地に多くの人々が集まりました。賑やかな街が山の中にいくつもできあがりました。また、鉄も発掘されていましたから、鉄鋼業も立地しました。

しかし動力が電気になり、燃料も石炭から石油の時代になり、小さな鉄鉱石の採掘場も立ちゆかなくなると、急速にこの地域の小さい製造業は衰退し、二十世紀初頭になると多くの人々はこの地を去りました。それから約半世紀経ち、過疎化したアパラチア山脈の街や村がつながる道路を、私たちは通ることになったのです。

急勾配の道路を上り下りする途中、あちらこちらに赤煉瓦の廃墟になった工場跡がありました。そして、住民はほとんどが年配の白人でした。彼らの仕事はまるで古き入植時代に戻って、林木の製材加工や小規模な農業で生活をしているようでした。

しばらくすると、西部劇に出てくるような薪をつんだ馬車に出会いました。まさかこんなところで馬車を見かけるとは、正直驚きました。あとでわかったことですが、ペンシルベニア州の田舎には、質素な生活をすることで有名なクエーカー教徒たちが、大勢住んでいると聞きました。その馬車に乗っていた老人はクエーカー教徒だったのかもしれません。

とにかく、この地域は古い貧しい田舎でした。

のちに東京でペンシルベニア州立大学を卒業したアメリカ人と話をしましたが、彼ですら、「ペンシルベニア州の西部はアメリカ一の田舎だ」と言っていました。

古い歴史を抱えたペンシルベニア州には、このような心和むけれど、暗くて寂しい農村風景があったのです。

ボルティモアからピッツバーグまで、六時間ぐらいかかりました。思い出すとその全行程が、褶曲山脈アパラチアの狭くて曲がりくねった国道のドライブでした。私のアメリカ横断旅行の中で、これほどまで寂しいけれどこまやかな農村集落が広がっていた地域はここだけでした。

たしかにここはアメリカ版〝日本の東北地方〟でした。

ピッツバーグのゴールデン・トライアングル

ペンシルベニア州の西端にあるピッツバーグ市は、アパラチア山脈の西側にある盆地の中心です。そこにはオハイオ川が流れています。

ピッツバーグはかつて世界的に有名な製鉄の都市で、カーネギー財閥の本拠地でした。二十世紀初頭に世界を席巻していたU・S・スチールの本社はここにありました。しかし一九六〇年代から、ピッツバーグのような内陸型製鉄都市は廃れ始めました。海岸立地の製鉄所に対して、原料も製品も鉄道にたよる内陸型の製鉄都市は価格競争に負けてしまったのです。ピッツバーグ市が、その製鉄所や関連企業が立地していた中心地の再開発をどう進めていくか、試行錯誤している時期に、私はこの都市を訪れました。

ピッツバーグ市の中心市街地は、アレガニー川とモノンガヘラ川が合流してオハイオ川になる場所にできた三角の台地の上にありました。その台地は、これらの三つの川が地面を深くえぐったあとに残った台地です。ですから、中心市街地は川を境に東と北と南の三つの台地に分かれています。東は病院や役所や有名なカーネギーメロン工科大学が立地している伝統ある業務地区です。南は立派な住宅地です。しかし、北側の地区は工場地帯でした。この工業地帯の再開発が市の重要な課題でした。

中心部がこのように三つに分かれていますから、〝光輝く三角地帯（Golden triangle）〟というキャッチフレーズで市役所はこの再開発を大々的に宣伝しました。それにつられて、私もこの都市に来たのです。「ピッツバーグのゴールデン・トライアングル事業は、都心部再開発の奇蹟である」と、都市計画の専門誌で紹介されていたからです。

前に私はニューヨーク市の再開発の説明をしました。〝フェデラル・ブルドーザー〟と学者から非難された再開発の話です（連邦政府の資金と音頭とりで進められた）。しかしピッツバーグ市の再開発はニューヨークやボストン、シカゴの事例とは異なっていました。ピッツバーグの再開発は、荒廃した（とされる？）住宅地の再開発ではなくて、衰退した工場地帯の再開発でした。ですから、低所得者の再開発に対する反発はありませんでしたが、古い工場を整理してつくりあげた新しい工場用地に本当に時代に合った別種の工場が来てくれるのかどうかが、再開発の一番の課題でした。

実際、そのゴールデン・トライアングルに行ってみましたが、まだ古いビルや空き地がたくさんあって、再開発の途中でした。肝心の工場誘致もまだその当時ははかばかしくなく、工場地帯は閑散としていました。都市計画的には特に取り上げるほどの中心市街地再開発ではありませんでした。しかし、ケネディ大統領就任前のピッツバーグには、鉄鋼業不況で失業者があふれていたのでしょう。再開発によって雇用を増やし失業者が少なくなったということで、ゴールデン・トライアングルは世の中でもてはやされたのかもしれません。

以下は私たちの旅行の後の話です。

この工場地帯の荒廃地も、私たちが訪れた後、四半世紀たった一九九〇年（平成二年）ごろから一変しました。なぜかというと地元のカーネギーメロン大学が情報技術の開発に特化し、人工知能や巨大なデータ処理技術等の先駆的大学になりました。その影響を受けて、かつては錆びついた工場地域が情報処理の民間の研究所群に変身を遂げたからです。このような変化には古めかしい都市計画は対応できませんでした。

社会化された当時のアメリカの都市計画では、中心市街地で失業者を出さないことが最大の関心事でしたが、この古き都市計画は、都市をその後襲った情報革命に対応するすべを全く持っていなかったのです。都市に新しい産業をどう育てるかという課題は、ソフトな都市計画として実はとても大事であったのです。

ピッツバーグを後に、大平原地帯へ

さて、ピッツバーグを後にして、シアトルに向けて旅は続きました。その旅の途中で泊まる宿屋はどの都市でもＹＭＣＡです。その宿泊料はたしか、二、三ドルでした。

ピッツバーグからミズーリ州のセントルイスまで、十二時間、ひたすら運転しつづけました。出発してから四時間ぐらい経ったところで、オハイオ州の州都、コロンバス市に到着し、そこでいったん休憩をとりました。

オハイオ州はアメリカの中でとても大きな州です。製造業ではアメリカを代表するクリーブランドとシンシナティの大都市があります。農業も気候に恵まれて、あらゆる農産物を大量に生産します。工業、農業いずれにおいても生産額ではアメリカ五十州の中でベスト５に入るそうです。人口は千百五十万人くらい（二〇一〇年現在）、人口の多さでも上から七番目に入ります。日本の県でオハイオ州に似ている県はと考えると、私は静岡県を思い出しました。明るくて豊かで生活しやすい州だということです。私が訪れた一九六〇年代の人口は約九百五十万人（一九六五年当時）、半世紀ちょっとで大きく人口が増加しました。

暗くて貧しいアパラチアの農業地帯と比べて、コロンバス市は大勢の人や車が行き来し、活気がありとても明るい街に感じました。官公所や金融といったサービス産業が活発な都市ですから、街が白くて清潔でした。一九六五年ごろの人口は三十万人ぐらいでした。

街の真ん中に議事堂を中心として役所が整然とならび、高層ビルは保険会社のビルが一番目立ちました。高層のオフィスビルはほかに三、四棟ぐらいでした。あとは、二、三階建ての商店街です。手入れのよい街路樹が美しく、木陰はひんやりと涼しい風が通っていました。柑橘系の街路樹もありました。

このアメリカ横断旅行で訪れた、欧州系の人たちが多数住む田舎の商業都市はどこもとてもきれいでした。彼らはとても緑を大事にします。アメリカの造園技術とは都市全体の緑と水を豊かにし美しくする技術なのです。

ところがアメリカでも工業都市となると事情は違います。コロンバスの次に行ったオハイオ州の小都市デイトンは、ナショナル金銭登録機会社の本拠地でした。そして、ライト兄弟が世界で初めて飛んだ飛行機はここデイトンでつくられました。しかし、その街はただただ、灰色の平屋建ての工場と赤黒い煉瓦の長屋住宅が連続する都市でした。その小さなたくさんの工場の煙突からは無数の細長い灰色の煙が立ち上っていました。コロンバスのような緑や水路もありませんでした。

そこで気づいたことがあります。アメリカの広大な平原の中に建設された、州の中心都市は、どの都市をとっても、その景観が似ているということです。コロンバスもインディアナポリスもカンザスシティーも同じです。

中心部に二、三棟、二十五階程度の超高層ビルが建っています。大体がガラス張りではなくて煉瓦貼りでした。頭部は尖っています。これらは地元の金融、保険会社の本社です。その周りに二十棟程度、八から九階ぐらいのオフィスビル群、そのうしろに官公庁街や病院と大きな公園、それらを庶民の煉瓦造り二階建て長屋が囲みます。そしてその外側に戸建ての中産階級の人たちの住宅、このような図式です。

なぜこうなるのか考えてみました。これらの都市は新しくつくられるから形態は幾何学的です。そこに集まる市民も都市を経済的に効率よく使います。この形態はパターン化され、都市づくりはどこでも同じになります。これらの都市は、広大で豊かな農業地域の真ん中につくられている点を無視してはなりません。街の中心部のオフィスビル群は地元の農業資本の支えで成立しているのです。ですから工業都市や金融都市のように巨大な資金が街の中心部の建物に投入されていません。ですから建物は小ぶりです。その代わりこれらのビルの持ち主はお山の大将ですから、建物の頭頂部は尖らせるのです。

海岸に面しておらず丘陵地も大きな川もない、途方もなく大きな大農業地域に散在する地方州の中心都市はこうして、まるでこの農業地帯で大量に飼育されているアメリカ牛からつくられたハンバーグのように、どの都市も大きさと好みが大体同じ外観になってしまうのです。

これからの西に向かう旅で、私は世界を支配するアメリカ農業の途方もない力をいやというほど見ることになりました。

西部劇の町、ウイチタ

インディアナポリスからセントルイスにかけて、不思議なことに私の記憶はおぼろげです。インディアナポリスでは世界的に有名でバカでかいオートレース場を見に行きました。セントルイスでは、ミシシッピー川沿いの公園に大きくてキラキラ光る巨大なアーチのモニュメントがあったこと、そして中央駅前には再開発が失敗したと想像される大きな空き地があったということぐらいです。

セントルイスで友だちの浅田さんを降ろして一人になりました。そこからデンバーを目指します。州でいえばミズーリー州からカンザス州を通りコロラド州までです。この地域はアメリカでも最も有名なコーンベルトです。行けども行けども続く真っ平らなトウモロコシ畑の中を、州間高速道路70号はただ一直線に西に向かいます。

アクセルを目一杯ふむと速度は七十マイルになります。一時間、アクセルをふみっぱなし、ということもありました。そのコーンベルトの真ん中に農業都市ウイチタがありました。実はこの都市はアメリカ中西部の、小麦、トウモロコシ、牛の輸送を支配する一大貨物鉄道駅の都市なのです。特に牛の集散地としてはアメリカで一、二を争う都市でした。とにかく、この駅の貨車の操車場はとてつもなく大きい規模でした。東京でいえば品川の鉄道操車場の十倍くらいはあったでしょう。ですからウイチタの中心市街地はこの操車場のすみにへばりついている感じでした。中心市街地を代表する高層ビルは、そこに建ってはいませんでした。高い建築物といえば、それらは鉄道駅に沿って建てられていた小麦やトウモロコシを貯蔵するサイロ群でした。あとは、ただただ平たい建物が並んでいるだけでした。まるで西部劇に出てくる町でした。

広大な貨物駅の横にあった飲食店街に中華料理屋がありました。看板を見たとたん、急にラーメンが食べたくなりました。そのちょっとうらぶれた中華料理屋に入ると日本語で「あなた、日本人？」と四十歳ぐらいの女性に声をかけられました。突然の日本語に、私はギョッとしました。その女性は「わぁ、嬉しい！　私、ここ数ヶ月日本人に会ってなかったのよ」と大はしゃぎ。私もびっくりしました。大都会セントルイスに行けば日本人もいましたが、まさかこんな西部劇の町、ウイチタに日本人がいたなんて……。

お互いの身の上話をしました。彼女は日本語が話せてとても嬉しそうでした。

彼女には中国人のご主人がいたそうです。しかし、「うちの主人は私に会いに来ないし、仕事場にも来ないのよ」と言いました。多分、ご主人は奥さんに店をまかせて、セントルイスにでも行ったのでしょう。当時この〝コーンヘッド〟のような農村部には、根強い人種差別がありました。アジア人も差別の対象です。主人はいない、周りの人たちとは馴染めない、そんな孤独な生活を送っていた彼女にとって、突如現れた日本人の私は、一時の安らぎだったのかもしれません。おかげで私はここで、好きなものを好きなだけご馳走になりました。貧乏旅行にとって、贅沢な食事以上の喜びはありませんでした。

食事のあと、彼女はウイチタの町を案内してくれました。帰りがけに彼女の家に立ち寄り、また日本の話、東京の話などをしました。

ふと、居間に置かれていた黄色の雑誌が目にとまりました。それは「National Geographic」という環境保護を目的としてアメリカで出版されている大変有名な雑誌でした。一九九四年（平成六年）から日本語版も刊行されているので、ご存じの方も多いと思われます。

　内容はあまり庶民的ではなく、どちらかといえば学者や起業家など知的な人たちを対象とした雑誌です。正直、どうしてこの家にこの雑誌があるのか不思議でなりませんでした。思い切って彼女に、「すばらしい雑誌があるけれど、昔から購読しているのですか？」と聞いてみました。すると彼女の返事は意外なものでした。

　教会の牧師が、この雑誌を読むことを住民に薦めていたのだそうです。雑誌は高価だけど写真を見ている と、世界旅行をしているみたいで楽しい、と彼女は言っていました。日本の農協が農家に雑誌「家の光」をすみずみまで届けているのと同じだな、と思いました。

　彼女のような日本人は「戦争花嫁」と、言われていました。彼女の場合、中国系アメリカ人の男性が戦時中兵士として来日し、若い日本人の女性を嫁として国に連れて帰ったのでしょう。遠い海の向こうに連れてこられた挙げ句、離婚される……。当時、そういう日本人女性がアメリカのあちこちにいました。


あの激しい太陽の光で緑もしおれてしまい、土埃がたつ駅前の中華料理店と、そこで陽気にふるまって健気に働いていた日本人女性の姿が今でも目に浮かびます。

ダッジシティとガーデンシティ

ウイチタからダッジシティへ、そこからコロラド州のプエブロまで、長い道のりでした［P19／ph12］。

　ダッジシティも西部劇によく出てくる町です［P20／ph13・14］。一九六〇年（昭和三十五年）ごろは、小麦と牛を移出する街で、その郊外には昔のダッジシティの宿場町がゴーストタウンになり、観光資源としてツーリストを集めていました［P21／ph15］。私もそこを見に行きました。映画に出てくる吊るし首の柱、馬の水飲み場、酒場、そして建物の周りに設けられた木を組んだ歩道など、本当に昔の街がそこに再現されていました。その街の人たちに扮したエキストラたちが馬に乗って当時のカウボーイ姿で観光客の前を行ったり来たりしていました。しかしそこは、砂埃にまみれた灰色の町でした。多分、この町（ダッジシティ）は私が訪れた当時から五十年以上たった現在もそのままの姿で残っているでしょう。

私はこんな西部の農業地域には絶対住めないと思いました。ところがカンザス州を東西に横断するこのコーンベルトは、都市計画の面白い話題を私に提供してくれました。それは、まさに理想的な田園都市の出現であったからです。

私のフォルクスワーゲンはダッジシティを後にして、無限につづくほどのトウモロコシ畑を抜けていくと、前方にこんもりとした森が見えてきました。近づくとその森のなかにしゃれた戸建て住宅がかたまっていました。そこはダッジシティから西に約八十キロ離れたところにあった、ガーデンシティ（庭園都市）という町でした。地図で調べたところ、何と全米に同じ名前の町が十五箇所もありました。これらの大部分の都市の人口はあまり多くなく、一九六五年ごろは五百〜三千人どまりでした。その中でこのカンザス州のガーデンシティは一九六五年時点でニューヨーク州ナッソウ県の同名の町（ここはニューヨーク市郊外のロングアイランドにある高級住宅地で人口は約一万五千人）とほぼ同じ人口規模の一万一千人でした。

そしてダッジシティの人口も、当時一万三千人でした。つまりこの二つの都市（ダッジシティとガーデンシティ）は人口規模がほとんど同じであったのです。

ガーデンシティでは、住宅地の真ん中をアーカンザス川の支流がきれいなせせらぎとなって大量の水を流していました。この小川の両側には、柳やモチの木といった水辺に強い樹がたわわに葉をしげらせ、緑陰の歩道をつくっていました。この小川の周囲の戸建て住宅地はすべて、木造平屋で白いペンキで外壁を塗り、屋根は黒灰色のスペイン瓦で統一されていました。敷地を囲む垣根は全部木柵で、そこにはきれいな花々がよく手入れされていました。まさに延々と続くトウモロコシ畑の中にあるオアシスでした。

この二つの町、ガーデンシティとダッジシティは、同じカンザス州にあって、たかだか百キロメートルたらず離れているだけですが、ユートピアとゴーストタウンが並んでいる感じでした。おそらくガーデンシティは、この一帯の大規模農場の農場主たちが集まってつくった、根っからの地主の街（富裕層）だったのでしょう。一九五五年版のコリアーズの地図帳には、こんな記述があります。「ここはビート糖の精製工場とアルファルファ草の加工場と、石油化学工場がある町である」と。つまりこの記述が示すように、知恵を使った農産加工工場が集まっていた豊かな町であったのです。

それに対してダッジシティは、労働者や小作農家、そして小商売の新参者の街であったのかもしれません。本当にこの二つの町の対比は強烈でした。私は今でも機会があればガーデンシティの現在を見に行きたいと思っています。

嵐のような豪雨

プエブロに向かう途中、ものすごい豪雨がありました。延々と続くトウモロコシ畑、そこを高速自動車道路が切り裂いて行きます。突然、晴れていた青空が曇り、つむじ風（トルネイド）が起こり、続いて今まで経験したことのないものすごい量の雨が降りました。ワイパーは効きません。正真正銘一寸先が見えなくなりました。長距離輸送の大型トラックをはじめとして、高速道路上のすべての車が止まりました。私も車を駐車帯に止めました。もし大型トラックが、前が全く見えないなかをやみくもに運転してきて、私の車にぶつかれば、あっという間に私は死んでしまいます。しかし雨ですから、外に出ることもできません。本当に怖い体験でした。

この土砂降りは一時間ぐらいでカラッと晴れました。アメリカの気象状況は激しいのです。特にアメリカのミッドウエストでは、トルネイドはよくあるとのことです。

ここで私のフォルクスワーゲンの話をします。この車は頑丈ですが小さいのです。ですから大きなトラックが横を通ると風圧でグラッと車全体が横にずれます。高速道路では、しょっちゅう大型トラックに追い越されました。ですから、ハンドルを常にしっかりと握ってないと急に右に旋回します。大型トラックがつくりだす風圧の怖さも、田舎の一本道に来て初めて体験しました。

フォルクスワーゲンは七十二マイル（時速約百十五キロ）以上速度が出ません。アクセルを踏み込んでも七十二マイル以上にならないよう、アクセルペダルの底に突起したストッパーがついています。しかし、カンザス州の自動車道路で一時間も走っていると、もっと速度を上げたくなります。それでこのストッパーをよけてアクセルを横にちょっとずらして床まで踏み込んでみました。そうすると八十マイル（時速約百三十キロ）ぐらいスピードが出るようになりました。そのスピードで走行しているうちに、高速道路が終わり一般道に変わりました。スピードを落とさなければならないので、ギアをトップからサードに落としたとたんに「パン、パン、パン！」と音がしてストンとエンジンが止まりました。完全にオーバーヒートです。しかし、そのときはなぜエンジンが止まってしまったのか原因がわからず、困り果ててしまいました。一番最悪に思ったことは、エンジンが焼き付いてシリンダーとエンジンシャフトがくっついてしまったのではないかということでした。

後から考えて「最高速度は七十二マイルまで」という制限の理由がわかりました。七十二マイルまでならいくら走らせても大丈夫。しかしそれ以上になるとオーバーヒートするのです。ストッパーをずらして、アクセルを踏み続けていたのが原因でした。

高速道路の反対側に集落がありました。しかし、そこまで行っても多分自動車工場はないでしょう。カネはないし電話で修理を頼んでも半日はかかってしまうでしょう。ここで車を捨て、グレイハウンド・バスに乗ってシアトルに行くか……など、思いは千々に乱れました。陽はだんだん暮れてきました。こんなところで一晩過ごすわけにもいきません。かれこれ二時間ぐらい車の横で呆然としていたでしょうか。しばらくして、もしかしたらエンジンがかかるかもしれないとダメもとで試してみたら、「バン！」と音がして、再びエンジンがかかりました。オーバーヒートしていたエンジンが冷えてまたかかるようになったのです。フォルクスワーゲンは空冷だったので助かりました。水冷だったら水が必要ですが、空冷だから冷めればエンジンは直るのです。ドイツの機械はすごいと、改めて感服しました。そしてこのおんぼろフォルクスワーゲンが、頭は悪いけれど主人思いの雑種犬のようにとてもいとおしくなりました。

アメリカで出会った日本車ダットサン

プエブロに行く途中での思い出でもう一つ。

ロッキー山脈に近くになるにつれて、丘が多くなり、道は上り坂になりコロラド州に入り、ラ・マールという小さな町の郊外に来ました。そこに、眼下に美しい湖を見ることができる見晴台がありました。そしてその湖のむこうに、ロッキー山脈の山裾の美しい大農業地帯を見ることができました。

私がそこで休憩していると、アメリカでは見慣れない車が来ました。何とその車は日産のダットサンでした。この車は敗戦国日本が必死になってつくりあげてきた、日本の小型自動車の代名詞といわれるほど、日本では人気のある車でした。しかしそのダットサンを目にしたのは一九六四年（昭和三十九年）、アメリカでの出来事です。まさか、こんなアメリカの田舎で、ダットサンを見るとは思いもよりませんでした。

体格のよい男性が家族でやってきました。なぜダットサンに乗っているのか尋ねてみました。彼は陸軍の兵隊で、日本に駐在していたそうです。帰国する際、仲間からこの車を安く買わないかと持ちかけられたそうです。その車がこのダットサンだったそうです。彼も珍品を探して集める趣味があったのかもしれません。

日産は当然のこと、トヨタでさえもアメリカに進出する前です。持ち帰った当時、周りから大変珍しがられたそうです。日本で買ったと言うと「日本で車をつくっているのか？」と言われたそうです。彼曰く、「ダットサンは故障しないからいい！　エンジンもフレームもとても丈夫。交換したのはタイヤだけだよ」。

本当に日本らしい形をしたダットサン・ブルーバードでした。そして、その職人肌の彼は、ダットサンをピカピカに磨いていました。アメリカ人らしからぬ、日本人の潔癖症を身につけていたのです。

実は、アメリカへ行く前の一九六〇年だったと思います。父親のカネでオースティンA50という中古車を六十万円で買いました。これはイギリス車ですが、日産がライセンスを得て、設計どおりにつくって一九五七年から販売していました。しかしこの日本製のオースティンの部品の品質は劣悪でした。ブレーキが突然抜けて利かない、踏んでも止まらないトラブルが何回か起きました。なぜかというと、油圧管に小さな穴が開いていたらしいのです。二、三回踏むとまた戻るのですが、ブレーキが利かなくなるという、怖い思いをしました。

交差点で停止すると、再びエンジンがかからなくなることもありました。エンジンシャフトの歯車と後輪の歯車がずれて、噛み合わなくなってしまうのです。そうなると車の下にむしろを引いて、ジャッキアップし車の下に潜り込みます。オイルパンのネジをはずすと、ドロドロと黒い油が出てきます。噛み合わない歯車を合わせて直しました。例の飯田橋の五叉路の交差点でよくやりました。つまり一九六〇年当時の日産は、品質管理、部品管理が全然良くなかったのです。それがこの兵役除隊をしたアメリカのお兄さんが買った一九六三年製のダットサンでは故障がないというのです。たった数年で日産は品質管理に成功したのです。ホンダもアメリカで評判になったきっかけは、故障がなかったからです。スピードも速くない、乗り心地も良くないけれど故障が少ないことは、アメリカの低所得者層にとっては、カネがかからない満足な車だったのでしょう。ダットサンとフォルクスワーゲンが見晴台に並んだとき、「日本バンザイ！」と思いました。

敗戦国の日独の自動車が、戦勝国アメリカの田舎を健気に走っているのです。留学中の屈折したうっぷんを思い切りはき出した気持ちになりました。

ところが次は、私のフォルクスワーゲンについて少し口惜しい思いをした話です。もう一箇所の別の見晴台でのことです。ドイツ系のアメリカ人が運転しているこじゃれたデザインのスポーツカーが近づいてきました。それがボルボのスポーツカーでした。ボルボは頑丈で有名です。「身持ちが良くてまじめだが、女の魅力のない女子大生」のことを揶揄して「ボルボガール」と呼んでいました。そのボルボがポルシェ顔負けのかっこいいデザインのスポーツカーを出しているなんて知りませんでした。

「こんな車に乗っている白人はかっこいいなぁ」と思いました。当時、ボルボはアメリカの教員や医者、弁護士など手堅い小金持ちが乗る車だったのです。その常識をくつがえしたあのデザインのかっこ良さは、今でも覚えています。前のダットサンとフォルクスワーゲンが並んだ見晴台の場合と違って、今回は車の対比はスポーツカーの勝ちです。私の愛車フォルクスワーゲンがかわいそうになりました。

その車を運転していた若い男性はデンバーの病院に勤務している医者で、セントルイスの病院に行く途中だと言っていました。彼にとっても、このカンザス州で会った日本人は珍しかったらしく、東京オリンピックの話を持ちかけてきました。ドイツ系と言ったのは、背が高く金髪でちょっとアゴが張っている、典型的なゲルマン的な顔をしていたからです。筋骨たくましい上半身を裸にしてサングラスをかけていますから様になっていました。

それでも、東部のニューイングランドの大学から来た若い研究者は、アジア人であっても、コーンベルト地帯では一目置かれます。なぜならば、アメリカ中西部から見たニューイングランドは、知識と文化の泉のようなところであったからです。彼は好奇心と尊敬がまざった顔で、日本の若者はチャレンジブルだと言ってくれました。それは半分お世辞だったのでしょう。しかし、そうであっても、この貧乏研究者の無謀な旅行にそれなりの敬意を払ってくれたと思いました。

ハワード・ジョンソン

当時は、高速自動車道路沿いに、サービスエリアがほとんどありませんでした。ですから、ランプで普通の国道に降りて休憩のため、飲食店を探すことになります。自動車道のランプが国道にぶつかる交差点のところには、サービスエリアがあるのが通常でした。そこにいくつかの系列に属するチェーン店が何軒かありました。その一つがハワード・ジョンソンというチェーン店でした。この店はもともとニューイングランドにたくさんありました。

サービスエリアには、いろいろな休憩場所があります。大型トラックの運転手が立ち寄る食堂は即物的でした。それらの食堂は小さな倉庫に窓と入口をつけたような、無愛想な恰好でした。地元の農民が立ち寄る食堂もありました。そこは看板もない木造の雑貨店風でした。オートバイの連中が立ち寄る、座る場所がほとんどないスタンド風の店もありました。そしてこれらの大部分は地元の人たちが経営している店舗でした。ですから味もそっけないのです。そのなかでハワード・ジョンソンだけは長旅の家族旅行を対象にしたチェーン店でした。店をしゃれた植え込みで囲い、道路からは直接建物全体が見えないようになっているのです。植え込み越しに赤瓦の三角屋根とその上にのせている橙色で横長のハワード・ジョンソンの看板が見えました。赤瓦の屋根、白い看板、出窓があるスペイン風な店でした。多分、このチェーン店は東部を本拠地にして西部にも拡がってきたのでしょう。食堂の内部もゆったりとして人工皮革が張られた椅子とテーブルがあり、全体として落ちついた雰囲気でした。私はこのチェーン店を気に入っていました。ですから長旅の途中でハワード・ジョンソンの店を目にすると、懐かしいケンブリッジのドライブイン・レストランに戻ったような、安堵の念を覚えました。ハワード・ジョンソンは私の留学を支えてくれた大事な食堂だったのです。

今はもうなくなってしまいましたが、ハワード・ジョンソンで食事をするのが旅行の楽しみの一つになりました。そこはどういうわけかあまり有色系のアメリカ人が立ち寄る店ではありませんでした。そこでゆっくりと時間を過ごし旅の疲れを癒しました。何を食べたかあまり記憶にないのですが、多分朝食はベーコンエッグとパンとコーヒーで合計二ドルぐらいだったでしょう。たまには、パンケーキとハッシュドコンビーフサンドイッチを食べました。私の好物だったからです。

プエブロに到着

コロラド州に入ると、農業の形態が変わってきました。ロッキー山脈に降る雨水は、この大山脈の裾野に広がる広大な農地の下を地下水となって流れています。この地下水を汲み上げて、半径が一キロメートル近い大散水栓を回転させて小麦畑やトウモロコシ畑、そして牧草地を灌水するという農業のやり方です。この灌水施設が一九六四年（昭和三十九年）ごろからポツポツとコロラド州で姿を見せ始めたのです。その現場をたまたま私はこの旅行で目にすることができました。

私は呆然としました。それは日本の農業と比較すれば、兎と〝ゴジラ〟の比較のようなものでした。ここでもまた、私は日本の第一次産業のかよわさを〝いや〟というほど味わわされたのです。

とにかくコロラド州に入り、私はプエブロに着きました。

一九六〇年ごろのプエブロは、人口が約七万人。製造業に特化した都市でした。それはロッキー山脈に豊富な石炭と鉄鉱石があったからです。もともとはアメリカ先住民の交易所でした。ですからこの地に住んでいたアメリカ先住民やメキシコ人は鉱山と工場の労働者だったのです。

それまでカンザスでは道路沿いの建物は芝生の庭がある木造の建物がほとんどでした。プエブロに来たら、日干し煉瓦風の塀があり、そのうしろにかくれるように平屋の、これもまた煉瓦造りの長屋がありました。街に樹木が一本もありませんでした。全体に土臭く土俗的でした。土埃が舞い上がる、舗装していない道路をガタガタしながら私のフォルクスワーゲンは走りました。プエブロという言葉自体、英語ではなくアメリカ先住民の言葉なのです。コロラド州は南側がニューメキシコ州に接しています。アメリカ人がこの地に入植する前はメキシコ人が住んでいたのでしょう。アメリカ先住民もカンザスやネブラスカの大平原から白人に追い立てられ、ロッキー山脈の麓まで逃げ込んだのかもしれません。街のつくりにも昔の部族社会の面影があって道路は細く不規則でした。歩いている人たちもポンチョを来たり、メキシコ風トンガリ帽子ソンブレロを被っていました。

私はプエブロで初めて、ヒスパニック系アメリカ人に出会いました。これは当時の私にとって、一種のカルチャーショックでした。アメリカは国土が広く、数多くの人種が共存する、まさに合衆国だったのです。

アメリカ空軍士官学校

プエブロの近くにコロラド・スプリングスというき

れいな白人だけの街がありました。そこには、アメリカの空軍士官学校がありました。学校はとてもしゃれたキャンパスでした。とんがった屋根の時計塔とアルミとガラスでできた建築群が、丘の上にそそりたっていました。国際建築風のデザインの建物群がのびのびと配置されているキャンパスでした。ここで空軍の若きエリートが養成されているのです。そこは土俗的なプエブロの街と全く対照的でした。土埃の街と緑と水の街の対比を、カンザスでは、ダッジシティとガーデンシティ、コロラドではプエブロとコロラド・スプリングスの二つの対の都市に見出しました。

デンバー

デンバーは、ロッキー山脈の東に広がる大平原の州、コロラド州の州都です。州の中で一番大きい街です。現在はものすごく栄えています。二〇一〇年（平成二十二年）時点でデンバー市の人口は六十万人、都市圏人口は二百五十万人にもなります。しかし私が行った五十年ほど前のデンバーの人口は五十万人ぐらいでした。ですから地方の中堅都市であって、現在のデンバーのような大都会の華やかさはありませんでした。

セントルイスからデンバーまでは、千五百キロ離れています。この距離は日本でいうと、青森から東京を経由して下関まで。本州の高速自動車道路全部の距離に匹敵します。この行程を私は三日かけて走り抜きました。時速八十キロメートルで約二十時間車に乗り通しだということです。一日平均五百キロメートル以上走ったことになります。アメリカがどれだけ大きな国であるか、ということをしみじみと実感しました。

そして、やっとの思いでデンバーに辿り着いたのです。

長いこと田舎町、コーンベルトといった農村の景色に見慣れてしまった私にとって、デンバーがとても大きく都会的に見えました。デンバーはロッキー山脈の麓にありますから、標高千六百メートルある高原都市です。空気がさわやかでした。

デンバーには二十階以上の高層ビルが十棟以上建っていました［P21／ph16］。中心市街地は連邦政府の出先機関が集まっている官公庁街でした。ちょっとつま

デンバー中心市街地の鳥瞰図（1963年）

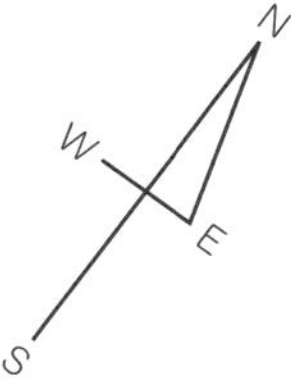

出典：Central Area Transportation Study, Denver, Colorado: The Downtown Denver Master Plan Committee, April, 1963

らない景色です。それでも感覚的には私の好きな街でした。知的な刺激、芸術的な刺激を受ける都市ではありません。しかしこういう田舎町で暮らしている建築家や医者など知的な職業の人たちは、ここで派手ではないけれど幸福な生活を送っているのだろうと、想像できる都市でした。

山腹のスロープをはい上がる格子状の道路に沿って、高層のオフィスビルは建てられていました。ですから、それらのビルの配列が階段状に秩序だって見えました。これらのオフィスビルの東側のすべての窓から、アメリカ・ミッドウエストの大平原を見ることができるのです。デンバーは市街地をどの方向にもいくらでも拡大できる力強い地方都市でした。

どういうことか、街が明るいのです。市民もみな陽気でした。そのころの産業は近くの都市と同じように鉱石の製錬場と牛肉や羊肉の食肉加工業ですから、仕事は単純です。ねあかなカントリーボーイが一番合う街でした。もっとも現在は昔と違ってエレクトロニクス、半導体産業が盛んで、シリコンマウンテンと呼ばれています。

アスペンで高校の同級生に会う

デンバーを過ぎると高速道路はロッキー山脈を上がって行きます。ロッキー山脈を上がりきると高原に出ます。そこをさらに西に進み、デンバーから二百キロ離れた盆地のなかにアスペンの町があります。標高は二千五百メートル。ここはアメリカで有名な避暑地で、飛行場まであるのです。

そのころからアスペンではいろいろな国際会議が開かれていました。現在と同じぐらい、多様な学者が世界中から集まっていたのです。最近は学者の会議だけではなく、政治家や実業家の世界会議もここで行われるようになり、昔にくらべるととても派手になりました。

なぜここへ行ったかというと、私の高校の同級生、和田靖さんがアスペンに来ないか、と誘ってくれたからです。

彼は東大の物理学科を出て東大の助手になり、その後フィラデルフィアのペンシルベニア大学に研究員として留学していました。物理学の連中には、大きくて深い世界的なネットワークがあります。ですから、夏期講習と称して世界中の若手の物理学者はこのようなかっこいい避暑地に集まるわけです。アスペンで理論物理のセミナーが開催されたので、彼はフィラデルフィアからこれまたアメリカ製のオンボロ車でアスペンに来たのです。それでシアトルに行く途中であれば来ないかと私を呼んだわけです。

　アスペンではセミナー用につくられてある二階建て長屋の貸しアパートに二泊しました。値段は意外と安かったという記憶がありますが定かではありません。緑に覆われ、数多くのゴルフ場や牧場が広がる大きな盆地のあちらこちらに、赤や黒、クリーム色の、形の良い屋根をのせた貸しアパートや貸別荘が散在していました。子どもにかえって和田夫妻とリフトに乗って展望台までのぼり、アスペンを見下ろしました。盆地の真ん中に大きくて白いテント屋根に覆われた大会議場が見えました。これがアスペンで一番の売り物である国際会議場でした。その会場を中心にして小さな会議室やセミナールームがちりばめられていました。その景色は乾いた空気の中でくっきりと立体的にうかびあがっていました。森の中の田園的な研究都市の美しさを、あらわしていました［P22／ph17・18］。

　針葉樹の林の中にあった、大きなテント構造の会議場は建築作品としても見事でした。そのデザインがとても幾何学的で屋根の力学的構造を素直に表現していました。

　アスペンは日本でいえば、急峻な山を背にして針葉樹に覆われ、せせらぎのある盆地ですから、八ヶ岳連峰の麓の蓼科高原といったところでしょう。

　アスペンの空気は乾いていて光線がぼけず、景色がとてもシャープに見えました。この街には緑が多いのですが、景色全体の基調となる色は赤なのです。なぜかというと、岩や土の色が赤く、そのために緑の間の地表面が赤くなるからです。

ソルトレイクシティ

　アスペンの次はソルトレイクシティに行きました。その途中に田舎町にしては立派なグランドジャンクシヨン（人口は一九七〇年現在で二万三千人）という街に立ち寄りました。なぜかというと、その中心市街地の交差点の周りが、こぶりであるけれど整った建物でしっかりと囲まれていて、整然としてきれいであったからです［P23／ph19］。

ついでにいうと、アメリカの農業地帯にある田舎町はどこでもその中心市街地は清潔です。いわゆるスラムっぽい市街地はありませんでした。たまたまそこで撮った写真があるので見てください。中心市街地が清潔であることが判るでしょう。

そこからあとの道中は、砂漠の連続でした。アメリカの南西部には日本国土全体に匹敵する砂漠が拡がっているのです。アメリカは農地と森林と町だけでできているのではないのです。その砂漠の代表的な地域がカリフォルニア南部、アリゾナ、ネバダ、そしてユタのグレイトベースン（大盆地）であったのです。

南部は砂漠で覆われているユタ州ですが、北部の岩山と森林が混じっている丘陵地に、州都ソルトレイクシティがあります。コロラド州から石だらけの大砂漠を何時間もかけてドライブをし、いくつかの峠を越すとソルトレイクシティのある盆地に着きました。そこは緑が豊富な桃源郷でした。ここはモルモン教徒がつくった町です。ソルトレイクシティ市の周りも昔は砂漠と岩だらけだったそうです。気候条件も極めて厳しく、夏は暑く、冬は寒さが厳しく、一年を通して雨はわずかしか降りません。その土地にもモルモン教徒は、百マイル以上遠くの山から多くの木を運び、街に植樹しました。水路をつくり水も遠くから引いてきました。その結果、緑が豊富でみちがえるような美しい街になりました。

ソルトレイクシティ市役所の都市計画課に行きました。真面目な技術者のおじさんが街を案内してくれました。ソルトレイクシティは、なだらかな山の斜面につくられています。目抜き通りをのぼりつめたところに、モルモン教の本山があります。街全体の組み立て方は、日本でいえば長野の善光寺の門前町に似ています［P23／ph20・21］。しかし、街の印象は緑というよりも白いのです。それは宅地の地肌が白い岩でできているからです。崖の上に立って街を見下ろすと、木が一本一本、岩山の中に立っているようでした。岩盤が露出する地表面は、人工的に敷き込んだ芝生でおおわれ、その芝生はゴルフ場のように丁寧に手入れされていました。

住宅は平屋か二階建て、敷地はゆとりがあります。しかし大金持ちが住む大邸宅ではありませんでした。住民のほとんどが信仰心のあついモルモン教徒ですから、皆が等しく富をわかちあって生活しているからなのでしょう。皆が中産階級の都市でした。

しかしダウンタウンは他の都市と同じく建て込んでいました。やはり低所得の労働者が住んでいるからです。彼らはアジア人であり黒人です。モルモン教徒ではありません。市役所のおじさんに、ダウンタウンには、黒人が住んでいるのかと聞きました。彼はしばらく黙っていましたが、口数少なく話し出しました。

「ソルトレイクシティは基本的に黒人を入れません。なるべくモルモン教徒（白人）のみにしたいのです。しかし賃金が安い単純労働には黒人やメキシコ人があてがわれます。それはあまり良いことではないのですが……」と。役所のおじさんはさらにこんなことを言いました。

「黒人は白人とは別種の人間です。黒人は能力が低い。可哀想だから我々白人が助けてあげなければいけないのです。キリスト教の世界では、白人は平等の条件のもとにいろいろな仕事をし、その結果、成功者が生まれたりそうでなかったりします。そういう競争社会とは別の社会に属するのが黒人なのです」と言いました。

黄色（黄色人種）はどうなのか、と聞くと「私たち（白人）と同じです」と言いました。この会話の中で、モルモン教徒のなかには「屈折したワスプのエリート主義」がひそんでいると思いました。これは今から五十年以上前の話です。

モルモン教は日本語で末日聖徒イエス・キリスト教会といいます。ソルトレイクシティに入植したのが一八四七年（弘化四年）。ブリガム・ヤングという人が実質的な教祖です。ブリガム・ヤングの名前を冠にした大学がソクルトレイク市にあります。これはユタ州で一番優れた大学、特に先端的理工学の分野ではアメリカ有数の大学です。

「一八二〇年、十四歳のジョセフ・スミスがニューヨーク州パルマイラの自宅近くの森でキリストの姿を見て、神に選ばれた。一八三〇年四月六日、ニューヨーク州フェイエットでモルモン教が設立され、ジョセフ・スミスがその指導者となった。一八四四年六月、ジョセフ・スミスとその兄がイリノイ州で殺され、教会を導く指導者としてブリガム・ヤングが責任者となった。ブリガム・ヤングが『ここがその場所である』とソルトレイクシティに入植することを決めた」（モルモン教の公式サイトより）

私がソルトレイクシティに行ったのが一九六四年ですから、入植して百年ちょっとしか経っていなかったのです。市になったのが、一八五一年です。モルモン教徒は完璧な自給自足都市をそこにつくろうとしました。モルモン教徒の信者は、何百キロも離れた森の中から「この木」といって大事な木を人力で運んで、一本一本植えたのだそうです。ですからソルトレイクシティに植わっている古い大木は、巡礼中に選ばれ運ばれた木ばかりなのです。多分、その後百年の間に彼らは樹木を何百万本と植えたのでしょう。人間は神さまのためならそれだけのことをやるわけです。ですからきれいな街並みは全部人工的なのです。市役所の人から都市計画の話を聞きました。その話はもっぱら地域制（ゾーニング）でした。この街は、宗教的な人工都市で初めから計画的な街づくりをしています。自然発生的な市街地は、ダウンタウンの商業地区だけです。住宅地は完璧なコミュニティで組み立てられています。そのすべてが一戸建ての中産階級用住宅地ですから、ゾーニングは他の都市と比べれば、極めて単純です。地域指定は三、四種類しかありませんでした。公園は当然ながらモルモン教会の本山の周りに大きくつくられていました。

モルモン教とパイプオルガン

そのモルモン教会の一つへ行ってみました。教会は現代建築でモダンな感じがしました。後でわかったのですが、世界中にひろがっているモルモン教教会のデザインは、この本山の教会のレプリカです。プロテスタントの一般的な教会より、建物の尖塔がつきぬけて長く、しかも細いのです。その尖塔のデザインはすっきりとしていて、昼間に見ると知的で明るくてきれいです。しかし夜になってこの塔がライトアップされると、温かみがなく、冷たい印象を私はもちました。

その中央教会の横にピーナッツを半分に切ったような、大きくて丸いドームがありました。色が黒っぽい建物で、そこからパイプオルガンの音が聞こえました。そこで宗教儀式を行うのでしょう。この集会場はすべて木造、屋根を支える大きなアーチも木製でした。真ん中にパイプオルガンがあります。オルガニストが演奏の練習をしていました。この木のアーチでつくられたドーム型の音楽ホールは、すばらしい残響の機能を持っていました。残響が長いので、一つのメロディがこだまのように聞こえます。モルモン教独自の音楽をそのパイプオルガンで聴いた後、お説教されたら完璧にモルモン教に心服してしまいそうです。本当に素晴らしい音楽ホールでした。もう一度、あそこでパイプオルガンを聞きたいと思いました。しかしここは正確にいうと音楽ホールではありませんでした。ここはモルモン・タバナクル（Mormon Tabernacle）といわれて、宗教的な大集会場でした［P24／ph 22］。そこでモルモン教の賛美歌のレコードを売っていました。その理由は、ケネディ大統領の就任式のときに、ケネディ自身はモルモン教徒ではないにもかかわらず、ケネディ政権を讃える合唱団に、モルモン教徒の合唱団が選ばれたからです。これは有名な話です。それほど優れた合唱団だったのです。その合唱団を伴奏で支えていたのが、モルモン・タバナクルのパイプオルガンだったのです。

ソルトレイクシティのコミュニティセンターでは、教会、小学校、幼稚園が一つのセットになっています。モルモン教では教会をチャーチとはいわず、ステイク（Stake）というそうです［P25／ph 23］。ここには、牧師の話を聞くための椅子も机もありません。祭壇もありません。その代わりバスケットボールのコートがあります。モルモン教徒のための室内運動場です。心を豊かにするためには、まず健全な体をつくらなければならない。教会の中で、一番重要なのはスポーツをして体を鍛えることだと、市役所のおじさんは説明してくれました。

普通、教会は薄暗い場所です。ところがモルモン教の教会は、ものすごく明るく、まるで教会ではないみたいです。私を案内してくれた市役所のおじさんは「ステイクというのは、ビーフステーキの『ステイク』だ」というようなことを言っていましたが、本当でしょうか？　体を強くすれば心も強くなる……体育会系です。一種のアーリアン至上主義なのでしょう。一九三六年のベルリンオリンピックで示された、かつてのナチズムの肉体讃歌が私の脳裏をよぎりました。

ソルトレイクシティの中にも、わずかですが日本人たちが生活していました。彼らはすべて日系アメリカ人でした。ダウンタウンで小さな雑貨屋や洗濯屋、八百屋を営んでいました。生活は決して豊かではありませんでした。私は雑貨屋に行って、彼らと立ち話をしました。

第二次大戦中、日本人はネバダ砂漠の中の刑務所に入れられていました。ネバダ州はソルトレイクのある州の隣です。戦後収容所から解放された彼らの大部分は西に向かってカリフォルニアに戻りました。しかしカリフォルニアに身よりも手がかりもない日系アメリカ人は東に移動しました。その一番手近な大都会がソルトレイクシティだったのです。実はその後、私の旅行で出会った日系アメリカ人は、さらに東に向かい、シカゴからデトロイトまで安住の地を求めて移動していたのです。

それともう一つ。私はこの地のガソリンステーションで生まれて初めてベンディングマシーン（自動販売機）を使ってみました。しかしコカ・コーラの味はボストンのスーパーマーケットで買ったものと同じでした。よく冷えておいしかったのです。品質管理は抜群に優れていたのです。

アメリカの農業地帯

ここでちょっと立ち止まって、私のアメリカ旅行を整理してみます。

一九六三年（昭和三十八年）、日本を発ってオークランドに上陸し、初めて大陸横断のバス旅行をしました。そのルートはカリフォルニア、アリゾナ、ニューメキシコ、それからオクラホマに行き、そこから北上してミズーリ、イリノイへ行きました。これはアメリカ南部の旅行でした。

この道筋は、ジョン・スタインベックの小説『怒りの葡萄』の旅を逆行したことになります。旅の中で南部の片鱗を感じたのはオクラホマシティとタルサの都市でした。

前述したタルサで泊まったＹＭＣＡの受付で対応してくれた女性の顔と態度が、今でも私の記憶に残っています。小顔で、目が大きくて、背丈は私よりちょっと大きいぐらい、一般的なアメリカ人にしては小柄な女性でした。一番印象的だったのがショートノーズだったことです。

突然入り込んできた東洋人の私に、彼女は初め、とても驚いていました。しかし、たどたどしい私の英語を聞くうちに、彼女の雰囲気が変わりました。つまり、私が北部ボストンの大学に行く留学生だと、理解してくれたのです。

オクラホマは典型的な南部の農村州です。その当時、南部の白人は屈折した気持ちを北部の白人に抱いていたようです。しかし彼女はこの東洋人（私）をそのような一般的な感情で〝差別してはいけない〟と判断したのでしょう。彼女は親切に宿泊の手続きをしてくれました。

この宿泊手続きは、私が生まれて初めて英語で行った〝契約〟でした。何の不快感も与えられずに手続きができたことに、私は深い安堵感を覚えました。

ところで、有名な映画『風と共に去りぬ』の主役、スカーレット・オハラを演じたヴィヴィアン・リーもショートノーズです。後日ボストンで聞いた話によると、南部の知識階級の美人はショートノーズが多いのだそうです。それはフランス人の知的な美人の代名詞であることがわかりました。きっとＹＭＣＡの受付の女性は、アメリカ南部を依然として支配していたフランス系アメリカ人だったのでしょう。

そのグレイハウンドのバス旅行をした一九六〇年ごろ、アメリカの南部では、白人社会と黒人社会は分かれていました。グレイハンドバスの中でも、バスの前方には黒人、後方には白人、と暗黙の了解がありました。そしてタルサのＹＭＣＡにも白人しか泊まっていませんでした。ニューメキシコのアマリロからオクラホマシティ、そしてセントルイスまでのバス旅行の間、アメリカの南部では白人は白人だけの良き社会を守っている、黒人とははっきりと距離を置いていると私は感じました。

それから一年後、一九六四年に私はオハイオ、カンザス、コロラド、ユタをフォルクスワーゲンで旅行しました。ここは南部でも北部でもありません。南北戦争のあとに白人が先住民族を征服して開いた〝植民地〟です。ですからそこでは、十九世紀に始まった機械文明（その象徴が西に向かった鉄道建設でした）をとことん利用した、効率的な大農場経営が拡がったのです。二十世紀に入ると、川の水だけではなく地下水も使う資源略奪型の農業経営が確立し、アメリカ西部の大平原地帯が、世界の農業を支配するようになりました。

このフォルクスワーゲンの旅で一番強烈な印象を受けたのは、トウモロコシ畑です。アメリカの農業のすごさをイヤというほど見せつけられました。

この北西大平原の農業地域の西に接してロッキー山脈があります。この巨大な山脈に降った雨は南に向かってカリフォルニア州のコロラド川、東に向かって大平原を流れるミシシッピー川、北西部に向かってオレゴン州のコロンビア川に流れ込みます。さらに、地下水となって中西部大平原に染みこみます。これらの河川の水と地下水が、大平原や海岸沿いの農業地帯、都市地帯が必要とする水を供給しています。ですから、ロッキー山脈が広がるワイオミング、コロラド、ユタ、ニューメキシコの諸州は、アメリカの屋根であり、雨を集める大水源地域です。人口が少なく農業地帯でなくても、この諸州に生えている森林は、アメリカ人の生活を支配する自然資源です。これらの州は樵と水番が住んでいる地域だと軽蔑してはいけません。特にコロラド州はこれら各州の中心です。敬意を払わなければなりません。

ところでコロラド州のプエブロで、インディオとメキシコ系の人たちをたくさん見受けました。一九六五年ごろ、すでにこんなところまでメキシコ系の人たちが住み込んでいたのです。しかし考えてみればプエブロの南はニューメキシコ州です。この州は昔、スペインが支配するメキシコ領土だったのです。ですから、スペイン人と先住民族との間に生まれたヒスパニック系の人たちは、白人が東から来るずっと以前から、コロラド州の南部に住み込んでいたのでしょう。全く土俗的なメキシコ系の先住民の街プエブロ。そしてアメリカの最先端文明を代表する空軍士官学校がある街コロラド・スプリングス。シカゴに次いで最大の家畜と穀物の交易市場であるデンバー市、世界の知識人が最も滞在したいリゾート地アスペン、これらを抱えこんでいるコロラド州は、そのころから全米各州の中でとても重要な一州であったのです。

コロラド州の西隣にあるユタ州のことを私はときどきモルモン州といいます。

モルモン教はアメリカの宗教史のなかに新しく誕生し、最も迫害されたプロテスタント系の一宗派です。それはモルモン教徒至上主義と一夫多妻の宗旨であったからです。それであるが故に、既存の宗派から排除され、逃げに逃げた地がユタでした。彼らにとっては、人が住むはずがないこの地以外に安住の地はなかったのです。

私は地域を対象とした学者です。その専門の目から見れば、モルモン教徒が移住した当時のユタ州は通常の人なら住める場所ではありませんでした。雨があまり降らないから、この地は基本的には岩山と砂漠の荒れ地です。そこにモルモン教徒は水を引き、砂漠を畑にし、岩山に木を植えて森林としたのです。不毛の地を安住の地につくりかえたアメリカの新しいキリスト教・モルモン教の激しさを、私は心から畏敬します。

人恋しくなったアイダホ

ユタ州から離れて、コロラド川沿いに、アイダホ州からワシントン州のシアトルへ車を走らせました。

アイダホ州は日本の本州の面積くらいある大きな州ですが、人口は一九六五年当時七十万人くらいしか住んでいない淋しい州でした（二〇一〇年現在の人口は百五十六万人）。森林と小麦畑とジャガイモ畑だけの州です。「アイダホポテト」といえば、アメリカだけでなく、日本でも有名です［P25／ph24］。

民家は全くなく、道路の両側は小麦畑だけ、そういう自動車道路を次のサービスエリアで一息つくために二、三時間も走り続けました。

夕暮れになると車も通りません。ただただ小麦畑です。本当に淋しい一人旅でした。夜になりました。あたりはまっ暗でした。ところが、突然遠い畑の方向からドンドンドンドン……という音と小さな明かりが見えてきました。だんだんその音が私のいる道路に近づいてきました。よくみるとコンバインが小麦を刈っているのです。たった一人、おじいさんが真っ暗闇の中、ライトを照らして農作業をしていました。もう夜の九時を過ぎていました。見わたす限り私とそのおじいさん以外は誰もいません。多分私たち二人の周り十キロメートル四方で動いているのは、小麦畑のおじいさんのコンバインと自動車道路の私のフォルクスワーゲンだけです。私は想像しました。「きっとあのおじいさんは、刈り取り期限を外してしまったので、おばあさんにせかされてしょうがなく夜にコンバインを動かしているのだろう」と。

私はそのおじいさんを見ているだけで嬉しくなりました。「あのおじいさんの家はどこなんだろう、きっとここから遠いんだろうなぁ……」なんて思いながら、しばらく車を止めて闇の中を動くコンバインのヘッドライトを眺めていました。それだけ人恋しかったのです。これが私のアイダホの心象風景でした［P26／ph25・26］。

国土の広いアメリカは、中西部の広大な農地でトウモロコシ、小麦を大量に生産し諸外国に売りつけて、農業で世界を支配しています。この農業の実際を目にしますと、ボストンで若い研究者が〝MITは世界の頭脳だ！〟と、世界を征しているような顔をしていましたが、それは間違いだと思いました。アメリカの中心はミッドウエストの農業だったのです。

こうしてようやくオレゴン州のポートランドを経て［P27／ph27］、シアトルに着きました。ボストンを出て、二週間くらいの自動車旅行でした。

シアトルに着いて、こんな長距離の旅をして来たのは、自分ぐらいしかいないだろうと思っていたのですが、そうでもなかったのです。

なぜならば、セミナーの寮に入って相部屋になった、シンシナティ大学から来た若手の先生、ジャック・ジャルダン研究員もシンシナティから車で来たそうです。さぞ大変だったろうと思いましたが、彼は当たり前の顔をしていました。彼の車はフォルクスワーゲンのマイクロバスでした。バンタイプですから、車の中に調理器具をのせた小さなキャンピングカーです。

　これだけ広大な国土に住むアメリカ人は、ちょっとした旅行といっても、そのスケールが大きいのです。我々日本人と比べて、距離感覚には十倍の開きがあるのかもしれません。

　直線距離で測っても、ボストンからボルティモアまで六百キロ、ボルティモアからセントルイスまで千四百キロ、セントルイスからデンバーまで千六百キロ、デンバーからシアトルまで二千四百キロ、合計あちこちさまよいながら六千キロメートル以上の自動車旅行をしたことになりました。

コンピュータグラフィックの研修会

　ここで、この長旅の目的であったコンピュータ研修会の勉強の流れについて説明します。

　まずこの参加者のうち、何人かの人物像を紹介しましょう。

　ピッツバーグ大学の行政学のダガー教授は、地方行政では全米で有名でした。シンシナティ大学の都市計画学科のコンラッド教授はダガー教授と同年輩の五十過ぎの先生でした。彼はＩＩＴ（イリノイ工科大学）の出身で建築学の素養があり、元気で活発、典型的なヤンキー型の人物でした。それにもう一人、バンクーバー大学の土木科の先生がいました。彼ら三、四人の教授連中は、この研修会を主催しているワシントン州立大学土木工学科のホルウッド教授と同年輩で以前からの知り合いでした。中でも一番印象的だったのはダガー教授です。彼は弁護士でもあり、いつも落ちついた微笑みを浮かべていました。彼は都市計画にとって大事な、市役所と地方議会の関係について、私たち若い参加者にわかりやすく話してくれました。講習会に参加した若い研究員の尊敬の対象で、英国紳士風の教授でした。映画『八十日間世界一周』の主演俳優デヴィッド・ニーブンにそっくりでした。

　研修会は三段階で行われました。

　第一ステップは人口密度や住戸タイプ別戸数密度、有色人種比率といった、都市計画調査に必要な地区指標を作成する仕事です。

　第二ステップは、フォートラン言語（プログラミング言語）を使って、それぞれの複数の地区指標(Neighborhood Indices) を計算機に入力する作業です。

第三ステップはタイプライターによって印字された地区別指標を統計学的に処理をして、シアトル市中心市街地の問題点を議論する、という研修でした。

この一連の研修をたった二週間ですませるのですから結構大変でした。

幸いにも私は日本にいたとき、フォートラン言語を少し勉強していました。さらに統計学の教科書を読み込んでいましたから、落ちこぼれることはありませんでした。デンマーク人の助手も算数に強かったのです。しかし研修に参加していたアメリカ人は、社会科学や建築の研究者だったので数学に強くなく、悪戦苦闘していました。年輩の教授たちには、研修会の担当助手が手取り足取りで作業を手助けしていました。

みんな苦労しましたが、最後に私たちがそれぞれ入力した厚いカードのセットをＩＢＭの社員がデータ処理機にかけて打ち出してくれたタイプ印字型の図面を眺めたときには、全員が飛び上がって喜びました。老いも若きも研修生はそのとき、一体になりました。

しかし今考えると、稚拙な図面でした。なぜなら、タイプライターの打ち出しですから、タイプの列間の一字ごとの間隔と、行間の一字ごとの間隔は同じではありません。列間の字の間隔を一ミリとしたとき、行間のスペースは一・二ミリぐらいです。ですから列間の縮尺を１／５０００にしても行間の縮尺は１／４１７０になります。東西南北同じ縮尺ではありません。これはタイプライターの構造そのものに由来する結果です。ですからコンピュータによって図示されたシアトルの市街が、実際よりも南北にやや長めの図面になってしまいました。しかし当時はそんなこと、どうでもよかったのです。コンピュータが地図を書いてくれたのですから、万々歳でした。

ホルウッド教授はこの研修会で、コンピュータによるグラフィック技術の将来展望と、都市計画は技術化され、計量化されなければならないという都市計画技術論を担当していました。統計学基礎の授業は、彼の輩下の研究助手たちが、そしてフォートラン言語による入力の方法については、ＩＢＭの技術者が担当しました。これは世界共通の話ですが、当時から、コンピュータ化された計画技術については、土木工学の分野であっても年輩の教授はコンピュータ言語を十分駆使できません。したがって、概論しか教えられなかったのです。私も年をとってからは、ホルウッド教授の心境がよくわかりました。

実はこの研修会はＩＢＭの新機種販売のセールスプロモーションであることが研修が終わった後でわかりました。研修修了のとき、ホルウッド教授は機械語で書かれたＩＢＭカードのパッケージを、研修生全員にわたしました。このパッケージを計算機本体に入れ、それにＩＢＭ１３４０という図化機を接続し、そこに私たちがつくった地区別指数のデータを入れれば、図面がつくられるわけです。

それぞれの大学に帰ったあと、ＩＢＭ１３４０を購入すれば、計算機による図化ができるというわけです。この販売戦略にのっとってＩＢＭがホルウッド教授に研究費をわたし、研究生を集めたセールスプロモーションを行ったわけです。しかし、当時の私の心境は、ＩＢＭかワシントン大学か知らないが、総額五百ドルの旅費と滞在費をもらって、最新のコンピュータ技術を勉強できるわけですから、ありがたいことであることには変わりありませんでした。

このコンピュータ・パッケージを一年後、東京に大事に持ち帰りましたが、東京大学はＩＢＭ１３４０を買ってくれませんでした。なぜならば、当時の都市工学科は工学部二十学科の中で一番コンピュータに関係ないとされた新参者の学科であったからです。

研修会で親しくなった友人たち

この研修会で何人かの友だちができました。寮で同室であったシンシナティ大学で研究員（Teaching Assistant）を務めていたジャック・ジャルダンは、陽気なアメリカ人でした。彼もフォルクスワーゲンの車で、シンシナティからシアトルに来ていました。「きみも小さなフォルクスワーゲンでボストンから来たんだね。我々はビートルズの仲間だ！」と言って嬉しそうでした。

ジャックは地方大学の都市計画学科の話をしてくれました。そこではまだ都市計画の対象は、白人地域の土地利用計画でした。黒人の人権運動の波は、彼が住む中部アメリカの都市まで襲っていませんでした。ゾーニングと区画整理（Subdivision Control）の実務的な話を一生懸命にしてくれました。日本の都市計画でも地域制（Zoning）と区画整理は、法律が定める重要な都市計画ですから、彼の話は十分理解できました。アメリカの地方大学の都市計画の授業と日本の大学のそれは、欧州のドイツやイギリスの伝統的な都市計画と共通している部分が多いことが判ってきました。しかし、彼の話を聞きながら、連邦政府に近い北東アメリカの有名大学と、州政府に近い中西部アメリカの地方大学とでは都市計画の教育はこんなにも違うのかということを痛感しました。彼とはその後二十年くらいたって、アメリカの国際会議で会いました。堂々とした雰囲気でシンシナティ大学の教授になっていました。

デンマークのコペンハーゲン工科大学から来たカール・ニールセンは、聡明な土木技術者でした。授業の際、彼の質問は的確でした。彼が話す英語はゆっくりでしたが正確でした。まるで彼の性格を表しているかのようでした。カールの数学的素養は、この研修会の研修担当者であるワシントン州立大学の助教授より上回っていました。人口推計の回帰曲線の誤差についての質問をして、アメリカ人の担当講師を慌てさせていました。それでも、コンピュータは当時世界中でアメリカのＩＢＭしかなかったのです。彼はそのためにシアトルまで来たのです。

カールは北欧系のヨーロッパ人です。自己主張の強いアメリカ人と違って、相手の反応を確かめた上で、相手を傷つけない言い回しで質問をしました。これはアジア人と似た思考過程です。私は彼と気が合い、すぐ仲良くなりました。彼は日本のことにとても興味を持っていました。アメリカ留学中だったため、東京オリンピックに行けなかったことを残念がっていました。他にもたくさん、東京のことを私にいろいろ質問してきました。

彼とはその後、私の欧州旅行の際、コペンハーゲンで再び会うことになります。

シアトル大学は町はずれの丘の上にありました。ダウンタウンへは簡単に行かれません。それでもこの二週間に土日を合計して四日の休日がありました。

　一日はジャックの車でシアトルの南側にある、アメリカ西部で最も高い雪山、マウントリニアの麓までピクニックに行くことにしました。マウントリニア（Mt. Rainier）は高さ四千三百九十二メートルのコニーデ型の火山です［P27／ph 28］。その形は日本の富士山に似ており、万年雪に覆われています。第二次大戦前は、シアトルに住んでいた日本人は、この山がタコマ市の近くにあったのでタコマ富士と呼んでいました。シアトル地域では、一、二を争うリクリエーションの場所でした。私たち二人が休日にマウントリニアに出かけることは自然の成り行きであったのです。私たちは、165号という州道で山を眺める眺望台まで行きました。そこから眺めたこの山の姿は本当に品格があり、美しいのひとことにつきました。特に眼の下に広がるマウントリニアの山裾は、日本の富士山の山裾とそっくりの姿でした。私はここに来てとてもよかったと思います。なぜならば、この山裾の景色のなかに、箱根の御殿場から登っていった乙女峠からみた富士の裾野の姿を投影することができたからです。つまり私はアメリカ留学一年後に、日本への望郷の思いに浸るというセンチメンタリズムに酔うことができたのです。

　昼食は二人で持ち寄りました。ジャックはピザを持ってきました。私は海苔を巻いたおにぎりを大学の近所の日本食堂から調達してきました。それにチーズと卵とトマトとレタス、それにピーマンをあしらったサラダを持っていきました。ジャックはその盛りつけと色あわせがきれいだとほめてくれました。ところがジャックはサラダのうちピーマンだけを食べないのです。ちょっと困った顔をして「ごめん、これは食べられない。アメリカ人はピーマンを生で食べないんだ」と言いました。アメリカ人には思わぬ好き嫌いがあるのです。生ピーマンのサラダはアメリカ人を私の下宿に食事に呼ぶときは出しませんでした。この文化のギャップは今でも忘れません。アメリカ人は偏食です。

カナダの州都ビクトリア市

二回目の休みにはみんなでカナダ国境を越えて、ブリティッシュコロンビア州の首都ビクトリアに行きました。ビクトリアにはバンクーバー郊外の港から船に乗って行きました［P28／ph 29］。不思議なことに、このフェリー乗り場のあった場所は今でも覚えています。本土側はホースシュー・ベイ（Horseshoe Bay）といい、バンクーバー島側（州都バンクーバーはバンクーバー島にあります）はナナイモ（Nanaimo）といいました（あとで判ったのですが、これは北側フェリーでした）。多分忘れなかった理由は、なぜこのフェリーはバンクーバー港から出ていないのかという疑問にあったのでしょう。今でもビクトリア行きのフェリーはバンクーバー市から出ず、国境近くの港ツワッセン（Tsawwassen）から出て、ビクトリア市の港に直接入っています（これが南側フェリーです）。途中の海の景色は、美しい森の島が点在して、日本の瀬戸内海を遊覧している気分でした。

ビクトリアは、一八四三年（天保十四年）にハドソン湾会社の毛皮の貿易所として開設されました。その後一八五六年のアラスカのゴールドラッシュ（金景気）で急成長しました。イギリス人の手でつくられた小都市ですが、今でも大英帝国の植民地では最も美しくて英国風の都市であるといわれています。丁寧に手入れされた公園とホテルや役所の庭と海岸の風景は、古い英国の地方都市の中心市街地を切り取ったようでした。汚い市街地はひとつもなく、こんなに品良く整った英国型都市は私が見た限りではここだけです［P28／ph 30］。

街は美しい針葉樹林でかこまれています。港に面した公園の中に、イギリス植民地時代をしのばせる格式の良いホテルがありました。それは六、七階建てで屋根は急な傾斜の黒いスレートで覆われ、そこに三角ののぞき窓があります。外壁は茶色の煉瓦積みでした。デザイン全体が英国やフランスの大貴族の住んでいたお城のようでした。ホテルの名前はたしかエムプレスだったと思います。そのホテルに直角に州の議会議事堂が配置されていました。このデザインはカソリックの大寺院のようでした。

この二つの建物が手入れの良い芝生広場の中に建てられていたのです。公園の周りの森、そして芝生の中に建てられた二つのネオ・クラシックの建物、その全体像は息を呑むほどの見事さでした。もちろん看板や広告はありません。電柱もありません。町を行き交う人たちの服装も、アメリカ人のラフなスタイルではありません。ツィードのジャケットにヘリングボーンのズボンとちょうど英国紳士がハンティングに行くような服装でした。これが今から五十三年前のビクトリアの町の、たたずまいでした。

シアトル

次にシアトルの街について私の印象を話します。シアトルの中心市街地は、西はピュージェット湾に、東はワシントン湖に面した南北に細長い馬の背のような丘陵地に立地しています。シアトルという名前は、古くからこの地に住んでいた先住民族の長の名前からきているようです。その発展は奥地に広がる広大な森林から伐出される木材、豊富な漁業資源、それにビクトリア同様にアラスカで起きたゴールドラッシュに出発点があります。十九世紀末のころです。シアトルはカナダのブリティッシュコロンビア州と同様に、イギリス人によって発展した町です（後にフランス人牧師も入ってきてカソリックの教会をつくっています）。ですから、郊外に行くと今でもイギリス風（コロニアル風といってもよいでしょう）の住宅が広がっています。その典型的な場所は、中心市街地から東に、ワシントン湖にかかる有名な浮き道路を通っていったところにある高級住宅地（ベルビュー　Bellevueといいます）です。実際のところアメリカの北西部のシアトルに来て、これほど美しい街があったことにびっくりしました。

日本との結びつきについては、戦前は横浜・シアトル間の航路があり、氷川丸が就航していました。日本とアメリカを結ぶ最短ルートがこの航路でした。ですから多くの日本人がシアトルに移住し、その多くは、この地域の水産業で働きました。ハリウッド映画『ＳＡＹＵＲＩ』のなかで、この北米漁業に従事した日本人のことが描かれています。

私がシアトルに来たときの第一印象は、ボストンに似ているということでした。なぜかというと針葉樹が多かったからです。ニューイングランドの特徴も針葉樹でした。針葉樹に覆われたなだらかな丘陵地がニューイングランドの風景です。シアトルはニューイングランドよりちょっと地形の勾配が厳しいのですが、それ以外の街の風景はとてもよく似ています。しかし率直なところ、ボストンのような〝複雑で味のある〟街ではありません。シアトルは〝結末がすぐ判る街〟でした。

移民の歴史から考えると、ブリティッシュコロンビアからシアトル、そしてオレゴン州のポートランドまでを開拓したのはイギリス人です。それに対して、カリフォルニアのサンフランシスコやロスアンゼルスを開拓したのはスペイン人です。ですから、カリフォルニア州にはスペイン風のデザインの住宅が今でも多いし、スペイン語の地名もたくさん残っています。それに対してシアトルは、イギリス系の移民がつくった町なので、イギリス風の建物が現在も多くあります。ニューイングランドに見られる木造の三角屋根の住宅も珍しくありません。

しかし同じイギリス系でも、ボストンとシアトルとでは歴史が二百年ぐらい違います。歴史が長くなると、それまでとは異なる独自の文明・文化が入り込み町や人の統一性が失われ、雑然としていきます。ボストンがその例です。しかし、シアトルはまだ歴史が短いから、英国風の面影がたくさん残っていたのです。ですからビクトリア市を始めとして絵はがきになるような英国風の都市が、アメリカやカナダの北西部にはまだ残っています。英国から見れば、ビクトリアなんて地球の果ての小都市かもしれません。しかし、そこに古き良きイギリスの町がそのまま残されているのですから、まるでガラパゴス諸島のような感じがします。

イギリス人はまず自己抑制的に行動します。ダメなものは全部ダメ。妥協しないことで一番大事なものを守る……これはイギリス人やドイツ人の特質かもしれません。しかし街の生活は単調でつまらないものです。ところが、これに対してフランス人は「例外」を認めます。ですからフランスの都市はちょっと汚いけれど、とても面白いのです。

エベレット

三回目の休日には、シアトルの郊外にあるエベレットという町に行きました。ここは世界最大の民間機および軍用機メーカーでお馴染みのボーイング社発祥の地です。そこにはボーイング社のメイン工場があります。現在もボーイング７４７や７７７などを製造しています。

研修会の参加者全員が貸し切りバスに乗って工場見学に行きました。前方に突然、バケモノみたいに巨大な建物が四棟現れました。それが飛行機の組み立て工場だったのです。

私がアメリカに留学をした一九六三年(昭和三十八年)ごろは、まだ羽田空港から国際線が出ていて、羽田空港には国際線用の点検格納庫がありました。当時は大きい建物と思いました。しかし、ボーイング社のこの工場に比べたら孫みたいに小さい建物であったと記憶しています。ボーイング工場の建物の大きさは多分、二百メートル角、高さが四十メートルぐらいあったでしょう。昔の丸ビルが四つぐらい入る大きさでした。その中で、ボーイングの大きな飛行機が五機も六機も組み立てられていました。工場の中に入ってみて驚きました。大きさだけではなく、そこはとても清潔で静かでした。労働者たちには無駄な動きがなく、一箇所に十人ぐらいのグループで働いていました。その作業の島が何十箇所と、この巨大な工場の中に配置されていました。当時、すでに工場内の材料の移動は電気運搬車で静かに行われていました。私がイメージしていた「工場」とは、大きな音が鳴り響き、ホコリっぽく、労働者があちこち駆け回っているようなところでした。しかし、私の先入観は見事に打ち砕かれました。最新式の工場で、当時の最新鋭の旅客機Ｂ７０７が組み立てられていたのです。

私は戦争中に日本を空襲したボーイングＢ17、Ｂ29を思い出しました。それらは全部シアトルで設計され、試作機がつくられ、生産されていたわけです。当時のアメリカ空軍の本当の戦略拠点はシアトルだったのです。そこで製造されたボーイングの爆撃機が広島に原爆を落としました。

こんな巨大な格納庫みたいな工場と、そこで清潔で静かな知的な労働者が働いているのを見て、どうして日本はアメリカと戦ったのか、本当に当時の日本の指導者は「井の中の蛙」で大馬鹿だと思いました。それがエベレットの思い出です。国力の違いをまざまざと見せつけられました。

シアトルのモノレールから見えた街並み

私がアメリカに留学した一九六三年（昭和三十八年）の一年前、六二年、四月二十一日から十月二十一日まで、シアトル万国博覧会が行われました。テーマは「宇宙時代の人類」、二十四ヶ国が参加しました。

当時ダウンタウンの鉄道駅から万国博覧会の会場まで、モノレールを走らせていました［P29／ph 31］。シアトルから遅れること二年、六四年に開催された東京オリンピックのときに、羽田から浜松町までモノレールがつくられました。しかし、当時私はアメリカにいたので、そのモノレールを見たことも乗ったこともありませんでした。ですからシアトルに来たからには、絶対モノレールに乗ってみたかったのです。

文明の利器であったモノレールの車窓からの目線は地上から大体十五メートルの高さです。この高さは、建築物でいうと四階の窓部分にあたります。そこから見たシアトルの町並みから、この街の都市計画を確かめることができました。飛行機からですと上すぎて都市は模型や図面のように見えます。しかしモノレールの高さからは、その都市で働き、生活する人たちの姿を生々しく見ることができます［P29／ph 32・33］。街の建物も一つ一つ、高さ、大きさ、デザイン、そして使い方まで識別できます。シアトルは大都市ではありませんでした。中心部のオフィスビルの高さは、せいぜい十四、五階でした。それらのビル群は乱雑ではなくまとまりよく建てられていました。

シアトル市の地域制（ゾーニング）では、ここには高層ビルを建ててよい、階数は二十五階、その用途はオフィスである。しかし隣の街区は商業用途で階数は十階まで。そして大規模なデパートしか建てることは認めないと、一つ一つの街区に建てられる建物の大きさ、高さ、用途を決めています。

その地域制は、新しい都市ほど厳しく運用されます。しかし古い町ではゆるく運用されています。なぜならばボストンやフィラデルフィアのように二百年以上前からできあがっている都市は、地域制が法律で定められる前から存在していたからです。そのために、法律が施行される前から、地主同士が相談しあってつくった雑多な市街地ができ上がっていました。フランス人が初めから入植した街は、イギリス人がつくった街に比べれば、街のつくり方が初めから多様でした。ですからそこではある程度ゆるい地域制を敷く市街地ができ上がります。用途も、住宅と商店が混ざっていいというわけです。ボストンやフィラデルフィアのような古い都市のなかには、そういうゆるい地域制（ゾーニング）を定めた場所があります。

ところがシアトルは後からできた街です。シアトルの中心市街地がきちっとできているのには、大きな理由があります。シアトルはその初期の時代、すべて木造建築の都市でした。この都市は、十九世紀末期に大火で中心部がすべて燃えてしまったのです。そのあとに火に強く頑丈な街にしようということで、中心部では木造建築を禁止し、道路をしっかりとつくり、ゾーニングを厳しくしたのです。それで、街の建築物が秩序だっているのでしょう。しかし、それだけ味気のない街になってしまうのはいたしかたありません。

シアトルや、カナダのブリティッシュコロンビア州のバンクーバーは、そういう地域制（ゾーニング）でできた街です。その街の実状をシアトルのモノレールに乗って自分の目で確かめることができました。

ホルウッド教授のこと

ホルウッド教授は、フランス系のアメリカ人で土木工学を卒業した都市計画の学者でした。アメリカの北部でフランス系の都市計画学者は多くありません。ホルウッド教授はニューヨークやボストンの大学に移ることなく、シアトルで一生の教授生活を送りました。なぜホルウッド教授はシアトルで終わったのでしょうか。

第二次大戦終了後の昭和二十年代の日本では、都市計画というと東大と京大にしか相当する講座がありませんでした。ですから昭和三十年代以降、他の大学で都市計画の講座ができても、そこには東大や京大出身の先生が着任していました。たとえば四国の大学では、京大出身の先生が都市計画を教えていました。つまり一極集中型の大学が全国に強い影響力をもっていました。もちろん現在は、その事情は全く変わりました。

ところがアメリカは国が大きいし、州の性格が全くちがいますから、地方では地方独自の都市計画教育をしなければなりません。地方では、その地方大学の先生が都市計画の若手の先生を育てなければなりません。ニューヨークやボストンからシアトルへ都市計画の先生を送り込むということはありません。ニューヨークやボストンとシアトルとでは都市の土地柄が全然違いますから、地方に合った都市計画教育ができないからです。

当時のアメリカでは、都市計画教育のローカリズムがはっきりしているように見えました。ホルウッド教授のところに集まる先生たちは、ブリティッシュコロンビア州のバンクーバー大学、オレゴン州のポートランド大学の先生たちでした。帰国して二十年後、私はイリノイ工科大学へ講演に呼ばれました。そのシンポジウムに集まる先生たちはシカゴを中心としたセントルイス、シンシナティ、ミルウォーキーの大学、つまりアメリカの中西部の大学の先生たちでした。こうして地域ごとにまとまった学者集団が形成されていたのです。

カリフォルニア州に行けば、その北部では、カリフォルニア大学バークレー校が中心になった学者集団があります。南部では、ロスアンゼルスのUCLAが都市計画の中心校です。それぞれの地域に根付いた調査や研究発表をしています。州を中心としたローカリズムとはそういうものです。ハーバードを出たからといって、それだけで全米的にまかりとおるということはあり得ません。アメリカの都市計画はユナイテッド・シティーズ・オブ・ステイツなのです。

ホルウッド教授はアメリカを代表する都市計画家ではありません。しかしアメリカ北西部の大学群の中では都市計画のリーダーでした。

そのホルウッド教授の奥さんは、シアトル市の都市計画局長でした。

一九六〇年代、大都市で都市計画局長が女性というのは、アメリカでもほかにありませんでした。このことは私たち研修に集まった研究者たちにはビッグニュースでした。彼女は建築学出身でした。ですから、私が前に述べた、秩序だった地域制（ゾーニング）を管理している責任者でした。眼鏡をかけたちょっと細身の彼女は、その有能な官僚の雰囲気を全く表に出さず、物静かでいつもニコニコしている品の良い婦人でした。

研修会が終わった日の夜に、私たちはホルウッド教授の家に呼ばれました。港を見下ろす丘の中腹に建てられた五十坪ぐらいの木造の家でした。古い家を丁寧に手入れして住んでいるように見えました。室内は完全にイギリス風でした。明るくなくちょっと暗いのです。それは照明が全部間接照明だったからです。蛍光灯は全くありませんでした。備え付けの家具も欧州輸入のクラシックタイプ。天井は高く、それでも全体は質素でした。学校の教師はそれほど贅沢な住宅には住めません。ベランダのある居間から、港の夜景を楽しみ、酒を飲みながらたくさんおしゃべりをしました。家庭に呼ばれて少人数のパーティがゆっくりと催されるのは、小さな地方都市でなければなかなかできないことです。目の前が海、周りは森に囲まれている、香港ほどの煌びやかさはありませんが、美しい夜景でした。

バンクーバー、シアトル、ポートランド

シアトルの街の最大の欠点は、港に沿った下町に高速道路が延々とつくられていることです。この道路のために、シアトル市は港の市街地と丘陵の市街地が分断されてしまいました。景観的にも美しくありません。そのために、この高速道路を地下に移し替える計画が検討されています。この話は私が十年前にシアトル市を訪れたときに聞きました。なぜシアトル市を訪れたかというと、当時東京でも日本橋をまたぐ高速道路を地下化しようという議論が賑やかだったからです。

これは、ボストン市の高速道路地下化事業に次ぐ画期的な土木事業です。もし、この高架道路が地下化されれば、シアトルの景観は全く一新します。

シアトルの北部にあるブリティッシュコロンビア州のバンクーバー市は、世界中の都市計画家が最も高い評価点を与える都市の一つです。美しい港湾都市です［P30／ph34・35］。十五年くらい前には、環境をテーマにした万国博覧会が開かれました。

バンクーバーの中心市街地のマンションの形態は小ぶりで正方形です。日本でもよく見られる壁のようなマンション建築は禁止しています。

その理由は海が見えなくなるからです。どこから見ても、海、山が見えるように高層建築の位置や形態を厳しく規制しています。そのため、中心市街地の中に高層マンションが多く建っても、一つ一つが細身ですからうっとうしい圧迫感が感じられません。こうして高層マンション群がバンクーバー市の都市景観にプラスの評価を与えています。このような都市は他にありません。

オレゴン州のポートランドでも、港に注ぐコロンビア川沿いの工場地帯を思いきって再開発をして美しい住宅地をつくりました。中心部の官公庁地区にも緑をたくさん植えました。裁判所の建て替えでそこに、屋上公園ができました。都市計画の世界では有名な再開発です。

カナダのバンクーバー、ワシントン州のシアトル、オレゴン州のポートランド、これら三つの都市は南北に海に沿ってつながっています。この三つの都市は北欧的な雰囲気をもつ美しい森林的都市地域をつくりだしています。北東部のボストンを中心としたニューイングランド地域に対抗して、西海岸ではこの地域が都市計画的に極めて高い評価ができる場所です。

おまけに、カナダとアメリカの国境はほとんど自由に行き来できます。

二十年ほど前のバブル期のころ、日本が急成長して繁栄の頂点に立ったころ、アメリカ都市計画家たちとこんな冗談話をしたことがありました。

「アメリカは大きくなりすぎている。人種問題も抱えている。白人、黒人に加えヒスパニック系も加わってきた。黒人、白人、ヒスパニック、アジア人が雑居したアメリカを、将来それぞれの人種が居心地のよい国に分けていこうという議論が起きるかもしれない」

そのとき、どう分割したらよいかという仮の話が起きました。カリフォルニアは、サンフランシスコを中心とした北部と、ロスアンゼルスを中心とした南部に分かれるかもしれない。カリフォルニア北部はオレゴン州、ワシントン州、それにカナダのブリティッシュコロンビア州を加えてアングロサクソン系アメリカ人の国になる。南部カリフォルニアのロスアンゼルスは、アリゾナ、ニューメキシコの各州と合併してヒスパニック系の国になる。

アメリカの中央部の北部、つまりミネソタ州、南北ダコタ二州、ワイオミング州、モンタナ州あたりは農業大国で石油等鉱物資源も多く、大資源国家になる。ここは当然白人支配であるが、イギリス系ではなくドイツ系、スウェーデン系のアメリカ人が集まってくる。フロリダ州からジョージア州、アラバマ州といった南東部には黒人とヒスパニックが集まる。

このようにアメリカは将来、カナダと一体になったあと、ヨーロッパのようにいくつかの人種別国家になってゆくのではないかといった、他愛もない話をしたことがありました。

4章

西海岸からボストン七千キロ

カリフォルニア州の州都・サクラメント

シアトルの研修会を終えると、私は州間高速道路5号をサンフランシスコに向けて車を走らせました。この道路は海岸から海岸山脈を一つ越えた内陸の道路です。カリフォルニアの穀倉地帯サクラメントバレーに通じる道路でした。

シアトルからサンフランシスコまで、ランド・マクナリーの道路地図によると、千三百キロメートルあります。休憩時間を入れて一時間八十キロメートルで車を走らせても、十六時間かかります。一日では走れません。どこかで一泊したに違いありませんが、その記憶がないのです。多分道路わきのモーテルに泊まったのでしょう。私の淡い記憶では、このカリフォルニア州北部の地形は山また山が続く山岳地帯で、サクラメントに近くなってようやくカリフォルニアの明るい日が差す平地に降りたような気がします。ですから、オレゴン州南部からカリフォルニア州北部については、ちょうど私が自動車旅行の初めに通ったアパラチア山脈越えのような、薄暗い農村の印象が私の頭の中にあります。まだ、高速道路は完成していなかったので、昔の曲がりくねった国道を、山坂上がったり下ったりして南下しました。オレゴン州を過ぎるとカリフォルニア州です。

「ここからカリフォルニア」という看板が見えてきました。その場所に荷物検査のチェックポイントがありました。

国境ではないので不思議に思っていると、役人が近づいて車を止めました。

「私は州の農林局の役人です。あなたがほかの州から違法な昆虫や草花、そして土を持ち込んでいないか調べます」と言いました。

私の体と車が調べられました。カリフォルニアは農業州です。ぶどう、オレンジ、小麦など素晴らしい農産物をつくっています。この農業州にとって害となる昆虫や植物が入り込むことを、未然に阻止していたのです。綿密に調べられました。

何も問題がないので、彼らはニコッと笑って「ＯＫ」の合図をくれました。

改めてアメリカにおける州の独立性の強さを痛感しました。しかし日本に帰国したあと、一九七〇年（昭和四十五年）ごろに用事があってカリフォルニア州南部のサンディエゴ市に行きました。そのとき、隣接するメキシコのティハナ市にアメリカ側から何回か出入りしましたが、その際にはこのような綿密な動植物の検疫検査はありませんでした。この国境は、メキシコ人の密入国や麻薬の持ち込みで有名な場所です。ですから、それらのチェックで手が一杯で、農業に関する検査どころではないのかもしれません。それにしても同じ州の北の州境と南の州境で、動植物検査にどうしてこんなに違いがあったのでしょうか。今でも私は腑に落ちません。

シアトルからサンフランシスコに行く前に、カリフォルニア州政府のある州都、サクラメント市に寄りました。街の人口は当時（一九六五年）二十万人ぐらいでした。私の第一印象は、花がいっぱいで、美しくて清潔な住宅都市でした。格子状の道路網はカリフォルニアのどの都市とも同様でしたが、それほど広くなかった記憶があります。ですから道路の両側に住む人たちが、気楽にお互いの住宅を行き来できる街並みでした。一軒一軒の住宅は、小づくりですがデザインもよく、清潔感のある住宅でした。市街地全体は明るい樹林でおおわれていて、庭にはたくさんの花木が植えられ、ブーゲンビリアのような花が満開に咲いていました。ここに住む人たちは、皆平和に暮らしているようでした。

不思議なことに街の中央にある官庁街や商店街に、高い建物が建っていた記憶がありませんでした。官庁街の建物は手入れが良くてきれいに白く塗られていました。つまり、サクラメントの中心市街地は低層であったのです。木造であまり大きくない市役所に行って都市計画担当の職員と話をして、総合計画書（マスタープラン）をもらいました。私に対応してくれた都市計画課の職員も、私の不意の来訪にも嫌がらず、にこにこして説明してくれました。そのときの会話からも、この都市は周辺の豊かな農業地帯に支えられて、順調に成長し続けていることがわかりました。

実はサクラメントだけではなく、アメリカの中西部で、この後訪れた地方の都市は、どの都市も街の手入れがよく美しかったのです。

アメリカの農業地帯がつくり出す、膨大な農産物の利益がこれらの地方都市を支えていたのです。農業国家アメリカの恐るべき力を、否応なく見せつけられた思いでした。当時のサクラメントは本当に美しい田園都市でした。そして人々もこの変な外国人にやさしくしてくれました。


サクラメントからサンフランシスコに向かいました。

サンフランシスコは世界の観光都市です。都市計画の面から見ても、一九六〇年ごろのギラデリの菓子工場の再開発をはじめとして、ピア39のウォーターフロント、立体土地のゴールデンゲイトウェイ、ミッションベイの大規模市街地整備等、興味ある再開発の事例が数多くあります。またロシアンヒル、ノブヒル、テレグラフヒル等、丘の多い市街地もサンフランシスコの魅力です［P31／ph36・37］。サンフランシスコ湾の対岸には、世界的に有名なカリフォルニア大学バークレー校があります［P32／ph38］。この都市で私はいろいろな人に会い、いろいろな場所を見て、ニューイングランドとは全く違う体験をしました。しかしその話はあまりにも複雑なので、ここでは省くことにします［P33／ph39・40］。改めてサンフランシスコ物語をまとめてみようと考えております。ですから次はロスアンゼルスに話題をうつしましょう。

ロスアンゼルスの街並み

サンフランシスコから古い国道をドライブして、スタンフォード大学のあるパロアルトの街（ここは商店街の豊かな街路樹が印象的でした）と、サンノゼ市（当時は農業生産物の取引の中心でした）を通過してひたすら南を目指し、ロスアンゼルスに辿りつきました［P34／ph41－44］。約一年前、船でアメリカに上陸して以来二度目の訪問ということになります。前回の滞在では、知人の乗用車に乗せてもらって高速道路網を走りまわっただけでしたが、今回は小さなフォルクスワーゲンを自分で運転して街を見ることにしました。

街の光景は、どこまでも続く平屋の住宅の波でした。二階建てはほとんどありませんでした。見わたす限り街が平たいのです。よく見ればどれも百坪ぐらいの敷地に四十坪くらいの戸建て住宅が建っています。東京なら、この大きさは高級住宅地の部類に入ります。しかし建物は単純で、簡単な箱に薄い屋根を載せただけでした。敷地に木があるので緑は多いのですが、格子状の道路の幅が広いので道路のアスファルト面だけが目に飛び込んできました。サンフランシスコに比べると、味気なくてつまらない街でした。

第二次大戦終了直後から、ロスアンゼルスは幅の広い高速道路を次から次へと建設しました。高速道路抜きには、仕事も生活もできない都市をつくりつつあったのです。高速道路がのびるごとに、郊外の丘陵地に次々と中産階級の住宅が建設されていきました。その郊外の住宅の量が多いほど、中心市街地は低所得者の街に変わっていったのです。

この平たい中心市街地は全部、低所得者層の黒人やアジア人、南米系の人たちの住宅地だったのです。富裕層は、なだらかな山の斜面や川沿い、そして海岸に近い場所に住宅をかまえていることを後から知りました。

ここで都市計画的に現状のロスアンゼルスを紹介します。

ロスアンゼルス都市圏はとても大きくて、四千五百平方キロメートルぐらいです。これは東京都と神奈川県を合わせた面積とほぼ同じです。ここに約八百万人の住民がいます。人口密度でいえば、東京、神奈川の密度の四十パーセント程度の低さです。この数値をわかりやすくたとえにすれば、東京、神奈川の人たちが平均して一世帯当たり五十坪の住宅用敷地を持っているとすると、ロスアンゼルスでは平均して百二十坪の敷地を持つことを意味しています。しかしこの膨大な市街地の中で、ロスアンゼルスの話題として取り上げられるハリウッド、ビバリーヒルズ、ウィルシャ大通り、サンタモニカ、ベニス、映画ＦＯＸの二十世紀都市、といった著名な市街地はきわめて限定された場所に集中しています。

それらの場所はロスアンゼルス市の中央駅、ユニオンステーションをその東端として、東西に二十五キロメートル、南北に四キロメートル、約百平方キロメートルのなだらかな南斜面の高台です。ロスアンゼルス市の全面積四千五百平方キロメートルの二パーセント程度の市街地です。この二パーセントの市街地の出来事が、残りの九十八パーセントの全市街地まで拡大されて、ロスアンゼルス市民の生活とか仕事として世の中にひろく喧伝されているのです。

ロスアンゼルス市の業務と行政の中心だけは、市の中心にありました。そこはバンカーヒルと呼ばれる市役所の建物の西北側に広がる小さな丘陵地でした。私がバンカーヒルのことを知っていたのは、そこが当時アメリカの各都市ではやっていたフェデラル・ブルドーザー型都市再開発地域の一つだったからです。ブルドーザー型再開発について、ここで再度説明します。まず、低所得の人たちが住む安アパート群を、市役所が買収します。そこの住宅を全部壊して不動産屋に安価に売り渡します。不動産屋はそこに高層ビルを建設して高値で売却して儲けることが期待されます。そうすれば、その地区の土地評価が上がるので、市役所は固定資産税を上げることができます。その固定資産税の増加で市役所は初めに安価で不動産屋に売った赤字分を埋め合わせてゆくという再開発です。ですからでき上がった高層ビル群の新しい街は、うるおいも、街の人間臭い雰囲気も全くありません。バンカーヒルはその典型でした。再開発の途上でしたから、樹木も育っていません。赤茶けた土の上にコンクリートの歩行者用デッキがつくられ、そのデッキに面して高層の事務所ビルが何棟もつくられていました。その建物群にカリフォルニアの強烈な太陽が注いでいる本当に乾いた都市の光景でした。

ワッツ・タワー

ロスアンゼルスの中心市街地で、一箇所どうしても行きたいところがありました。私が学生のとき、何かの建築作品集に載っていた大きな都市モニュメントがロスアンゼルス市のワッツ地区に建てられていることを覚えていたからです。それがワッツ・タワーでした。ワッツ地区も第二次大戦前までは、中産階級が住んでいた街でした。それが大戦終了後、失業者の街となり、その結果いつの間にか有色人種の街になってしまいました。都市計画用語でいうとフィルタリング(染み込み)

現象の結果です。そして今でも語り継がれているワッツ大暴動は、一九六五年（昭和四十年）八月十一日、ロスアンゼルスで発生しました。私はその大暴動の一年前に、治安の悪い街だと知らずにワッツに行ったのです。その都市モニュメントは、鉄筋をねじって輪のようにした十五メートルぐらいの塔でした。その作品集によれば、居住可能な建築物だと書いてあったのです。

建物は、イタリアからアメリカに移住したサイモン・ロディアという造形作家の作品でした。彼は一九二一年にワッツに三角形の土地を買い、そこに住み込みその場所で以降三十四年掛けて、一人で塔をつくりつづけ一九五四年に完成させました。塔の途中に前衛芸術的に使い古しの瓶やタイルや焼き物を埋め込んでいる点で〝前衛的なオブジェ〟といわれたので興味をそそられて見に行ったのです。

しかし実物を見てがっかりしました。〝タワー〟は錆び付いていてとても汚かったのです。とても人が住める建築物ではありませんでした。これが芸術作品か……と、落胆しました。ひとことで言うと仏塔（パゴタ）の一番上がもう一つねじまがっている形でした。

その街の周辺を見てみると、黒人街でした。

当時ワッツ地区がどういうところか知らなかったのですが、後からワッツ暴動を知りました。

しかし一九六〇年代の日本の建築界では、ワッツ・タワーは誰もその実態を知ることなく名前だけが有名でした。

ささやかなハプニング

ロスアンゼルスをあちこち回って、街の南端にある港町、ロングビーチ市に行きました。ロスアンゼルス都市圏の中で、ロングビーチ市の役割は、東京都と横浜市の関係に似ています。東京都とロスアンゼルス都市圏は、大きな消費市場です。そこにさまざまな物資を供給する点では、横浜市とロングビーチ市は同じ性格の都市です。当時は日本から多くの貨物船が大量の安い衣類や雑貨を積んでロングビーチ港に入港していました。それらの日本からの輸入品は、アメリカの安売りスーパーマーケット（たとえばウールワース）の店頭に出されました。ワンダラー・ブラウスなどといわれて低所得者層の人たちにとって絶好の買い物品だったのです。

私は埠頭のベンチに腰を掛けて「この海の向こうに日本があるんだ。飛行機に乗ればすぐ帰れるのに」とちょっとセンチメンタルな思いにふけっていました。そこに中年の日本人男性が近づいてきました。

「日本の方ですか」と声をかけられました。私は「えぇそうです。シアトルで行われた研修の帰りで、ロングビーチがどういうところか、観察に来ました。これからボストンへ帰ります」と言いました。「えっ！ボストンへ？　飛行機ですか」、「いえ、車で」なんて会話をしました。その男性に「日本人同士、何かの縁だから一緒にメシを食おう」と誘われて、ちゃんとしたオフィスビルの中にある食堂に連れて行ってもらいました。

その人は池田さんという元は外務省の役人でした。多分ノンキャリアの事務官だったのでしょう。それで五十歳ごろ早期退職してロングビーチ市港湾局に就職し、ロングビーチ港を日本の港に売り込むポートセールスをしているということでした。当時の役人の天下りにしては、珍しい経歴です。

ポートセールスとは、自分の港になるべく多くの船が寄港してもらうように、他の港に宣伝をして回るという仕事です。ロングビーチ港は、シアトル、ポートランド、オークランド、サンディエゴなどアメリカ西海岸の港と競争をしているわけです。ですから日本人を使って、日本の港を出航する貨物船をロングビーチ港に寄港させる営業活動が必要だと、ロングビーチ市は考えたのでしょう。池田さんは、ロングビーチ市と日本を行ったり来たりしていたわけです。

ここで少し港の経営について話をします。

大きな港は国の如何を問わず、国際的で開放的な性格が強い組織です。それは貿易の中心だからです。日本が第二次世界大戦で負けた後、アメリカの占領軍は日本の港を、自治体が中心になって、公営企業として運営する制度を定めました。なぜかというと、アメリカの港は昔からそうだったからです。その代表はニューヨーク州とニュージャージー州が共同でつくったニューヨーク・ニュージャージー港湾公社（Port Authority of New York and New Jersey）です。この港湾公社は、ニューヨークとニューアークにある埠頭とその周辺の倉庫地帯の不動産、そして国際空港までもその公社の運用資産にして、不動産経営および開発を行っています。つまり、埠頭をはじめとする公共の不動産の経営を民間的に行って、大きな利益をあげ、その利益を公共側（市役所や州政府）に還元する、いわば商社のような半官半民の組織です。池田さんは、そのような港湾公社の一つであるロングビーチ港公社に日本の情報を提供する日本人だったのです。

池田さんはロングビーチに来てまだ二、三年しか経っていませんでした。地元の日系社会とは、それほど深い付き合いがなかったようです。ですから、私のような一時的なアメリカ滞在者と話をするほうが、気楽だったのでしょう。

いろいろな話をしているうちに、東京の生活、生まれた場所など、ローカルな話題になりました。しばらく話をしているうちに、池田さんの東京の住まいが、かつて私が通っていた小学校の近くにあって、しかも池田さんは私が当時大好きだった同級生の淑子ちゃんのお父さんであることがわかりました。その子のことは今でもよく覚えています。大柄で色が白く、ちょっと太りぎみの彼女は、ひとことで言えば豊満な美しい女の子でした。そして、同級生の男の子たちのマドンナでした。

池田さんは当時の家庭事情を話してくれました。彼の奥さん、つまり淑子ちゃんのお母さんは若くして亡くなられ、母方の祖母が彼女の面倒をみてきたのだそうです。池田さんはそのころ役所勤めが忙しく、娘の面倒を十分に見られなかったらしく、父親として娘に十分手をかけられなかったと、ちょっと淋しそうな顔をしてポツリとつぶやきました。

その淑子ちゃんの住んでいた家は、中野の鍋屋横町界隈の貧乏長屋の街では、一際立派な数寄屋風の家でした。私たち男の子は、彼女の家がどこにあるか、探検にいって確かめていたのです。きっとお母さんの実家は昔から金持ちだったのでしょう。

その後、同窓会で久しぶりに会った淑子ちゃんはすでに結婚していました。彼女に、海の向こうのロングビーチで、彼女の父親と偶然出会ったことを話しましたが、彼女の反応はいまひとつでした。何か父親とは長い確執があったのかもしれません。

「死の谷」、デスバレー

ロスアンゼルスをあとにして、小さな我が愛車フォルクスワーゲンで、デスバレーに行きました。名前からしてすごい、「死の谷」です。一体どんなところか以前から興味を持ち、ぜひとも現地を見てみたかったのです。ここは、カリフォルニア州とネバダ州の州境に広がり、面積は一万三千五百平方キロメートル。福島県ほどの広さがあり、アラスカを除くアメリカ本土最大の国立公園です。

九月のはじめ、まだ真夏で気温は四十度近くあったと思います。ですが、エンジンは空冷ですからエンストの心配もなく、フォルクスワーゲンはちゃんと動きました。

デスバレーは、名前のごとく恐ろしいところでした。木が一本もありません[P36／ph45－47]。ただただ赤茶けた岩が露出した急斜面な崖の連続です。雨が全く降らないと地球はこのような悪魔的な様相をつくりあげるのかと、私は強い衝撃を受けました。ここでは、生物すべてが拒否されている、そんな感じがする場所でした。ただ、デスバレーの端に小さな川が流れていて、ところどころにこれもまた小さな緑がありました。周りが乾ききっているので、この数少ない緑はそこだけで本当に目も心も休まるオアシスでした。

この地は「バレー（谷）」といいますが、むしろ果てしなく続く巨大な岩の盆地です。デスバレーの観光シーズンは涼しい秋の十月から春の四月ごろまでです。早春には花が咲き乱れ、ハイキングコースもあるそうです。しかし、私が訪れたのは、よりによって最も暑い夏、一番行ってはいけないシーズンだったのです。当然、見わたす限り人っ子一人いません。本当に私以外、誰もいなかったのです。ガソリンステーションも休憩所も、そしてレンジャーの事務所までも閉まっていました。この広い、広いデスバレーの岩山に私一人しかいないことに気づいたのです。

高い崖をおりて、川縁にある小さな緑地に行ってみました。たまたま川縁に下っていく途中の見晴台で、国立公園の監視員の車と出会いました。デスバレー滞在中に出会った人間は正真正銘、このレンジャーのおにいさんだけでした。

このおにいさんはデスバレー唯一の案内所ファーネスクリークから来ていました。その場所は私たちが会った見晴台から六十キロメートルも離れていました。

彼は「真夏に、なんでこんなところへ来たんだ！」と驚いていました。彼は観光客の監視ではなく、野牛やチータの行動観察に来ていたのです。しかも私の車はボストンのナンバープレートでしたから、はるばる東からこんなところまで来たことにも驚いていました。「すぐ帰れよ。ガソリンステーションはファーネスクリークから五十マイル先にしかないよ」と言って去っていきました。そのころにはもう日が暮れはじめていました。

ここで見たサンセットはとても美しかったです。美しい景色を堪能していたのも束の間、急速に日が暮れました。川縁には小さな放牧場と馬小屋があり、その馬小屋の横に車を止めて野宿することにしました。フォルクスワーゲンは、空冷ですから冷却水の心配はありません。しかし、夏場の誰もいないところで、車がエンストしたら一巻の終わり、誰も助けに来てくれません。万が一のことを考えると怖くてエンジンを切ることができず、一晩中アイドリングさせていました。

誰もいないところ、本当に人恋しくなりました。唯一、馬がガサガサとたてる音だけが心の支えになりました。空は満天の星空、こんな美しい夜空は見たことがありません。しかしおっかなくて、ロマンティックな気分になれませんでした。

何がおっかなかったかというと、野生の動物ではなく、人間がこわかったのです。突然誰かが馬小屋に入ってきたら……不審者扱いされてピストルで撃たれるかもしれない、という恐怖感でした。

翌朝、お日様を見てやっとホッとしました。崖の上に上がり昨日の見晴台から下を見下ろしていると、昨日出会ったレンジャーと再び会いました。「こんなところで一晩明かしたの？　朝メシはまだだろ？　だったら付いてきな！」と言ってくれ、レンジャー事務所でサンドイッチをごちそうになりました。

夏のデスバレーは本当に危険です。後から「夏にここにきてはいけない！」という看板があったことに気づきました。真夏には気温が五十度以上になることもあるそうです。真夏のデスバレーはまさに「死の谷」なのです。

ここで少し、デスバレー周辺の地理の話をしましょう。

周知の事実ですが、ロスアンゼルス一帯は、もともと砂漠だったのです。あまり雨が降りませんし、灌漑に使える大きな河もなかったからです。そこに十九世紀末期、ロッキー山脈を水源として、メキシコのカリフォルニア湾に注ぐ大河川のコロラド川の下流から分岐して、ロスアンゼルス、サンディエゴ地域に大きな人工水路をつくりました。したがって、コロラド川の水で乾燥地域だったロスアンゼルス地域に緑が生まれ、農業が栄え、都市が成長してきたのです。ですから、この人工水路の周辺をのぞくと、カリフォルニア南部には、広大な砂漠地帯が広がっています。その代表が有名なモハーヴェ砂漠です。デスバレーはこの砂漠の北端に位置しているのです。しかし無人の砂漠だったこの地域では、人がいないことを利点として、第二次大戦後、広大な面積を必要とする国家的な施設がつくられるようになりました。まず、冷戦を意識した空軍のミサイル実験基地、海兵隊用の実践的な演習基地、そしてスペースシャトルの着陸基地となっているエドワーズ空軍基地などです。そしてさらに核開発関係の原子力燃料の実験や製造工場もあります。

モハーヴェ砂漠にあるモハーヴェ空港は、旅客機を保存しその後解体する「旅客機の墓場」として有名です。

デスバレーからラスベガスに向かう私のルートは、高速道路をはずれて平坦な砂漠地帯に真っすぐに延びた国道をたどることでした。ひとけがあるところはガソリンステーションぐらい、あとは人が住んでいるかどうかわからないトレーラーハウスの集まりが、ぽつんぽつんとあるぐらいでした。その国道に不思議な標識がある三叉路がありました。それは交通標識ではなく、三角形と四角形を組み合わせた、黄色と赤の標識でした。私はもしかすると砂漠を売り物にしたリゾート施設かと思って、その交差点を左折しました。五十マイルほど進むと突然岩山を背景にして、無数のタンクとパイプが組み合わさった施設がありました［P37

／ph48］。できたばかりの施設らしく、建物も、露出した機械もすべてピカピカと光り輝いていました。施設に近づくと数人のガードマンと白人技術者らしき人たちが慌てた様子で私の車に駆けつけてきました。真剣な顔で「何の用で来たのですか」と聞くのです。私が身元と旅行目的を伝えると納得してくれました。彼らの話を聞くと、全く何の連絡もなく変な車がきた。乗っている若者が東洋人だから、中国の技術者がこの施設の情報を探りにきたと思ったというのです。彼らは最後まで、ここが何の施設かを明かしませんでしたが、会話の端々から核燃料の処理に関係する国家の実験工場だったようです。それでようやくここへ来る途中で、トレーラーハウスの集まりが、点在しているわけがわかりました。彼らはそこを寝場所として、施設に通っていたのです。ひとことで言うと、ＳＦ小説で宇宙人がつくった秘密基地に飛び込んでしまった、そういう不思議な気持ちでした。

ラスベガスにて

こうして、デスバレーからラスベガスに辿り着きました。

ラスベガスは華やかな街ですが、金に縁のない私は郊外の安モーテルに泊まるしかありませんでした。とはいえ、今までは狭くて臭いＹＭＣＡしか利用していなかったので、それに比べたら安モーテルでも清潔で臭いもなく、広くてすばらしい宿泊場所でした。

当時のラスベガスは、その規模でいえば現在の五分の一ぐらいだったでしょう（一九六五年当時の人口は約十二万人）。それでも中心地にはホテルサンズをはじめとして、豪華なホテルが集まっていました［P38／ph49・50］。ただそれらのホテルも内装は立派でしたが、規模はそれほど大きくもなく、しかもすべてのホテルが低層でした。今のラスベガスの中心には、超高層のカジノ・ホテルが林立しています。それと比べれば、街全体が平らに横に広がって小づくりでした。噂によれば、マフィアとつながりのあったフランク・シナトラが、ホテルサンズで昼間は彼らと密議をこらし、夜はショーで「マイ・ウェイ」を唄っていた時代です。

中心街から国道沿いに南に向けて何マイルも長くホテル、カジノ、映画館、飲食店街がつながり、そして最後にはモーテル群が広がっていました。そこがサンセット・ストリップと呼ばれている場所でした［P39／ph51・52］。この名前を日本語にすると、〝夕日通り〟です。道路の南の端に太陽が落ちる通りであるからでしょう。ストリップの和訳はヒモ（細長い切れ端）ですから、店舗が延々と続く商店街ということになりますが、ストリップのもうひとつの和訳は、〝裸にする〟という内容です。ですから私はその通りの名前を初めて聞いたとき、ラスベガスには裸ショーの芝居小屋がたくさん並んだ場所があるのだ、それはちょうど浅草の六区のようなところかと、とんでもない思い違いをしていました。しかし、その現場は派手なカジノ、ホテル、店舗が乱雑にパラパラと立ち並ぶ街並みであったのです。若かった私のとんでもない思い込みでした。

当時、モーテルは、アメリカのあまり裕福ではない人たちがビジネス旅行や家族旅行をするとき、気楽に使う宿泊施設でした。

私が泊まった、客室が二十室のモーテルでもプールがあり、そこで水遊びができました。食堂の横にはジャックポットと呼ばれていたスロットマシーンがたくさん並べられていました。これを使えばあまりお金のない人でも中心街の高級ホテルに行かなくても、「ラスベガスで遊んできた」と地元に帰って自慢できるわけです。

当時からラスベガスは金持ちも貧乏人もそれなりに楽しむことができるところだったのです［P40／ph53・54］。私は貧乏学生ですが、ちょっと気持ちを高ぶらせながら、フラミンゴという有名なホテルのカジノへ行ってみました。〝ジャックポット〟で十ドルぐらいすった後で、カジノの内部を歩き回りました。ルーレットの周りに集まっている客は、貧乏なジャックポット族より少し金を持っているように見えました。家族で、あるいは友人同士で集まって、ヤンキーよろしく陽気に騒いでいました。その場所から少し奥まったところにバカラをやっている場所がありました。それは高級な賭け事です。そこは特別なコーナーでした。厚くて赤い絨毯が敷かれていて、台を囲んでタキシードを着た、カリフォルニアのおじさんらしい何人かの人たちがいました。そのほか、年輩ですが品の良い女性や、正真正銘欧州貴族みたいな紳士、そして黄や赤、白といった原色の派手な縦縞のジャケットを着た田舎の金持ちといったおじさんもいました。どういうわけか、私はその中に紛れ込むことができたのです。

その中に、ぞっとするほど美しい、四十代ぐらいの女性がいました。彼女もプレイヤーの一人でした。彼女の雰囲気はまるでウィーンやベルリンの社交界に出入りしているような、中欧か北欧系の美女でした。黒いドレスに金のアクセサリーを控えめにあしらったヨーロッパ的で上品な出で立ちでした。そのうえ控えめで理知的な英国風の会話はきれいでした。世界には、こんな美女がいる、それに比べて日本の女性はどうして平らな顔をしているのか。もっと彫りの深い、そして小さい顔になれないものかと、残念な気持ちになりました。でも今になって不思議なことに気付きました。彼女には多分エスコートをしている男性がいなかったと思います。そうであれば、もしかすると彼女はそのころ街でよく噂をしていた〝ラスベガスの高級コールガール〟であったのかもしれません。

その中に変な日本人がいました。服装は薄汚れたワイシャツと作業ズボン。手には包帯を巻いていました。東京でいえば、下町の小さな工場のオヤジさんといった雰囲気です。その人が着飾った白人の中にまざって、平然とバカラをしているのです。ところが、このおじさんは周りに臆することなくかなりのやり手でした。場慣れしているし、かなりの大金を持っているようでした。

この変な日本人は途中でかなりのチップを積み上げ儲かっていたようですが、後はおきまりどおり負けがつづき、結局損得なしというところでお開きになりました。

この日本人がすごいところは、すったらすぐやめる、というところでした。きっとあちらこちらのカジノを渡り歩いていたのでしょう。私はそのおじさんに声をかけてみました。「スゴイですね！」と言うと、「どうってことないですよ。カネさえ持っていればね。でも大損はしませんよ、所詮ギャンブルは娯楽ですから。

僕は漁師だから、明日から船に戻ります」と言っていました。

その当時、ラスベガスのカジノに日本人はほとんどいませんでした。ですから、話しかけた私に心を許してくれたみたいです。話を聞くとその人は漁船で遠洋漁業をやっていると言いました。商品価値のある魚を釣り上げ、寄港先の冷凍倉庫に次々と入れる。そういう仕事をしていたようでした。その魚を最終的には日本に卸す。その人は「オレは漁師だから恰好つけても仕方がない」と言っていました。

当時、日本人でもこのようにとんでもないことをやるおじさん（漁師）がいたんです。多分彼は、初めてラスベガスのバカラの特別室に入ったわけではないのでしょう。何度も同じようなカジノに行っている、いわゆる一見ではなかったのだと思います。

リトルアメリカとは何だ

ラスベガスからの帰り路、私はララミーとかシャイアンといった、西部劇の映画にでてくる街があるワイオミング州を通って帰ることにしました。ルートでいうとインターステート・ハイウェイ（Interstates Highway）80号です。ですから再びソルトレイクシティを訪れました。そしてワイオミング州からネブラスカ州のオマハ市をとりあえず目指すことになったのです。このアメリカ北部の地域には、北欧系の人たちが入植していたようです。

ララミーは西部劇のテレビドラマ『ララミー牧場』で有名です。シャイアン、ウイチタ、ダッジシティと、西部劇に登場する町々を訪れてきたので、どうせなら全部制覇してやろうと思ったのです。わざわざ行ったにもかかわらず、ララミーはがっかりさせられました。単なる普通の田舎町、おまけにダッジシティのような観光用の見せ物街でもありませんでした［P41／ph55］。

話は少し戻りますが、ウイチタからダッジシティへ行く途中、道ばたに「リトルアメリカまであと〇〇マイル」という看板が出ていました。何がリトルアメリカ？　とずっと気になっていました。というのも、その看板を中西部の高速道路で何度も見かけたからです。カンザス州にもコロラド州にもありました。とにかく誰にとっても目障りで気になる看板でした。リトルアメリカという以上、アメリカのコロニアル建築物が立ち並んだ開拓時代風の街なのではないかと、ちょっと私の頭の中では都市計画家風のイメージが浮かんできていました。

看板の表示はララミーに近づくにつれて、あと三百マイル、百マイル、五十マイル……とマイレージがどんどん小さくなっていきます。リトルアメリカに近づいているのです。ララミーを過ぎてちょっと、山をあがったサービスエリアにくると、そこが「リトルアメリカ」でした。

「リトルアメリカ」はアメリカの特産物、つまりビーフジャーキーや先住民族がつくった木彫り、ドイツの太った小母さんが台所で着るようなクエーカー教徒の割烹着などを集めた雑貨店でした。つまりアメリカの中西部を訪れる外来の観光客向けのお土産屋さんだったのです。アメリカ特産の安物をたくさん集めた小間物屋ですから「リトルアメリカ」なのです。

今でいえば、カウボーイグッズ等、アメリカのカントリースタイルの土産物を揃えたアウトレットモールといってもよいでしょう。「リトルアメリカ」という名前でみんなに興味を持たせるわけです。そこに着いたからには、何か買わなければという気持ちになります。私もつい、テンガロンハットを買ってしまいました。

ケンブリッジに帰って、アメリカ人の学生に「リトルアメリカって知ってる?」と聞くと、何人かの学生が知っていました。ある学生はニヤッとして「〝リトルアメリカ〟は〝ナッシングアメリカ〟だよ」と言いました。期待して行った割には、彼の言うとおりその程度の店だったのですが……。今はもう「リトルアメリカ」はなくなっているでしょう。

リトルアメリカがどこにあったのか、今となってははっきりしませんが、ソルトレイクシティからシャイアンに向かう州間高速道路80号のどこかにあったと思います。多分嶺越えのローリンズ（一九六五年の人口約七千人）という町の近くにあったのではないでしょうか［P41／ph56］。ローリンズから東に八キロメートルほど行ったところに、なんとあのシンクレア(Sinclair)石油会社と同じ名前の小さな街がありました（一九六五年ごろの人口約四百人）。まさに恐竜印のシンクレア石油会社は、ワイオミング州の地方資本であったのです。このリトルアメリカに向かう州間高速道路80号を運転している途中で、日の丸の小旗を横につけた、日本人の若者四人くらいの自転車の集団に会いました［P42／ph57］。彼らも私もお互いにびっくりしました。会ったのがワイオミング州の大平原の真ん中です。彼らは自転車でアメリカ大陸を横断するのだと意気軒昂でした。そして彼らもリトルアメリカを目指していたのです。彼らとはその後、シカゴの日本人の定宿でもあった安い飲み屋でまた会いました。当時の日本人の若者は、私も含めて相当図々しかったのです。

ワイオミング州からオマハ市へ

ワイオミング州（この名称は先住民族の言葉で「大平原」を意味します）はアメリカ五十州の中で、人口が一番少ない州です（一九七〇年の人口が三十三万二千人、二〇一〇年現在で約五十六万人）。針葉樹の森林と草原だけの州です。

人家が全くない草原地帯を、一直線に高速道路がつくられていました。これは当然なことです。近くを通る古い国道沿いには、小さな街が三十分おきぐらいに点在していますが、安く早く道路をつくるとなれば、無人の森や草原を選んで道をつくるからです。ですからワイオミングは美しい森と湖の州というイメージがありますが、高速道路を運転するかぎり、単調な森と草原の連続でした。

高速道路を運転するだけでは、アメリカの農業地帯の本当の景色を知ることができない、ということを大平原農業地帯を通過した経験から学びました。ですからときどきランプを降りて、古い国道を通りました。シャイアンに着くまでの沿道の街は三、四十軒の農家がかたまっている小さな村ばかりでした［P42／ph58－60］。

その国道沿いにワイオミングでは恐竜の絵を看板にしているシンクレアの石油ステーションが目につきました。シンクレアの商標が恐竜だからです。ワイオミングからモンタナでは石油がとれていました。この商標は多分、石油掘削のときに、地下から発見された化石の恐竜の破片があったからなのでしょう。

ワイオミングからネブラスカに入りました［P44／ph61・62］。とりあえず目指す都市はオマハです［P45／ph63－66］。オマハにはアメリカで一、二を争う家畜の卸売市場がありました。私はその取引所に行ってみて、驚きました。

そこには、木柵で五十メートル四方に区切られた、牛の追い込み場所が何十とあり、いろいろな牛が、囲い込まれていました。その間を、数百人もの仲買人が歩き回っていました。ここでも世界を支配するアメリカの略農業の姿を見せつけられたのです。

大平原地帯はアメリカの穀倉であることは、くり返し説明をしてきました。そこには二つの重要な農産物の交易都市があります。西はデンバー、東はオマハです。一九五五年（昭和三十年）のコリアーズ大地図では、オマハについて次のように説明しています。

人口は約二十五万人（二〇一〇年の人口は約四十三万人）。

「ミズーリ川に面した中西部の商工業と交通拠点都市。アメリカ最大の家畜市場と小麦市場の一つ。食肉加工、製粉、食料品製造の大集積地である。工業は食肉加工機械、農業機械、工業用アルコールである。交通は初めは河川の港が開かれた。次に大陸横断鉄道の集中駅」。

つまり農産物の加工と交易の大集積地です。このようなアメリカ中西部の農業地帯に散在する拠点都市の人口は、そのころ大体十万人から二十万人ぐらいでした。そしてそれらの都市の中心市街地では、どこでも同じように、化粧煉瓦で外壁が仕上げられた二十階程度の高層ビルが二、三棟あり、あとは二階建ての商店長屋が広がるという景色でした。高層建物は地元の保険会社や銀行、低層ですが大きな建物は駅、郵便局、裁判所、市役所、図書館などです。これらの象徴的な建物の間を埋めるように、ホテルと劇場が散在していました。そして下町の歓楽街の片隅に、全アメリカを走り抜ける長距離バスターミナルが二つありました。一つはグレイハウンド、二つ目はコンチネンタルトレイルウェイです。そして不思議なことに、それらの都市の地図には必ずＹＭＣＡとＹＷＣＡの場所が明示されていました。道路はすべての都市で格子型です。これが農業地帯の拠点都市の一般像でした。

シカゴ、オマハは距離的には離れていますが（距離は七百四十キロメートルでボストンとワシントンとの距離とほぼ同じ）、この二つを結ぶ地域がアメリカの酪農産業の中心地です。アメリカの生命線である食品産業を支えているところです。オマハは酪農の中心ですが、そこで儲けたカネはシカゴの銀行に預けられます。その結果、シカゴでは各種の商品市場が成立し、牛肉、小麦、トウモロコシの価格が決められました。今でもそうでしょう。

東海岸の連中が、弁護士、エンジニア、医者だのとかっこいいことを言っていても、彼らの毎日の食生活を支えている食品はすべてシカゴが牛耳っていたのです。

リンカーンの空港

オマハの近くにリンカーンという町があります。あの大統領のリンカーンが由来です。珍しい地名なので行ってみました。午後で駐車場が見つからず、ウロウロしているとエアポートを見つけました。

リンカーン（当時の人口は十二万人ぐらい、二〇一〇年の人口は約二十六万人）の中心部にはちょっとモダンな塔状の超高層建物がありました［P47／ph67］。これは州の議事堂でした。高さが百五十メートルぐらいありました。大平原に一際高くそそり立っていました。これは大体が低い建物が多い大平原の田舎都市の中では、異様な高さの建物でした。

後で聞いた話ですが、このリンカーンにあるネブラスカ州の議事堂は、ネブラスカの州民が遠くからでもわかることを目指して建てられたのだそうです。これだけ高ければ、隣接するアイオワやカンザス州からもよく見えることは間違いありません。

リンカーンの街の少し郊外へ行くと、空港がありました。小さな都市の空港ですが、美しいデザインでした。

当時日本の地方空港のエアターミナルといえば、木造の二階建てで貧相でした。飛行機から降りるときも乗るときも、飛行機のタラップを使いました。

リンカーンの空港は、コンクリートの二階建て、外壁は化粧煉瓦でとても品の良い空港でした。ところが私が行ったときには、ビルの中にも外にも誰もいませんでした。ターミナルの入口は閉ざされて、電気もついていなくて、深閑としていました。とても不思議でした。この次の話は、後から私が思いついた想像です。

私が空港に行ったのは午後三時ごろ、多分この空港では昼ごろから夕方五時か六時まで、飛行機の発着がないのでしょう。ビルの中にレストランや土産物店がなければ、乗客は早めに来る必要はありません。飛行機が到着する前に来ればよいわけです。ですから、従業員はビルの中でブラブラしている必要はありません。したがってビルが閉まっていたのだと想像できます。

もし私の推測が当たっていれば、アメリカ人のプラグマティズム（実用主義）はかなりなものです。日本人のように無駄な時間帯でも従業員をおいておくという情緒主義とは全く対照的です。しかし、どこからも一見孤立しているような田舎町リンカーンでも、当時から航空路でネットワークされて、ワシントンやニューヨーク、シカゴ、デンバーと繋がっていたのです。今から五十年以上前のアメリカの田舎町の話です。

農業情報都市デモイン

アイオワ州の首都はデモインです。デモインの「デ」はフランス語です。

ウィキペディアによれば、市の中心を流れる川はフランス語でRivière des Moinesとなるそうです。一説によるとMoinesはフランス語では修道僧らしいですから、デモインとは「修道僧の街」ということになります。いずれにせよ、アメリカの中西部の都市の名前がフランス語であるというのは珍しいことです。

デモインはオマハやウイチタのような、ギラギラした農産牧畜都市ではありません。一九五五年（昭和三十年）時点で、官公庁の他に、保険業とか出版業、放送テレビ業といったサービス業が集まっていました。しかし大事なことは、このサービス業のマーケットはすべて農業であるのです。その点で、デモインは農産製品都市ではなくて、農業情報都市であったのです［P47／ph68・69］。私が訪れた一九六四年ごろの人口は二十万人くらいでした。

行きも帰りもこの旅行で私はフォルクスワーゲンの後部座席に、市役所からもらった資料をどんどん積み上げていきました。集めた資料を日本に持ち帰り、大学院生と手分けして読みこなそうと思ったのです。デモイン市役所からもらった資料も、フォルクスワーゲンに積み込まれました。一九六〇年ごろから、日本でも都市にマスタープランがないかぎり、良い町づくりができないと専門家は考えるようになっていました。

そのころ、東大で私が属していた高山研究室が手に入れた、アメリカの都市計画資料の中に、一九五五年ごろに作成されたクリーブランド市のとても美しいマスタープランがありました。それはクリーブランド市の二十年先の将来像を計量的に、そして空間デザイン的に具体化していました。市役所がつくっている都市計画ですから、建築家が提案する都市像ほど夢物語っぽくはありません。実際この計画書は、アメリカでもマスタープランの草分けとして有名でした。このクリーブランドのマスタープランは、当時、市の都市計画局長であった、ジョン・ハワード（John Howard）氏がまとめたものでした。その後、ハワード氏はその功績が認められ、私が留学をしていたころは、MITの都市計画学科の主任教授になっておりました。彼は小柄で品格があり、知性的な整った顔の先生で、講義は土地利用計画を引き受けていました。当時からMITの学生たちは、彼は育ちの良い家の出身で、彼の父は英国人であの田園都市論を世に出したエベネツアー・ハワードに違いないと噂をしていました。

地方都市の市役所

アメリカの地方都市の市役所へ行って、マスタープランの資料をもらったり、説明を聞く場合、必ず二泊します。車で午前中に着き、午後、市役所の都市計画課へ行きます。

「私は日本からきた都市計画の研究者で、現在ハーバード大学、マサチューセッツ工科大学がつくった研究所にいます。できたらこの都市のマスタープランに関する資料をいただきたいのですが、どなたか担当者（技術者）を紹介していただけませんか。明日、何時でもかまいませんので、アポイントメントを取らせていただきたいのですが」と頼むと、大体上手く行きました。そのとき必ず〝手づくりの名刺〟を渡しました。当時アメリカでは人に会うとき、名刺交換の習慣はありませんでした。それだけにこの手づくりの名刺は、相手に強い印象を与え、好意的に私を受け入れてくれたようです。

しかし、大都市のシカゴやフィラデルフィアでは三日以上泊まらないと、なかなかアポイントメントが取れませんでした。

この旅行で訪れた都市は二十箇所ぐらい、平均して一つの市役所で二十冊以上の資料をもらいました。すごい量になりました。

ところでアメリカに一年いたというのに、それまで全く知らなかったとても大事な言葉がありました。たしかデモインの市役所での話です。いつもどおり、アポイントメントをもらいに行きましたら、受付の可愛い女の子から

「Why don't you come tomorrow, around 2 o'clock?」

と言われました。

私は、"Why don't you come"という言葉を知りませんでした。「どうしてアナタは二時に来ないんですか？」ではなく「もしよろしければ、明日の二時ぐらいにお越しいただけますか」という大変丁寧な言い回しなんです。

「Could you come here」なんて言わないんです。このことは今でも覚えています。

市役所訪問も回を重ねますと、私の頭の中では、それぞれの都市の都市計画課がどの分野に重点をおいているのかが、大体わかってきます。たとえば中心市街地再開発か、スラムクリアランスか、郊外住宅地開発か、高級住宅地の保全か、道路整備かという課題です。なぜならば、街に着いた日には、車で街の中や外をくまなく回ります。そしてその夜には、観光案内所で手に入れたパンフレットを読み込んで予習をしておくからです。ですから、翌日に、その結果を前提にした質問を、訪問した市の技術者に投げかけますと、彼らはハッとします。「目の前の風来坊は素人ではない。専門家だな」と気づくのです。

デモインの都市計画課の技術者は一生懸命にデモイ

ンの地域制（Zoning）がオマハやカンザスシティとどう違うかを説明してくれました。

「デモインは周辺他都市と異なって、有色人種が少ないのです。他方白人系のサービス産業が発展してきています。したがって、白人の中産階級の戸建て住宅地をいかにつくりやすく、そして守りやすくするかが課題なのです。いわゆる貧しい有色人種の住宅地は極めて少ない、多分、その傾向は歴史をさかのぼると、この街には比較的ふところが豊かなフランス系の人たちが入植したからだと思います。もう一つの課題は、オフィス街の拡張にそなえた再開発です」

と、技術者は話してくれました。

ところでデモイン市役所でもらった都市計画の資料は、デモイン市役所でつくってはいませんでした。そもそも当時のデモイン市には都市計画の民間事務所はなかったのです。

資料を作成したのはコネチカット州ニューヘヴン市のある都市計画事務所でした。アメリカの田舎の都市で「マスタープラン」をもらうと、大部分がシカゴ市かサンフランシスコ市、あるいはニューイングランドの都市計画事務所の専門家がつくったものでした。すでにそのころから、都市計画というマイナーな知識産業はアメリカにおいても偏った地域にしかなかったのです。

ですから、これら大都市の民間事務所の専門家は、発注する市役所の地域固有の生活や仕事を熟知しておりません。そのために、アメリカ中西部の小都市では大体同じようなマスタープランが作成されるということになってしまいます。彼らは、大都市での経験にもとづいて先見的な作業をしてしまうからです。そのことは、帰国して私が集めた膨大な資料を整理してみてわかりました。このことが、今から五十年前のアメリカの都市計画の実情でした。

そうはいってもデモインはいい都市でした。アメリカの豊かな田舎で白人が大事につくった都市でした。とにかく清潔でした。十九世紀の終わりから二十世紀初頭につくられた町です。農業地域の保守的な上流階級の人たちが住んでいる点では、南部のミズーリとかジョージアの田舎町に似ていたのかもしれません。

鉱業で豊かなミネソタ州

アイオア州のデモインから私は車を北上させミネソタ州に向かいました。その途中で再び農村地帯のきれいな小都市に出会いました。ここで気づいたことは、きれいな都市は必ず北欧系の白人が圧倒的に多いということでした。この街を歩いている子どもたちはすべて背が高い白人でした［P48／ph70］。ミネソタ州の都市はイギリス人やフランス人がつくった都市ではありません。中欧・北欧系の人たちが開拓した都市であること、もう一つ、そこにはアメリカで有名な双子都市、ミネアポリスとセントポールがあるので、その実情を見たかったからです。

ミネソタは石炭と鉄鋼がとれる州です。おまけに小麦もたくさん取れます。そこから西へ行くと、奥のノースダコタ、サウスダコタ、ワイオミングという本当に淋しい州が広がります。しかしこれらの州では石炭や石油が採れます。ですから人口はとても少ないのですが、鉱業が盛んです。

このようにアメリカの中央北部は鉱物資源が豊かな地域です。その中心がミネソタ州です。地理学的にいうと、ミネソタ州は二つの利点を持っています。ひとつはミシシッピー川の上流であること。この利点によって、ミネソタの小麦は船運で南部のセントルイスからニューオリンズまで、安価な運賃で大量に運ばれます。

もう一つの利点は五大湖の一番奥の湖、シュペリオル湖にミネソタは接していたことです。ここでもまた船運でミネソタの鉱物資源をイリノイ州のゲーリー、ミシガン州のデトロイト、オハイオ州のクリーブランドなどの工業地域に同じく安価に大量に輸送できたことです。こうして、ミネソタの鉱物はアメリカの工業にとって欠くことのできない重要資源になりました。実は、ミネソタだけでなくイリノイ、ミシガン、オハイオなど、アメリカでは奥地と見なされる諸州は、この五大湖とセントローレンス川を利用する航路によって、世界を動かす工業地域に成長したのです。

オマハが牧畜の中継点であるように、ミネソタ州のミネアポリスは石炭と鉄鋼の中継点になりました。ここでビジネスが成り立ったわけです。

アメリカを上から俯瞰して、初めて入植した民族と、その民族が得意とした産業を人文地理的に地域にはりつけてみましょう。

フランス人は農産物、イギリス人は牧畜、ドイツ人は鉱業に長けている、と区分しますと、ミシシッピー川沿岸はフランス人、大平原地帯はイギリス人、そして中央北部にはドイツ人が定着してきます。

これは私なりの独断と偏見による想像です。しかしそれほどピントが外れているとも思いません。私が見るところ、ドイツ人や北欧系の人たちは、農産物経営より鉱物資源の発掘と利用のほうが向いていると思います。ですから私の頭の中には、ドイツ人や北欧系のスウェーデン人たちがつくったミネアポリスの町は、堅実で効率的であらねばならないという思いがありました。

ミネアポリスと立体歩道

今から半世紀前の一九六〇年代、すでにミネアポリスはデンバーと並ぶ中西部の大都市でした。しかし初めて目にしたミネアポリスはデンバーより小ぶりな印象を受けました［P49／ph71－73］。幾つかの高層ビルは全部茶色の化粧煉瓦を貼りつけた地味なビルでした。その中で最も高いビルの頂上に電光看板がありました。その名前はNORDSTROM（ノードストローム）、つまりドイツ語でいえば「北の流れ」という意味です。ノードストロームは当時、アメリカ北部に広がっていたデパートのチェーンでした。ミネアポリスに本店があったのです。現在でもアメリカ合衆国五大デパートの一つとされるほどです。ミネアポリスのような辺境の地からも、アメリカを支配する商業資本が生まれてきたわけです。ドイツ人、スウェーデン人の底力を知らされた感じでした。

ミネアポリスは、ものすごく寒いところです。緯度が北海道の稚内ぐらいでしょう。ですから冬でも市の中心部の建物と建物の間を寒くなく移動できるように、都市計画は考えなければなりません。そのために、ミネアポリス市はビルとビルをつないで、公道の上に渡り廊下をつくりました。渡り廊下ですが日本にある吹

ミネアポリス市のゲイトウェイセンター

ミネアポリス市を私が訪れたとき、市の中心市街地の東側に位置するゲイトウェイセンター（Gateway Center）の再開発が、連邦政府の補助金を受けて進められていた。gatewayとは出入り口を意味する。その地区はミシシッピー川を渡ってミネアポリス市街地に入る一番はじめの市街地であったからであろう。それゆえに、中心市街地とは異なり、種々の建物用途が混在しており、古い建物も多く残されていたと思われる。ミネアポリスの都市人口は私が訪れたころは約48.3万人（1960年）であったが、その後郊外への人口流出で人口は急速に減少する。1990年の人口は36.8万人になったが、21世紀になると徐々に回復し、2010年には38.3万人になった。

1960年ごろに進められたゲイトウェイセンターの再開発は大規模であった。当時約200棟の建物が壊されたといわれている。この再開発の特徴は、全米でいち早く実現した、商業文化施設が配置された歩行者専用道路の建設であった。これはニコレット（Nicolet）モールという名前で広く海外に喧伝された。しかしこれは我が国でいえば、高松市の丸亀商店街に代表される大規模なアーケード型商店街をモダンにデザインした街並みであって、特に目新しい街並みではなかった［P64／fig1-2］。

ゲイトウェイセンターとは別にミネアポリスの都市計画にはもう一つの“セールスポイント”がある。それは、スカイウェイ（Sky way）と呼ばれる、建物群をつなぐ屋内通路網である。このスカイウェイは、ダウンタウンの80ブロックに広がり、総延長は18キロメートルに及ぶ。このスカイウェイによって厳冬期の寒さを逃れてビル間を往来できることになる。これだけの広範囲のネットワークは現在でも他の都市にはない。（参照：Wikipedia）

きっさらしの歩道橋ではありません。天井と外壁が完全に覆われた建築的な通路です。しかし役人にいわせるとそこは公的な道だそうです。その通路網は都市計画の世界では有名でした[P50/ph74]。モールとはアメリカ語ではショッピングセンター、英語では遊歩道です。ですから、ここでは立体化されたニコレット繁華街のショッピング歩道網と理解してよいでしょう。

ここで私はニコレットの名前をあげました。この名前は昔からあったこの地域の商店街の道路です。このニコレットの道路は一九六五年ごろから歩行者専用道になりました。この歩専道は当時世界で珍しいということで都市計画の分野では有名になりました。

実は、私がミネアポリスを訪れた一九六四年（昭和三十九年）ごろにはまだこの立派な立体歩道網はありませんでした。しかし計画はしっかりとつくられていて、一、二箇所でこの歩道は完成していました。

そういうことをやっている都市は、東京オリンピックのころ、アメリカにもヨーロッパの都市にもありませんでした。当時の都市計画の世界的潮流は、車よりも人を優先しますが、平面的な歩・車分離が主流でした。

この立体歩道のネットワークは、人を驚かせるような大規模な再開発ではありません。地味な都市計画の仕事でした。しかし、その着想には感激しました。なぜならば、市民をまず安全に、しかも夏冬とも快適にさせることが、ミネアポリスの都市計画の原点であったからです。

それから三十年後ぐらいに、私はモントリオールへ行きました。ここもとても寒い都市です。モントリオールではビルをつなぐ歩道は、高架立体ではなく、地下道になっていました。地下道には商店街がひらかれていました。簡単にいえば、日本の地下商店街同士を、道路の下につくられた地下道でつなぎあわせた網目状の地下の商業市街地です。この地下歩道網によって、モントリオールは世界的に有名な地下利用都市になりました。

日本では夏が暑くてジメジメしているので、涼しい地下商店街が市民から好まれています。これに対してモントリオールは冬が寒すぎるから、地下で買い物や移動ができるようにしていたわけです。

ミネアポリスはちょっと暗い感じがしましたが、私の期待どおり品のある都市でした。

コリアーズの一九五五年の地図帳によると、ミネアポリスに初めて入植したのは、スカンジナビア諸国のルーテル教会派の人たちです。水車をつくって製粉と製材をはじめたのが始まりだそうです。それから鉄、石炭の輸入でさらなる発展を遂げました。セントポール市のほうには、ドイツのカソリック系の人たちが入植して商業に特化していったようです。

このように、アメリカの都市空間の違いには、その街をつくった初代の入植者の宗教やお国柄が反映されています。スウェーデン人やドイツ人がつくる町は、いかめしくて一見無愛想です。建物は煉瓦を多く使い、その煉瓦の色も暗くて街角に明るい雰囲気はありません。つまり、マジメな雰囲気が漂ってくる都市でした。

市役所に行くと、都市計画課は大きくて、そこではたくさんの職員が仕事をしていました。その事務室に、背が高いハンサムな東洋人がおりました。

彼が私に近づいてきて「あなたはアジア系ですね、中国人ですか？」と聞いてきました。「いや、私は日本人です」と答えると、「やっぱりね、中国人はこんなところには、ほとんど来ませんから」と。そのころの中国人といえば台湾人のことです。彼から見れば、一年のアメリカ滞在でやや脱日本人化した私は中国人に見えたのでしょう。

ウェミング・ルーとの出会い

彼の名前はウェミング・ルー。ミネアポリス市の都市計画課長でした。第一印象は年齢が三十代後半のように見えました。課長としては若いなと思いました。後でわかったのですが彼は私より三つ上でした。

ミネアポリス市に来る前はテキサスのダラス市で、都市計画課の次長をしていたそうです。いろいろ話をするうちに、仲良くなりました。

彼は大恐慌のころに生まれた中国系アメリカ人です。両親が台湾出身だったので、日本に親近感を持っていたのでしょう。

シカゴのＩＩＴ（Illinois Institute of Technology）の都市計画学科を卒業したと言っていました。ＩＩＴはニユーイングランドのMITと、カリフォルニアのカールテック（カリフォルニア工科大学）と並んで、アメリカの工学部系大学の三大巨頭です。

彼は翌日、わざわざ勤務時間を割いて、ミネアポリスの国際空港をはじめとして、市内のあちこちを案内してくれました［P51／ph75］。また、アメリカの都市計画についてもいろいろ話してくれました。

私はケンブリッジでハーバードやMITの都市計画の授業を受けていましたが、そういう講義は先生たちの専門領域に限られていました。都市計画の実務的全体像なんて大学では教えません。ウェミング・ルーは私に初めて、アメリカの都市計画の実態を教えてくれました。

「建物許可は、必ずそれぞれの市町村が持っている地域制（Zoning）によって運用されています。しかし、その地域制にもとづく地区ごとの規制内容は複雑すぎるのです。いかに運用するかは限られた技術者にしかわからないので、ブラックボックス化する危険性があります。このアメリカ特有の地域制は人種問題に深く関わっています。一般に北部の都市では人種差別をなくすように運用します。南部の都市ではこの逆の運用をするところがあります。一方でビジネスチャンスの多い都市再開発や郊外開発には、必ず地元の実力者の圧力がかかります。これは人種差別解決を目標とする地域制の運用とは、全く異次元の問題です。

もう一つの課題は、一般的に都市計画課は道路や公園という都市施設の建設には全く関係していません。この土木事業との調整が都市計画課長の大きな仕事なのです。

現在、あちらこちらの都市で再開発が盛んに行われていますが、連邦政府が指導する再開発方針ではうまく行かない場合があるのです［P51／ph76・77］。

再開発には巨大な資本が必要です。資本を背にして不動産業者はオフィスビルとマンションを建てます。この仕事は地元の住民とは全く無関係なんです」、とウェミングは説明してくれました。

その日の昼過ぎに彼は、「ミネアポリスは双子都市（Twins Cities）で有名だから、セントポールも見ないとダメだよ」と言って私をセントポールに連れて行ってくれました。町の雰囲気はミネアポリスと全く違っていました。ここは州都、つまり日本でいう県庁所在都市です。議事堂を中心にして街がつくられています。

セントポールは商業、行政が中心の都市でした。議事堂の丘から南にゆっくりと下る中心街はミシシッピー川に面していて、河岸の散歩道がきれいでした［P52／ph78－80］。

町の中心部に水辺があるのとないのとでは、こんなに違うものかと思いました。ミネアポリスは大変素晴らしい商業都市ですが、川は街の北側をながれていて都市の主役になっていなかったのです。ミネアポリスとセントポールを足すと、私は福岡市を思いだしました。ミネアポリスが博多（商人の街）、セントポールが福岡（武家の街）です。

セントポール市の川辺の街に立って、川と町の繋がりをウェミングが親切に教えてくれました。

彼は三十代の初め、テキサス州ダラス市で仕事をして名を挙げ、能力のある都市計画家だと評判になりました。

アメリカの都市計画は、都市計画委員会によって運用されています。市長が都市計画委員会の事務局長を任命し、事務局長が都市計画全体を仕切ります。事務局長の能力次第で、その町の都市計画がうまく行くか行かないかが決まります。あるいは民間のお金が都市づくりに入るか入らないかも。しかし、何よりも市長が任命し議会が承認する何人かの都市計画委員と、どうつきあうかが事務局長の最大の仕事です。それであるが故に、市長は有能な事務局長探しをするのです。

ウェミング・ルーはダラス市から、ミネアポリス市に引き抜かれ、その後、四十歳を過ぎて有能な事務局長になりました。

アメリカ全体を見まわすと、当時ほかにも何人か有能な都市計画家が大都市の都市計画委員会の事務局長に任命されていました。デトロイトの都市計画局長のチャールズ・ブレッシング、フィラデルフィアのエドモンド・ベイコン、ボストンのエドワード・J・ローグなどです。

有名大学が地方の大学から有能な人材をピックアップしたり、地方都市の都市計画委員会事務局長が大都市の都市計画局長に引き抜かれるといった、アメリカの人材評価システムが都市計画の世界にも存在していたのです。

私がこの自動車旅行中、サンフランシスコ市役所で知り合った都市計画の課長は、それから二年後にニューメキシコ州のフェニックス市で都市計画委員会の事務局長になりました。この人も中国系アメリカ人でした。

人種差別など、政治的課題が多いアメリカの都市計画の世界では、白人でも黒人でもないアジア系の技術者は特定の利権集団との接点も少ない点で、事務局長に適任であったのかもしれません。

その後、アメリカの都市計画の世界で、ウェミング・ルーは有名な人になりました。彼は十五年ほど前、ミネアポリス市を定年引退し、セントポール市再開発公社の理事長になり、去年引退しました。八十歳まで働いたことになります。

理事長時代に彼は人間関係を広げました。彼は在日アメリカ大使夫人の相談相手になったりもしました。彼は中国系アメリカ人ですから、書道と墨絵の大家でした。その才能によって、ワシントンの大統領オフィスの重要なスタッフたちとも深いつながりを持つようになりました。今でも私の大事な友だちです。

セントポールを後にして、シカゴに向かいました。途中でウィスコンシン州の州都、マディソン市やミルウォーキー市を通ります。

ウィスコンシン州は小麦の生産でアメリカ有数の州で、当時生産量は全米一位といわれていました。それですから、ウィスコンシン州立大学はアメリカで一番有名な農業大学だときいています。この大学の農業経済学科から、土地政策に関して世界的に権威がある「ランド・エコノミックス（Land Economics）」という学術誌が刊行されています。この学術誌には都市の土地利用に関する論文ものせられていたので、私も日本にいたときにはよく読みました。しかし、中西部の農業地域の単調さにいささか飽きてきた私は、早く巨大都市シカゴを見てみたいという思いから、州都マディソンもウィスコンシン大学も通過してしまいました。

マルキット大学創立パーティに潜り込む

シカゴに辿り着く手前に、ウィスコンシン州の大都市ミルウォーキーがあります。ミルウォーキーもミネアポリスと同様に、ドイツ系の移民が入植したところです。

そのミルウォーキーで一番有名な大学は、私立マルキット大学（Marquette University）です。この大学の名前は英語の「Marquis（侯爵）」に似ていますから、英国人がドイツ人の入植した後に、このミルウォーキーに到着してつくった大学なのでしょう。

私がケンブリッジにいるときすでに、この大学の名前を知っていました。それはどうしてだかわかりません。アメリカの州立大学で一番有名なのはユニバーシティー・オブ・カリフォルニアのバークレー校です。私立大学で有名なのはハーバードとかエールといったアイビーリーグの大学とスタンフォード大学です。しかし、ローカルですが個性のある大学が存在します。ボストンのボストン大学、ロスアンゼルスの南カリフォルニア大学、シカゴのシカゴ大学、ノース・ウエスタン大学、ワシントンのジョージ・ワシントン大学などです。多分、マルキット大学は、このカテゴリーに入るのでしょう。

これは私の想像ですが、中西部地域のお金があってちょっと頭の良い子は、マルキット大学やノース・ウエスタン大学で勉強して、それから大学院でハーバードへ行ったりシカゴ大学に行ったりするのでしょう。ですからマルキット大学は田舎のお坊ちゃん学校だと思いました。

ミルウォーキーに着いたのは、夜の八時でした。私のオンボロフォルクスワーゲンで街の中心部に行くと、当時としては珍しく、しゃれたデザインの大きな室内体育館がありました。日系アメリカ人建築家ミノル・ヤマザキがデザインした建物でした。アメリカの室内体育館の主たるイベントはバスケットです。そこにたくさんのしゃれた人たちが集まっていました。私もその人々の流れに乗って室内体育館に入っていきました。その内部は音楽の嵐と人々の波でした。何の集会かと若い学生に聞きました。それはマルキット大学の創立百周年の大会だったのです。

そこにいる男の子たちは全員タキシード。女の子たちもペチコートが入ったパーティドレスを着ていました。そしてステージの上では、代わる代わる学生のバンドが登場し、けたたましくジャズが演奏されていました。その合間にOBと思われる小父さんたちの調子のよいスピーチがはさまれていました。テープの紙吹雪の下でたくさんの若い学生たちが踊りまくっていました。まるで映画に出てくる大学の謝恩会パーティのようでした。

自然に私はそのパーティの中に入って、招待客の一人のような顔をして、久しぶりに贅沢な食事を食べることができました。

アメリカの地方はそれぞれ独立しています。そこに住む人たちは、その地方に彼らがつくりあげた自分たちの大学に誇りを持っています。特に地域の名門私立大学はその影響力によって、お金持ちをたくさん集め、寄付をつのる努力をします。このマルキット大学のパーティにも二千人ぐらいの老若男女がおしゃれな恰好をして集まっていました。みんなアメリカ風のダンスをしていました。この様子を目の前にしたとき、本当のアメリカは、ニューヨークやロスアンゼルスではなく、このような偉大な地方に存在すると思いました。

ニューヨークやシカゴなどの大都会とつきあう必要がない、豊かな地方の社会を目の前にしました。それが"That's America"です。アメリカの地方には豊かで完結した社会が成り立っていたわけです。

シカゴの都市計画

ミルウォーキーで一泊してからシカゴへ行きました。大都会シカゴに着いて、ようやく長かった北西部の田舎体験とそれによってつくられてきた私の田園回帰の思い込みを断ち切ることができました。

シカゴはニューヨークに続きアメリカ第二の巨大都市です。日本の若き建築家にとって、当時のシカゴでは学ぶべき建物がたくさんありました。古くは二十世紀初頭の高層建築の傑作であったシカゴ・トリビューン社社屋（一九二三年）、同じく二十世紀初頭のフランク・ロイド・ライトの作品シカゴ邸、一九五〇年代からマッシュルームのようにミシガン湖沿いに出現した超高層建築群、そして、ミース・ファン・デル・ローエがIIT（イリノイ工科大学）の建築学部長時代につくった様々なガラスと鉄骨の建築作品です。これらを見てまわるだけで二週間くらいあっという間に経ってしまいます［P54／ph81］。

しかし私は都市計画の学徒で建築家ではありません。見るべき場所、あるいは専門家とのヒアリングの対象は、シカゴ市の都市計画の課題です。それは市街地の郊外化と中心市街地の再開発、そしてその都市計画の変化を支えている道路と鉄道の体系でした。

まずはいつものとおり、市役所の都市計画課に行きました。そのころには英語の会話、特にヒアリングはだいぶ上達してきていました。

私と会ってくれたのは、実直な中年の技師でした。突然、アジア人の若い男が受付に来て、面会を申し込むとはそれ自体、失礼なことです。しかし、大体どこでもその翌日には、私のアポイントメントに応えてくれました。これには訳がありました。役所で差しだす私の名刺には、「ＭＩＴ・ハーバード大学共同都市研究所・訪問研究員・伊藤滋」と書いてあるからです。その名刺はニューイングランドでは、それほど意味を持ちません。なぜならアイビーリーグの大学院を卒業した博士号取得者がざらにいるからです。しかし、アメリカ北東部以外の地域、特に中西部はアメリカの田舎ですから、ＭＩＴやハーバードは特別に高いブランド名の大学なのです。つまり私はその恩恵をあずかったわけです。改めてこの共同研究所の所員になっていたことをしみじみと有り難く思いました。

犯罪防止の都市修復事業

シカゴ市役所には、二日にわたって通いました。私の相手をしてくれたこの技師は、シカゴ市の都市計画の課題を、次のように話してくれました。

「多くの来訪客は、ボルティモアやフィラデルフィア市の事例をあげながら、これからの中心市街地の発展戦略について質問をします。しかしシカゴ市の一番大事な都市計画の課題は、中心市街地の外周部に広がる黒人を中心とした低所得者の街の修復です。その典型的な場所が中心市街地の西南部に広がるシセロです。ここはかつて悪名高いギャングの町でした。今でも犯罪多発地帯です。ここに良質な公営住宅、職業訓練施設、集会場、病院など住民が最も必要とする施設を配置していく仕事が、都市計画の最大の仕事です。このような場所は中心市街地を取り囲むようにして、たくさん広がっています。しかし、街を変えようとしても、犯罪はそれに関係なくひろがる、展望のない仕事なんですが……。都市計画の限界をしみじみ感じています」と、真剣な顔で説明してくれました。さらに、中心市街地のオフィスビル高層化の課題については、市役所はゾーニングを一般の都市計画の基本手段として使っている。しかし、オフィスビルについては、ゾーニングを杓子定規に使うつもりはない、と言っていました［P54／ph82］。

当時のシカゴ市の都市計画にとって一番問題なのはたしかに防犯でした。スラム地区では犯罪が続発し、未就学児童があふれていました。犯罪件数を少なくするために学校をつくり、コミュニティセンターをつくり、児童用の小さい公園をつくり、これ以上貧困層の町が犯罪に染まらないようにするのが、都市計画の一番の仕事でした。

シカゴの中心市街地のすぐ外側には、倉庫地帯があります。さらにその外側に貧困層や、有色人種が住む街があります。その街がスラム地区なのです。その地区をどう都市計画の空間改善技術で直していくのかが我々に与えられた仕事だと、その都市計画課の職員は言っていました［P55／ph83・84］。

私にとって、これはとてもショッキングなことでした。当時日本にはそういった地区（貧困層集積地区）は大阪市の釜ヶ崎（旧称）など二、三の例を除いてはありませんでした。そこで犯罪や麻薬がはびこるということもありませんでした。当時の日本の都市計画では、町の中にどのように道路を通すのか、どのように大きなビルを建てるかが重要な課題だったのです。

私が市のその担当者とシカゴで議論した話は、ボストンでもフィラデルフィアでも同じでした。道路づくりの都市計画が町づくりの花形スターになっていたそのころの日本とは違い、当時のアメリカの都市計画は社会福祉と密接した、きわめて地味な存在だったのです。それがアメリカの都市計画の位置づけでした。

この説明に、当時のアメリカの都市計画の本質がひそんでいました。つまり、都市計画の第一の目的は、多民族国家アメリカで、どのようにして富裕層と貧困層の社会的宥和の場を都市空間の場でつくりだしていくか、ということであったのです。この目的は明らかに、欧州や日本が目指していた美しい都市空間、経済的都市空間づくりとは異なっていました。

シカゴの中心市街地について彼は次のように言いました。

「それぞれの事務所ビル、高層住宅の建設が企業としての合理性に合致しているのであれば、容積率、建物の規模について、行政として上限を定める理由はありません。ビル相互が自主的に相隣関係を解決できれば、好きなように建築物をつくっていいのです」と。

この説明を聞くことによって、シカゴ市のミシガン湖沿いを走る道路レイク・ショア・ドライブに面して、多種多様な超高層建築物が林立してきたことが理解できました［P56／ph85・86］。

郊外住宅地と通勤電車

しかし、市の担当者は別な話もしてくれました。

「市役所では近ごろは富裕層向けの都市計画もてがけるようになりました。それは、民間不動産業者の郊外住宅地開発に対する都市計画的誘導と助言です」

自動車に都市が支配される時代になって、シカゴの郊外でも、自動車時代にふさわしい住宅地があちらこちらで広がってきておりました。

シカゴのよい住宅地は、北側に延びています。この北側の住宅地の先にはアメリカで一番美しい住宅都市とされるエバンストンがあります。ここは国際ロータリークラブ発祥の地です。実際にそこに行ってみました。ミシガン湖に面した岸辺にきれいに手入れされた林があります。その林の中に白いペンキで仕上げられた美しくて立派な戸建て住宅が点在しています。本当に品格のある住宅都市でした。そこにはマルキット大学より有名なノース・ウエスタン大学があります。ここは名門校です。日本でいうと関西学院大学といったところでしょうか。ノース・ウエスタン大学とエバンストンが渾然一体となり、そこは豊かな人たちが住む知的で清潔で美しい町になっていました。

シカゴの郊外住宅地はまず森林や農地を宅地化してつくられます。そのほかにいくつかの倉庫地帯も住宅地になりました。ある倉庫地帯には大規模な操車場がありました。その大規模操車場があった場所がスコーキーという街でした。倉庫地帯の周りには森や生産性のよくない農地がありました。そこをつぶして住宅市街地ができました。そこはエバンストンの近くなので、中産階級の人たちが住むようになりました。自家用車を持ってそこからシカゴに通う人たちです。しかし、シカゴの中心部では彼らを受け入れる道路が整っておらず渋滞が生じます。通勤時間が長くなりますから、シカゴ市役所は貨物線を通勤線に変えることを考えました。東京でも武蔵境から西武多摩川線が走っています。あれはむかしジャリ線だったのです。ジャリを乗つけて中央線を使って新宿へ運んだ鉄道です。それをあの多摩地域が住宅地になってきたので、西武線が通勤電車にしました。それと同じようにスコーキーでもかつては倉庫から小麦粉、肉などを運んでいた鉄道路線を通勤用に転用することにしたのです。この新しい通勤電車をスコーキー快速と名前をつけたと、市の職員がちょっと自慢げに話してくれました。多分東京ではこんな話はないだろうと思ったからでしょう。これは当時としては面白い話でした。アメリカでもその当時から、通勤対策として鉄道を考えていたということです。

次にこの新しい住宅地に、開発業者は大ショッピングセンターをつくりました。できたのは一九六〇年(昭和三十五年)ごろだと言っていました。そのころ、郊外につくられた大規模な商業施設はアメリカでもあまりありませんでした。要するに現在のショッピングモールのさきがけでした。市役所の職員は「ピカピカのデパートが郊外にできた。行ってみたらびっくりするぞ」と得意気でした。

住宅地の中にショッピングセンターをつくる仕事は、シカゴ市役所もあまり経験がなく、いろいろ苦労したそうです。

中央郵便局をつらぬく高速道路

二日目には道路と鉄道についても話を聞きました。施設担当の技師は、次のように話してくれました。

「シカゴでは自動車通勤が交通渋滞を巻き起こし、深刻な問題になっています。できれば通勤客を自動車から鉄道にシフトさせたい。その対策として、一つは既存の旅客鉄道の郊外駅で、パーク・アンド・ライドを奨励させるために、駅に直結して大きな駐車場をつくることです。二つは、かつて工場の専用線だった遊休路線を通勤線として再生することです。その実例として、最近シカゴ北部郊外住宅地と都心部（通称ループ〈Loop〉といいます。この一番中心のオフィス街は、一九〇〇年前後にできた古い環状鉄道でぐるっと囲まれていたため、そう呼ばれるようになりました）を直結して、何本かの通勤電車を走らせました。その起点はいくつかのかつて大きかったが遊休施設となった貨物駅です。スコーキー・スイフト（Skokie Swift）はその代表的な一例です」

シカゴ市では、都市の内部を走る高速自動車道路は、その当時大規模に建設中でした。

私は道路について質問をしました。

「シカゴの中心市街地を東西に高速道路が貫通しています。中心市街地の西側にシカゴの中央郵便局がありますす。中央郵便局の真ん中に大きく穴をあけて、そこを高速道路がくぐり抜けているのです。私はそれを見てびっくりしました。ここでは建築的都市計画が道路的都市計画の主張を受け入れたと考えられます。よくそういうことを建築局は許可しましたね」［P57／ph87］

と、都市計画の技術者に聞きました。彼の答えは次のとおりでした。

「高速道路は一番効率的に、つまり無駄な投資をしないでつくらなければなりません。シカゴ中心地で郵便局の足下をくりぬいて高速道路を通したことは、この効率性と経済性に合致しているので、それほどおかしいことではないんです」

実は日本でも昭和四十五年ごろ、阪神高速道路の中央線が、大阪中之島にあった朝日新聞社の建物の中間階をくりぬいて貫通しました。シカゴと同様な状況が後日、日本でも起きたということです。しかし東京オリンピックのころ、シカゴの中央郵便局と高速道路の関係を、日本の都市計画の専門家に話をしたら、だれもこのような民有地と公共施設が共存する実態を、認めようとはしなかったと思います。

ちなみにシカゴの高速自動車道路網はニューヨーク市の場合と異なり、都心の業務ビル街の真ん中までランプを延ばしています。都心直結の高速自動車道路網です。

この中央郵便局前のインターチェンジの南西部には、大きなスラム街があり、治安がよくありませんでしたよると、この地の再開発に現在市役所が取り組んでいるが、将来はここに、イリノイ州立大学のシカゴ分校を誘致することが、市議会の話題になっているということでした。そのキャンパスは塀をなくして完全に周辺の住宅市街地と直接につながっていて、出入り自由にすると言ってました。これは全米的に自慢できる「大学という公共施設と住宅地域を一体化した再開発プロジェクト」だ、ということでした。［P57／ph 88・89］。私とつきあってくれた技師の説明に

私が日本に帰ってから五年後に、アメリカの都市調査の旅行で再びシカゴを訪れました。そのときにはこの大学キャンパスはでき上がっていて、キャンパスの名前はシカゴサークルと名付けられていました。たしかにキャンパスの周辺の犯罪多発地帯と噂をされていた、汚い煉瓦の長屋住宅はなくなっていました。そこは大学の学生の下宿街になっていました。再開発は成功したのです。

不動産研究所

前からシカゴに着いたらぜひ行ってみたいと思っていた研究所がありました。不動産研究所です。

アメリカ各都市の都市計画資料の中には、必ず中心市街地の1／600の地図があります。そこには地価、敷地の形状と大きさ、都市計画の制限が明示されています。それらの地図は、一般的に市役所でつくられますが、大都市の中心市街地については、民間企業が作成している事例がありました。それがシカゴ市にあったこの不動産研究所でした。

その事務所はダウンタウンの真ん中、そう煌びやかでないオフィスビルにありました。ちょっと不思議そうな顔をして対応してくれた所員に「都市計画を勉強している日本人です。アメリカの都市計画では、具体的な土地がどう利用されていて、いくらの価格で売り買いされているかが重要だということがわかってきました。土地の評価なくして都市計画は成り立ちませ

ん」と、話しかけました。その所員は私の話を聞いてようやく、私の訪問を納得してくれました。彼は次のように説明をしてくれました。

「そのとおりです。しかしアメリカでもそう理解している都市計画担当の職員はまだ少ないのです。私たちの研究所も特定の場所の土地調査について、市役所から資料をもらうのにとても苦労しています。なぜなら、私たちの研究所は連邦政府の調査組織ではなく、民間組織だからです。率直に言って、この研究所は都市計画に強い影響力をもっていません。大事な顧客は、大手の不動産業者、つまり土地を購入したい企業です。彼らは我々の情報の価値を理解してくれています。むしろ都市計画の専門家のほうが不動産情報について認識不足です。宅地一筆一筆の面積が正確に求められていて、その一筆での地価が明示されていなければ、その場所の都市計画情報は不正確であると言われても仕方ありません。都市計画の担当者が不動産情報を理解してくれれば、民間の中心市街地における不動産投資は、もっと円滑に進められるはずです」

その所員はある大都市中心部の正確な市街地の地図（ヤード・フィートで示されている1／600の地図）を見せてくれました。それはきちっと測量されており、建物も書き込まれ、そこに不動産評価が書かれていました。

「この図面がないかぎり、将来の市街地や正確な不動産評価はできない」と彼は言いました。アメリカの不動産業界が使っている中心市街地の敷地の地図は、この研究所が出しているという話でした。

実はこれに類した地図を、日本で見たことがありました。それは通称「火保図」と呼ばれ、火災保険会社がつくった大火の危険性が高い市街地の1／600程度の地図でした。しかしその図面は番地も正確にはいっていない民間宅地の敷地割の図面でした。その地図が正確に1／600の縮尺にあっているのかも定かではありませんでしたし、この地図は火災保険会社が火災保険料率を算定するために、内部資料としてつくったものでした。それが一九六〇年（昭和三十五年）ごろの日本の実態でした。

この研究所はシカゴにあるために、その活動内容は不動産関係者の間にしか知られていなかったようです。もし研究所がニューヨークかワシントンにあれば、もっと都市計画の専門家にもその活動は知られていたはずです。

この正確な敷地情報が書き込まれた1／600の地図は、各都市ごとに市販用に印刷されていました。これを見た私は強烈なカルチャーショックを受けました。なぜならば当時、日本の建設省（現国土交通省）が定めていた都市計画の基礎調査の市街地図は、これらと比較したらあまりにも幼稚であり未熟だったからです。このカルチャーショックはその後、ヨーロッパの都市を訪問することでさらに強くなりました。

アメリカの不動産研究所がつくった地図は市役所がつくる公的な地図ではありません。ですから土地取引が盛んな都市の中心市街地にしかありませんでした。ところがヨーロッパの都市では、市役所が管理している都市計画用の地図は、敷地はすべて正確に明示された1／500の地図でした。それが市役所の公図でもあったのです。ですから市民は何の制約も受けずに購入できました。

シカゴ地域交通調査

シカゴで次に行きたかったのが「シカゴ地域交通調査（Chicago Area Transportation Study）」の事務所でした。Area Transportation Studyとは、交通計画と都市計画と地域経済学、これら三つの専門領域が協力して、ある大都市圏（Area）の将来交通像を描き、それにもとづいてその大都市圏の高速自動車道路網を提案する仕事です。その仕事を進めるためには、連邦政府が認める専門家集団が必要になってきます。その専門家集団が数年かけて大都市圏ごとに、土地利用調査、交通量調査、そして地域経済調査を綿密に行います。その調査結果の数値を、地域モデルの諸式に投入して将来の想定値を求めます。その結果からどこに高速道路をつくれば、経済的に地域が成長するか否か。あるいは、このままの道路網であれば、将来どの道路に交通渋滞が発生するかを想定するのがこの専門家集団の目的です。

この大都市圏交通研究が制度化されたのは一九六〇

年（昭和三十五年）ごろでした。それはアメリカの連邦道路法で決められました。その結果、それぞれの大都市ではTrans-portation Studyをやらない限り、連邦政府は大都市圏の高速自動車道路をつくらないということになりました。

一番最初にこの仕事をした都市はデトロイト、二番目がシカゴでした。シカゴの報告書は日本に持ち込まれました。略称はＣＡＴＳ（Chicago Area Transportation Study）です。

日本の研究者は、ＣＡＴＳの報告書を精細に調べました。そしてその基本的枠組みを参考にして、日本の大都市交通調査が始められたのです。それは一九六八年ごろで、初めて調査が行われたのが広島市でした。現在中国の研究技術者が日本や欧米の技術や製品を、完全にコピーしていると非難を受けていますが、私には彼らの気持ちはわかります。なぜならば、五十年前には私たちがアメリカのコピーを日本に持ち込んだのですから。

しかし日本は当時遠慮がちに、そして密やかに行いました。今の中国人はあっけらかんと、堂々とコピーしているようです。

ＣＡＴＳの報告書に刺激を受けて、日本も独自の計量的な需要と予測の手法をつくることができました。その結果、大都市圏の交通計画を組み立てられるようになりました。これはソフトの技術革新でした。当時、ＣＡＴＳリポートは、日本にとって交通計画のバイブルでした。

ＣＡＴＳの事務所は当時から世界的に有名でした。私がアポイントをとったときも、ヨーロッパから何人かの技術者が訪れて説明を受けていました。調査事務所の職員はいろいろな来訪者の対応で忙しかったのでしょう。初めは私に対してそれほど親身になってくれませんでした。というのも、私は日本の役所から派遣された公式の訪問客ではなかったからです。突然の風来坊の訪問には、それほど時間をさけなかったのでしょう。

しかし、私がフィラデルフィア市にあったペンジャージー（ペンシルベニア州・ニュージャージー州）交通調査事務所を訪れて、地域経済の専門家、サイドマン氏と会ったことをＣＡＴＳの所員に話すと、びっくりしていました。彼は確率理論を使ったトマジンモデル(Tomazin Model)を交通量配分に使ったことで、交通計画の専門家の間では有名であったのです。彼はすぐれた理論経済の専門家でした。

態度が変わったシカゴ事務所の技術者は、本当の話をしてくれました。それは「各交通調査事務所は、調査の手法や推計の手法に、それぞれ工夫をしている。特に将来交通量配分のモデルの作成に関しては、大学の交通工学研究者の間でも、ミニマムパス(minimum path)のシステム構築など、いろいろな技術開発がされている。この開発競争は各事務所の研究者にとってはきびしい課題である」ということでした。

大規模な事務所をつくり、そこに調査と研究の職員を百人ぐらい三〜五年間契約で雇わなければ、交通計画は完成しません。それには膨大な費用がかかります。大都市圏を抱える州知事は議会にはかって、調査に対して大都市圏民一人当たり年平均一ドル(一九六〇年時点)、三百万人の大都市圏なら毎年三百万ドルを大都市交通調査の作業費にあてることを決めました。それぞれの州で、この州民一人当たりの負担金は少しずつ違っていたようです。そういう交通計画の仕掛けがアメリカの大都市圏でできて、数多くの交通調査事務所ができました。この経費は市町村の市民所得税から充当されました。これで作業事務所の運営費がまかなえます。

全国から有能な交通工学と都市計画・経済学の研究者が各調査事務所に雇用されました。

新しいソフトエンジニアリングの誕生

アメリカでは専門家であればあるほど、いろいろな土地を転々とする傾向があります。この交通調査の研究者たちは大体が大学の准教授・助教授相当の能力がある人たちでした。

ですから、これらの調査事務所のチーフ・エコノミスト、チーフ・プランナー、チーフ・エンジニアはコンサルタントとしては花形の存在で、彼らは数年後いろいろな大学に教授として呼ばれることになりました。この研究者の集積が研究成果を高めることになり、新しい地域科学という学問領域が確立されました。その成果はペンシルベニア大学の教授ウォルター・アイザードが一九六〇年（昭和三十五年）ごろから立ち上げた、「数理的手法による地域科学（リージョナルサイエンス）」の学会誌に発表されるようになりました。

「Transportation Study」は、大都市圏では自前のスタッフを集めることができます。しかし、中規模の都市では有能な人材を集めることは難しい。そういう場合、有名な交通コンサルタント事務所に調査作業を依頼します。

たとえばコネチカット州のニューヘヴンには、ウィルバー・スミス（Wilber Smith）という有名な交通調査の事務所がありました。このコンサルタント事務所が大都市圏の交通調査でも、部分的に調査を分担していました。CATSでも「この部分はウィルバー・スミスにまかせた」なんて言っておりました。ウィルバー・スミスは交通計画・交通工学分野の巨大調査事務所であったのです。当時日本に進出しようかと真剣に考えていたようです。

このように今から五十年前、すでにアメリカでは種々の評価と予測の技術を集め、システム化し、商品として政府や企業に売りつける〝ソフトなエンジニアリング〟ができつつありました。このソフトなエンジニアリングをまず第一着手として、アメリカは、産油国や発展途上国に資源開発技術や都市開発技術を輸出します。各国に知的拠点を設け、その後実体的な工業製品を売り込むようになります。アメリカは英・独・仏等、ヨーロッパのソフトエンジニアリング会社と一体となって、発展途上国や産油国等から包括的な都市や地域開発プロジェクトを引き受けます。そしてそのハードとソフトの両方の部品を、下請けとなる日本や韓国の会社に発注するという世界的な受注体制ができてしまいました。その学習過程をつくりあげたのが、昭和三十五年から四十五年にかけての十年間です。その有効な武器がアメリカ大都市圏で展開されたこの交通調査と計画であったのです。日本はそのことに全く気づかず、昭和四十年代の時間を無為に過ごしてしまったのです。

シカゴは都市計画の見本市

私はこのような研究所訪問のあと、市役所でうけた事前レクチャーをもとにして、実際に街の見学に出かけました。一週間ぐらいシカゴに滞在しました。

一八九三年（明治二十六年）にシカゴでは万国博覧会がありました。これがシカゴの都心部をつくりかえるきっかけになりました。なぜならば、博覧会敷地はミシガン湖と当時の中心市街地の間にあった湖岸線の沼沢地を埋め立ててつくられたからです。この土地は博覧会のあと、世界的に有名になった素晴らしい都市公園になりました。

このミシガン湖沿いにある大公園の中を通って、レイク・ショア・ドライブという高速自動車道路が走っています。背後には中産階級の戸建て住宅地が広がっていました［P58／ph 90］。ただし、この高速道路は高架ではありません。全路線で平面です。ですから街の景観を損なうことはありません。東京でいえば内堀通りのような高層なオフィス街の前を高速道路が走っているわけです。この道路を北にあがっていくと、高級住宅地エバンストンがあります。エバンストンはアメリカで一番質の高い住宅地です。ですからレイク・ショア・ドライブ沿いのアパートに住んでいるといえば、かなり良い住宅地に住んでいることを意味するのです。

この湖岸公園は、幅が一キロぐらい、長さが四キロぐらいの大公園です。公園の西側には超高層ビルが並んでいるミシガン・アベニューがあります。ニューヨークでいえば、フィフス・アベニューです。この通りはアメリカの中西部で一番のビジネス街です。超高層建築物がずらっと建っています。これはニューヨークのセントラルパークの東側に、超高層ビルがずらっと建っているのと同じような景観です。

しかし、ニューヨークのセントラルパークは木が植えられて、森になっております。これがセントラルパークの特徴です。シカゴの超高層ビル街が面しているミシガン湖の公園には樹木はあまりありません。花畑や芝生になっています。平らでオープンな公園です。ミシガン湖はとても大きな湖です。ですから海に面した海浜公園の陸地側に、超高層ビル街があるといってもよいでしょう。ニューヨークのセントラルパークとは、都市の景観が対照的です。

マリーナ・シティ

シカゴ川に面したオールドタウンの一画に、シカゴ・トリビューンという新聞社の古いビルがあります。この建築物は二十世紀初頭のすぐれた建築作品です。そこから少し離れたシカゴ川沿いに、トウモロコシ形の建物が二棟並んで建っていました。これがかの有名なマリーナ・シティです［P59／ph91・92］。私が訪れた当時、まだでき上がって間もなくでした。

このビルは都市計画家の間で、大変評判になっていました。ひとことで言うと、ビルの中で衣食住すべてがまかなえてしまう、つまり小さな街が一つの建物におさまっているというふれこみでできた建物であったからです。当時としては画期的な建物でした。

マリーナ・シティの一番下の階はシカゴ川に面しています。そこにヨットとボートの繋留所がありました。しゃれた個人用の船着き場です。そのマンションの住民は、エレベーターで地下まで行くと、すぐ自分のボートに乗れます。ミシガン湖を満喫する船の生活ができることが、マリーナ・シティの第一のセールスポイントでした。

一階部分には会議場とスーパーマーケットがあります。マリーナ・シティの設計者は、このビルの住民の中には、大会社の社長や政治家がたくさんいると想定して、大きな会議室（展示場にも使える）を併設したらしいのです。

一階から二十階までは、螺旋状の駐車場になっていました。それまで駐車場といえば平地にあるか暗い地下にあるものとされていました。それがビルの中層階に、まるで空中にあるように駐車場が設けられていました。そこから上の階は事務所と住宅部分です。これがマリーナ・シティの第二のセールスポイントでした。

トウモロコシのような建物で、真ん中にエレベーターがあり、さらに上に住居スペースがあります。船着き場があり、会議場があり、事務所があり、スーパーマーケットがあり、生活すべてがその中でできる。実際にはそこだけで全部済むわけではありませんが、近未来的な生活がそこでおくれる、とても画期的で魅力的な建物だったのです。日本の若き都市計画家にとっては、これはぜひ見ておかなければならない建物でした。

高架鉄道ループ

次に見たかったものは、前述した「ループ」という高架鉄道です。東京でいうと山手線にあたりますが、ループの大きさは山手線よりずっと小さく、皇居を取り囲む内堀通りぐらいだったでしょうか。十九世紀末期につくられた古い高架の環状鉄道で、これまたいい加減くたびれた電車が車輪の音をきしませながら走る光景は、観光資源として名所になっていました［P60／ph93］。

シカゴの商売人たちは、その店がループの内側か外側かで、昔からの老舗かそうでないかを区別します。大阪でいえば、船場の旦那といえば由緒ある店の旦那だとわかります。それと同じです。二十世紀初めの時代でいえば、ループの外の企業は新しい企業でした。

二十世紀に入ると、ループを越えてミシガン湖沿いのミシガンアベニューには、地付きの商店ではなく保険会社や国際的な食品会社など大きい企業が立地するようになります。大阪でいえばループは船場、ミシガン湖沿いは堂島、中之島のオフィス街、とでもいえるでしょう。

私が行ったときにはまだできていなかったのですが、一九七〇年代にできた当時世界最高のオフィスビル、シアーズ・タワー（現ウィリス・タワー）は有名な小売業者シアーズ・ロバックの本社ビルでした。七〇年ぐらいまでは、シカゴはまだまだ食品と農産物については、ニューヨークをしのいで世界の卸問屋センターでした。

シカゴというと禁酒時代のギャングの話が有名です。ループの中では当時、アル・カポネを中心としたギャング同士の抗争事件が多発していました。しかし一九六〇年代のループの内側は、ゴミゴミした場所もありましたが、商売が活発に行われていて賑やかで楽しい場所でした。シカゴと大阪は、町並みが似ているかもしれません。

そのような視点で、市域をこえて大阪都市圏とシカゴ都市圏を比較してみます。

シカゴの東にはゲーリー（Gary）という有名な製鉄所の町があります。これは大阪の南、堺の新日鉄の製鉄所に相当します。シカゴの北側にはエバンストン、関西でいえば芦屋にあたる高級住宅地があります。シカゴ圏にとって、ゲーリーがあることは、商業だけではなく製造業もある、という強みを持っていることを意味します。それは大阪でいう堺・泉北の臨海工業地帯にあたります。

しかし、シカゴが大阪と一番違うところは、一八九三年（明治二十六年）にシカゴ万博でつくられたミシガン湖沿いにある大公園があるところです。大阪にも一九七〇年の大阪万博のときにつくられた万博公園が千里にあるではないかと反論する人がいるかもしれません。しかしシカゴでは、この大公園があることによって、古いループを越えて二十世紀型の大企業のオフィスビル街が、公園に沿って形成されてゆきました。そのビル群の都市景観がシカゴ市の印象を決定づける役割を果たすようになったのです。それに対して大阪の万博公園は、大阪の都心部を形成する役割は荷っておりませんでした。そこが違うのです。

この大公園という資産を使ってシカゴは、二〇一六年のオリンピック誘致に積極的に動きましたが、結果はブラジルのリオデジャネイロに決まりました。

シカゴの郊外

話を郊外に転じましょう。

市役所の人たちの説明を受けて、私はスコーキーに行きました。

スコーキー通勤線の終点駅は殺風景でした。無人駅でプラットフォームは一面だけ、プラットフォームの周りに千台ぐらいの駐車場が広がっていました。日本でいう駅前広場も駅前商店街はありません。なぜならば、スコーキー・スイフトは通勤時間帯だけしか走らないからです。このようなパーク・アンド・ライドの駅は、アメリカの大都市では珍しくありませんでした。たとえばボストンの郊外電車の終点はスコーキー・スイフトの駅と同じ光景でした［P60／ph94］。

しかし駅から少し離れますと、裕福な中産階級の、新興の戸建て住宅地が広がっていました［P61／ph95］。その住宅地の端に、これもまた当時、世界中の都市計画の世界で評判になっていた大規模なショッピングセンター、オールド・オーチャード（Old Orchard）が開設されていました。

ここは、欠かせない見学場所の一つでした。私はその光景を見て、心から感嘆しました。すべてが美しく、しかも効率よく商店が設置された質の高い、今でいうショッピングモールだったのです。きっと有能なランドスケープ・アーキテクトとアーバンデザイナーの合作だったのではないでしょうか。

このプラザは落葉樹の林の中に丁寧に埋め込まれていました。駐車場にも日除け用の樹木が植えられていました。

建物は二階建てで、外側にはベージュ色の化粧タイルが貼られていました。窓枠も壁に合わせて茶色でした。建物内部の商店のレイアウトも品が良く、色彩も中間色を多用していました。プラザ自体はそれほど巨大な規模ではありませんでしたが、ここに買い物に来る客は富裕層で、知的な職業についていることを窺わせる人たちでした。

このような郊外型のショッピングセンターは、当時日本には全くありませんでした。初めて見た私は興奮しました。これはちょうど、東京オリンピックが開催される二ヶ月ほど前の、アメリカでの私の体験です。まさに商業的黒船を目の前にした感じでした。

郊外の街では、エバンストンをもう一度紹介しましょう［P61／ph96・97］。この街は湖岸に面した平坦な林を丁寧に切り開いてつくった、富裕層のための一戸建て住宅地です。一つ一つの建物はコロニアル・スタイル、木造の外壁は白、窓枠や外側の柱は、黒か濃紺の色ですべて統一されています。樹木の間の芝生は、絨毯のように平らに刈り込まれています。一戸一戸の敷地は、二千平方メートル（六百坪）以上あります。大変美しく、素晴らしい町並みです。

ちなみに、ここは国際ロータリー発祥の地で、現在も国際ロータリーの中央事務局があります。

エバンストンには、日本の難関私立大学に相当する、品の良い私立ノース・ウエスタン大学があります。ここはアメリカの高級住宅地の典型的な街です。大学も低層で周りの住宅地と調和をしていました。まさに、絵に描いたような美しい高級住宅地でした。

　もう一つ、ここで紹介しなければならない街があります。それはウォータータウンと呼ばれる古い街です。場所はシカゴ川の北岸です。その街のシンボルは、古いしかし高くそびえた給水塔があることです。その塔の周りに十九世紀から丁寧につくられた高級な商店街と住宅が混在した街が広がっていました。

　この街はギャングの街シカゴとは全く無縁な、しっとりとして古い低層の建物が建ち並ぶ市街地でした。ボストンでいえば、バックベイセンターの高級住宅地に相当します。このウォータータウンに集まる人たちは、私たちのような貧乏学生ではありません。夜になると着飾った淑女をともなった紳士が、コンサートや芝居を楽しむために集まってくる場所でした。ここのレストランには、私は足を踏み入れることもできませんでした。このオールドタウンで食事をするということは、シカゴのエリートだけが許される生活スタイルであったのです［P62／ph98－100］。

質の高い地方州立大学

デトロイトに行く途中、イーストランシング（East Lansing）という小さな大学都市に寄りました。そこには、ミシガン州立大学（Michigan State University）があったからです。

　人口の多い州では、ステイト・ユニバーシティー（State University）という比較的試験が難しくない大学があります。一般的にその州が初めてつくった大学には「ステイト」の名前がありません。たとえばデトロイトの近郊、アン・ナーバにある有名校、州立ミシガン大学（The University of Michigan）には州（State）の文字はありません。カリフォルニア大学も州立ですが同様です。

　人口の多い州によくあることですが、州の地方から選出された議員たちが、大都市にできた一番目の州立大学とは別に、州内の小都市にも〝第二〟の州立大学をつくることを要求します。一般的にいえば、第一の州立大学には他の州からも学生が集まりますが、第二の州立大学には「ステイト」がつき、地元の高校生が集まってきます。イーストランシングの大学は第二州立ミシガン大学だったのです。

　アメリカには大学と学生、教師の住宅だけでできている学園都市がたくさんあります。たとえばマサチューセッツ州でいえば有名なカレッジ、ダートマス大学もその一つです。ハーバードやＭＩＴがあるケンブリッジ市も学園都市かもしれません。

　私が訪れたミシガン州立大学には、当時地方の州立大学にしては珍しく、都市計画学科がありました。そこの若い教師が私と一緒にシアトルのホルウッド教授のセミナーに参加していたのでちょっと立ち寄ったのです。この大学の名前が私の頭に残っていたのは、ボストンにいて日本人留学生の話が出てきたときのことです。ミシガン州立大学は日本人留学生が入りやすく、授業料が安いという話がそのときありました。日本人のできのよい学生がアメリカ留学に真剣なときでした。この大学はそのことをよく知っていて、小さな地方大学でも日本人で意欲的な若者を優遇して入学させ、アメリカ全体でその存在を際立たせようとしていたのかもしれません。小さくても意欲的な教育方針を掲げている、優れた地方大学であると思って立ち寄ったのです。

　ミシガン州立大学は農業地帯の畑に囲まれた丘の上に建てられた、こぢんまりとした大学でした。地方の小さな大学でも、アメリカの大学は建物の質が良く、当時は大体が赤煉瓦の外壁が多く、石張りの建物もありました。キャンパスの庭園や樹木の手入れもとても良いのです。当時の日本の地方の国立大学では考えられないほど、キャンパスの維持管理の水準が高いのです。そして教員の研究室もゆとりがあり快適でした。友人の研究室の窓からは、牧歌的な美しい畑と森が、額縁のなかの絵のように広がっていました。ケンブリッジに帰ったあとで、若手の教師と話題になったのですが、地方の大学ほど、大都会の有名大学よりも研究室の環境やキャンパスデザインの質が高いそうです。大事なことは、教員の給料が高かったことです。私の友だちの助教授はそのことを私に話しました。こうして有能な先生が地方に留まるように、州政府は努力をしているということでした。

すでに衰退が始まっていたデトロイト

イーストランシングを離れてデトロイトに行きました。

デトロイトは自動車産業の都市です。

今から約五十年前は、シボレー、フォード、クライスラーとすべてデトロイト産の自動車が世界を制覇していた時代です。しかし町へ入ってみると、すでにそのころから中心街は寂れていました。中心市街地にあった、かつては庶民の住宅や店が並んでいた市街地が取り壊され、大きな駐車場になっていました。

デトロイトは自動車中心の都市です。生活のすべてが自動車に依存しています。町の中心街にデパートやオフィスビルがある必要がありません。自動車を徹底的に使えば、企業の本社も郊外に立地するほうが便利です。GMも郊外に本社があります。ショッピングセンターも、もちろん郊外です。

それでもまだ、中心街にオフィスビルはたくさん残っていました。しかしその周りは、駐車場だらけです。〝街並み〟が成り立っていないのです。デトロイトが一番象徴的でしたが、ここに限ったことではありません。当時ロスアンゼルスの中心市街地もデトロイトと似ていました。そこに建っているのは、市役所などの公共建築物が主体でした。その建物群の間に、低層の小さな商店街（たとえばリトル・トーキョーなど）が散在しています。中心地には住宅街がないのですから、一般市民が必要とする病院やショッピングセンターは必要がありません。それらは郊外の住宅地に必要なのです。

第二次大戦後の一九五〇年（昭和二十五年）ごろ、本格的な自動車時代を迎えたアメリカの大都市について、シカゴ大学の社会学の先生たちは、シカゴ市をモデルとしてアメリカの大都市の空間的な社会構造を、次のように整理をしました。

アメリカの大都市の中心地には、オフィスビルと高級住宅地がある（中心核）。

その外側は駐車場になり衰退した商店街と低所得者の密集住宅地がある（第一のリング）。

その外側（第二のリング）に倉庫・工場地帯がある。

さらにその外側に黒人を主体とした低所得者層の膨

大な住宅街がある（第三のリング）。中産階級の白人はさらにその外側に住宅を持つ（第四のリング）。これがアメリカの大都市である。

この学問的仮説によってシカゴ大学の先生たちは、アメリカ社会学会のシカゴ学派と呼ばれるようになりました。デトロイトはまさに、そのシカゴ学派のセオリーの典型だったのです。

デトロイト市の都心再開発

第二次大戦後、アメリカで都市再開発法が必要とされました。一番の原因をつくったのはデトロイト市ではないかと思います。なぜならば、私がデトロイト市を訪れた一九六五年（昭和四十年）の都心部には、もはやオフィスビル街は限られていました。そしてそこを取り囲む駐車場群、その外側には膨大な住宅を取り壊した空き地がありました。いわゆる都心部の崩壊を目の前にしたのです。

それでも当時のデトロイト市長には、その駐車場と空き地を連邦政府の助力をえられれば、良質の新しい業務地と質の高い住宅地に変えられるという思いがありました。もしこの空き地と駐車場に限度があれば可能であったかもしれません。しかし現実にはその取り壊された荒廃地域の面積は大きすぎたのです。そして、その空き地を買い上げて住宅地や業務ビルをつくろうという民間の企業が少なすぎました。その売り手と買い手の需給関係を連邦政府が完全に読み間違えたのが一九六〇年代のアメリカ諸都市でした。シカゴ、セントルイス、ピッツバーグ、クリーブランドと、深刻な再開発の課題を抱える都市をあげてみると、ほとんどすべての都市が現在のラストベルト（Rust Belt）地域の商業都市なのです。

このような私の感想を前提として、デトロイト市長のメッセージを読んでいただきたいと思います［P66／fig3－8］。

市役所の日本人女性

デトロイトの市役所へ行き、都市計画課で市の基本計画書（マスタープラン）をもらいました。そこで対応してくれた事務員が、めずらしいことに日系三世の女性でした。

私が日本人だとわかって、わざわざカウンターの奥から出てきてくれたのです。そして日本語で「日本人の方ですか」と話しかけてくれました。それまでずっと英語で生活していましたから、そのときの日本語はとても新鮮に感じました。彼女は親切に、私が必要とする資料を全部揃えてくれました。

シカゴには日系アメリカ人がかなりの数いました。彼らの大部分は小商人でした。彼らが経営している質素な日本食堂が数軒、前に述べたオールドタウンから少し離れた商店街の一角にありました。そこに日本人の留学生や身元不詳のヒッピーが集まっていました。そこでシカゴ市の日本人社会の噂話がとびかうのです。

私は、シカゴからさらに東側にある中東部（ミッドイースト）の都市デトロイトにまで、日系アメリカ人がいるとは思っていませんでした。

デトロイトの人たちから見れば、ボストンから来た日本人留学生は、かっこよく見えたのかもしれません。彼女から、「今晩、親しい友人たちとパーティをするから来ない？」と、誘われました。断る理由もなく快く誘いを受けました。

市役所で働いている一般事務の職員たちといえば、低所得者層より少し収入が上の人たちです。連れて行かれた家は、ゆるやかな丘の斜面に広がる住宅地にありました。その下に小さい工場が集まる工業地帯が広がっていました。そこには間口が狭く奥行きの深い小さな敷地がずらりと並んでいました。小規模な二階建ての戸建て住宅街でした。今でいうサブプライムローン的な住宅地です。なぜか、その街の歩道にしては立派すぎる街路樹が育っていたのが印象的でした。

その住宅街の一戸でパーティが行われていました。飛び入り参加だったにもかかわらず、そこにいた人たちから私は歓待を受け、久しぶりに仕事や研究以外の会話で、楽しい一時を過ごしました。彼らから見れば、デトロイトとは全く関係のないボストンから来た貧乏研究者はどんな日本人か、人種差別的な観点も含めてとても興味があったのでしょう。

集まってきた人たちは日系アメリカ人の他に、白色系のアメリカ人もいました。しかし、黒人がいなかったことはちょっと不思議でした。その人たちの職業は、会社の資料係や小、中学校の教師、小さい工場や商店の従業員、それに消防署の署員など、皆、社会の基盤を支えている人たちでした。

パーティといっても、皆が食料や飲み物を持ち寄り、その家の主人は大きなフルーツポンチのボウルを用意するくらいで、ケンブリッジの下宿屋の大学院生パーティとあまりかわりはありませんでした。

その日の晩、彼女の家に泊めてもらうことになりました。今からホテルを探すのも大変だし、かといって車中で一晩過ごすことは街の治安の面で決して安全とは言えなかったからです。その家は中心市街地にある駐車場の端に、ぽつんと残されていた小さな貸しアパートの一階でした。

やっと彼女とゆっくり話をする時間ができたので、なぜ市役所に勤めているのかを聞いてみました。そこから、ある日系アメリカ人一家の昔話が始まりました。

彼女の一家は戦前から、カリフォルニアに住んでいた日系二世でした。第二次大戦のとき、日系アメリカ人は、日本（敵国）に協力（スパイ）するかもしれないということで、全員カリフォルニア砂漠のコンセントレーションキャンプに強制的に収容されてしまいました。後にこのことは憲法上大問題になりました。当時ドイツ系アメリカ人は収容されず、なぜ日系アメリカ人だけを収容したのかという人種差別の問題が起きたからです。

彼女の話によると、収容されてから砂漠の真ん中ですることがないので、母親は枯木を削り、野鳥を木彫りしてエナメルを塗り、きれいに色づけしました。その木彫りをアメリカの看守に売って、一家の収入の足しにしていたというのです。

戦争が終わり、大部分の日系アメリカ人はカリフォルニアに戻りました。しかし一部の人は戻りたくなかったようです。カリフォルニアの差別的生活が、あまりに辛かったからでしょう。西へ戻ることをやめた彼らは東に移動し、ある者はソルトレイクシティへ、そしてまたある者は大都会シカゴに辿り着きました。現在も、彼ら日系人の子孫たちはシカゴに多く住んでいます。

彼女は自分の両親や他の家族がどこにいるかについ

ては、詳しく話しませんでした。おそらく、両親も兄弟も、公務員である彼女ほどの安定した生活を手に入れてなかったのでしょう。

決して恵まれた家庭環境ではありませんでしたが、彼女はシカゴの大学で一生懸命勉強して、卒業しました。今は女手一つ、子どもを育てながら生活していると言いました。結婚した相手は中国系アメリカ人だったそうです。別れた後、子どものためにもと安定した職を探し求め、現在の市役所での仕事を得たのだそうです。

翌日、別れ際に彼女は母親がつくったという木彫りの鳥、大切な最後の一個を私にくれました。後に東京に戻ってから、私はそれを母親にあげました。母親は事のいきさつを聞いて、涙を流しながら喜んでくれました。苦労した日系人の辛さを思い描いたのでしょう。

都市交通調査

デトロイトでは建築的にも、都市計画的にもあまり印象に残る建物も市街地もありませんでした。しかし、デトロイトの自動車交通調査は当時、非常に有名でした。市役所でのヒアリングの時間をさいて、都市交通調査事務所に行き、そこでＤＡＴＳ（ダッツ：Detroit Area Transportation Studies）の資料をもらいました。なぜならば、デトロイト市がこの大都市交通調査の第一号であったからです。報告書は多分その後の交通調査の参考に使われると想定していたのでしょう。きれいな印刷としっかりとした製本の上下二冊の出版物でした。しかし私は研究者としては、シカゴの都市交通調査のほうが先進的であったので、デトロイトの報告書は結果としてあまり勉強しませんでした。

ここで私が専門としていた都市交通調査の話をあらためてしましょう。

第二次大戦後、アメリカは完全に自動車交通時代に入ります。一九五五年（昭和三十年）ごろから冷戦時代に入り、軍隊の移動と大型化する軍需物資の輸送のために、東西南北、格子状の州際高速自動車道路の建設が始まりました。アイゼンハワー大統領（一九五三～六一年）のころです。しかしこの高速自動車道路は、都市の中心部を避けて計画され建設されました。

したがって次に、この地域間自動車専用道路を大都市に結びつける必要が生じます。なぜならば、軍事目的の他に、郊外に拡大する住宅と勤め先を結ぶ膨大な通勤移動に応える民需型の自動車専用道路が必要になってきたからです。大都市圏の自動車交通網を、いかに効率よく建設するかが国家的課題になりました。

したがって、アメリカの大都市圏を対象に、自動車交通の実態を調査し、それにもとづいて自動車道路網を計画するプロジェクトが発足しました。土木的かつ都市計画的な調査を行い、その結果にもとづいて都市型自動車専用道路網を提案する計画組織が、一九六〇年ごろから連邦政府の助成のもとに、あちらこちらの大都市圏で設立されました。それらは地方政府から独立している半官半民の組織で、時限が五年程度でした。

そして一九六五年ごろにはシカゴ、デトロイト、ペンシルベニア、ニュージャージー、シアトルがあるワシントン州のピュージェットサウンドなどで計画組織が活躍しはじめました。

この各所で動きだした都市交通調査は、コンピュータを駆使する新しい情報処理技術を次々とつくりだしました。この動きはコンピュータを使って大量のデータ処理を行う新しい産業をつくりだすきっかけとなりました。

急いでボストンへ帰る

デトロイトを後にして、ボストンへ直行で帰らなければならなくなりました。なぜならば車の車検の有効期限が迫っていたからです。有効期限は九月三十日まで。しかしデトロイトを出たのがすでに九月二十九日。私は車検が切れた車で高速道路を走ったら、警察に捕まると思っていました。ところがあとから聞いた話では、車検切れかどうかは、警察の管轄外とのこと。一、二ヶ月切れていてもどうってことはないそうです。しかし、そのことを知らない私は、几帳面に九月三十日までにケンブリッジのガレージに入れて、車検のステッカーを十月からのものにしなければならないと、思い込んでいました。

デトロイトからボストンまで、千二百キロぐらい、十二時間以上高速道路を車で飛ばし続けました。

トラブルが起こったのはクリーブランドを過ぎたあたりでした。陽はとっぷり暮れて、道路の周りは何も見えなくなりました。左側はエリー湖、右側には人家もなく、森と畑の連続です。

そのとき突然、急に車のハンドルのバランスがおかしくなりました。右に切らないと車が左に曲がっていくのです。最初はシャフトが折れたかな、と思い絶望的になりました。夜の十時過ぎ、あたりはまっ暗、お金もないし、人もいない。こんなところで立ち往生したら、と考えると恐ろしくなりました。

幸いにも故障の原因は後輪の左側タイヤのパンクでした。今まで市役所でもらってきた資料が、後部座席にどさっと積んであり、その重みで後輪の中古タイヤのチューブから空気がもれてしまったのです。

私は貧乏研究者でしたから、新品のタイヤを買うことができず、中古品を使っていました。しかし、そのタイヤのチューブにヒビが入り、徐々に空気がもれていったのです。破裂ではなかったのですが、タイヤは完璧にフラットになっていました。

実はこうなるのではないかと、何となく予感はしていたのです。それで、なけなしの金をはたいて、ソルトレイクシティで安いスペアタイヤを買っておきました。新しいスペアタイヤを買うと、古いスペアタイヤが一つ余ります。その余ったタイヤを後輪の右側のタイヤと交換して使っていました。フラットになったのはこの右側ではなくて後輪左側、交換していなかったタイヤでした。この古タイヤは一年前に日系アメリカ人から買った中古タイヤだったので空気が抜けるのは当然です。

大事ではなく、タイヤの交換さえすめば再び走れます。しかしこのタイヤ交換がまた一苦労でした。積んでいた資料があまりにも重く、ジャッキで車体が上がらないのです。高速道路の端で、右往左往しているとパトカーが来ました。一人の警官が降りてきて「どうした？」と声をかけてきました。「タイヤを交換しているんだ」と応えると、「じゃあ、がんばれよ」と言って去っていってしまいました。

手伝ってくれてもよさそうなのに……。再び一人で格闘です。積んでいた資料を一度全部外に出し、車体を軽くしました。しかし、そのジャッキがしばらく使っていなかったため錆び付いて動きません。私の体重では軽すぎてジャッキが上がらないのです。しばらく途方に暮れていると、さきほどのパトカーが再びやってきました。「あなたの車の周りに白い荷物がいっぱい積み上がって通行の邪魔だ。さっきから一体何をやっているのだ！」と文句を言ってきました。事情を説明すると、ようやく手伝ってくれました。とても体格のいい警察官だったので、彼の一蹴りで錆が全部飛んで、ジャッキが動くようになりました。これはまるで第二次大戦時の日米の軍事力の差のようでした。私と彼の力の差があまりにも歴然としていたのです。

無事、タイヤ交換もすみ、再び荷物を積み直し、明け方やっとボストンに到着しました。

私のアメリカ合衆国往復一万五千キロメートルの旅は九月三十日、無事終わりました。しかしそのときはそんな気持ちではありませんでした。私は「あぁ、これでやっと十月の車検証が手に入る。これで胸を張ってボストンの街を走れるぞ」とホッとしたものです。それが一九六四年（昭和三十九年）九月三十日。十月十日から東京オリンピックが始まる直前でした。

5章

帰路、欧州を訪問

帰国に向けて着々と準備を

一九六五年（昭和四十年）六月になりました。日本に帰る算段をしなければなりません。しかし私の手元にはセンターの仕事で得た給料の残額が三百ドルくらいしかありませんでした。飛行機代は当時、アメリカから日本まで七百ドルくらいでした。この金は私のフォルクスワーゲンを売ることで工面することを考えました。しかし欧州に一ヶ月近く滞在するとなると、どうしても一日二十ドルとして最低でも六百ドルくらいは必要になります。三百ドルくらいでは足りません。

その不足を埋め合わせるために、私はセンターの事務局長キャサリン・クラークに、七月一杯仕事をさせてもらえるよう頼みました。二年近くセンターに籍を置いていた私を、キャサリンも結構仕事ができる若者だと評価してくれていたようです。南米ベネズエラのギアナ地域の地域開発計画の基礎資料、たとえば人口想定、土地開発面積などの作成依頼を受けているコンサルタントに電話をかけてくれて、実態調査をまとめる仕事を私に出してくれました。

一日十五ドル、月に二十日働いて三百ドル。学問的ではない実務的な仕事です。しかし、背に腹は代えられず引きうけて働きました。

七月になると大学は夏季休暇に入ります。センターにも研究者はいなくなり、大学の教授も来なくなるので寂しくなりました。キャサリンも夏休みの間にはセンターに顔を出しません。残ったのは事務局次長のコナンと若い秘書二人、それに学位論文を仕上げていたＭＩＴの大学院生マービン・マンハイムと私の五人ぐらいしかいませんでした。

これぐらいの少人数になると、みんなすぐに打ち解けて話に花が咲きます。キャサリンとバウワー教授との恋愛の話、ジョイントセンター内でのハーバードとＭＩＴの力関係、ハーバードの都市計画学科がなぜジョイントセンターに参加していないのかという話、こういった若い研究者の間で起きていたセンターに関する噂話がここでも反芻されていました。

ナッシュとジョイントセンターの関係

その噂話の中で私にとって関心があったのは、ハーバードの都市計画学科とセンターとの関係でした。MITの都市計画学科からはロイド・ロドウィンやケビン・リンチ、アーロン・フライシャーといった教授たちがセンターに顔を出していました。しかし、ハーバードの都市計画学科からは、一人もセンターには参加していなかったのです。これはマルティン・マイヤーソンと、当時ハーバードの都市計画学科をひきいていた若手実力者ビル・ナッシュ教授との間の人間関係にあったようです。

私はナッシュにはとても好感を持ちました。なぜならばナッシュはカール・シュタイニッツの教えをうけついで空間計画の重要性を意識していた都市計画学者だったからです。

一方で、マイヤーソンは社会学的領域を大事にする都市計画の教授でした。

マイヤーソンは古い物的な都市計画をすてさり、年老いたシュタイニッツを遠ざけ、政治学者や社会学者と交際を始めたのです。

それに腹を立てたのがナッシュでした。マイヤーソンは上方志向の人物ですから、ジョイントセンターの所長を二年ぐらい務めたあと、カリフォルニア大学のバークレー校の環境デザイン学部長になりサッサと西に移りました。

ところがナッシュはそれほど他の学問領域の教授との付き合いが広くありませんでした。

マイヤーソンが去ったあとナッシュは、ハーバード大学のなかで批判が高まっていた都市計画学科の教育方針、つまり空間計画の計画技法を守る若手教授として、大学の執行部に立ち向かわなければならなくなったのです。

この話は帰国したら東大に新しく設立された都市工学科に教員として参加するであろう私にとっては、他人事ではすまされない話でした。若者たちによるジョイントセンターのこの井戸端会議は、これからの私にとっては、他人事とはいえない話でした。

フォルクスワーゲンを手放す

　七月一杯センターで仕事をした結果、三百ドル近い収入を得ることができました。元々あった旅行資金が三百ドル、合わせて六百ドル、これでようやく欧州旅行の目処がつきました。

　あとは、フォルクスワーゲンをできるだけ高く売って帰りの旅費プラスアルファを手に入れることでした。

　私が最初にこの車を買う情報を得たハーバード・クープの掲示板に、今度は私が「フォルクスワーゲンを売りたい」という紙を貼りました。

　売値は一年前に私が買った七百五十ドルより百ドルアップの八百五十ドルです。フォード等、アメリカの車は中古車でも一年たったら売値の七掛けくらいが相場です。しかし、当時のアメリカの大学ではフォルクスワーゲンが学生に最も好まれる車でした。頑丈で故障が少なく、ガソリン代も安かったからです。ですから、売値が買値を上回ることはよくあることでした。

　さらに私が乗っていた車には、めずらしくヒーターがついていました。ボストンの冬は寒いので、ヒーターがあるのはセールスポイントになりました。

　車体の状態もまずまずということで、こちらが希望する売値どおり八百五十ドルで売却することができました。ヨーロッパ経由、日本着の飛行機チケット代が七百ドルぐらいでしたから、百五十ドルほど余ります。七月一杯ジョイントセンターで働いた給料と合わせて七百五十ドルほどが手元に残り、ようやく安心して欧州旅行することができます。それが七月末のことでした。

　車を売った相手はイラン人の大学院生でした。きっと両親が金持ちだったのでしょう。彼はハーバードのロースクール（法律学校）に通っていました。

　買った後で彼は「僕は車を運転したことがない」と言い出しました。この車に乗って自動車免許を取るというのです。とんでもない奴に売ってしまったな、と思いましたが仕方がなく、彼の指導をすることになりました。

　ところがそう簡単にはいかない。このイラン人は運動神経がゼロ。ものすごく不器用でした。五、六回一緒に乗って指導しましたが、ハラハラする運転でした。このおかげでまた一週間、ケンブリッジを出るのが遅くなってしまいました。

私の持ち物で車以外に現金化できる家財といえば、オートチェンジャー付きのレコードプレイヤーとアンプ、スピーカーの三点セットでした。実はこれも、ハーバードの建築学科にいた日本人学生、谷口吉生さんのお古を、四十ドルで買い取ったものでした。この三点セットの中古品も、ハーバード・クープの掲示板に情報を貼り付け、ビジネススクールで学ぶ香港から来た中国人大学院生に三十ドルで売りました。

当時ケンブリッジの大学院生界隈では、新品ではなく中古品の売買市場がしっかりとでき上がっていたのです。貧乏学生にとって二十ドルでも三十ドルでも現金が手に入ることは、一種の生命線みたいなものでした。

休職期間二年内に帰国できず……

私は一九六三年（昭和三十八年）八月十七日に東大に休職届を出して二年間アメリカに留学しました。つまり休職期間は一九六五年八月十六日までの二年間、この期日までに帰らなければクビです。それが表向きの文部省の定めでした。それはわかっていたのですが、ボストンを出発し、帰国に向かった日が一九六五年八月の十日です。文部省の定めにしたがえば、東京に戻るまで一週間しかありません。これでは欧州旅行はできません。実は、初めから休職期間を超えてもヨーロッパの都市を回って帰るつもりでした。正直、遅れても何とかなるだろうと思っていたわけです。今考えればとんでもない話です。助手といえども国家公務員ですから規則は厳しく守らなければいけません。

しかし、半世紀も前の東京大学です。留学をしていた若手教官の頭の中には、文部省の規則など念頭にありませんでした。二年の留学期限を少しくらい超えても、東京大学の学内の事務処理で何とかなるだろうと考えていました。

何の連絡もせずに遅らせるのはさすがにまずいと思い、あらかじめ七月の半ばごろ、都市工学科の事務室宛に手紙を送り、八月十六日から一週間ぐらい遅れるかもしれないと申し入れをしました。ところが、それに対して何の返事も来なかったのです。東大本部の事務はいざしらず、当時の東大の学科の事務は、それほどおおらかであったのです。

初めは一ヶ月の欧州旅行を考えました。一都市につき三日ぐらいついやせば十都市ぐらいは訪問できます。ところが実際私は、ボストンを出てからまずカナダのトロント、モントリオール、アイルランドのダブリン、そこからイギリスに入りグラスゴー、エディンバラそしてロンドンへ出てフランスのパリに行き、さらにドイツに渡ってハンブルグを起点とし、ブレーメン、ケルン、ルール地方の五都市を訪れました。その後、ベルギーのアントワープ、オランダのロッテルダム、アムステルダム、デンマークのコペンハーゲン、スウェーデンのストックホルムと、合計二十都市を渡り歩き、日本に帰ってきたのです。

ボストンを離れたのが八月十日、帰国が九月三十日でした。カナダと欧州滞在は五十日におよびました。一都市平均二・五日くらい滞在していたことになります。はじめは一ヶ月くらいのヨーロッパ滞在を予定していたのですが、実はたいへんな大旅行であったのです。

それにしても金のない貧乏旅行なので、できるだけ効率的に歩き回りました。これこそ若さの情熱がそうしむけたのでしょう。

これだけは見逃せない欧州旅行

限られた予算で、ヨーロッパの都市の何をどう見て回るのが効率的か。

私はそのとき、二つの分野を考えました。一つはニュータウン開発です。

一九三〇年（昭和五年）ごろ、つまり第二次大戦以前からイギリスを中心に、欧州では大都市の人口集中に対応して、郊外に住宅・商店・工場が計画的に配置された、ニュータウンをつくろうという考えがありました。私の関心は大戦後の大都市の急激な膨張拡大に対応して、ヨーロッパのニュータウンはどのような役割を果たしてきたのかという点です。特にロンドン郊外のニュータウンは、どうしても見る必要がありました。

昭和三十年代の日本は、住宅公団をつくって大阪・千里ニュータウンを始めとして、東京の多摩ニュータウン、名古屋市北部の高蔵寺ニュータウンなど、英国型のニュータウンをつくろうとしていました。私がアメリカに留学する前から、イギリスのニュータウン情報は日本に十分に入っていました。一方でアメリカではニュータウンはあまり関心を持たれていませんでした。むしろ郊外に大きな住宅街をつくる単純な都市開発が普通でした。

二つ目の関心は、第二次大戦の空爆により大きな被害を受けた大都市中心部の再開発でした。

日本では大都市の中心部は米軍の空襲で壊滅的に焼き払われました。我が国の大都市戦災復興事業についての、欧米の再開発から学ぶものは何かを探りだしたかったのです。この点では、ヨーロッパの大都市、ロンドンやロッテルダム、そしてエッセンの再開発はぜひ見学してみたかったのです。

事情は異なりますが、再開発はアメリカでも一九六〇年代から活発に始まっていました。この場合は犯罪が多くて貧しい少数民族の市街地をどう取り除くかという、冷酷な資本主義的再開発でした。ボストンでもイタリア人が住んでいた陽も当たらない街を更地にしてそこを役所が買い、その土地に州政府の建物や市役所をつくったり、道路を整備したりしました。

私はこの留学を利用して、アメリカとヨーロッパの再開発の違いを見てこようと心に決めていたのです。

徒歩で国境を越える

まず、私はボストンからグレイハウンド・バスに乗ってナイアガラフォールへ行きました。その理由はナイアガラの滝を見たかったからです。

ナイアガラはアメリカとカナダの国境にある滝です。その滝の上流にある橋を渡ってカナダに行きます。その国境の入国管理局はのんびりとしていました。なぜならば、ここに来る観光客はほとんどアメリカ人とカナダ人だったからです。

留学中、デスバレーとグランドキャニオンには行きました。壮大な大自然の景色を堪能しました。岩の変化、地層の変化、川が谷を切り開いた深い谷底など、陸地の変化の凄さを目の当たりにしました。

　そしてナイアガラでは、水の凄さに圧倒されました。観光船に乗って滝壺の下まで行くと、まるで地球の床をえぐるような轟音が響き渡っていました。ナイアガラはエリー湖という大きな湖の水が、オンタリオ湖に流れる、湖と湖の間をつないでいる滝です。その滝の幅は、日本の華厳の滝や那智の滝の幅に比べて、百倍以上の広がりをもっていました。とにかくすごい水の量でした。日本で決して体験することのできない、自然の巨大さと人を圧倒する自然の力を身をもって体感しました。

　私も他の観光客と一緒に橋を渡りました。入国管理局のボックスがありましたが、出入国は勝手に記入する自己申告でした。私はそのまま申告もせずにアメリカ人と同じように気軽に国境を通過してしまいました。そのときには何も気が付かず……これが後で大変なことになるのです。

トロントの美しき商店街

観光客のオバさんたちと一緒にカナダに入り、またグレイハウンド・バスに乗ってトロントまで行きました。

　トロント市はオンタリオ湖に面したカナダ一の大都市です。私が訪れた一九六五年（昭和四十年）の都市人口は六十万人ぐらいでしたが二〇一〇年現在は周辺市を合併して二百五十万人と大膨張をしました。

　トロント市は無限に広がる大平原がオンタリオ湖に接するところにつくられた都市です。規則正しい格子状の道路と、美しい湖岸線、それに都心部の超高層ビル群の集積は、シカゴ市とよく似ています。商品取引と金融に特化した点も、この二大都市は似ています。欧州にもアジアにもない北米独自の商業の大都市です。五大湖地域ではシカゴが「長男」都市、トロントが「次男」都市といえるでしょう。しかしシカゴ市に比べてトロント市はとても清潔で美しく感じられました［P70／fig 9］。

しかし清潔であることは反面、大都市の奥深さ、つまり欲によろめく人間臭さを感じさせないことです。そして、トロントの街には全く起伏がありません。そのことがこの都市を簡単に理解できるという心理的透明性を外来者に与えてしまうのでしょう。

栄養は十分あるけれど人を感銘させるだけのおいしさがない食事にたとえられる都市でした。

カナダはアメリカに比べて白人社会でした。特にイギリス系の人たちは、味気ないくらい清潔です。それは国民性でしょう。ですから後で訪問したフランス系の市民が多いモントリオールには、私にとって心地よい人間味がありました。ケベックに行くとさらにフランス系の人たちが多くなりますから、街に楽しさ、明るさがあふれてきます。

もっとも、世界で一番きれい好きはドイツ人でしょう。毎日主婦は窓枠のサッシまできちんと拭きとり、出窓に花を飾ります。ただドイツの食事はまずい、ついでにイギリスの食事もおいしくありません。

当時、トロントには都市計画的に関心を惹く街づくりはありませんでした。

しかし、都市計画家の私にはぜひ見たい場所がありました。

中心市街地にある商店街と、州庁や市役所が集まる官庁街にはさまれて、南北に走るベイ通りが通っています。その通りに広がる街並み修復事業をぜひ見たかったのです。この都市計画用語である修復は英語で「Rehabilitation」といいます。

アメリカ滞在中に訪れたシカゴでは、市役所で貧民街シセロの「Rehabilitation」の話を聞きましたが、トロントの場合はそれとは対照的に普通の市民が暮らす街の「Rehabilitation」でした。

ベイ通りは若者やあまりお金のない外来者が買い物に来る商店街でした。その商店街の一つ一つの建物を改築して高さ、屋根の形、正面の窓といった建築デザインを揃えて、通りとして統一のとれた街並みをつくろうという景観改善の「Rehabilitation」でした。〝美しき商店街づくり〟といってもよいでしょう。

このような事例は当時アメリカの大都市ではフィラデルフィアのソサエティーヒル通り以外にありませんでした。その仕事の実状を見てみたかったのです。

実際現場を見て、アングロサクソン人はこんなに立派な仕事をするのかと、舌を巻きました。英国でいうヨーク風の街、つまり妻入りの（正面から見ること）スレート葺き三角屋根で三階建ての建物がきれいに並び、外壁は部厚い板を横羽目にきちっと張って、出窓にはきれいなレースのカーテンがかけられていました。そしてそれらの建物の二階や三階には、学生や若い世帯が住んでいるのです。英国の元気な地方都市の中心街がそこに展開されていたわけです。

私はまだそのとき欧州には行っていなかったので、欧州の美しい街並みを知りませんでした。ですからその端正だけれど活気ある街の手直しに感銘しました。

そこにはアングロサクソン移民がこい求める、故郷のよき街の〝レプリカ〟があったのです。文明評論家ジェーン・ジェイコブスはニューヨークの再開発を痛烈に批判した後、このトロントに移り住みました。しかし彼女はカナダの街に言及はしません。多分彼女はここで〝欧州版の良き市民ギルド（協議会）〟がつくり出した街並みを見て、満足したのかもしれません。ただし、はっきりといえばそのような街はこのベイ通りの一筋だけの話でした。

セントローレンス川とトロント

トロントはセントローレンス川を抜きにしては語れません。セントローレンス川は五大湖と結びついていて、昔から日本の高校の世界地理の教科書にも載っていた、水上交通で有名な川です。トロントが面するオンタリオ湖は五大湖の中で一番東にあります。ミネソタ州で掘った鉱石や石炭、ウィスコンシン州で収穫された小麦は、シュペリオル湖やミシガン湖を通り、セントローレンス川からアメリカ東海岸の諸都市に向けて輸送されます。欧州からの工業製品や繊維製品は、この川と湖を通って、アメリカの中西部にあるミネソタ州まで運ばれました。この五大湖とセントローレンス川によって、アメリカの中西部とカナダの南東部は欧州と強い経済的なつながりを持っていたのです。実際、トロントの面するこの川には、底が浅くて大きな貨物船が頻繁に往来していました。

この川は、アメリカの地図で見ると、カナダの南東部、田舎も田舎、人が住んでいないところを通っています。当初私は、この航路はこんなに北をぐるっと回ってヨーロッパへ行く、大変な遠回りな航路だと思っていました。それよりもニューヨークやボルティモア、フィラデルフィアからヨーロッパへ行くほうが近いんじゃないかと思っていたのです。

　ところが地球儀を回して位置関係を確かめると、私の思い込みは間違っていたことがわかりました。セントローレンス川の河口には、ニューハウンドランド島があります。ここは北緯五十度です。この北緯五十度をずっと東にたどっていくと、英仏海峡からドーバー海峡に達します。つまりトロントを出た船がまっすぐ東にいくと、ドーバー海峡に通じるわけです。そこにはポーツマスとかルアーブル、アントワープといった英・仏・ベルギーの重要な港があります。セントローレンス川はこの一番短い航路につながって、結局はヨーロッパと結びついているのです。ですから、カナダのモントリオールやケベックに、フランス人のコロニーができたのです。アメリカの地図だけを見ていたのでは、この事実に気づきませんでした。セントローレンス川は、アメリカ中西部の繁栄を導いた川なのです。

トロントの都市再開発計画

私が留学していた一九六三年（昭和三十八年）ごろ、トロント市について、私には三つの関心事がありました。それらは私だけの関心事ではなく、世界中の若き都市計画家の関心事であったと思います。

　ひとつは新しい市庁舎の建設です［P70／fig 10］。新庁舎はこれまでの古い市庁舎が狭くなったため、建て替えられました。国際設計競技によって、フィンランドの建築家、ビリオ・レベリら四人の案が選ばれて、一九六五年、ちょうど私がトロントを訪れた年に完成しました。その形は見事なものでした。その優美な美しさに溜息をつきました。二つの円弧の帯の建物が中央に置かれた議事堂を包み込む全体像は、誰もが予想しえなかった造形の結晶でした。完成直前のその姿を目にした私は幸運でした。

　都市計画的な説明をすると、ここは第二次大戦後、あまり住環境の良くない古い中華街があったところで、すでに市庁舎建設予定地として一九五五年に取り壊されて空き地となっていました。

二番目の関心事は、広域的な都市計画行政の実現でした。一九五五年（昭和三十年）ごろから我が国においても、小さな市町村を合併させて、効率の良い市町村行政を進めることが、中央政府の主導で進められていました。その象徴的な出来事が昭和三十七年に我が国で起きました。それは北九州の門司、小倉、戸畑、若松、八幡の五市が合併して北九州市になったことです。この事実を、のちにルール地域広域都市計画連合で話したところ、ドイツでは全く起こりえない事件が日本で起きたと驚嘆されました。ちょうどその時期（昭和三十七〜三十八年ごろ）に、トロント都市圏内の市町村は、合併ではなく、行政事務の大半を共同で行う〝一部事務組合〟トロント広域行政協議体を発足させました。その最も重要な行政事務が都市計画でした。その広域都市計画のうち、トロント中心市街地計画に関する都市圏計画の公式計画をトロント市役所で入手できたので、それを紹介します［P71／fig 11－13］。

三番目の関心事は中心市街地の再整備（Renewal：再整備、Rehabilitation: 修復、Conservation：保存）です。トロント市は一九六三年に〝A report of the City of Toronto Planning Board〟を発行しました。これは第二次大戦終了後、初めてトロント市を〝総点検〟し、二十世紀末に向けてトロント市中心市街地（Down Town）を思い切って整備する都市計画報告書でした。その報告書の概要を説明します。

まず初めにこのDown Town地区の土地利用の現況を示しています［P74／fig 14］。それをもとにして一九八〇年を目指した総合計画図（General Plan）を作成し［P75／fig 15］、そこに主要都市機能をグルーピング化しています［P76／fig 16］。同時に道路等の交通施設の計画も作成しています［P77／fig 17］。三番目にDown Townを構成している主要地区ごとの整備計画を図示しています［P78／fig 18。中心業務市街地］。

私にとって興味があったのはUniversity Ave. の東側を通るBay Streetの北部地区に見られる建物修復でした［P79／fig 19］。この通りでは、通常の建物の高層化による再開発ではなくて、イギリスの地方都市レスターの中心市街地のように、二〜四階までの木造の戸建て建築物を道路に並べることで、欧州の地方都市の雰囲気を再現する試みが進められました。その結果、この街並みはトロント大学横の大学市街地にふさわしい姿をつくり出しました。その場所はVillageと呼ばれました。

ここで参考に、トロント市の建築物の用途別規制［P80／fig20］と、中心市街地の建築物の用途別規制と容積規制［P80／fig21］を示しておきます。

典型的なフランス都市、モントリオール

トロントからバスに乗ってモントリオールへ行きました。トロントからの距離は五百五十キロ、バスで休憩もいれて七時間半ぐらいかかりました。結構な距離でしたが残念ながら途中の景色は記憶にありません。

モントリオールは初め、セントローレンス川に沿った低地に、穀物や材木を輸出するフランス人の港町として発達しました。そこが〝下町〟です。それが一九六〇年代ごろから、広くカナダの産物の取引をする貿易と商業の街に成長していきます。その主役はイギリス系カナダ人でした。港のある下町からすこし離れた小高い丘の麓に新しい〝山の手〟の街がつくられてきました。

人口は一九六五年（昭和四十年）ごろで百万人ぐらい。二〇一〇年現在は百七十万人、都市圏人口は二百五十万人のトロントにつぐカナダ第二の都市です。

この都市の下町はフランス人がつくった典型的なラテン型都市です。途中で英国軍に占領されましたが、フランス軍が取り返した後、いろいろな民族を呼び寄せフランス人が支配する都市として成長していきました。私が訪れた一九六五年ごろは、市民の約四分の三はフランス語を話していたということです。現在はそのほかにイギリス人、ユダヤ人、ポーランド人、ドイツ人、オランダ人などが居住している国際的な街です。

港のある下町には、私が訪れた一九六五年ごろはまだ、賑やかな商店街と安宿がつらなっていました。道は狭く、ごちゃごちゃしていました。路地に入ると仏蘭西的な小さい食堂（ビストロ）やカフェがたくさんありました。その路地には夕方になると赤い灯、青い灯が灯ります。その街灯の下で、縦に割れるスカートか

らむちっとしてたくましい太股を露わにした女性がたたずむ、とても人間臭い街でした。酒場の二階の窓には赤いカーテンが揺らいでいました。そこはこの女性たちが客と付き合う部屋でした。ジプシー占いも店を構えていました。私がアメリカで訪れた街の中で、このような雰囲気の街はボルティモアでした。ここもフランス人がつくった街です。一方で〝山の手〟の丘の上には高層のオフィス街とマンションが集まっていました。山の手の街割りは格子型で整然としていました。この山の手の町はイギリス人がつくりました。この下町と山の手の間の丘の斜面には、幅広く長い緑地が介在していて、はっきりと二つの街を分けていました（その後、この緑地の帯に高速道路が建設され、山の手と下町が分断されて、下町がさびれてゆくことになりました）。

市役所を訪れると、実直な技師が街を案内してくれました。彼の母国語はフランス語で、英語はとてもたどたどしいものでした。

彼は親切に、仕事が終わったあとに、私を市街地の中にあった彼の自宅の一軒家に連れて行ってくれました。その一軒家は街の中心部には全く不似合いでした。郊外で見かけるベランダ付きで庭に大きな広葉樹が何本か植わっているような家だったのです。その彼の家の隣には、最近校地を拡張したのでしょう。私立大学の校舎が迫っていました。そこから元気な学生の声が聞こえていました。そのベランダの籐椅子に腰を下ろし、次のような話をしてくれました。

「つい第二次世界大戦前までは、ここは中心市街地に接してはいるけれど、典型的な戸建て住宅地であった。しかし、戦後急速にオフィスや学校、病院が建つようになり、この戸建て住宅地が次々と壊されていくようになった。昔は街の中に緑がたくさんあったのに、なくなってしまった。長いつきあいをしていた友人たちの家も壊されて、オフィス用地になってしまった。この原因はすべて、トロントに拠点を持つアメリカと英国の資本がここに進出してきたためである。彼らが良い雰囲気の古い町を壊している。私はこの街をトロント型の都市にはしたくない。私は日本人が好きである。日本人の感受性の強さはフランス人に通じるところがある。東京はアメリカ化してもらいたくない」

こう話してニコッと笑いました。この笑顔はフランス人そのものでした。

彼の律儀さとその笑顔は忘れることができませんでした。彼はその後、どうしているのでしょうか。

初の飛行機搭乗、そしてヨーロッパへ

モントリオールからロンドンに向かう飛行機はプロペラ機でした。渡米したときは船でしたし、アメリカ横断にはバスとフォルクスワーゲンを使いました。私にとって生まれて初めての飛行機搭乗でした。

たしかロッキード社製のキャラベルという四発機でした。当時は燃料タンクを満タンにしてもニューヨークやトロントからロンドンへ直接行ける飛行機は、ほとんどありませんでした。途中、アイルランドの一番西にあるシャノン空港に、民間機は給油着陸をしていました。

もともとシャノン空港は第二次大戦のとき、アメリカからヨーロッパに送り込まれたB17、B24、B29といった大型の爆撃機が途中着陸するためにつくられた、軍事目的の空港だったのです。本当に周りには人家が一軒もない、森もない人里離れたところにある空港でした。

シャノンに無事着いたのですが、給油が終わった後もなかなか飛行機が飛びません。しばらくすると職員が来て、「ロンドンは霧が深くてヒースローに着陸できません。飛行機はここで一泊することになりました」と、私たちに告げました。

「翌日、このカナダエアの飛行機がヒースローに行くが、それに乗る乗客は？」と聞かれました。百人ぐらいいた乗客のうち三分の二ぐらいはシャノン空港で一泊することになりました。残りの人たちは、航空会社が手配してくれたバスに乗り、ダブリンまで行くことを希望しました。ダブリン空港から乗り継ぎであちこちらに散らばっていく乗客たちでした。しかしそれでも全員がバスに乗れず、五人あぶれてしまいました。急ぐ旅でもないし、あえて私はこのバスに乗れない五人組に入りました。残された私たちのうち、三人はどうしても今日中にロンドンに着かなければならないというので、航空会社がタクシーを調達してきました。

手配されたのは、十年以上使い古したような古いロ

ンドンタクシーでした。車体はベコベコ、シートのスプリングはギシギシ、そこに無理矢理五人乗り、アイルランドのシャノンからダブリンまで横断しました。随分長い距離を走りました。後で測ったら、二百キロぐらいありました。五時間はゆうにかかりました。

アイルランドを横断してわかったのですが、この国はまるで木が一本もない岩の国です。岩が盛り上がって陸地ができたので、土は表面に浅くのっかっているだけです。一見、畑に見えるところも、掘っても、掘っても石が出ます。土より石が多いくらいです。アメリカの小麦畑のような広大な畑は全くありません。小さい畑の周りは石で囲っています。風除けでしょう。そんな石ころだらけの畑でジャガイモをつくっていいます。これではジャガイモもたくさんとれるわけがありません。アイルランドで十九世紀にジャガイモ凶作による深刻な飢餓が発生しました。この石ころだらけの畑を見て、私は〝それは当然である〟と思いました。この風景が延々と続きました。

途中、休憩で停まったところは日本でいえば昔の「峠の茶屋」みたいな所でした。その大きさは二十坪くらい、小さな建物でした。壁は石積みです。その壁に小さい窓がくりぬいてあります。扉は厚い木の扉。この茶屋の構造も大西洋を渡る強い風から身を守るためにそのようになったのでしょう。建物の中はとても暗く、木のテーブルとこれまた木の長椅子がおかれていて、そこで五人が背を丸めてだまりこくって熱い酒入りのコーヒー（アイリッシュコーヒー）をすすりました。裸電球がひとつぶら下がっていました。ジュースやサンドイッチなどの軽食は前もって航空会社が買ってくれていました。

その店で売られているものは、安く店ざらしになったものばかりでした。

ふと見ると、置き時計が一つありました。暗い店内の中で見ると、それはものすごく価値がある商品に見えたのです。その乾電池式の時計には「ＮＡＴＩＯＮＡＬ」と書いてありました。松下電器（現パナソニック）の商品でした。それがアイルランドの田舎にあるのです。この小さな商店の中で、一番の高級品だったのです。一九六五年（昭和四十年）にこんな田舎にまで日本の商品「Made in Japan」が置いてあるとは、私はびつくりして感動しました。時計を買うことは、すなわち松下製の乾電池を買うことになります。この乾電池を売る松下はスゴイ会社だと思いました。

この商売の仕方、どんなへんぴなところの商店にもまず商品をおくというやり方は、戦争前、森下仁丹が中国の奥地で行った商売と同じでした。大阪商人のすごさを見せつけられた思いがしました。

当時、時計にせよ電気製品にせよ日本が売り出した生活用品は、アメリカにおいてもヨーロッパにおいても、なかなか競争力がついていませんでした。ですから私がユタ州の大砂漠で遭遇したダットサンとこの〝峠の茶屋〟の置き時計は、感激の感激の日本製品だったのです。

イギリスやフランスでは、当時、松下は商売になりませんでした。安くてデザインが悪い、しかし故障はしない。そういう電気時計を買う国は、ヨーロッパでもあまり裕福ではない国です。アイルランドはそういう国の一つでした。だから大阪商人（松下）はそういう国々をまずターゲットにおいたのでしょう。そこから欧州の主要国に進出していったのです。

それから数年後の一九七〇年ごろ、私は再び欧州に出かけオランダのロッテルダムに立ち寄りました。タクシーに乗りましたら、ディーゼルエンジンの車で、えらくガタガタしていました。その車はいすゞのベレル（鈴という意味です）という車でした。当時、無謀にもいすゞはディーゼルタクシーをつくったのです。しかし、結局はガソリンタクシーに負けました。乗り心地が悪かったからです。いすゞは自動車をつくっていないオランダやベルギーに「これは頑丈な車です！」とベレルを売り込みました。タクシー向きの車は、頑丈が一番で乗り心地はどうでもよいと考えたのですが、この戦略は失敗しました。

現在、ヨーロッパのタクシー業界には韓国のヒュンダイとキアが入り込んでいます。このような後発の自動車メーカーの車は、まずヨーロッパのタクシー業界で使われます。どれだけ耐久性があるか、乗り心地について客の不満はどうかと、車の性能がテストされます。その結果を次の自動車生産に反映させて品質が向上していきます。それと同じことを、今から五十二年も前に、日本の家電メーカーは、ヨーロッパの裕福ではない国アイルランドで実行していたのです。

石の街、ダブリン

タクシーは無事ダブリンに着きました。

最初から、ここはなんて暗い街だろうと思いました。なぜならば、新しいガラス張りの国際建築が一つも目に入らず、背の低い建物が雑然と並んでいたからです。建物は全部石でつくられていました。アイルランドはまるで神から恵みを与えられなかった国だと思いました。

雑多性という点では、ダブリンは日本の地方都市に似ていました。たとえば同じ北国の港町でいうと当時の新潟を連想しました。そのころの新潟の商店街の建物の大部分は二、三階建てで高層ビルはありませんでした。ダブリンの街の商店は煉瓦と石でできた小さな建物でした。建物は並んでいますが、フランスやドイツの都市のような、街の中心街にみられる統一性がありません。日本のように無秩序に肩を寄せあって建物が建っていました。

アイルランドは裕福ではない国だったので、街にも資金がありませんでした。したがって小商人たちが自ら自分たちの店を手直しする。そういう点では、ダブリンに親近感を覚えました。当時の日本の貧しい街を、そこに投影できたからです。

ダブリンにはお日様が燦々と照っている印象がありません。いつも曇り空。十八世紀から続く煙突からの石炭の煙で、薄汚れた建物が多かったからかもしれません。

次世代の都市づくりの参考になる明るさやモダンさもない、そういう街がダブリンでした。しかし、何か人間の心の奥に染みこんでくる魅力がある都市でした。ここでは、ペシミスト的な小説が書けそうです。アイルランドの作家、ジェイムズ・ジョイスの小説『ユリシーズ』は、ダブリンの街にものすごく影響されたそうです。

小説だけではなく、ダブリンの街には、ムンクやルーベンスが描く北欧、オランダの冬の風景に共通している暗さがあるように思いました。

市民は、厚手の雨に強いツィードを、着つぶすぐらい着るそうです。生地が厚いから型くずれしないのです。男性のみならず女性も黒や焦げ茶など、厚ぼったい服を着ていました。

エンゲルスが「住宅論」を書いた街、グラスゴー

ダブリンを後にして、私はグラスゴーとエディンバラに行きました。

一番興味があったのがグラスゴーです。ここは、産業革命のとき、マンチェスターと同じように石炭で栄えました。実際、街の中心から少し離れた低所得者住宅街に行きますと、百年前と同じように石炭の煤を毎日のように吸っている炭鉱労働者の建物がずらっと並んでいました。この風景は産業革命のころのイギリスの絵や写真によく出てくる風景と同じでした。

ドイツの政治経済学者フリードリヒ・エンゲルスがこの地で「住宅論」を書きました。ですからこの街を見に行きたかったのです。

私が訪れた一九六五年（昭和四十年）ごろ、事前に私がアメリカで集めた都市計画資料では、ヨーロッパ全体では明るい街づくりの報告がたくさんありました。グラスゴーもそれなりに、明るい部分があると期待していましたが、ありませんでした。ダブリンと似ていて、重い石の建物はありますが、そこで新しい街の再開発は行われていませんでした。

戦後、世界中ではやったインターナショナル・アーキテクチャー（ガラスと鉄を使った軽い高層ビル）がこの町にはありませんでした。その代わり、重い石造りのロウハウス（日本でいう長屋です）がたくさんありました。しかし、当時でもグラスゴーの長屋とロンドンの長屋では大きな違いがありました。

ロンドンでは街中からちょっとはずれたところでも、こじゃれた煉瓦と木造の長屋がずらっと並んでいるところがあります。長屋といってもその一戸一戸は大きくてしっかりとしています。

産業革命のころにはそこに、小金持ちが住んでいたそうです。メイドさんが三階の屋根裏部屋にいて、二階は自分たちの部屋、一階は応接間、地下には下男がボイラーをたいている……そういう家が並んでいました。

第二次大戦が終わると、長屋を構成している一戸一戸の家主は長屋の一階、二階、三階を独立させて小さな貸家にいました。あるいは小さいけれどこぎれいなホテル、ペンションに変えていきました。ヒースローからロンドンの中心部へ行く途中に、アールズコートという場所があります。ここにはたくさん、このような恰好の良い長屋があります。

しかし、グラスゴーで見たロウハウスは、それは悲惨な建築でした。同じ二階建てでもロンドンなら一階の天井高は三メートルぐらいですが、グラスゴーではせいぜい二メートル三、四十センチぐらい。一戸の間口は四メートル（二間）程度、といった本当に小規模なものでした。台所の煙突からは灰色の煙が立ち上っていました。その臭いから石炭を使っていることが判りました。また便所が各戸になくて、一階に共用便所がある長屋もありました。そして手入れがとても良くないのです。夜逃げしたような空き室もたくさんありました。

第二次大戦が終わり、あらゆる都市が元気に再開発されているのに、エンゲルスが「住宅論」を書くだけあって、グラスゴーでは産業革命から百年たった一九六五年時点でも、労働者階級はそこで生活し、そこから脱けきれずにいたのです。

こういう暗い街並みが、中心市街地から離れた、私たちが見過ごしてしまいそうな谷の窪みの住宅地に、負の遺産として残っていたのです。

中心市街地もロンドンと違って、つまらない格子状の道路ででき上がっていました。しかし、街の中心広場には有名なパブがあり、多くの人たちがそこで楽しんでいました。私が泊まっていた安宿にもパブがあって、そこで黒いイエールというスコットランドのビールを飲みました。しかしそこに来ていたおじさんたちの英語は、アクセントの強いスコットランド訛りがあってさっぱりわかりませんでした。それが一九六五年のグラスゴーでした。

あこがれをもってヨーロッパを訪れたわけですが、その初めにダブリンとグラスゴーを見たことは、ヨーロッパにもまだこういう街がある、という本当の顔を知った貴重な経験でした。

グラスゴーは石炭で栄え、その後造船業でもっと栄えました。石炭で鉄をつくり、鉄を元にしてイギリスが一番得意とした船づくり、鉄道づくりをしました。グラスゴーは第二次大戦前までは本当の工業都市でした。

その都市が第二次大戦後のエネルギー革命と高度の機械革命、情報革命で振り落とされてしまったのです。後でわかったのですが、ヨーロッパにはグラスゴーだけでなく、衰退した工業都市がたくさんあったのです。

明るい都市エディンバラ

次に行ったのがエディンバラです。エディンバラは当時でも観光都市でした。一番印象的な場所はロイヤルマイルという女王陛下がエディンバラ城へ入城する際に、歩かれる石畳の場所です。この道に面した建物には騎士が住んでいたので〝サムライ〟の街です。

エディンバラの中心市街地の街並みは、非常にきれいでした。エディンバラ城の東側にあるプリンセス通りには、しゃれた店、伝統的ないかめしい店などが並び、グラスゴーでは想像できない端正な商店街でした。アメリカから来た、金を持った観光客がたくさん大声でおしゃべりしながらその街を歩き回っていました。

エディンバラとグラスゴーは距離でいえばせいぜい五十キロぐらいしか離れていません。しかしグラスゴーと違ってエディンバラは明るい都市です。プリンセス通りからは、海が見えます。海にむかってきれいな住宅街が広がっていました。一方でグラスゴーは海の近くにあるのに海が見えません。いろいろな意味で、この二つの街は対照的でした。

エディンバラの町で〝アパートの玄関ブザー〟について他愛もない話がありました。夕方、日も落ちたころ、プリンセス通りの裏側のアパート街を食事する場所を探しにぶらぶら歩いておりました。そのとき気づいたのですが、アパートの玄関に並んでいる押しボタンに、たまたまポツンと赤色かピンク色の光がチカッとついている住戸がありました。しかもその名札はイニシャルのみの女性名でした。そのボタンのあるアパートは街のある一画にかたまっていました。興味本位に押せばとんでもないことになるかもしれません。好奇心をぐっと抑えてホテルに戻って、ホテルのおじさんに聞きました。彼はニヤッと片目をつぶって小指を上げ、ガールとささやきました。つまり商売女の部屋だということです、残念ながら金のない旅の若者には無用の情報でした。しかし、その情報伝達のやり方はいかにもイギリス的だと思いました。旅人はいざしらず、地元の人たちには衆知の事柄だったのでしょう。

アーバンデザイン型ニュータウン、カンバーノルド

グラスゴーから東に二十キロメートルくらい離れたところに、カンバーノルド（Cumbernauld）という街があります。そこにニュータウンをつくる計画があるというので行ってみました。当時はちょうど事業が始まったばかりで、まず住宅建設があちらこちらで進められていました。中心商店街の建設はまだまだでした。建設事務所があり、そこにいたプランナーから話を聞くことができました。

彼らは、ここは「第二世代のニュータウン」になると私に説明をしてくれました。「第一世代のニュータウン」はロンドンの郊外に集中しています。

第二世代とは、ニュータウンの中で、買い物にいく商店街をこまやかに住宅地内に配置するのではなく、ひとつにまとめて大きな商店街にして、車での買い物をしやすくした街です。

一九五〇年代の第一世代のニュータウンは商店街に歩いて買い物に行きました。歩行者を大事にする街づくりがなされていました。スティブネッジがその代表例です。

一九六〇年代の第二世代は、車で商店街に買い物に行けるニュータウンです。歩いて行ける小さい店は品数も在庫も限られています。日本のショッピングセンターと同じで、無数の商品の中から質が良くて安いものを探すには、大きい商店街でないとできません。自動車で来ればまとめ買いもできます。自動車に適応したニュータウンになります。

一九七〇年代の第三世代になるともっとニュータウンはその外側の地域との結びつきを強めます。格子状の道路のどこにでもいいから大きなショッピングセンターをつくります。ニュータウンの外側の街からも地域の住民はどんどんここへ来て、買い物をするように

なります。外側の地域も影響圏にいれることで集客率を高めようとするわけです。ロンドン郊外のミルトンキーンズがその代表例です。

カンバーノルドは、この第二世代に属していました。カンバーノルドではニュータウンの立派な道路の真上に、人工地盤をつくり、そこにショッピングセンターをつくったのです。

カンバーノルドは自動車を主としたニュータウンの先駆けでした。

私は事務所のプランナーからその話を聞いたとき、ショッピングセンターを高速道路の上に建てて、本当にうまくいくかどうか疑問に思いました。自動車が増えると自動車利用の買い物客は、このセンター商店街だけではなく、ニュータウンの外側のショッピングセンターや、昔からある街の商店街にもでかけていきます。ニュータウンのセンターは買い物を独占できる力を失ってしまうのです。

たとえばニュータウンに隣接する集落の横にも、民間の商業資本によって大きなショッピングセンターができます。このショッピングセンターのほうがカンバーノルドのセンター商店街より大きければ、カンバーノルドは負けてしまいます。

一九七〇年（昭和四十五年）ごろ、私は再びカンバーノルドを訪れることができました。道路の上の建物ですから、デザインが良くありません。ニュータウンの外側にある地元の商店街は、建物がこぎれいで、歩道を歩くのも安全で楽しく、店には魅力ある商人がいます。しかしカンバーノルドの商店街はすべて機械的でした。システムとしては成り立っているけれど、人間味がなく魅力がありませんでした。正午ごろであるのに、買い物客は全くいませんでした。センター内ではすでに多くの店が閉まってシャッター街になっていました。

むしろ、私がこの地で感激したのはショッピングセンターではなく、木造二階建ての長屋住宅でした。この長屋のデザインはとても美しく機能的でした。

一つの住宅団地の中に、こういう長屋型集合住宅が六つぐらいあり、それらを結びつける開放的な渡り廊下があります。その廊下の途中には若奥さんたちが赤ん坊をつれておしゃべりできるコーナーがあったり、子どもの保育所がありました。とてもいい住宅地でした。

カンバーノルドの中心部につくられた、ワンセンター（one-center）システムの商店街は、チャンレンジャブルな試みでした。アーバンデザイナー、つまり街並みをつくる建築家たちの面白い試みだったのですが、結局は失敗しました。

その後、何度かカンバーノルドへ足を運びましたが、今やこのショッピングセンターは廃墟です。取り壊されたという話も聞きました。

買い物客はニュータウンの外側に立地した大型店に行くようになったからです。カンバーノルドでは計画時にはアーバンデザイナーが誇らしげに語ったワンセンター商店街が、完全に崩壊しました。それに対して二階建て住宅長屋は使い勝手が良く、ここに住む住民は、住宅団地を設計したアーバンデザイナーを評価しているという皮肉な結果を生み出したわけです。

カンバーノルド訪問の理由

私がカンバーノルドの名前を知ったのは、学位論文を取得し、アメリカ留学を考えていた一九六二年（昭和三十七年）ごろでした。昭和三十年に発足した日本の住宅公団はすでに東京や大阪に大規模住宅団地を次々と建設していました。その時期、私たち、日本の若き都市計画家がたよりとしていたニュータウンはイギリスのスティブネッジであり、ハーロー、ヘメル・ヘムステッドでした。これらの住宅団地設計の基本は、住民の買い物歩行距離（おおむね一キロメートルくらい）ごとに小さな買い物センターをもうける、いわゆる居住地区を中心とした街のつくり方にありました。

ところが、一九六〇年ごろから、イギリスでも急激な自動車時代を迎えて、歩いて行ける小さな商店街配置から、自動車で行く大きなショッピングセンターを街の中心におく住宅団地計画に変化する時代になりました。そのチャンピオンとしてカンバーノルドニュータウンがイギリスから日本に紹介されたのです。

たまたまそのとき、私が属していた東大建築学科の高山研究室に、名古屋の近郊につくられる高蔵寺ニュータウンの設計依頼がとびこんできました。住宅公団の指示では、歩行者にたよる千里ニュータウン型の住宅団地ではなく、自動車時代に対応できるニュータウンを考えてくれという依頼でした。歩行者依存のマルチセンターから自動車を使うワンセンター型の中心市街地を設計してもらいたいという注文です。私はこのニュータウン計画の交通施設の分野をまかされていました。図面で見るカンバーノルドの中心商業地区は、高速自動車道路の上に人工地盤の敷地をつくり、そこに商業センターをのせる計画でした。高蔵寺ニュータウンでは、そのような挑戦的な試みは行えませんでしたが、商業機能をワンセンターとしてまとめるニュータウン設計を行いました。私にはこのような経験があったので、欧米の都市視察をするのであれば、絶対にカンバーノルドニュータウンをこの目で確かめたいと決心をしてイギリスに向かったのです［P82／fig22－24］。

いよいよロンドンへ

ロンドンに着きました。そこでは欧州の歴史の厚みに圧倒されました。ボストンですらロンドンの二番煎じであると思いました。

ロンドンの第一印象は「世界を支える大都市」。この地は英国の歴史の重みを市街地の石造りの建物の上にどっしりと乗せているように思いました。ちなみにパリの第一印象は「世界を刺激する大都市」です。ニューヨークは「世界を動かす大都市」といえます。

エディンバラからは飛行機でヒースローに着きました。英国海外航空（British Overseas Airways Corporation略称ＢＯＡＣ）のバスが、ヒースローからエアターミナル（ロンドンの市街地の入り口にあたる所）まで走っていました。東京でいえば箱崎のような所です。そこでバスを降りました。ここはロンドンに入るのに、ちょっと一息つける場所でした。私にとってはすべてが初体験、精神的にも気負っていたのでしょう。

このエアターミナルのデザインは非常にモダンでし

た。待合室は広くて窓が大きく、イスもゆったりしているので、時間にせかされずにこれからの段取りを考えることができました。そのモダンさが旅人に安らぎを与えていたのです。

どこに泊まるか、ホテルを見つけるのがまず一苦労です。エアターミナルのインフォメーションセンターで、ベテランのおばちゃんに相談しました。

私は貧乏なので中心市街地のホテルには泊まれません。事前に地図で調べておいたアールズコートという学生街にホテルがないか聞きました。するとおばちゃんからは「アールズコートは高い、安くても一泊十ドルはする」と言われてしまいました。

ユーストンという上野駅みたいな駅があります。その周りにないかと聞きましたが「アンタの財布に見合うようなところはない」とあっさり言われました。

諦めきれず自分でアールズコートへ行き、宿を探すことにしました。しかし、どこも高い。ひどいところは私のなりを見てすぐ「一杯です」と断わりました。十数軒ぐらい訪ねたでしょうか。結局宿を見つけることができませんでした。

三時間後、再びインフォメーションセンターのおばちゃんのところへ戻ってきました。するとおばちゃんは「ウエストケンジントンならオススメの宿があるよ」と言いました。ケンジントンというと、ロンドンではものすごく価値のある場所です。東京でたとえるなら千代田区か文京区です。ケンジントンで泊まれる宿があるならいうことはありません。しかし、おばちゃんに「ケンジントンじゃなくてウエストケンジントンだから」と念を押されました。

ウエストケンジントン

エアターミナルから地下鉄に乗りました。しばらく地下鉄に揺られていましたがなかなかウエストケンジントンには着きません。ちょっと不安になりました。ケンジントンの地続きとしては時間がかかりすぎたからです。

ようやく到着して駅から上がってみると、そこは完全に貧乏人が住む町でした。まともな大学生なんていません。薄汚い労働者ばかりでした。戦争前から建てられている二階建ての貧乏長屋が連なる街でした。駅の周りには飲み屋、タバコ屋ぐらいしかなく、アルコール依存症のおじさんがうろついていました。そんなところに私の宿がありました。なるほど、インフォメーションセンターのおばちゃんが、何度も念を押した意味がやっとわかりました。ウエストケンジントンはケンジントンとは全く違う場所だったのです。

でもその宿は、質素ながらもちゃんとしたサービスを提供してくれました。宿料は七ドルだったと思います。居室も食堂も清潔でした。なによりありがたかったのが、おいしいパンを朝食に無料で提供してくれたことです。イギリスの地方都市に行くと、郊外住宅地の住宅にB&B（Bed and Breakfast）と書かれた看板がかかっているところがあります。その横にOccupiedとかVacantという看板が窓からぶら下がっています。これは民宿の一軒家が、ベッドと朝食を提供することと、予約済みか空室かを示している看板です。ですから朝食付きは民宿では一般的なことであったのです。

それと一番安心したのは、部屋が二十室くらいしかない小さな安宿の親父さんが、何かと私に細かく気を配ってくれたことです。危ない場所を教えてくれたり、近寄ってはいけない売春婦などの話をしてくれました。きっと健気に街を歩き回るアジア人の貧乏学生を可哀想に思ったのでしょう。

金がないために、ホテルでパンを食べ、街中のコーヒースタンドでコーヒーを飲み、夜は雑貨屋で食い物を仕入れて宿に帰る……寂しいものでした。でも、この安心できるホテルに泊まれたこと自体が幸せでした。

ウエストケンジントンは寂しい町でした。でも四、五日もいるとだんだん馴染んできました。

私のホテルの前に、瓦礫を積み上げた大きな空き地がありました。宿の親父さんが「あそこは第二次大戦のドイツ軍の空爆にあった場所だ。しかし地主の会社が手を付けないので戦争の名残がずっと残っている」と説明してくれました。実は私はロンドンの街で再開発の現場を何箇所か見に行きましたが、それらはすべて同じような戦災復興の後始末の場所だったのです。

ロンドンは煉瓦でできている街です。煉瓦は燃えません。爆撃をしても東京のように大火にはなりませんでした。ドイツ軍は爆撃を続けましたが一面焼け野原にはなりませんでした。第二次大戦後は、爆撃されたところだけが再開発の対象になったのです。

そこをどのように再開発するかがロンドンの都市計画家の腕の見せ所でした。そこには労働者用の住宅、つまりカウンシルハウジング（日本でいう公営住宅）という典型的な五、六階建ての建物（住宅）がたくさんつくられました。

公営住宅団地

戦災復興再開発がどのようにデザインされているか、実際に公営住宅団地（Council House）を見に行ってみました。

その再開発でできた住宅団地はデザイン的に優れていました。低所得者用の団地でしたが、住棟の一戸の床面積も日本の公営住宅の一戸より大きかったのです。我が国で建設が進んでいた中所得者対象の住宅公団の団地よりも優れていました。

我が国の公団団地では、すべての住棟に日光があたることを義務づけていました。ですから、住棟はすべて東西軸の南面に居室を設ける平行配置でした。そのため団地の住棟計画はどうしても単調になりました。それに対して英国の公営団地の住棟は、日照時間の最短限度を定めていません。これは英国では曇りの日が多く、日照時間が日本より大幅に少ないからかもしれません。したがって住棟は東西軸もあれば南北軸もあります。住棟を口の字形につなげて大きな中庭をつくることもできます。鍵形に住棟を配置することもできます。ですから、住棟計画に変化が生まれてきます。

住棟間の外部空間はいろいろな種類の使い方が可能になります。その結果、住宅団地は外から見た場合、デザイン的に変化が生まれ、恰好が良くなったのです。

次に住棟の間にはコミュニティセンターや保育所、小さな図書館がつくられて、団地の生活機能が一段と高くなります。住棟のデザインも玄関を少し奥まって設けたり、バルコニーを設けたり、屋根をのせるなどの工夫をして見映えがよくなります。あらゆる点で日本の団地よりも美しく、センスも良い団地がそこに出現していました。

団地がある場所は昔から、労働者が住んでいるので貧しい土地柄の場所です。しかし、昔のように建物が密集して陽が当たらない、悲惨な長屋住宅はもうそこにはありませんでした。広場があり、陽の光が注ぐ、健康的な町づくりがされていました。

当時の英国の公営住宅団地は見事な都市計画的作品でした。私は強い文化的衝撃を受けました。

英国型戦争復興事業の話をもう少し続けましょう。

私がヨーロッパを訪れたのは、第二次大戦後からすでに二十年たっていましたから、大部分の復興事業は完成した直後でした。ですから建物も団地も新しかったのです。また、住民も若い世代が入居した直後でした。それだけに私にはまぶしく見えたのでしょう。イーストエンドの真っ只中でテームズ川に近いウェストニー・アンド・ポプラ地区やホワイトチャペル地区の団地はその典型でした。しかし他方、テームズ川の南岸にエレファント・アンド・キャッスルという復興事業地区がありました。そこだけは事業が進行中でした。ここの特徴は他の地区と異なって、地区の真ん中に南北方向の大きな街路がつくられることでした。

私が行ったときには、その拡幅工事の真っ最中でした。ブルドーザーが動き、土埃がたち、そのそばに半壊の煉瓦住宅が残っていました。その現場は東京オリンピック以前の青山通り拡幅工事と全く同じでした。街路拡幅と建物再開発が結びついていく事業は、ロンドンでもとても手間取る仕事だったのでしょう。

実はそのときロンドンで見た道路の拡幅事業はここだけでした。あとの住宅地再開発には、幹線道路の拡幅や新築が結びついているところはありませんでした。

ヨーロッパの都市ではローマ帝国の時代から馬車道が発達していました。もともと道の幅員が大きかったのです。日本の都市のように、昔から人道であった街路を、自動車のために大改造するという仕事はほとんどなかったのです（イギリスのロンドン、オランダのロッテルダムやドイツのフランクフルトなどを除いて）。

しかし、日本の戦災復興事業は、戦後の土地改革で誕生した大量の小規模宅地の地主を相手にして、道路と建物をつくり直さなければならない難事業だったのです。この日本の仕事は、欧米の都市計画家から見れば信じられないほどの精密で注意深い仕事であったのです。

ロンドンの中央官衙街計画

ロンドンに滞在中、ＨＭＯ（政府印刷物センター）を訪れたときに、たまたま手に入れた英国の中央官衙街改造計画書があります［P86／fig25－27］。実際にはこの計画は実現しませんでした。我が国においても、今から十五年ほど前（小泉政権の末期）に霞が関を高層化し（そのときの対象は財務省、農水省、経産省、そして当時の総務省の建物でした）、都内に散在する中央省庁施設を霞が関に一元化する計画が、私を委員長とした委員会で図面として作成されました。しかし、そのまま何らの進展も見せませんでした。

このロンドンの中央官衙街改造計画は当時（一九六五年）、立派な出版物としてまとめられたのですから、当時の英国政府は真剣に検討を加えたのでしょう。実現できなかった経緯は未知です。

バービカンの再開発

ロンドンの市街地では、ドイツ軍の空爆によって工場街や住宅街とは別に、都心部の業務地域の一画も破壊されました。その場所はセントポール寺院の東側、ロンドンの中心部であるシティ・オブ・ロンドン（the City of London)に隣接したバービカンという地区でした。日本でいうなら日本橋の金融街のはずれ、八重洲・京橋といった所でしょう。ロンドンのオフィス街再開発の出発点はバービカンだといわれていました。

たしかに、そこの再開発の仕方は公営住宅団地の設計とは違っていました。そこは、オフィスや商店をつくったり中産階級向けの住宅をつくったりする土地柄の場所だからです。ホテルや会議場も必要な場所でした。

ケンブリッジにいたときも、バービカン再開発の模型写真を何回か雑誌で見ました。その都市デザインの質の高さに驚きました。それは二十世紀の王城をつくったように壮大でした。古典的な平面計画が秀逸でした。中心に置かれた半月形の広場を柱列のようにオフィス棟が囲んでいました。たとえて言えば、ギリシャのアゴラと野外劇場のイメージを現代化したといってよいでしょう。しかしその町の個々の建物のデザインと仕上がりを直接に目にしたときに、イギリス人の設計能力はこんなものかと、ちょっとがっかりしました。

たしかに新型のオフィスビルができ、金融機関や商社が集まり、新しいサラリーマンに向けた住宅もでき上がっていました。しかし建築全体がコンクリート打ちっ放しで、窓周りは工場生産型のパネルがくり返し並べられていました。全体としては単純な外観の白っぽい十二、三階程度の高層棟が板状に並んでいるだけという安っぽい印象でした。私の受けた印象を率直に言うと、それは建築デザインからきたものではなく、施工された建築物の建築費が抑えられたために生じた、外壁の貧弱な質によったのかもしれません。

戦後の国際建築のなかで、一番流行ったデザインは、コンクリートに化粧タイルをはらずに、そのままで仕上げるという〝打ちっ放し〟という手法でした。さらに、プレキャストコンクリートといって、工場でコンクリートの板をつくり、その板をつなぎ合わせて壁をつくることが流行りました。パネル工法といわれました。

しかし、現場にきて、その建築群の立面像を直視したときに、期待は失望に変わりました。ここでの印象は、一つ一つの建物のデザインが、再開発の全体像の中にかくれてしまって建築物の個性が目立たなかったのです。

〝高層棟のデザインは、アメリカ人のほうがすぐれている〟と思いました。当時ニューヨークの高層ビルはガラスと鉄骨を多用してビルの外観を構成していました。窓はカーテンウォールが主流でした。

ところがバービカンではコンクリート壁と小さい窓が多用されていました。これは当時のヨーロッパがまだ戦後の回復期にあったので、建築に潤沢な資金が投入されなかったからかもしれません。他方で当時は世界中の富がニューヨークに集まっていました。一九六五年（昭和四十年）ごろには、建築史に残るような高層ビルが次々と建てられていました。たとえばシーグラムビルやレバーハウス、パンアメリカン航空の本社ビルだったパンナムビル（現メットライフビル）などです。ところが、ロンドンのバービカン再開発では、シンボルになる高層オフィス棟もあくまで全体の再開発の一部であったのです。なにも目立つ必要がなかったのです。

そうであってもバービカンは見事戦災復興を成し遂げたのです。再開発の規模は大きく、六本木ヒルズの三倍ぐらい、つまり二十ヘクタールぐらいありました。超街区〝スーパーブロック〟という新しい再開発の手法を用いて住宅、商業、オフィスビル、三つの機能をうまく組み合わせた町づくりでした。デザインはもうひとつでしたが、計画〝プランニング〟は見事でした。

バービカンは〝ロンドン・シティ〟が拡大した場所でした。豊かな商人、外国の商社マンなどがそこに集まってきました。さらに多くの観光客もここに集まるようになりました。

なぜならば、バービカンからは再開発中にローマン・ルイン（ruins）（ローマ人の遺跡）が出てきたからです。ローマ征服者（ローマ人）がイギリスに渡り、砦をつくった遺跡がバービカンで発見されたのです。歴史的価値がある場所に、ハイクラスの住民、つまりビジネスでも成功した住民が暮らしているのがバービカンであったのです。

バービカン・センター

バービカン（Barbican）はシティ・オブ・ロンドン内の北側の一地区です。Barbicanの意味は〝城の外側の砦〟。ここは今やヨーロッパ最大の文化施設集積地といわれています。しかしもともとは一九四〇年（昭和十五年）十二月から始まったドイツ空軍の大爆撃で完全に破壊されたロンドンの中心市街地です。第二次大戦後、戦災復興計画にもとづいて、種々の提案が一九五二年ごろからなされました。しかし本格的な再開発組織として、バービカン住宅開発公社が一九五七年に設立されました。この公社はまずバービカン地区北側に二千戸、四千人収容の集合住宅を一九六九年までにつくりました。地区の東側に四十階以上の高層住宅棟を三棟つくりましたが、その他の集合住宅は六〜七階建てです。以降、この公社が事務所棟や芸術施設、学校、病院をバービカン地区につくることになります。多様な芸術活動を展開するこの施設群はバービカン・センター（Barbican Centre）と呼ばれています。ロンドン交響楽団の本拠地もバービカン・センターにあります。この公社の活動は一九七六年まで続きました。

現在、バービカンは、住宅とともに国際金融機関の一大集積地です。

本書ではフランスの建築雑誌「A. A.」八十八号でUIA（国際建築家連合）が行った、〝世界の大都市の再整備〟（一九六〇年）の編集結果からバービカンの図版を紹介します［P90／fig 28・29］。

イーストエンド

バービカンから二十分ぐらい東に歩いたところにホワイトチャペルという地区があります。ここは典型的なイーストエンド、あまり治安がよくない下町です。

大きなバス通りの西側（バービカン側）には高級住宅や事務所があり、反対側（ホワイトチャペル側）には英国人がいません。インド人、パキスタン人、ベンガル人が住んでいます。まるでインドの汚い町といった光景がそこにありました。煉瓦造りの古い建物の中に何家族もが生活しています。洗濯物が所狭しと干され、玄関は半分壊れている、つまりスラム街がありました。

しかし、そこには貧乏なりに安定した地域社会ができているように見えました。なぜならば、私と同じアジア系の移民が集まったところですから、何となく緊張せずに歩けたからです。

実は二〇一二年のロンドン・オリンピックが行われた場所もイーストエンドです。ホワイトチャペル地区よりもかなり東に行った地域です。そこは昔の鉄道操車場があったところでした。その他に建築廃材や中古車置き場、そして壊れかけの倉庫がありました。たぶんいわゆるジプシーもいたかもしれません。そして低地です。この場所をきれいに更地にしてオリンピック会場にしたわけです。しかしそのオリンピック会場の周りにはまだ〝国際的な貧乏人〟がたくさん集まっています。インド人、東ヨーロッパ人、黒人、そしてイラン人もいます。本当に国際的な居住地です。しかし汚くて貧乏人の集まる街です。このようにロンドンでは明確な階級社会が市街地の中にはっきりと存在しています。その現実を目にして私は再び強いカルチャーショックを受けました。

地下鉄でウエストケンジントンからホワイトチャペルへ行くと、バービカンを見ないで貧乏人のところへ直接に行けます。私はウエストケンジントンにいる貧乏人でしたから、貧乏人が貧乏人の町に行くという心理的なつながりがあって、そう怖くなかったのです。私に近寄ってくる人が、人なつっこいお兄ちゃんに見えたりしました。しかしバービカンから歩いてホワイトチャペルへ行くとしましょう。まずバービカンでは私も、「おれは知的な都市計画家で、それなりの大学の研究者である」なんて心意気に舞い上がります。そのままの気持ちでホワイトチャペルに入るわけです。そうなると、とてもおっかない町に思えます。犯罪がヒタヒタと押し寄せてくるような、近寄ってくる人たちが私を襲ってきそうな気になります。空間が断絶した場合と連続している場合では、同じ場所がこれほど違って感じられる不思議な体験でした。

ささやかな楽しみ

お金はありませんでしたが、一つだけささやかな楽しみがありました。ハイドパークの道路沿いにロイヤル・アルバート・ホールという公会堂があります。東京でいうと九段の日本武道館のようなホールです。サントリーホールほど品が良くありません。手元の資料で調べてみますと、アルバートとは有名なビクトリア女王のご主人の名前だそうです。クラシックだけでなく、ジャズからポップスそしてミスワールドの世界大会にまで使われているホールです。収容人数は七千人ぐらいで、BBCプロムナードコンサートが夏になると毎年開かれています。大衆的な音楽会場と思ってください。ロンドン・シンフォニーオーケストラの演奏会があって聴きに行きました。

曲目はヘンデルかハイドンの交響曲だったと思います。ヘンデルはイギリス人。ハイドンはドイツ人ですが、二つの曲目はともに古典で、誰の耳にも心持ち良く聞ける小楽器編成の軽い交響曲です。

正統の音楽愛好者はテームズ川の南側にあるロイヤル・フェスティバル・ホールに行きます。ここは古典音楽、バレエの常設会場です。BBCシンフォニーオーケストラとかロンドン・フィルハーモニー管弦楽団といった、世界で一流の交響楽団はそこで演奏会を行っています。

ロイヤル・アルバート・ホールは、専用の音楽ホールではありません。ですから子どもを連れた若い家族や街のお兄ちゃんも聴きに来ていました。深刻な顔をした熱心な古典音楽ファンのおじさんの集まりとは違って、会場は明るい雰囲気でした。

音楽会に行くと心が和みます。私は美術館よりも、音楽ホールに行くのが好きなのです。性格がそうなのかもしれません。この欧州旅行中にも、アムステルダムではロイヤル・コンセルトヘボウ管弦楽団、ストックホルムでもストックホルム交響楽団の演奏会を聴きに行きました。

演奏会の切符を手に入れるのは簡単です。その街で有名な音楽ホールをまず見つけ、その切符売場に行って、今晩か明日の晩の音楽会で一番安い切符を買えばよいのです。音楽会の聴衆はオペラや芝居と違って着飾らず普段着です。そこは社交場ではないからです。金持ちや偉そうな人たちが集まって、これみよがしにおしゃべりをすることもありません。聴衆は一人一人の集合体です。ですからそこに黒人がいようが、アジア人がいようが、ムスリムがいようが差別的な目で見る白人はいません。コスモポリタン的な雰囲気がホワイエ（ホールのロビー）にあります。そしてみんながちょっとインテリっぽい、しかし金には無縁そうな集合体です。人々の会話もぼそぼそとあまりはずみません。しかしそういった演奏会の演奏前や幕間の光景が、私は大好きでした。

私はロンドン滞在中、大英博物館には行きませんでした。アールズ・コートでスポーツの試合も見ませんでした。ロイヤル・アルバート・ホールで何回かポピュラーコンサートを聴けたことが最大の満足でした。

必見ニュータウン

都市計画の話に戻りましょう。

都市計画の若き学徒としてロンドンで見ておかなければならないのは、ニュータウンでした。スコットランドで垣間見たカンバーノルドは第二世代のニュータウンで古典ではありません。都市計画の教科書に載るニュータウンは、何といってもロンドン郊外にあるレッチワースです。ここはまず第一に見るべきニュータウンです。

ここはロンドン市役所の書記だったエベネッザー・ハワードが、市役所を辞めて不動産業に転じて、一九一一年（明治四十四年）に完成させたニュータウンです。しかしその実体については、私の率直な言葉をつかうならば、郊外に建設された田園型戸建て住宅団地です。

その次に見なければならなかったのが、一九三一年に同じくハワードが造ったウェルウィン・ガーデン・シティ。そして戦後のニュータウンの象徴的存在である、スティブネッジです（一九四六年）。その他にも一九六五年ごろまでにハーローなどロンドン郊外に五つか六つニュータウンがつくられました。しかしレッチワース、ウェルウィンとスティブネッジはニュータウンの御三家です。これらを見ることによって、都市計画の原点を確認でき、当時の私は確信しておりました。世界中の都市計画家と対等に語り合えると、

ロンドンからレッチワースには、長距離バスが出ていました。長距離といってもレッチワースまでの距離は、東京から川越や平塚ぐらいの距離（約三十キロ）です。そのバスはロンドンの東京駅といわれるヴィクトリア駅から出ていました。そのヴィクトリア駅は商店街の裏に隠れたように存在していましたから、簡単に見つけることはちょっとむずかしい。東京で言えば、古い新宿駅東口のような雰囲気でした。東京駅のほうがずっと立派です。

そうはいっても歴史的にはヴィクトリア駅のほうが東京駅より古い。しかし駅前広場はあまり大きくありません。その広場からレッドラインとグリーンラインという近郊バスが出ていました。

レッドラインは近距離、グリーンラインが長距離でした。たしか市営バスだったと思います。私はグリーンラインに乗ってレッチワースに行きました。

朝九時にそのバスは出発しました。通勤時でしたが都心とは逆方向の住宅地に向かうのですから、乗客は

少なかったのです。二階建てバスで定員は六十人ぐらいでしたが、乗っていたのは年寄り五、六人。ビジネスマン五、六人。全部で十人ぐらいでした。まるで貸し切りバスでした。トコトコ進んでヴィクトリア・ステーションから十五キロぐらいという所まで進むと、それまで延々と続いていた長屋住宅の市街地が突然なくなり、田園風景が広がりました。

広大な牧草地に馬がポツンポツンといて、きれいに手入れされた林が点在していました。その林の間に見えたのは、茅葺き屋根の大きな木造屋敷だったり、焼き煉瓦を積み上げて壁をつくった大邸宅でした。

そこはイギリスの貴族の大地主が、畑にしたり牧場にしたり狩り場にして持っている別荘地でした。牧草におおわれた丘と丘の間には、ブルックと呼ばれる小川がありました。その小川のふちには水草が赤や黄色の花を咲かせていました。田園とはまさにこの景色をいうのだと思いました。その景色は、うかがいしれもしない特権階級の富と権力がつくりあげていたのでした。

この牧場と林が途切れたところに、小さな街がありました。そこをすぎるとまた牧場と林、そのむこうにレッチワースのニュータウンがあったのです。

ロンドンの中心市街地をとりかこむ、この田園の景色をつくりあげている土地はすべて大地主が所有しているので、市街地が外側に広がっていかないのです。ロンドンの市役所の役人は、大地主と相談して「あなたたちの土地の税金を安くするから市街地にするのはやめてほしい。あなたたちの邸宅も土地も、現状のままの土地利用であれば資産価値が下がらない。しかし変なものが建ったり、変な人たちが住み着いたら資産価値が下がりますよ」と勧告をします。多分これらの大地主は田園地域に土地がある限り膨大な固定資産税は払っていないはずです。役所と大地主の談合によって、グリーンベルトができているのです。

このグリーンラインのバスから、ロンドンの有名なグリーンベルトの本当の姿を私は目の当たりにしました。

大地主についてちょっと批判的なことを言いましたが、この田園地帯がロンドン市民のためのリクリエーション地域になっていることは事実です。昔の地主の館を転用したリゾートホテル、ゴルフ場、乗馬クラブ、ヨットハーバー、コッテージ村が全部グリーンベルト内にあります。

このグリーンベルトの景色は、牧場、畑、林そして小さな集落が一体となってつくりあげた、世界の都市のどこにもない素晴らしい田園風景でした。誰もがそう感じるでしょう。ですからイギリスでは都市計画ではなくて、〝都市・田園計画〟が成り立つのです。

グリーンベルトを抜けるのに、バスで三十分ぐらいかかりました。改めてイギリスは階級社会だからグリーンベルトが成り立っていることを実感しました。

それに比べて日本は、戦争に負けたので大地主の土地はみんな国に没収され、小作人に開放されました。小作人は自作農になると、その土地に貸家住宅をつくりました。それを食い止める政党はありませんでした。その結果、郊外は荒れました。

このグリーンベルトを通る間、私は土地利用の視点が国によってこうも違うことを思い知らされました。日本とアメリカは原則として、自分の土地に自分の建物は建てられます。建築自由の原則です。この原則を公共側が規制することはとても困難です。ところがドイツ、フランス、イギリスは自分の土地に自分の建物を建てられません。建築不自由の国なのです。この原則を民間側が自由にゆるめることは公共側から禁止されています。ですから、このロンドン郊外の大地主も自分の土地に自由に建物を建てられないのです。

イギリスでは、その公共側の規制によって維持された大地主の田園を、労働者階級のリクリエーションの場に提供する。この大地主の行動は貴族の果たすべき社会的義務(Noble's Obligation)であるのです。

こう考えると、日本は何と気楽な社会か、それに比べればイギリス人は大変だという思いもわき上がってきました。

レッチワース

グリーンベルトを抜けると小集落が点在します。そのひとつがレッチワースという新都市です。

この街の第一印象は、ニュータウンというより品の良い古典的な戸建ての住宅地でした。英国で大金持ちの住宅地といえば、敷地は一千坪から二千坪ぐらい、そこに百坪以上の豪邸が建っているところです。ところがレッチワースの住宅は、一九一〇年(明治四十三年)ごろの大企業の課長や役所の部長が住む中産階級向けの住宅地でした。なぜならば、エベネッザー・ハワード自身がロンドン市役所の課長だったからです。自分の属している階級のことは良く知っているから、自分の体験で街をつくったに違いありません。

これらの中堅サラリーマンは、この住宅地から鉄道で三、四十分かけてロンドンに行く、それが住宅地経営の本当の狙いだったのでしょう。しかし同時にこの住宅地のそばに工場や商店も呼び込んで、中産階級住民の自給自足の街をつくることが、ハワードの理想だったのです。その理想を彼の著書『明日の田園都市』に著したのです。

しかしレッチワースは新都市といっても、二十世紀の初めは自動車もなく、鉄道だけでロンドンと結ばれていました。自動車の便がよくないこの都市に、外部からの人たちの通勤を必要とするオフィス街や工場団地ができるわけはありません。結果、新都市は住宅都市になりました。比喩的に見れば、東京でいうと西武池袋線の所沢市を越えた、狭山市とか入間市の台地にこのニュータウンが造られたという感じです。

レッチワース・住宅都市はさほど計画人口も多くなかったので(人口三万人ぐらい)、駅前広場も大きくありませんでした。せいぜい旅客用馬車(キャリッジ)が何台か止まれば十分でした。バスの停留所も自家用車の駐車場も、全く考えていませんでした。煉瓦でできた駅舎に隣接して、赤い瓦屋根のパブがありました。一階は労働者のパブ、二階には食堂と金持ちのためのクラブがありました。私は一階のパブで「ギネス」を飲みました。

広場の向こうに酒屋や金物雑貨屋、食料品店など、五、六軒商店がありました。道路は昔の四輪馬車のための馬車道ですから、石の舗装でした。

駅前の大通りには、杖をついた老人が歩ける並木の歩道がありました。これらを自動車時代に置き換えると、馬車道はそのまま自動車になります。石畳の歩道はそのまま緑道になります。

その道路に面して並ぶ住宅一つ一つの敷地は、大体

三、四百坪あります。道路と敷地の境界線から五メートルぐらい離れて住宅が建っています。敷地には数本の落葉樹が植えられていますが、残ったところは芝生と花壇でした。イングリッシュガーデンにしつらえた庭をもつ住宅も多数ありました。庭づくりが目立つ街でした。樹木が少ないので街全体は明るく、敷地境界には塀がありませんから、建物はお互いに近づき合っている感じがしました。

一つ一つの住宅の床面積は五十坪から六十坪ぐらい。ですから建蔽率は二十パーセント以下、容積率は三十パーセント止まりです。大部分の建物の屋根は茅葺きです。屋根裏の三階は倉庫になっています。そういう住宅が延々ときれいに並んでいました。垣根は全部木柵に植木をからませてあり、街路樹は巨木になって道路を覆っています。電柱、電線はありません。そして看板がどこにもありません。大きな道路の交差点は、必ずラウンドアバウト（ロータリー）になっています。

一九一一年ごろ、この郊外住宅都市に移ってきた住民は、多分インド人やエジプト人を下女、下男として使っていたのでしょう。彼らの部屋はこの屋根裏の三階にありました。レッチワースも階級社会の都市でした。しかし同時にとても見映えのする街でした。こんな住宅地には東京の田園調布でも成城学園でも及びません。敷地の規模、道路の広さが違うのです。

このロンドンと東京の差は何でしょうか。私はここでも日本の街づくりの貧しさを、徹底的に教え込まれました。この街は百年たった現在でも、創建当時の建物は、そのまま残されています。その落ち着いたたたずまいは全く変わっていません。

イギリスの階級社会を皮肉るわけではありませんが、レッチワースは丘の上にあるニュータウンでした。この住宅都市ができるまで、古くからあったオールドレッチワースの街は、丘の下の谷間にあります。このダウンタウンには、日本の新興住宅地のように小さな棟割長屋がびっしり建てられていました。そこが一般庶民が住む街、労働者の街でした。レッチワースニュータウンは、保守党の街、ダウンタウンのレッチワースは労働党の街でした。

今から約五十年前の一九六五年、日本の団地は若い人と子どもであふれかえっていました。毎日オモチャ箱をひっくり返すような大騒ぎが団地の中では続いていました。しかし、私が訪れた当時のレッチワースは、街ができて五十年たっていました。全体に老朽化が進んでいました。立派な住宅地なのに街を歩く人、立ち話をする人、そして庭を手入れする人もほとんど見かけませんでした。子どもも見かけませんでした。あとは、道路を乗用車が通るだけです。全体に静かな街でした。多分生活はつまらなかったはずです。レッチワースでこのような、丘の上の、品の良い老人の住む住宅地と丘の下の商人と若者の繁華街の対比を見ることができたのは、思わぬ都市計画上の収穫でした。

ウェルウィン

レッチワースの帰りにウェルウィンに行きました。

この街は一九三一年（昭和六年）、ちょうど私が生まれたころにできた町です。レッチワースと街の雰囲気がガラッと変わります。

何が違うかというと、私の訪れたときは、つくられてからまだ三十年と少しぐらいでしたから、人が多い。特に若い人が元気よく歩いている街でした。人通りがある街並みがウェルウィンの駅前にできていました。

ウェルウィンでは、ちょっとした買い物は駅前商店街で大体済んでしまいます。レッチワースと異なって駅前商店街を計画的につくったニュータウンでした。

ウェルウィンはレッチワースよりロンドンに近く、グリーンベルトとロンドン市街地との境目にあります。この街では駅前の中心部に戸建て住宅はありません。三階建ての長屋住宅です。イギリス人は長屋住宅のデザインがうまいです。一九三〇年スタイルの長屋住宅ですから、戦後のニュータウンであるスティブネッジやカンバーノルドよりずっと昔風で、人間味があります。駅前通りに並ぶ建物の外壁に色のついた化粧タイルを張った小さな商業建築群も、まるでサンタクロースの昔話に出てくるような家並みをつくりあげていました。

都市計画家としてはレッチワースよりもウェルウィンのほうがとても参考になりました。まず住宅敷地の密度が高い。したがって住宅の敷地は戸建てでもレッチワースの半分ぐらいに小さくなっていました。駅に近いところでは百五十坪から二百坪程度でした。駅の周りは、三階建て長屋と四、五階の集合住宅で街が構成されています。高層住宅はありません。道路の幅はレッチワースより狭く、道路の両側の住民の行き来が容易でした。

もう一つの特色は、自動車時代を考えた駅前広場をつくっていたことです。バスが何台も停まれる場所が設けられていました。このウェルウィン初訪問から三十年たって、一九九五年にこの街を再訪しました。そのときには、駅舎に接した鉄道線路の上部にショッピングセンターが増築されていました。駅前広場が大きくなっていました。さらにウェルウィンの街では、レッチワースより色彩が増えました。

レッチワースの建物は自然主義的で茅葺き屋根がたくさんありました。屋根もスレート瓦ではなく、西洋瓦が多い。そして住宅の外壁も木造仕上げが目立ちました。街にはカラフルな色彩はなく、すべてが中間色でした。それに比べてウェルウィンの商店や住宅では、外壁にタイルを多く使っていました。赤い化粧煉瓦に合わせて窓枠を白くしたり、屋根はスパニッシュ風のスレート瓦の住宅もありました。駅前の商店街は赤瓦をのせた屋根つきの四、五階建てで出窓には花が飾られていました。レッチワースに比べてかわいいと思いました。イメージとしては、お金があまりない若い連中が住んでいる街でした。道路も昔風のロータリーをやめて機能的な信号付きの交差点に変わっていました。自動車を利用しやすくした街になっていたのです。戸建てではなく集合住宅が多いので居住する人の密度は高くなります。集合住宅を駅に行ける徒歩圏に配置していました。ですから駅前の商店街には、いろいろな人が集まり、ストリートライフができ上がってきます。当時はショッピングセンターがありませんでしたから、駅前商店街は個人商店の集合体でした。

レッチワースができたのが一九一一年、ウェルウィンが一九三四年、この二十数年間で交通手段が馬車から自動車へ大きく変わりましたが、重要なことは、鉄道がまだ英国の大都市では大きな役割を果たしていたということです。

レッチワースは、お祭りなど賑やかなときでも住宅地は静かでした。

他方で、ウェルウィンは喜怒哀楽を感じる、動いているニュータウンでした。

スティブネッジ

戦後ニュータウンの代表例であるスティブネッジにも、バスで行きました。今度はヴィクトリア・ステーションからレッドラインに乗りました。スティブネッジはロンドンの西側にある、真っ平らな高台に広がっています。

このニュータウンは第二次大戦終了直後、一九五〇年（昭和二十五年）ごろに工事が着手され、一九六〇年初頭に完成しました。私が行ったのが一九六五年ですから、完成した直後の見学でした。

スティブネッジは英国が世界に広く提唱した「ニュータウンはかくあるべきだ」という考えどおりにつくられた街です。ロンドンへの通勤をできるだけ抑え、ニュータウンの中に就業の場所をたくさんつくり、自給自足型の街にしようという政策のもとにつくられたニュータウンでした。スティブネッジには学校、病院、商店、事務所、工場があります。特に工場誘致には力を入れました。ですから、ロンドンにとってのベッドタウンではありません。ウェルウィンもレッチワースもベッドタウンだとは言っていませんが、基本的にはロンドンの通勤圏内にある、ベッドタウンです。スティブネッジに住む人たちは地域社会の中で職を得、学校に行っています。そのようにこの街をつくったのだと公社の専門家は、私に話しておりました。

スティブネッジの住宅地では集合住宅が主体で戸建ての住宅はほとんどありません。そこがウェルウィンとは大きく異なっているところです。スティブネッジは、完全に計画された街です。計画的である街とは、予想外のハプニングや遊びが生まれない街です。特にタウンセンターは高度に機能的に計画されました。そのため、通常の都市の中心部にあるような、いろいろ工夫をこらして客を集める店とか、ちょっといかがわしさを感じる夜の店はありません。この街は見事に機能的にできていると思う反面、この街ではいい加減な気持ちでは住めないなと思いました。その思いをつきつめていくと、カンバーノルドニュータウンで感じたことと同じです。

つまり、都市計画的に眺めるとニュータウンの平面図は見事です。しかしその平面図を立体化した建築空間の細かいデザインと建物相互の組み立て方にまで立ち入れば、深みがなく機械的であるということです。情緒的にいえば、街にしっとりとしたつややかさ、無駄な空間がないからです。

建築群は当時流行っていた国際建築的デザインです。つまり鉄とコンクリートとガラスで四角四面に設計し、屋根もない、装飾した玄関もない建物が並べられている感じでした。

ウェルウィン・ガーデン・シティとは、全く反対の機能的な建築物がそこにありました。そして長屋住宅群の中に、その中心となるかのように七、八階の高層住宅棟が、いくつか配置されていました。その高層棟は二十世紀後半の欧州文明の象徴のように際だっていました。

しかし、この高層棟こそが、その後の欧州のニュータウンがひきおこす社会的不安定さの原因になってくるのです。

その悪い現象を、スティブネッジの事務所を訪れたときに、都市計画の技術者から聞かされました。それは高層棟で起きる、階段やエレベーターといった共用部分に向けられた、若い住民のイタズラでした。その現象は、低層の長屋住宅では起きません。低層の住宅は外部から見られやすいからです。

ところが高層棟の各階の共用部は、外部と完全に遮断された密室です。しかも空中にあって地べたに接していません。そこで若者は共用空間に対する帰属意識や、そこが住居の一部であるから、維持管理をしなければならないという責任感を失ってしまいます。そこでイタズラ心から、エレベーターの扉にペンキを塗ったり、床を壊したりすると、その技術者は言っていました。。

戦前のニュータウンと違い、戦後の公的ニュータウンの居住者は、所得が低く学歴も低い世代です。その家族の子どもたちの行為なのです。

このような現象は日本の団地では起きていません。不思議なことです。国民性の違いなのでしょうか。このようにスティブネッジでは、いろいろな問題点を私は感じ取りましたが、それにもかかわらず、スティブネッジは素晴らしいニュータウンでした。まず、かくあるべきという理念を百パーセント現実化した都市計画の専門家の力量に感服しました。その力量とは、住宅を除いた分野についていえば、完全な歩行者専用道、小規模であるけれども近隣を意識した商店街、密度の高い子どもの遊び場、そして働き場所となる工場地区の整備です。そして、このニュータウンの住民がここに住み働くことに十分満足しているように見えました。老いも若きも、ここの住民は元気で活動的でした。街には活発な人の動きがありました。

これが戦後の世界の都市計画の原点である。このとおりつくっていけば、日本でも間違いなく、素晴らしいニュータウンができるな、と確信を持つことができました。

住んでいる人が五百メートルぐらい歩いていくと商店街がある。タウンセンターには役所、病院、学校、保育所がある、いわゆる近隣住区理論を実践した、第一世代のニュータウンです。

密度が高いため、街がバラバラになることもなく、相互に連絡しあう、そしてところで羽目をはずさない優等生型でした。こういうところで小市民的な生活するのは、幸福だろうなと私は思いました。

この三つのニュータウンを見たことが、ロンドンでの都市計画修行の成果です。

ニュータウンの範

スティブネッジは、英国のニュータウンのなかで最も近隣住区計画に忠実なニュータウンです。世界のすべてのニュータウンが範としたのがこのニュータウンなのです。当初の計画は一九四九年（昭和二十四年）に作成され、五〇年に政府の承認を受けています。一九六五年に私がこの街を訪れたときには、住宅棟には五階以上の高層棟がありませんでした。そのために、住宅棟のエレベーターまわりで見られるバンダリズムの被害はなかったのです。工場地区には質の良い工場群が多いためか、商店街も活発でした。何の劣悪になる恐れもない落ち着いたニュータウンでした。私はスティブネッジはまさに世界のニュータウンの立派な長男であると思いました［P91／fig30―32］。

スティブネッジの情況を説明します。まず場所はロンドンから北に五十キロメートル、レッチワースとウエルウィンニュータウンの中間にあります。人口は私が訪れた一九六五年に六万人くらいでした。一九四六年、英国の新都市法の第一号として指定を受け、全体六住区のうち、二住区が一九五一年に完成。歩行者専用道で組み立てられた商業中心地区は一九五九年に完成しました。本書に掲載したスティブネッジの「基本計画1966」は、一九六七年に住宅・地方政府担当大臣に承認されたものです。現在（二〇一六年）の人口は八・七万人で白人が九十二パーセント、黒人が二パーセント、その他となっています。

華の都パリ

ロンドンからパリに着きました。空港は市街地の南側にあったオルリー空港でした。当時、シャルルドゴール空港は建設途中でした。オルリー空港に着いたときの私の印象は、ロンドンよりも空が青く、畑も緑色におおわれ、風景の色彩が豊かだと感じました。高速道路は畑の中を走っていましたが、近くに散在している小さな町や集落には、イギリスにあったような長い棟割長屋（これらはRow Houseとイギリスでは呼ばれています）はなくて、小ぶりの戸建ておよび二軒で一戸の家が集まっていました。

その家並みを囲むように落葉樹の樹林がありました。ひとことで言えば、イギリスよりもそれぞれの村や町が個性的でした。景色は車窓から眺めていて楽しく、心を和ませてくれました。

パリにあるエールフランスバスのバスターミナルは、オルセー駅（現オルセー美術館）に隣接していました。ターミナルは小さく、ロンドンのような大きなターミナルビルではなく、停留所と平屋の案内所があるだけでした。しかし、素っ気ないけれど十分にターミナルの役目を果たしていました。

パリの宿屋はサンジェルマン通り（大学生と本屋の街）裏にある二つ星の小さなホテルでした。ロンドンの宿泊地だったウエストケンジントンに比べれば、ここは賑やかでした。白い肌、黒い肌、黄色い肌の若者が元気に通りを歩いていました。ロンドンのアールズコートの学生街よりもずっと人懐っこい街でした。すべての建物が六、七階建てのマンション街で、それよりも低い建物も高い建物もありません。これはパリの街の都市計画の昔からの掟です。一階には間口の小さな果物屋と肉屋、花屋が並んでいました。それらの商店が通りをカラフルにしていて、ロンドンよりも街を歩くのが楽しいのです。

パリは華の都と呼ばれています。それを物語っているのは、歩道に張りだしたオープンカフェです。ここは誰もが使える社交の場、勉強の場、休憩の場、そして恋愛の場です。外気に面していて開放的ですから、客の誰もが活発でほがらかになります。こういった場所はロンドンにはありません。今から考えるとロンドナーは建物の中で密やかに恋を語るとか、自分の時間を楽しむ。一方でパリジャンは家の中にいると窒息しそうになるから路上のオープンカフェでみんなと騒ぐ。どうも街のつくり方が基本的に違っていたのでしょう。

パリに着いてすぐ、私は無二の親友福原宏と連絡を取りました。彼と私は成蹊中学校の同級生、家も近く父親は共に北海道の出身ということで、本当に親しくつきあっていました。

福原宏は農学部の農芸化学科に進みました。そのころからフランス語の勉強に夢中になっていました。その動機はよくわかりませんが、生化学や遺伝学ではフランスに留学するのが一番と考えていたのでしょう。父親が外務省の嘱託医だったこともあって、当時フランス語の大家といわれた田村たつ子氏のところに通い、フランス語の腕をメキメキあげました。フランス政府の国費派遣生の試験に合格して大学院のときに、パリのパスツール研究所に留学したのです。

彼は中学生のときから私より小柄で可愛い少年でした。中学校ではどこでもイジメがあります。彼はときどきそのイジメの対象になりました。当時、私は腕力があり相撲大会で優勝しました。そのためイジメっ子からも一目おかれていました。それで何かと福原をかばいました。彼も私に恩義を感じたのでしょう。次第に私が兄、福原が弟といった組み合わせができました。しかし外国にくれば、そんな昔の間柄は何の関係もありません。特にフランスでは彼が大先輩です。彼がフランス、私がアメリカに留学、二人が会わなくなって六、七年は経っていました。

彼に会うために、彼の勤務先のパスツール研究所に行きました。そこはリュクサンブール公園にターミナルがある小さな郊外電車の終点でした。

電車は二輌編成のくすんだ緑色をしており、戦前の東京の省線電車を思わせる不恰好な形をしていました。東京でいえば井の頭線の渋谷駅から井の頭公園駅まで電車に乗ったという感じです。

研究所は森に囲まれた、スレート葺きの三角屋根で二、三階建て、そして灰色の外壁でできた古風な建物でした。昔の貴族の大別荘を転用したのかもしれません。化学実験を主とした研究者にとっては、都会のチリ・アクタと隔絶した素晴らしい研究所でした。

彼はフランスに来て七、八年たっていますから、ほとんど日本的フランス人でした。しかし久しぶりに会えば中学から大学まで一緒にいたころの思い出話はたくさん出てきます。二人とも東京オリンピックのことはほとんどわかりませんでした。ですから話は昭和二十年から三十年の闇市、外食券食堂、新宿の中村屋のカレーライスなど、戦後の食糧難のなかで生きてきた東京の話だけでした。パリの話もボストンの話もほとんどしませんでした。多分、二人に共通して沸き上がってきた感慨とは次のようなことでした。

〝あの昭和二十年代のみじめな敗戦国から、私たち日本人の二人の若者がなんとか知識と金をやりくりして欧米諸国に留学をした。文明文化の圧倒的な厚みに押しつぶされそうな切迫感を受けながら、それでも欧米諸国に滞在できている不思議さをたしかめてきた。日本人本来の好奇心と執念深さによって、どうにか白人の連中にも日本人は記憶に残る存在になってきた〟というような、お互い同士の現在の立場を確認するような話をしました。

彼は私をパリ観光に連れて行ってくれました。観光客が見物する普通のツアーです。彼は生化学者ですから都市計画のことなど全く知りません。本当に観光客気分になって、シャンゼリゼ通りからルーブル美術館、モンマルトルあたりを一緒に歩きました。小じゃれたビストロでムール貝をたくさん食べたり、モンパルナスの古本屋に行って古い地図のリトグラフを買ったり、ムーランルージュのショーを見たりしました。当時は彼も私も独身。何の遠慮もいらない、馬鹿話をする二人でした。パリはやっぱり世界の華の都でした。

都市計画家のパリ探索

彼と過ごした楽しい三日間を終え、改めて都市計画家・伊藤滋のパリ探求になりました。

私は戦後のパリの成長と変化に関心をもっていました。しかし、東京やボストンで集めた情報では、意外とパリに都市計画的話題はありませんでした。なぜならば、パリは第二次大戦中爆撃されず、その美しい市街地は無傷のまま残っていたからです。そこを再開発する都市計画的余地は、ほとんどありませんでした。ただ一つ、デファンスプロジェクトがありました。これがパリを語るときの象徴的な都市計画の仕事でした。

デファンス（La Defence）はシャンゼリゼ通りにある凱旋門の西側で、四キロぐらい離れたセーヌ川に面した丘の上にありました。ケンブリッジにいたとき、都市計画の雑誌でその開発の平面図を見て、実際はどうなっているのか是非見たいと思っていました。デファンスの開発とは、たとえるなら東京の新宿西口副都心をパリの都心からすこし離れたところにつくろうという事業です。つまり新しいオフィスビル街の開発です。

ナポレオンは砲術将校でした。大砲を上手に使うことで欧州を制覇しました。彼がパリを防衛するときに遠くを見渡せるこの小高い丘に大砲を並べて、西側から侵攻する敵軍を撃破することを考えたのです。ですから、この場所は防衛拠点（defense）だったのです。

ナポレオンとパリの結びつきでもう一つ面白い話があります。パリの主要道路の交差点は六叉路です。この六叉路にそれぞれ大砲を置きます。大砲はぐるぐる廻せますからいずれの方向からの敵も迎え撃ちできます。しかも敵軍がある交差点に到着すると、ナポレオン軍は二方向三方向の大砲でそこにむけて射撃できます。つまり変則的十字砲火が可能になるのです。パリの街の愛くるしい六叉路は美しさのためだけにつくられたものではないということです。防衛作戦の大砲の運用が基礎になって、この道路計画がつくられているわけです。パリの六叉路型の街路網にはこんな軍事上の秘密がかくされていたことを聞いて、びっくりしました。実はこの話、パリで聞いたのではなく東京で聞いたのでした。

デファンスの話をもう少し続けます。

パリにニューヨーク的な摩天楼型ビジネス街をつくるには、パリの市街地形態そのものに問題がありました。それはパリの市街地の建物の高さが六、七階におさえられているからです。しかもパリの街は全部びっしりと建物がつまっているので新しい建物をつくる空き地がありません。既存の住宅を改造して事務所にする試みもあちこちでされていましたが、それらは小規模のオフィス程度で、第二次大戦後の膨大なオフィス床の需要に応えることはできませんでした。大都市に要求された大規模高層オフィスビルを数多くつくることはできません。

ロンドンはこの問題をまず、バービカンの再開発で解消しました。フランスはデファンスでこの問題解決をしようと考えたわけです。ロンドンより五、六年遅れて事業にとりかかりました。

実際現場に行ってみました。そこは葡萄畑と墓場と貧相な農家の集落があるだけでした。その畑の一部には低所得者用の高層住宅が五、六棟建っていました。しかしそれらはデファンスプロジェクトとは無関係に建てられていた公営住宅でした。

その公営住宅を見て私は唖然としました。建物は十階建てくらいで円筒状です。その表面にハート形の窓が不規則につけられており、外壁のコンクリートは緑や黄色、青色のペンキで塗られていました。

これは建築家が独りよがりの設計をした愚作としか思えませんでした。見ているだけでここに住む人たちが気の毒に思えました。フランスでは建築家の独りよがりの図形的デザインで公営住宅が建てられる場合が多々あります。私はこれらの建築家の社会の常識を無視した建築デザインを憎みます。私はフランスの集合住宅が好きではありません。

デファンスはその後、開発が順調に進み一九七〇年ごろに第一段階の超高層のビル群が完成しました。現在は新宿西口の約二倍程度のオフィスビル群ができあがり、その中心には有名な新凱旋門ができました。

ここで、私が訪れた後にできたデファンス地区の再開発の特徴を短く紹介しましょう。最大の特徴はこの小高い丘につくられたデファンスは、その地下に道路をすべて埋め込んでしまったことです。地下道路ネットワークができ、そのネットワークはデファンスに建てられる高層建築物の駐車場すべてに直結しておりました。荷物の積卸しも地下です。その結果地下道路のネットワークが複雑になってしまい、ラビリンスのようになりました。そして地表面はすべて人のための広場になりました。しかし、広場は広大なコンクリートの床板になって、その上には木やその他の緑がひとつもありません。夏になれば、それこそ焼かれたフライパンの上を歩いているようになりました。地獄の火あぶりの現場が、デファンスの人工地盤でした。

しかしその人工地盤は東に向いており、セーヌ川越しにシャンゼリゼ通りの西端にあるエトワール（凱旋門）をくっきりと見ることができました。これは素敵な眺めでした。新凱旋門の屋上からの眺めも素敵でした。ここでは東側にパリ市街地の全景を、西側には森と畑がパッチワークのように広がるイル・ド・フランスの大平原を見ることができました。

パリで一番醜い建物

私のこのパリ初訪問のときにはなかったのですが、一九七二年（昭和四十七年）パリの街中に一箇所だけ超高層オフィスビルが建てられた場所があります。モンパルナス駅です。この建物は一九六九年に建築が着工されていますから、ポンピドウ大統領の時代です。当時のパリ市長は誰だかわかりませんが、アメリカの不動産会社の甘言に乗せられて許可を出したというわさがありました。この超高層ビルはデザインが拙劣です。茶色っぽい化粧タイルで仕上げていますが、全体としては薄暗い印象を与えています。形もちょっと角に丸みをつけたような単純な四角です。できあがったあとで、パリ市民は皆で悪口を言ったそうです。あそこはアメリカ人の資本主義の見本だと――。

もっとも、このフランス国鉄のモンパルナス駅は、駅自体でいえばロンドンのヴィクトリア駅、東京の東京駅と並べられる名門の駅です。

このモンパルナス駅の醜い超高層ビルついては、有名な話があります。フランス人がツーリストに「あなたをパリで一番、街が美しく見えるところへ連れて行ってあげましょう」と言って、その高層棟に連れて行くそうです。建物の最上階にある展望台に連れて行きます。そこからはパリを一望に見渡すことができます。フランス人は言いました。「なぜここが良いかわかりますか？　それはここにいれば、醜いこのビルを見ずにすむからです」と。

この皮肉はよくわかります。エッフェル塔に行ってもシャイヨー宮の見晴台に行っても、このモンパルナスの高層棟が見えて不快になることは確かですから。

パリの公営住宅団地

パリにもどうしようないスラム街がたくさんあります。ロンドンよりパリのほうが貧富の差が激しくて貧乏人が多いようです。

その実情はパリの地下鉄に乗って東北側に向かうとわかります。テレグラフヒルという駅があります。その駅の周辺の商店街にはアラビア系や黒人のフランス人がたくさん住んでいました。ロンドンよりパリのほうが有色人たちが目立ちます。彼らは古い長屋がびっしり建て込んだ昔の労働者階級の街に住んでいます。有名なシャンソンの女性歌手、イベット・ジローはこの貧乏な下町の肉屋で生まれたそうです。その店の外壁に彼女の名前がかいてありました。

こういう街の状況は、北アフリカのカスバに通じるところがありました（これは後の海外旅行でわかったことです）。

そしてこの商店街の背後にはつまらない公営住宅がたくさん建てられていました。

パリのこの東側の街を歩きながら、私はあることに気づきました。それは世界中の巨大都市では、街の東側に貧乏人が住み、西側に金持ちが住むということです。その理由は今でもよくわかりませんが、どうやらその共通性は確かなようです。

ロンドンはその典型です（ウエストエンド対イーストエンド）。ニューヨークもイーストリバーの東側には、ブロンクスやクイーンズといった工場地帯や有色人種が多く住む場所があります。

　パリもそうです。凱旋門の西側は高級住宅地ですが、バスチーユ広場の東側は庶民の街です。

　ロスアンゼルスもベルリンも同様に西側に金持ちの住宅地があります。そして東京も江東地区は職人と商人の街、山の手はサラリーマンの街です。どうしてこのような事態が長い歴史の過程から生まれてきたのでしょうか。不思議です。

　サンジェルマンから、第一次大戦直後につくられたという、各国の学生寮が集まった有名な大学都市のほうに南に下ると、丘の斜面にそって立て込んだ住宅街がありました。その丘の中腹を削って七、八階、長さ二百メートルぐらいの一直線状の公営住宅が突然目の前に現れました。その丘の下は小さい建物が寄り合った労働者の街です。きっとここだけその労働者の街を取り壊して公営住宅をつくったのでしょう。その結果、住戸の室内面積は大きくなり、緑も増え、駐車場もできて前の古い市街地より良くなったと市の都市計画技師は考えたのでしょう。たしかにそうかもしれませんが、この一直線の公営住宅は、古い住宅地とあまりにもその形態がかけ離れていました。ここにもフランスの建築技術者の独りよがりという悪いクセを見せつけられたと思いました。

　オリンピック前の東京でつくられていた都営と公団住宅は、これに比べたらお話にならないくらい小振りでした。地図の上で見ると、東京の公営住宅団地は積み木をただ横に並べただけのようでした。それに比べてこの一直線の公営住宅をパリの地図においてみますと、市街地を切り裂いた肉切り包丁の傷跡を見るようでした。

円と直線でできている街

　フランス人は数学の天才です。幾何学も強い。ですからフランス人の手による都市計画には円と直線が多い。パリの街は道路が直線で円のロータリーがあり、幾何学的です。

　私はこの直線二百メートル、七、八階建ての集合住宅は、人をただ詰め込んだ巨大な彫刻だと思いました。それでもフランス人は思いきってこのような造形物をつくってしまうのです。フランス人に違いないこのアーバンデザイナーは、建物の中に住む人のことよりも、その建物が町の中でいかに人の目を引くか、それを最重要視したに違いないと思いました。

フランスの都市再開発や住宅団地の図面は、幾何学的でとても美しく見えます。しかし、実際の建物は安普請で薄汚れています。公営住宅ですから予算がありません。表面の仕上げに金をかけられません。

その傾向はモンパルナス駅の高層ビルでも同じです。「オレがつくった建物を見ろ!」です。六階建ての平凡な建物ではダメなんです。エッフェル塔も同じことです。フランスの建築家はとても自己顕示欲が強い。都市計画家も同じように自己顕示欲が強い。それに比べればイギリスやドイツの都市計画家は自己抑制的です。私はちょっと根暗なイギリス人の都市計画家のほうが好きになりました。

お気に入りの店

パリに滞在した四、五日の間に、私は〝これこそパリの庶民的な観光スポット〟という店を発見しました。このことは五十年以上たった今でも、少し誇らしげに友だちに話す自慢話です。

その店はモンマルトルのサクレクール寺院の裏側にありました。北側斜面には、周りのゴミゴミした市街地とは全く異質の葡萄畑がありました。後で考えるとその畑は昔、サクレクール寺院の修道僧が手入れをしていた〝寺の葡萄畑〟だったかもしれません。一千坪程度のこぢんまりとした畑でした。その畑の横に、昔は農作業の道具をしまっていただろうと想像される倉庫らしき建物がありました。

私がその場所を発見したのは、モンマルトルの猥雑な路地をグルグルと歩き回り、疲れ果てた夕方のころでした。陽はもうとっぷりとくれて、葡萄畑も暗くシルエットのように見えました。

その倉庫とも農作業小屋ともつかない建物にオレンジ色の灯がともり、扉が半開きになっていました。入口にフランス語でメニューらしき紙が貼ってありました。

おそるおそる扉をあけると、そこはビストロでした。

正確に言うと、バンド演奏つきビストロでした。

店を準備していた中年の夫婦がニッコリと笑って、中に入れと目配せをしてくれました。店はまだ口あけだったようです。客は五、六人しかいませんでした。女主人が私のところへきて「ここにはアジア人は全く来ないのよ。あなたはよく来てくれたわね。これからの時間帯、店は賑やかになるけどゆっくりしていきなさい」と言って、ビンに入った白ワインをくれました。一応はこの葡萄畑でとれたワインだと言っていました。真相はたしかめられません。夜も更け、だんだん客が入ってきました。大部分は地元の商店や勤め人のおじさんですが、よく見ると彼らが馴染みになっている地元の街娼（街のオネイチャン）目当ての男性もワインを飲んでいました。

そのうち、ドイツ人らしい観光客も入ってきました。ピアノが鳴りだし、バンドネオンが奏でられ、年取ったおばさん風の歌手がシャンソンを歌い始めました。夜が更けるにつれて、その農作業小屋はちょっと気取ったビストロに変身しました。

その店が葡萄畑にあって、モンマルトルの猥雑な街の中にないことが、奇跡的な光景をつくりだしていました。

この店はパリを歩き回った私が、たった一つ発見した大事な店でした。女主人は親切に何時間もそこにいることを許してくれました。五十年たった現在、パリの観光案内書には、この葡萄畑にあるビストロが、外国人が行くと面白いところとして載っております。名店になってしまいました。とはいっても、その店は私が訪れたときから現在に至るまで、つぶれることなく続いていることも奇跡です。

ドイツへ

パリにいるときに、友だちの福原宏にすすめられて私は欧州どこにでも鉄道で行ける学生向けの定期乗車券（ユーレイルパス）を買いました。百ドルぐらいで三ヶ月有効だった記憶があります。このユーレイルパスを使って、私は北欧の諸都市をこまやかに訪れることができました。

ドイツではハンブルグからブレーメン、更に南に下ってルールの石炭地帯を訪れました。

なぜドイツに関心を持ったかというと、第一にドイツは日本と同じくたくさんの都市が連合軍の空爆で破壊されました。ですから、戦災復興の都市計画を見てみたいと思ったからです。

二つ目の理由は、私は大学で都市計画の他に、国土計画を勉強していたことです。国土計画の文献には、必ずルールの炭鉱地域の地方計画委員会の話が出てきます。第一次世界大戦終了後ベルリンとルールの両方に地方計画委員会ができました。この二つの地域だけは国の直轄で道路をつくったり、市街地づくりをしました。

ベルリンはドイツ帝国の象徴ですから、計画委員会ができました。第二次世界大戦でドイツが負け、ベルリンの地方計画委員会はなくなりましたが、ルールの地方計画委員会だけが残りました。

ルールには十ぐらいの都市が集まっています。それらの都市が金を出し合って、下水道をつくって水辺をキレイにしたり、大きな公園をつくったりしています。その計画づくりや、河川事業・公園事業の都市間の優先順位および具体的な場所決めをするのが、第二次大戦後のルール地域の計画委員会の役割でした。

ルール地域が所在するノルドライン・ヴェストファーレン州は二十世紀になってから西ドイツにおいて、産業復興を支える一番重要な地域になりました。日本でいうとかつての北九州炭鉱地域と同じです。良質の石炭がとれるので、ドイツの有名な重化学工業が集まってきました。一番良い例は、重機械メーカーのクルップと製鉄会社のティッセンでした。第二次大戦で活躍したタイガー戦車は、クルップでつくられました。ティッセンの鉄板でつくられたドイツの戦艦は沈まないと言われました。世界的に有名な風邪薬アスピリンをつくった化学メーカーのバイエルなど有名な重化学工業もルールに集まっています。

ルールの第二次産業の発展なくして、戦後の西ドイツの発展はなかったとまで言われた地域だったのです。この産業機能が順調に発展するためには、道路や水路など社会的基盤施設が必ず必要です。その全体的な調整を行うために十数の都市が集まって地域計画組合をつくったわけです。その委員会にぜひ行ってみたいと思いました。

　敗戦国日本の都市計画家としては、フランスに見学に行くよりも、敗戦国ドイツの都市復興を凝視するほうがとても大事だったのです。

ハンブルグ

　パリからドイツで初めて訪れた都市はハンブルグでした。ここは飛行機を使いました。理由は簡単です。私のモントリオール発東京行きの切符は、モントリオール・ロンドン・パリ・ハンブルグ・東京となっていたからです。

　当時の日本航空はフランクフルトまで来ていませんでした。羽田発ハンブルグ、フランクフルト、そしてデュッセルドルフまででした。私は旅行の最後は日航機に乗りたいと思っていたのです。

　不思議なことに私の記憶の中に、ハンブルグの街歩きはほとんどありません。ただひとつだけ覚えていることがあります。

　それは、街の中に戦争の爆撃による廃墟はどこにも見当たらなかったことです。爆撃を受けて二十年たち、その傷跡は癒されていたのです。人間がひたむきになれば二十年で都市は回復するということです。

　たしかに日本でも関東大震災にあった東京は、二十年たった昭和十五年ごろには街は一新し、日中戦争で中止せざるをえなくなりましたが、東京オリンピック（第十二回夏季オリンピック）を構想するほど復興しました。戦後改めて東京オリンピックを現実のものにした東京でも、敗戦後の二十年という時の経過は恐ろしいほどの力を持っていることがわかりました。

　ハンブルグは当時の西ドイツでは一番人口の多い都市で、しかも一番重要な国際貿易港でしたから海外の資本も入って、街中のオフィスビルの復興が早まったのでしょう。

　ハンブルグには、街の中心からすぐ北に大きな湖があります。大きさは東京でいえば、明治神宮と代々木公園を合わせたくらいの大きさでした。その湖畔に沿って二十世紀初頭に建てられた、上流階級の宏壮な住宅がぐるりと並んで建っておりました。第二次大戦の臭いが全くしない素晴らしい住宅群でした。その湖畔を歩くことで、第二次大戦前にはこの港湾都市ハンブルグがどれだけの富を集めたのかがよく判ってきました。この住宅群は、パリやロンドンには見られない、地味ではあるけれどもずしーんとくる住宅の厚みと重みを私に示してくれました。湖畔の桟橋付きの住宅地の〝整然とした〟美しさはドイツそのものでした。

路地を大事にしたブレーメン

ハンブルグで一泊しましたが、すぐにブレーメンに行きました。ここは小さい港町です。そこを訪れた動機は、歴史の勉強の中で聞きかじった「ハンザ同盟」の古き雰囲気を確かめたかったからです。バルチック海に面して近世初期にいくつかの自由都市ができました。ハンザ同盟は自由都市連合でした。ポーランドのダンツィヒ（グダニスクのドイツ語名）、ラトビアではリガです。通商協定組合だったのでしょう。日本でいうと豊臣時代の堺のようなものです。

ブレーメンもハンザ同盟都市でした。

ブレーメンへ行ってみて、初めてドイツの都市計画は日本やアメリカとは根本的に違うことに気づきました。戦争復興にもかかわらず、一般的な区画整理を使うことなく、そこでは古い街の原型回復という修復的な都市計画事業ができ上がっていました。

ブレーメンもアメリカ空軍によって徹底的に破壊されました。日本では戦災復興事業というと必ずこれまでの街の形状に関係のない区画整理をします。格子状の道路をつくり、古い町並みは壊されます。富山市はその典型です。

格子状の道路は自動車を通りやすくします。幅の広い道路をつくる日本の役人の第一の名目は「火災時、消防車がすぐに現場に到着できる」ということです。

このような日本の役人の理屈とは関係なく、昔は市民生活の臭いが充満していたであろう小さな路地をそのまま残して、ブレーメンの戦災復興はキレイにできあがっていました（後述するとおり、市街地の修復事業の図面を資料としてのせておきます）。街中のこの細い道路に沿って、昔風の赤煉瓦トンガリ屋根の小さい商店がびっしりと並んでいました。道は狭かったり曲がったりしていました。道幅が一メートルもない路地もいくつかありました。

この旧市街の外側を囲むように昔のままの外堀があります。水面はきれいで睡蓮やかわいい水草が浮かんでいました。この堀の周りは市民が日常的に利用する公園になっていたのです。その中の旧市街は、なるべく第二次大戦前に市民が楽しく暮らしていた状態を再現しようとしてつくりあげられたのです。

堀の外にできた新市街地では、道路の幅を広くして車が通りやすくなっていますが、堀の内側は昔のままです。日本流にいえば、近畿地方に多い寺内町を再現したと思ってください。日本と何が違うかというと、戦争で負けて壊された町を、歴史と伝統を重んじて再現したところです。ここにドイツ人の頑固さと国を愛する心を垣間見ることができました。

このような古い街の再現はドイツだけのことではありません。ポーランドのワルシャワでも、ナチスが徹底的に壊した中心街を十八、十九世紀の町並みに復元しました。

歴史の厚みと富の豊かさが石の建物のなかに蓄積された欧州の町は、紙と木でとりあえずつくったうつろいやすい日本の城下町とは全くことなる風景でした。

ブレーメン市役所の親切な技師

私がブレーメンで一番知りたかったのは、かつてのハンザ同盟の都市が貿易面でどのような特徴を持っているかということでした。何よりも自由都市連合ハンザ同盟という名前は私の若い心をくすぐったのです。それともうひとつ、グリムの童話にでてくる〝ブレーメンの音楽隊〟の話でした。この二つでブレーメン市役所を訪れることにしました。

ブレーメン市の都市計画課の技師はとても親切でした。彼は私がブレーメンに到着して初めて受けた印象をじっと聞いてくれました。私の質問は、「ブレーメンの中心市街地を歩いてみて、道幅が狭く、しかも曲がりくねっていることに気づいた。戦争前の欧州都市の下町がかつてそうであったような感じがした。アメリカ型の道路をひろげ、街区は四角にする再開発をしないのはどうしてなのか」ということでした。彼は私にこう答えました。「ドイツ人は昔の街の姿をとても大事にする。ブレーメンでは絶対にアメリカ型の街区整備をしない。むしろ昔どおりの道路の狭さと複雑な曲がり方を大事にする。ただし自動車時代になったから、最小限度、片道通行で小型車が通り抜けられるだけの道路幅は残す。道の型は昔の曲がったまま。そしてそこに建つ建物は三階建てまでで、煉瓦積みでつくる。街の中央を流れるヴェーゼル川に面した建物には、ハンザ同盟のシンボルであった、建物の上階の倉庫に物資をしまい込む滑車付きの腕木を必ず付けさせている」という返事でした。

その実際の現場として、中心部にあって教会が歴史的に有名であったシュテファニ（Stephani）地区に連れて行ってくれました。本書に示す都市計画資料は、そのとき彼が私にくれたものです［P94／fig33－38］。

ブレーメンはヴェーゼル川に面した港町でした。その古い波止場に面してかつては海外の物産を取り扱った古い商館が並んでいました。港の運河に面した古い商館の家並みも再現されていました。この商館は四、五階建てですが、港に面した妻入りの外壁の屋根裏のところから、太い腕木がつきでています。

昔はこの腕木に滑車をかけて、船から降ろした商品をつりあげて屋根裏の倉庫にしまっていたわけです。このような商館は運河に面したアムステルダムの町並みでも有名です。

私は今から十年前にラトビアのリガに行って、同じ古い商館を見ました。ハンザ同盟に加入した自由都市では、波止場とこの商館建物は同じ仕様でつくっていたのです。

ブレーメンに行ったその当時は、勉強が足りずにハンザ同盟の雰囲気を感じることができませんでした。しかし、その後の何回かの欧州旅行によって、同盟共通の建物様式を知ることができました。

歩行者専用地区のあるケルン

ライン川に沿ってルール地域の南側にある都市ケルンに行き、三泊くらいしました。ここから電車を使って毎日朝早く、ルールの各都市を訪れたわけです。ケルンを含めてルールには一週間ぐらいいたでしょうか。ケルンはライン川の西側にある町です。フランスに近いため、町に華やかさがありドイツの堅苦しさのないしゃれた町でした。ケルンはフランス語読みで「コローン」といわれています。昔はドイツの〝小パリ〟といわれた都市だそうです。

この街で有名な大聖堂にお参りをし、汗をかきながら長い階段を登って、てっぺんまで行ってみました。見渡す限りゆったりとうねった丘陵地が延々と続いていました。どこまでも麦畑、所々に葡萄畑、そしてその先は針葉樹の真っ黒な森林でした。

私は日本の神様に文句を言いたくなりました。なぜ日本だけ、急斜面の山の間で暮らさなければならないのかと。もし日本がドイツの地形だったら、世界一勤勉な（と当時私は思っていました）日本人は絶対にドイツ人よりも豊かになっていたに違いないと。

ケルンではとてもこざっぱりとして居心地のよいホテルに泊まれました。八畳ぐらいの部屋でシャワーがついていました。最もよかったのは私の部屋が東に面していたことです。そこからケルンの聖堂とライン川が見えました。

ドイツのなかで、ケルン市はベルリン、ハンブルグ、ミュンヘンについで第四の都市といわれています。私はルール地域の各都市を訪れる際、鉄道を利用しやすいことからケルン市にしばらく宿を求めることにしました。第二次大戦中、ケルン市は英空軍の爆撃で市域のほとんどが破壊されたといわれています。他方で、ケルン市はライン・ルール地域で最も文化的な都市であるといわれています。しばしばケルン市は我が国の京都市と対比されることがあります。私は戦後復興したケルン市の中心部がとても気にいりました。なぜならば、居心地の良かった私のホテルが中心市街地の歩行者専用地区にあったからです。そしてこの歩行者専用地区に、安いがとてもおいしかったドイツの飯屋と中華料理店を探すことができました。

しかし私はケルンでドイツ人のすごさをあらためて感じる体験をしました。それは私のホテルが高速自動車道路に近いところにあったために、朝五時ごろから都市内に通勤してくるすさまじい自動車の流れの地響きで目を覚まされることでした。ドイツ人は日本人より朝二時間くらい早く七時ごろには会社にでて、午後は三時ごろには自宅に戻るのです。この極めて正確な早朝と午後の自動車の地響きによってドイツ人の底知れぬ恐ろしさを私はケルンで肌で感じることができました［P102／fig39―41］。

ルール地域――かつてのドイツの工業中心地域

ケルン市の都市計画上の特徴は、なんといっても旧市街地を取り囲む城壁を取り壊して、旧市街と新市街の間に幅の広い緑地帯をつくりあげたことです。この緑地帯はライン川に面したケルン市を完全に取り囲んで、〝ライン川からライン川まで〟、半円形につくられています。

欧州の諸都市では、十九世紀から二十世紀にかけて城壁は無駄であるとして取り壊し、そこを道路用地や鉄道用地、大緑地帯にしました。大都市ではパリも例外ではありません。ケルンはその模範生といわれていました。私がケルンに滞在している間には、その緑地帯を見にゆくことができませんでした。それは私にとって、返す返すも残念なことでした。しかし都市計画家としては、どうしてもケルン市の緑地帯の存在はみなさんに知っておいてもらいたいと思い、ここにお知らせします。

都市計画を離れてちょっとおかしい話をします。〝ビスマルク・ヘリング〟という名前の食べ物のことです。ケルン市の中心商店街はとても歩きやすい歩行者道でした。その角すみに小さい飲み屋のような小料理屋がありました。中に入りますとメニューに〝ビスマルク・ヘリング〟という品目があって、その値段が安いのです。主人にこれは何だと聞きますと、〝ビスマルク首相が第一次大戦のときにとても気にいって食べた魚料理だ〟というのです。好奇心につられてそれを注文しましたら、皿の上に大きな酢漬けの鰊を三枚に開き、その半身ごとにたっぷりとマヨネーズがのっているのです。私は考えました。おそらくこの〝料理〟はビスマルクが戦争中に〝塹壕〟の中で食べたやり方なのであろうと、食べてみました。結構おいしかったのです。それで考えました。私の舌は日本人のデリカシーを理解できなくて、ドイツ人の鈍感な舌に共通しているのかと思ったのです。ちょっとわびしくなりました。

ルールの炭鉱地域は川が汚れ、石炭の煙が空を覆い緑もなく灰色の地域、という先入観を私は持っていました。しかし実際は全く違っていました。もちろん工業都市群ですから、美しくてきれいな街並みではありません。しかし、私にとって意外だったのは、町のあちこちに大きな森林公園があることでした。特にビールや食品産業で有名なドルトムント市には、ルール川沿いの小高い丘の上に素晴らしい森林公園が広がっていました。このルール川の水もきれいで豊富でした。ルール川の河畔は、市民がリクリエーションとして使う場所ですから、役所もキレイにしているのです。このいくつかの森林公園を眺めていると、これが炭鉱都市か？　緑の都市ではないか、と思いました。しかしルール地域の街々を歩き回ると、やはり石炭と工業の都市でした。当時、石炭はまだ活発に掘られ、製鉄所からは茶色の煙が湧きあがり、町は労働者が賑やかに歩いていました。なぜならば郊外にいけばそこは労働者の公営長屋住宅ばかりだったからです。

森林公園はきれいでも、市街地は緑も少なく野暮ったい商店街ばかりで、やはり全体としては褐色の印象を与える地域だったのです。

私が一番好きになった都市、エッセン

エッセンの街づくりはブレーメンとは違っていました。当時のエッセンは昔の街の雰囲気を残しながら、新しい都市技術（自動車や鉄道など）を取り入れ、新旧両方の街づくりが両立できる解をつくろうとしている都市でした。その街づくりの実態を見て、私はドイツ人の町をつくる構成力の強さを実感しました。

以下にそのあらすじを説明します。

ドイツの都市は城壁都市です。この城壁の中に王様の城と市民の民家と商店も一緒に収められています。戦いがあれば、運命共同体です。戦に負ければ城内は皆殺しになります。だから立派な城壁をつくったのです。エッセンもそうでした。城壁の中に王宮や兵舎のほかに教会やギルドの商工組合、役場などがありました。産業革命のあとに、多くの欧州の都市では城壁はムダだからと壊されました。

エッセンでも城壁を取り壊したあとは広い環状道路

になりました。この道路が旧市街をとりかこみます。鉄道は二本とも旧市街の外側を、この環状道路に接するように通っていました。本線は旧市街の南側を通り、そこに中央駅ができました。支線は旧市街の北側でしかもクルップ工場の正門前を通ります。ここに北駅がつくられました。工場労働者専用駅です。都市計画ではこの中央駅から街の中心広場を抜けて、北駅に至る南北の歩行者専用の大通りをつくりました。

その次に、昔の街のつくり方と同じように、市役所、商工会議所と教会、それに公会堂を中心広場の四周に配置しました。次にこの広場から東西に外側の環状道路につきあたるまで、大きな歩行者道路をつくりました。そうすると、旧市街地は東北、東南、西北、西南に四分割されます。外側の環状道路からこの四つの市街地の中に向けて、小さい自動車道路をつくります。その行き着く先は駐車場です。ただし、その幅員はできるだけせまく、道路の線形は昔の市街地にあった道路をなぞって曲がりくねっています。

旧市街地の建物は住宅、事務所、商店が混在してかまいません。ただし高さは六階に揃え、必ず赤瓦をのせた屋根をかけます。建物はこぶりで長屋でもかまいません。あまり長い長屋は建てられません。先ほど述べた広場から東と西に向かう歩行者道と旧市街地をかこむ環状道路の接点が、東と西に二つできます。この東の接点のところには路面電車のターミナル、西の接点のところには近距離バスのターミナルをつくります。

このようにして、エッセンの都市計画は歩車の平面的分離、伝統的な街並みの保全、交通機関の機能的配置、そして中心広場の形成という四つの都市再生プロジェクトを実現しました。そしてきわめて魅力的な中心市街地の再生を完成させました。

この戦災復興事業でできあがった中心市街地を歩いてみました。一番はっきりわかったことは、誰もが容易に中心広場に来られることです。ですから、この広場は名実共にエッセン市の頭脳センターであるわけです。一九六五年（昭和四十年）にすでに完全な歩行者専用道を街の中心部に二本つくったことは、本当に素晴らしいことでした。多分この時期に世界で本格的な歩行者専用道をつくっていたのは、エッセン以外ではコペンハーゲンのストロイエ通りだけであったでしょう。

もう少し、このエッセンの街の解説をしてみます。四区分された市街地は、それぞれ土地利用が異なっています。中央駅に近い南の二つの市街地は事務所と官公庁、そしてホテル街です。

北の二街区は集合住宅と商店街です。路面電車のターミナルのあたりには、高級でしゃれた商店街が集まっていました。バスターミナルの近くには共同市場がありました。北駅の周りには労働者用のビアホールや安売りの商店街、それに夜になるとちょっと猥雑な赤い灯、青い灯がつく街もありました。

南北の歩行者道路は通勤用の道路、東西の歩行者道路は商店街の通りでした。そして商店街の通りにある建物の二階には必ずバルコニーがつけられていて、そこには美しい花が一斉に飾られていました。何よりも驚いたことは、この旧市街にはどこにも電柱がなかったことです。電線は地中化されていました。

私はエッセンの街を見て、ドイツ人の徹底した機能主義と同じく徹底した古い町を大事にする愛情の共存を確かめることができました。

エッセンはかつてのルール重化学・工業地域の盟主の都市でした。クルップの本社があることでも有名でした。私はこのエッセンが敗戦後どのような復興をとげてきたかを是非この目で確かめたいと思いました。

エッセンの人口は六十万人弱（二〇一五年現在）。私がエッセンを訪れた一九六五年ごろの人口は七十五万人でした。エネルギー革命で石炭産業が没落してから は、大幅な減少を続けてきています。現在、失業率は十五パーセント、外国人比率は十パーセントと、ドイツの都市のなかでは衰退都市のなかに入っています。

しかし、私が訪れた一九六五年ごろはまだルール地域の重化学・工業地帯は活発でした。エッセンはその中核都市として新しい都市計画の理念を中心市街地で実現しようとしていました。それはドイツの他都市でも試みられていた、人と自動車の共存、公共輸送機関と自動車の役割分担という命題でした。当時のエッセン市は、私が訪れたドイツの諸都市のなかで、この二つの課題を解いた一番すぐれた都市でした［P105／fig42－45］。

現在エッセン市は、ルール工業地帯が残した産業遺産を活用して、世界遺産都市として新しい観光客を迎え入れています。

同じ一九六五年ごろの日本の地方都市は何をしていたのでしょうか。私は暗然としました。日本人はそのころからすでに自己主張と近視眼的な功利主義におかされてしまっていたのです。

その翌日、市役所に行って都市計画課の担当者に会うことができました。その人から聞いた話では、ドイツの中でもエッセンの都市計画は特別だったそうです。ルール地域の経済復興の拠点都市であるということで、連邦政府からたくさんの助成金をもらっていたと言っていました。

その都市計画技師に、中心市街地の戦災復興事業はどうしてこのように素晴らしくできたのかを聞きました。そして、次々と思わぬことがわかってきました。

まずドイツの市役所には1／500の土地と建物の正確な公図があるということです。ですから、土地をめぐる境界線紛争はほとんど起きないということです。都市計画の技師は、そこに将来の計画図を正しく描けます。関係する地権者は公図が正確ですから、無駄な反対をしないので仕事が円滑にはかどります。

第二に、その計画は必ず模型にします。その模型は地権者だけでなく、市長や助役も見ることができるように、市長室に隣接する会議室に置きました。

その技師は私を市長の会議室に連れて行ってくれました。そこの隣室への扉を開くと、そこに模型をつくる工作室がありました。模型は木でつくった精巧なものでした。工作室には指物大工が何人かいました。彼らも市の職員です。市の幹部が模型が示す市街地の計画に異を唱えると、すぐ指物大工が工作室で、瞬時に新しい模型をつくり、再び議論が進められると、彼は説明してくれました。その模型は1／1000と1／500の二種類がありました。この都市計画の仕事がエッセンでは今から五十年以上前の一九六五年ごろに、当たり前のように行われていたのです。

ドイツ人は現実主義者ですから紙の上に描かれた抽象的な都市計画図は信用しないのかもしれません。手で確かめられる模型はたしかにリアリズムそのものです。

模型による都市計画の作業は、その後訪れたストックホルムの市役所でも当たり前に行われていました。

私は、これからの日本の都市計画がたどる道を想像すると、泣きたくなるくらいの絶望感に襲われました。

エッセンについては後日談があります。

三年ほど前にエッセンに行く機会がありました。中心市街地は全く変わってしまいました。ひとことで言うとアメリカ型の街になってしまいました。かつての小ぶりだけれども美しい街並みはなくなってしまいました。歩行者用の道すら確認できませんでした。駅前にはガラス張りの大きな超高層ビルが何棟も建てられていました。

地場の産業がそれぞれ苦労してつくった四十年前の市街地はどこにもありませんでした。アメリカ資本のショッピングセンター、国際資本が入るオフィスビル街、エッセン市民でない知的な出稼ぎの男たちが入るマンション街にとってかわったのです。再開発に投資する資金の額が桁外れに大きくなってしまったからです。その結果としてエッセンの中心市街地に建てられる建物の大きさも、一九六五年時代とは比較にならないくらい巨大化してしまったのです。資本と提携しなければエッセンの産業は成り立たなくなったからでしょう。街はガラッと変わりました。私が訪れた一九六五年は、エッセンが一番微笑ましい人間くさい街として誕生した瞬間だったのです。現在は炭鉱もなくなりました。むかしの炭鉱の機械を地域の産業遺産として観光資本化し、観光客を呼び寄せるルール地域に変貌してしまったのです。

ノスタルジックな話でした。

ボーフム工科大学

エッセンから約十五キロ離れたところにボーフムという都市があります。ここもエッセンと同じくルール地域の真ん中の都市で、炭鉱の街として賑やかでした。一九六五年ごろは、石炭採掘の作業員は危険な仕事なので、ドイツ人はなかなか炭鉱作業員になりませんでした。ですからトルコなど海外から作業員を採用していました。当時日本では三池の石炭や筑豊の石炭はすでに斜陽になっていました。日本にもドイツから作業員の求人があり、かなりの日本人作業員がルールに出かけていました。ルールの諸都市ではそのような外国人作業員が増えて、ちょっとした国際都市になっていたのです。その時期に連邦政府は今後斜陽化する石炭産業に変わるものとして、機械、特に精密系の機械産業をルールで育成することを考えました。その第一着手として、戦後西ドイツでは初めての工科専用の大学をボーフムにつくることを決めたのです。一九六〇年（昭和三十五年）ごろのことです。

これは先手を打った産炭地域振興対策です。日本で産炭地域振興が動き出したのは一九六五年以降です。日本よりも五年早くドイツは動き出したのです。

ボーフムの名前は新大学が立地する都市として西ドイツでは有名になっていました。さらにボーフム市にはアメリカのＧＭ（ジェネラル・モーターズ）がオペルという小型車の製造工場をつくることを決めました。一躍ボーフムは外国人労働者の都市から先端的科学技術都市に変わっていき脚光をあびることになり、ルール地域のスター都市になったわけです。

エッセン市役所の技師はボーフム工科大学を見に行くことを私に勧めました。

エッセンに比べてボーフムは小さな町です。しかしそこでは安い値段で土地を取得できますから、大規模な工業教育施設をつくることができました。日本でいえば筑波の研究学園都市をつくるのに似ています。つまり連邦政府は次世代の若者のために、国策で優秀な工科大学をつくることにしたわけです。

私はその大学を見に行きました。工科大学ですから装飾的なデザインはありません。なだらかな丘の中腹に低く一直線に長く長くのびた白い校舎がピカピカで建っていました。その白さが強く印象に残っています。

ボーフム工科大学本館には情緒的な〝美しい前庭〟はありません。本館の前は広大な駐車場で占められていました。駐車台数は優に一千台を超える大きさでした。

私はこれを見て気づきました。エッセンのような大都市は別として、ルール地域では日本と違って鉄道を通勤・通学に使わない。昔からアメリカと同様に職員も学生も自動車で来るのだと。アメリカの工場やショッピングセンターには、広い駐車場があります。それと同じことをボーフム工科大学は考えたのです。ドイツはすでにヨーロッパの自動車王国だったのです。

一九六〇年代の日本人の感覚では大学や工場にある駐車場なんて、せいぜい四、五十台分で十分でした。

エッセンの街づくりやボーフム工科大学が企画されたのは一九六〇年ごろでしょう。そのころの日本の都市計画は全く鎖国的で時代錯誤の試みだけがくり返されているだけでした。そのころは、国際的視点から先進諸国の都市計画の現場を見てその文化的衝撃をあび、日本の都市計画を考える官僚も研究者もほとんどいなかったのです。

世界一の河川港がある デュイスブルグ

ライン地域には、デュイスブルグという河川港があります。この規模は現在でも河川の港としては世界一、二を争う大きさです。今から約百年前、第一次大戦で負けた後、ドイツは産業立国をめざしました。そうなると、ルール地域はドイツ経済の心臓になります。ここでつくられた工業製品を輸出するためには、ライン川に港をつくらなければなりません。ライン川の船運なくしてドイツの産業はないからです。デュイスブルグ港は、工業港としてすでに一九二〇年代から建設が活発でした。ハンブルグは昔から商業港です。そこで取り扱われる貨物は食糧や衣料品など雑貨です。その商圏はドイツの北半分です。

これに比べてデュイスブルグは工業港ですから、ルールでつくった重化学工業製品を世界中に送り出します。国家的に見ればドイツ経済を底上げする力はハンブルグよりもデュイスブルグの港のほうが大きかったのです。世界一の河川港のデュイスブルグの名前は、国土計画や地域計画の専門家の間では、第二次大戦前から有名でした。

ルールを中心にしてドイツはライン川を産業の大動脈として長い間使っています。日本でいうと瀬戸内海がライン川と同じ役目を果たしています。

ここで少し地域計画の話をします。

ライン川は大西洋に近くなるとワール川を分岐します。このワール川が事実上のライン川といってよいのです。ワール川が大西洋にそそぐ河口にオランダのロッテルダムがあります。ロッテルダムはライン川全体の船の運航を取り仕切る都市です。ですから、ロッテルダムとデュイスブルグはライン川全体でいえば、長男と次男という関係にあります。デュイスブルグ港を発着する船底の浅い大型ハシケは、ロッテルダムでその貨物を外洋向けの貨物船に移し替えます。ですからデュイスブルグ港はロッテルダム港なしには機能しない河川港です。これはドイツとオランダの不思議な相互依存関係です。

このデュイスブルグ港からルール地域の奥まで、貨物船やハシケを引き込む運河が第二次大戦前からつくられていました。この運河はライン運河といわれています。

水深が深く、運河の幅が広いので中型の貨物船も運航できます。この運河沿いにバイエルやその他の化学製品会社が専用の埠頭をつくっています。

内陸のルール地域の製造業が何でこんなに元気でいられるかという秘密は、デュイスブルグ工業港とライン運河の結びつきにあったのです。

実際に私は大きな貨物船がライン運河を通っているのを見ました。遠くから見ると運河は見えませんから、まるで平原を船が浮上して動いている不思議な光景でした。

デュイスブルグ港は、ルール川がライン川にそそぐ合流点につくられました。その港は中心市街地から車で十分ぐらい走ったライン川の低地に広がっていました。とても大きくて地上に立つ私の目では、港全体が全く把握できませんでした。それぐらい巨大な港でした。大きなハシケからの荷物の積み卸しですから、昔からの櫛形の岸壁がずらりと並んでいました。それぞれの埠頭には、鉄道の引き込み線が入っていました。それぞれ埠頭に据え付けられている数え切れないぐらい数多くの小型クレーンが黙々と物資の搬入・搬出を行っていました。自動的にクレーンは動きますから人はあまりおりません。港は意外なほど静かでした。商業港のように車と人が錯綜し、騒音がとびかうけたたましさは全くありませんでした。この光景はちょっと不気味ですらありました。

実は一九五五年（昭和三十年）に、私は東大で都市計画第三という講義を受けました。これは土木工学科の都市計画です。町田稔さんという、当時帝都高速度交通営団の理事だった人が講師でした。

その授業は土曜日の午後でしたから、受講生は私とほかに二、三人しかいませんでした。それでも町田先生は熱心に外国の交通施設の説明をされました。とても実のある授業でした。その光景は今でも私の頭の中にしっかりとしまわれています。

その町田講師が港の機能、そして港の計画の話をしてくれたことがありました。そのとき配付された資料に、デュイスブルグの港の図面が入っていたのです。〝ルールの工業地帯に出入りする物資は、鉄道ではなくライン川を使って船で輸送しているのだ〟と、町田講師は話をしました。もっともそのときのデュイスブルグ港は幅の狭い櫛形の埠頭が数多く並んだ古いタイプの港でした。しかし今では港の機能は何十倍にも拡大しました。そして活発にライン川の港として活躍しています。

デュッセルドルフ

デュイスブルグから三十キロぐらいライン川をさかのぼったところに、デュッセルドルフがあります。この都市はルール地域ではありません。ルール地域の外側にある商業都市です。私がルール地域を訪ねた一九六五年（昭和四十年）以前から、すでにここには日本の商社が集まっていました。多分この都市は第二次大戦直後にアメリカの占領下におかれて、アメリカ型ビジネスが盛んであったからでしょう。そしてケルンほどではありませんがしゃれた都市です。何よりも、あまりドイツの古めかしさを感じさせない、ちょっとアメリカの都市的な雰囲気がありました。なぜかというと、当時流行ったガラスと鉄の四角いオフィスビルが次々と中心市街地に建てられていたからです。この街の中心市街地は私が訪れたころ、すでに歩行者天国でした。商店街の目抜き通りには、ドイツの民族性を感じさせない国際的デザインの商店が並んでいました。

今でも覚えていることが一つだけあります。

この中央商店街の歩行者専用道路の真ん中に、ガラスのショーケースが数多く据え付けられていました。夜になるとそれらにはキレイに照明がつきました。その箱の中には、価値のあるブランド物の時計やバッグ、スカーフなどが展示されていました。いわゆる広告箱です。

　当時デュッセルドルフの治安がよかったので、商店街の人たちは工夫をしたのでしょう。夜九時すぎるころから、品の良い五十歳がらみのご婦人たちが、オシャレをした恰好でこの商店街を散歩しはじめます。若い連中がいなくなってからです。明らかにいわゆる夜のご婦人ではありません。雰囲気が違います。彼女らは丹念にこの箱の中のブランド品を眺めています。ゆっくりと歩いています。私は不思議に思って、その理由を市役所の技師に聞きました。彼の返事はこうでした。

「これらのご婦人は、ご主人を第二次大戦で亡くしてひとりぼっちになった戦争未亡人です。その中で比較的資産のあるご婦人が、静かになった商店街でウィンドウショッピングを楽しんでいるのです。しかし、本当の彼女らの気持ちは、その散歩の間にステキな中年の男性と会えないかと心待ちにしているのです。そうはいってもその年代の男性が圧倒的に少ないのだから、無理な話です」

　と、にべもない返事が返ってきました。戦争が終わって二十年、街は一応その傷跡をとりつくろい、何事もなかったように回復しました。しかし大量の人命を失った戦争が、人間社会に残した傷跡は、まだまだ治癒していなかったのです。

　ひとつ述べたいことがあります。それは一般のドイツ人は英語が得意ではなかったということです。ドイツの市役所の都市計画課の技師との会話でも、市の広報室で英語を使っている女性の手助けを必要とする場合が数多くありました。しかしデュッセルドルフは国際的な都市です。都市計画課の中にも英語を話せる事務系の中年の女性がいました。彼女も英語を話せたことがちょっと嬉しかったようです。昼食をはさんで私も東京の話をするうちに二人の間がなごやかになってきました。夕方に市役所から帰ろうとすると、彼女から今晩私の家で食事をしないかという誘いがありました。願ってもないことでした。花屋でバラの花を十本くらい買って彼女の家を訪ねました。彼女はとても喜びました。びっくりしたのは彼女も戦争未亡人であったことです。彼女はドイツが戦争に負けてから二十年間、けなげに職業婦人として生きてきたのです。彼女もかつて同盟国であった日本の実情を知りたかったのでしょう。食事が終わって帰ろうとすると彼女はもう少しと私を引き止めました。それから翌日の朝まで彼女の部屋に私はいました。その一晩で、ドイツの中年女性は筋肉がしっかりしていることを確認しました。もっともそれは、彼女がちょっと年老いていたからかもしれません。

新旧住民が住みわけるガラート地区

デュッセルドルフ市はノルドライン・ヴェストファーレン州の州都です。人口は二〇一五年（平成二十七年）ごろで六十一万人。エッセン市を上回ります。ここは商業、金融の都市で、衰退をすることなく発展を続けています。ここには第二次大戦後、多くの日本企業が集まりました。二〇一五年時点で日本人の数は五千人を上回ります。

第二次大戦でデュッセルドルフ市も英国空軍の大爆撃にあって、中心市街地は全滅しました。一九五九年にデュッセルドルフ市は、戦争で家を失った市民のために、大量の公営住宅をニュータウン型で供給することを決めました。市の南部のガラート（Garath）地区にあった広大な農地と森林がそのニュータウンの対象となりました。ニュータウン建設は一九七〇年代まで続きました。二〇一五年現在、ニュータウン人口は一万八千人です。

このニュータウンの初期に建設された北部と西部地区は、ドイツ人の中産階級の住宅地となっています。しかし住宅難が解消された一九六〇年代後半に建設された南部地区は、高層住宅棟も多く、国外から来た移民が多く住むようになりました。したがって南部地区には貧困な住民が多いのです。このようにガラートニュータウンの住民は、初期の建設目的とは異なる実態になりました。つまり住民が二種に分化されたニュータウンとなっています［P109／fig46－51］。

元祖モノレール（ブッペルタール）

エッセンから南に丘を越えますと、ブッペルタール市、さらに丘を越えますとゾーリンゲン市に到着します。山地の急な斜面の底にある谷間に、細長く市街地がつづく都市がブッペルタール市です。谷底の都市ですから天空光が少ない暗い街です。それに対して、ゾーリンゲン市は谷間のブッペルタール市の丘の上に位置しています。高い丘の上に位置しているから空も広く明るい街です。この谷間を流れる川がブッペル川です。ブッペル川は南に曲がりながら有名な黒い森（シュバルツバルト）に消えていきます。

昔の都市計画で有名だったのはモノレールが走るブッペルタール市ですが、世界を支配する刃物の産地といえばゾーリンゲン市です。たとえばナイフで有名なヘンケルの本社はここにあります。ですから、ルール地域で産業の面で重要な産業都市はブッペルタール市ではなくてゾーリンゲン市です。

ブッペルタールの「タール」とは「谷」のことです。ブッペルタールとは「ブッパー川の谷」という意味になります。丘があって谷があってまた丘があって谷がある。ブッペルタールは多摩ニュータウンをもっと急斜面の場所につくったような都市でした。先に述べた東大土木の町田講師は、この都市のモノレールの講義もしました。ブッペルタールの谷を流れるブッペル川をまたいで、懸垂式のモノレールができたのが一九〇一年ごろでした。当時としては世界のどこにもないモノレールで、ドイツ技術の誇りでもありました。全線の延長は結構長く二十キロぐらいありました。川に沿ってガニマタのように鉄骨の橋脚をたくさん立てて、その上にモノレールの線路をひいたのです。

その線路に車両をぶら下げました。モノレールです。私が行ったのが一九六五年ですから、過去半世紀ガタガタときしんだ音を立ててきた古いモノレールが走っていたのです。

現場に行って、この街でモノレールをつくった理由がわかりました。それは谷が深く、川沿いの狭い平地には建物がびっしりと建て込んでいて、その間を縫って細い道路が通っているため、新しく普通の鉄道を建設する平らな場所はなかったからです。川の上だけが空いていました。やむなくこの川の上空にモノレールをつくったのです。

街が細長く谷に沿って延びていますから、一本のモノレールは河川沿いの住民には手軽に利用できます。

これがモノレールをつくる理由だったのです。

更にいえば、鉄は近くのティッセン製造所で、鉄骨製造はクルップが引きうければ、手近の製造業で容易に建設できます。

モノレールに乗るために、高いところにあるプラットホームまで、鉄骨階段をトコトコ登りました。全部鉄でできていますから電車が走っている間プラットホームもガタガタと大きな音がして、車両もすごく揺れました。しかし乗客は老若男女たくさん乗っていました。地元にとけ込んだ〝高架鉄道〟でした。

「これが都市計画の教科書にかかれている新交通システムの原型だ。いずれ日本でもこのようなモノレールが必要になる都市が出てくるだろうな」と思って、東京オリンピック後の日本に帰りましたら、すでに浜松町と羽田空港を結ぶモノレールができ上がっていました。

デュイスブルグの河川港と、ブッペルタールのモノレールは土木系都市計画の原点を見に行ったようなものでした。私が訪れた当時、ブッペルタールはまだ炭鉱と鉄の加工で労働者も多く元気な街でした。しかし、最近ではトルコ人など外国人が多くなり、失業率が高くなっているということです。

私が訪れた一九六五年時点で、すでにルール工業地帯は衰えていました。二十一世紀になると、ティッセンもクルップも昔ほどの元気がありません。炭鉱は完全に閉鎖されました。ちょっと悲しい気持ちです。

しかし私が行ったころは、まだここに飯塚や三池炭鉱で働いていた日本人の炭鉱作業員が何百人も出稼ぎに来ていました。当時日本の炭鉱では仕事がなくなりつつあったからです。当時日本の炭鉱作業員はとても優秀だったのです。彼らの多くはドイツに住みつき、ドイツ人の奥さんをもらい立派な家庭を築き上げていったそうです。やっぱり日本人は優秀です。この話を聞いて、私は心から嬉しくなりました。

ルール炭鉱地域整備連合について

ルール工業地帯滞在の最後の仕上げはエッセンにあるルール炭鉱地域整備連合を訪れることでした。ドイツ語でいうと「ジードルングス・フェアバンド・デス・ルール・コーレン・ゲビート（Siedlungs Verbund des Ruhl Koren Gebiet）」です。正確に日本語に訳すと「ルール炭鉱地域整備連合（SVR）」です。

このSVRは、もともと一九二〇年（大正九年）にドイツ政府がドイツ国家の産業中心地域であったルールを支えるためにつくった組織でした。当時ドイツは国直轄の地域整備組織としてルールのほかに、ドイツの首都ベルリンにも広域地域整備連合をつくりました。

第二次大戦後は中央政府の支援はなくなりましたが、州政府の援助のもとに地元の約十箇所の都市が資金と理事を出しあってこの連合を設立しました。

戦前に比べれば事業範囲は縮小しましたが、私が訪れたときはまだしっかりと西ドイツでたった一つの広域的な地域整備連合として活躍していました。

私がこのSVRを訪れたときは、わざわざ日本人が訪れたといってとても大事に扱われました。

そこでは以下の三つの仕事が進められていました。

まず一番目はルール地域の調査です。その調査結果は土地利用、交通、河川の水質、土地整備に関する報告書としてまとめられ、問題点と課題が整理されます。しかしその課題解決の事業費も権限もSVRにはありません。単なる勧告にとどまります。その費用は各都市の負担ですが、州政府も援助金を出しているようでした。実は日本でも同じように勧告権限だけの組織がありました。それは、首都圏整備委員会と呼ばれる国の組織でした。

二つ目はこれらの参加都市が年間の市の予算の二、三パーセントを、この開発連合に持ち寄ります。その資金はまとめるとかなりの額になります。その資金をこの整備連合がぜひ必要だと思う土地取得に集中的に充当します。しかし実態は十年間に一回は自分の都市の緑地整備に使える一種の頼母子講か無尽のようなものでした。

毎年集まった金を、今年はボーフムへ、次の年はエッセンへとまとめて渡すのです。ただし使途は制限されていて公園緑地にする土地を買う、ということになっていました。それを戦争前から何十年も続けていたそうです。ですから工業地域ルールでも森林や公園が増えたのです。ドルトムント市が森林都市のようであったという私の印象も、この事業のおかげだったのです。

ルールは炭鉱地帯ですから緑がないといわれていたのですが、荒れ土のような地域にしない努力をＳＶＲは続けてきたわけです。これは偉大な都市計画です。

三つ目はルール地域の河川管理計画の大枠をつくることです。

管理者の実体はエミッシャー川排水組合になっていました。この組合は下水と排水路を管理しています。

ルール地域の北側にエミッシャーという川がありまず。昔から炭鉱や製鉄そして化学会社が工場から排出された汚染水をこの川に流していました。そのため川の水質はドロドロになってしまいました。この川はライン川に繋がっています。ライン川の汚染を食い止めるために、エミッシャー川の水浄化をする排水組合がつくられたのです。

工場廃水は恐ろしいものだと、水について何も知らない私は、ＳＶＲの説明を聞いて初めて愕然としました。

ルール運河とエミッシャー川に連れて行ってもらいました。たしかに川の水はものすごく汚れていました。そして川に面した土地では、相当な土壌汚染がすでに広がっていたようです。ＳＶＲはこの水質に関する公害問題について、排水組合と連繫して調査を進めているということでした。

当時の日本でも水俣病が発生していました。イタイイタイ病も発見されていました。しかしまだ公害は日本政治の主役になっていませんでした。このことから推察すると、ルール地域でも公害に対するドイツ政府の関心は日本と同程度であったようです。

日本でも東京オリンピックのときは、隅田川がドロドロになっていました。このままではいけないということで、荒川に利根川の水を入れ隅田川の水の汚れを薄めました。私が欧州にいた昭和四十年は、日本のみならず欧州でも公害問題が社会をゆるがす出発点の年でした。

私がヨーロッパで一番長く過ごした場所はルール地方でした。この地方に対する私の思い入れは深いです。

今でもルール地域では土壌汚染が続いています。エミッシャー川の水質汚濁も残っています。この環境問題は深刻で、現在でも州政府も市役所もその改善に取り組んでいます。

その間にルール地域は栄光の産業地域から衰退の産業地域に大きく様変わりしました。かつて世界一を誇ったデュイスブルグ港でも古い櫛形の〝波止場〟はなくなり、より幅の広い〝埠頭〟に変わりました。時代の変化に苦しんでいるのが、ルール地域です。

SVRの技師たちと議論をしているとき、私は気づきました。このルール地域を構成している約十箇所の都市は、第一次大戦前から訪問時（一九六五年）まで、百年以上にわたって、お互いに完全に独立していて、市域の変更もないということです。これはドイツがプロシア帝国として統一されたとき以来、旧領主の土地を基盤とした市域の広さ、形は変わっていないということです。それくらい市の独立性は高いのです。ですからSVRのような組織が必要だったのです。これに比べて日本は明治維新以来、市町村は合併、合併とその大きさ、数ともに変化してきました。旧藩主の土地は武家社会が解体されると、その存立基盤が失われたからです。

ですから、私がSVRを訪れたときに、〝先年、北九州で同じ規模で隣接している五都市が合併して北九州市という新しい大都市になった〟と言いましたら、〝自治制度の確立しているドイツではそのような合併は絶対起こらない。その話はドイツ人にとってとても不思議な話である〟と真顔で反論されました。ヨーロッパの貴族社会と領主制度は、キリスト教と結びついて想像を超えて動かしがたかったのです。

それでも一九六五年にこの地域を歩きまわった私の経験は、研究者としてのそれからの人生に、決定的な影響を与えました。それは都市計画をこえた視点で地域を見るという教訓でした。

地方計画、国土計画は何をやらなければならないのかという課題をルール地域は私につきつけたわけです。当時の日本人としては、ルール地域の実状を知る数少ない一人が私でした。私にとってルール地域が国土計画の原点でした。

アントワープと親日ベルギー人

ルール地域をあとにして、ベルギーのアントワープに行きました。

なぜアントワープに行ったかというと、SVRの技師連中と話をしていたときに、フランスの話題が持ち上がったからです。ライン川の出口はオランダのロッテルダムです。しかしフランス側から見ると、ロッテルダムの港よりもう少しフランスに近いところに港がほしくなります。たとえばベルギー国境に近いリールはフランスの重要な重化学工業地域です。ここはドイツのルール地方と対抗する産業地域です。その製品の積み出し港はロッテルダムよりアントワープのほうが近いのです。さらにフランス人にとって、オランダよりもベルギーのほうが付き合いやすい国です。産業革命のあと、ロッテルダムとアントワープは海外への貿易港として競争してきました。

アントワープはロッテルダムに対抗して、港の機能を思い切って一新していると、ルールの技師連中は私に話をしたのです。その実情を見ようと、アントワープへ行きました。

港の規模を一新するということは、埋め立てを大規模にするということです。

古い港は、川の出口に波止場をつくり、荷物の出し入れをします。その港の機能を強化するということは、川の出口ではなく、川に接する遠浅の海岸線を大規模に埋め立てて、そこに奥行きが深くて広い荷揚場をつくるということです。

港の埋め立て現場に行きました。目の前にはただ茫茫とした海砂の地面が広がっているだけでした。

アントワープはロッテルダムに大きく後れをとって港の建設を開始していたのです。作業中の埋立地は見ているだけではちっとも面白くありません。古い港に戻って波止場に腰をおろし、貨物船の荷卸しをぼーっと見ていました。そのとき、しゃれたシトロエンか何かのフランス車から小柄なオジさんが降りてきて、英語で私に「君は日本人？」と話しかけてきました。するとその人は「よかったら町を案内してあげよう。実は私は、縁があって日本とビジネスをしているんだ」と言ってくれました。どうやら横浜で宝石の売買をしていたようです。なぜならば、アントワープはダイヤモンドの加工と販売で世界的に有名な都市だからです。

街中のレストランでお茶を飲みながら話をしました。

彼はいわゆる小商人です。当時急速に小金持ちになってきた日本人の中産階級を相手にした、ダイヤモンドの販売で彼はしこたま儲けたのでしょう。

その人はオランダ系のベルギー人でした。アントワープはオランダ系ベルギー人の地域の中心だったのです。ブラッセルへ行くとフランス系のオランダ人がいると言っていました。ベルギーは二つの国がケンカしているようなもんだとも言っていました。そのケンカの中心がブラッセルだそうです。

表向きはアントワープとロッテルダムはケンカをしているように見えるけれど、実際はそうではないと彼は私に説明をしました。ロッテルダムの資本がアントワープに進出して、港や貿易の仕事を実質的に動かしていると彼は言いました。なぜならば、アントワープのベルギー人はオランダ人でもあるからだ、とちょっと皮肉な言い方をしていました。そしてロッテルダムで処理しきれない貨物がアントワープにまわされており、その量は加速度的に増えているとも言っていました。

そのベルギー人は二年間日本にいたので私よりも最近の東京のことを知っていました。「東京オリンピックを見ていない君より私のほうが日本のことは詳しい。東京の真ん中に高速道路ができたんだ。この道路を運転すると、まるでサーカスの曲技をしているような気持ちになる。トンネルがあり、高い高い高架があり、曲線が連続していたり、急斜面あり、ジェットコースターに乗っている感覚がするんだ。こんな高速道路はパリにもどこにもない。日本人は高速道路づくりの天才だ」と真面目な顔をしてしゃべっていました。私は東京の実態を何も知らないのでポカンとしているだけでした。

彼はその後、彼の車で街のレストランに連れていってくれました。そこでバケツ一杯のムール貝をごちそうしてくれました。後で聞いたのですが、ムール貝をおごることはアントワープ人の最大の接待であったようです。

ラインバーン

私がオランダでまず最初にロッテルダムへ行った理

由は、世界中の都市計画家が一度は見てみたいと思う戦災復興の再開発事業があったからです。この事業は第二次大戦直後（一九四五年）ごろから始まり、約十年かけて一九五五年（昭和三十年）には完成しました。場所は中央駅前にあるラインバーンという所です。

ドイツ軍は第二次大戦のときロッテルダムの中心部を爆撃し、完璧に破壊しました。ロッテルダム港に、連合軍が上陸してくるのを阻止するためでした。一九四四年六月、連合軍がヨーロッパに上陸し、ドイツ軍が劣勢になると、ロッテルダムの都市計画家は地下に潜伏したまま、秘密裏に戦災復興の図面を描き上げました。これは有名な話です。ですから第二次大戦終了後、すぐに復興事業を始めることができたのです。そうでなければラインバーンの再開発が、これほど早く着手できたわけがありません。

この計画をしたのは、オランダのアーバンデザイナーのヤコブ・バケマでした。実は彼はそれから二十年後、五十歳近くになってハーバード大学の建築学科の教授になっていました。私がケンブリッジにいたとき、建築学科のアーバンデザインの設計室にバケマがいて、学生と議論している光景を何回も見ました。だから絶対にロッテルダムに行きたいと思ったのです。

彼を始めとするオランダの都市計画家たちは非常に進歩的でした。

「これからは自動車時代が到来する。しかし歩行者にとって自動車は迷惑である。それならば街の繁華街の真ん中には歩行者の専用道路をつくり、その街の周りに自動車道路をつくろう」と彼らは考えました。

その再開発の理想像を、第二次世界大戦が終わると同時にロッテルダム駅前で現実のものとしたのです。

しかし、オランダの都市計画家も第二次大戦直後は、今ほどの車社会になるとは考えていなかったのでしょう。オランダは日本と同様に人口密度が高い国ですから、通勤客も、買い物に来る人たちも、鉄道で町までやってきます。当時から鉄道利用客は多かったのです。それですから、まず駅前の再開発から始めたのです。

第二次大戦前のラインバーンはパリの下町のように、ゴチャゴチャして曲がりくねった道が多いところでした。第二次大戦後、欧米の都市では機能的で合理的な再開発に着手しました。それは裏を返せば、人生のすべてが地面にしばりつけられた、暗くて建て詰まった街を取り壊して、明るくて道路が広く、人はのびのびと歩き回り、空に向かって開かれた街をつくることでした。商店街の小さな敷地を集めて大きな敷地にします。その形を四角にして、下のほうに商店街が入って上のほうに周りのオフィスに勤めている人たちの住宅をつくる、そういう立体的都市計画を考えました。それは当時としては（第二次大戦の最中の一九四四年）画期的なことでした。

前に述べたように、ラインバーンの再開発が完成したのは一九五五年です。

その当時の日本には、再開発など何もありませんでした。住宅公団すらできていませんでした。ただ、焼け跡にバラックの商店街（闇市）が並んでいただけです。ですからラインバーンは世界の再開発事業の先端的事例でした。

私が大学院の学生であった一九六〇年ごろ、日本の都市計画研究者の間で、〝スーパーブロック〟という言葉が口にされるようになりました。スーパーブロックを日本語になおせば「超街区」です。大きさは丸ノ内の一街区百メートル四方を四つぐらい合わせた、三〜五ヘクタールぐらいの大きさです。第二次大戦前のヨーロッパの市街でいえば、そのころの小さな敷地を百箇所ぐらい集めれば、この大きさになります。その大きな街区を、職住が一体になる建築敷地とします。そこに高層建築群を配置します。建物の足元には商店を歩行者専用道や広場に面して数多く配置します。商業施設以外の敷地には広場や緑地をもうけます。駐車場は地下にたっぷりともうけます。商業施設の上に建つ高層の建築物群は、住宅とオフィスの混合用途にします。場合によっては商業施設の上部は人工地盤にして、そこに庭をつくったり、オープンカフェをもうけます。

このような都市計画の再開発事業を、〝スーパーブロック再開発〟と私たちは言っていました。

この説明でもうおわかりになったと思います。ラインバーンは、第二次大戦前にル・コルビジェがパリの既存市街地を大々的に再開発することを提案した〝アーバンデザイン〟の完全なコピーでした。もう少し広義に言うならば、二十世紀初頭に機械文明が都市を変えると主張したＣＩＡＭ（近代建築国際会議）一派の建築家集団のイデオローグの具現化でした。

一九六〇年代には、ラインバーンを第一号として、続いてロンドンのバービカン、そしてアメリカにわたってボルティモアのチャールズセンター、サンフランシスコのゴールデンゲートセンターなどが〝ラインバーン型スーパーブロック〟のコピー商品として、次々と姿を現すことになりました。ですから一九六五年の若者だった私は、それをどうしても見に行きたかったのです。

実際、私がラインバーンに行ったのは街ができて十年ぐらいたった後でした。しかし街はまだピカピカでキレイでした。都市計画家たちの意図が十二分に表現された二十世紀の素晴らしい街でした。

高層の住宅棟は十階程度に高さが揃えられていました。深いヒサシで仕切られた窓枠のデザインは、大げさでなく、そのプロポーションはきれいでした。低層階にはしゃれた商店が建ち並び、にぎやかな商店街ができあがっていました。このような再開発は、ともすると奇抜な建築家たちのショーケースになる危険性があります。しかし、ここの再開発は普通の市民が安心して生活できる、活気あるけれど落ち着いたアーバンデザインでつくられていました。そして私にとって最も参考になったのは、ロッテルダム中央駅の駅前再開発であったことです。

私はこの商店街の街角にあったオープンカフェで、当時の日本とは別世界の新しい街の空気を存分に吸い込みました。

ヘーグの再開発

オランダを四角な国だとしましょう。その北と西は海です。国土の西側の真ん中にアムステルダムがあります。アムステルダムから六十キロメートルほど南に下ったところにロッテルダムがあります。そのオランダの国土の四角の真ん中には広大な農地が広がっています。その農地を取り囲むようにして、大小さまざまな都市が環状に配置されています。

オランダは国土計画によって、真ん中の森林・農地等のグリーンを残して、誰もそこに住宅や工場を建てられないようにしました。このグリーンを取り囲む環状の都市地域の真ん中、アムステルダムとロッテルダムの中間にオランダの事実上の首都ヘーグがあります。ロッテルダムから電車で三十分ぐらい行ったところです。

私が若いころ、日本人の都市計画家の間では、「ヘーグにはスケベな人間が一杯いる」という話がありました。なぜかというと、ヘーグの北側、大西洋に面したところに夏場の有名なリゾート地があります。この街の名前がスケベニンゲン（Scheveningen：助平人間）であるからです。ですからヘーグの周辺には助平人間が多いという笑い話です。

実際にその街に行ってみました。しかし、大西洋の荒波を直接受ける砂浜ですから、海水浴場としてはそれほど良いところではありません。率直に言うと、海水浴場というよりもカジノの街でした。大きなホテルとカジノがあり、ナイトクラブもありました。日本でいえば、熱海です。リゾート地といいますが、歓楽地だったのです。そこでは大きなオランダの男と女が肩を抱き合いながら歩いていました。

この観光地に関係なく、ヘーグの街では、中央駅前の再開発が活発に始まっていました。

ヨーロッパを駆けめぐる国際急行列車を受け入れるために、二つあった古い駅を一つにして鉄道線路の再編成をしていました。それに応じて駅舎を建て替えようという再開発でした。

ところでヨーロッパの都市の裏側には、どこでもマフィアの巣窟になっている〝女性が商売をする〟宿屋街があります。一般的に鉄道駅の横とか裏側にそういう街がありました。たとえばデンマークのコペンハーゲン駅の東側にもそういう街がありました。ヘーグもそうでした。この再開発地域は、そのような安宿と街娼がうろうろする場所であったのです。

これらの犯罪の多い街を壊して新しい駅舎やオフィスビルを建設するのがヘーグの駅前再開発でした。西ヨーロッパの街はどこでもそうですが、戦後の経済は膨大なオフィスビルの供給を必要としました。その新しいオフィス街をどこにつくるかが、ヨーロッパ各都市の腕の見せどころでした。ドイツの各都市では、第二次大戦後の空爆で破壊された市街地の一地区を、区画整理をしてとりあえずオフィス街にしました。イギリスのロンドンでも爆撃で壊された市街地バービカンをオフィス街にしました。パリでは郊外の墓場と畑がある空き地を再開発の対象としました。ヘーグでは、古いヘーグの中央駅を対象としたのです。

その工事現場で働いている労働者は、そのころからオランダ人ではありませんでした。インドネシア、アフリカ系など、みんな出稼ぎ労働者でした。いわゆる下請けの外国人労働者でした。

私は貧乏な旅行者でしたから、彼ら（労働者）と同じ宿でいいと思い、そのような宿屋を探しました。最後に行き着いたのが建設現場にすぐ近い安宿でした。当時すでに築五、六十年経っているような宿で、一泊二、三ドルでした。部屋の中はペンキでキレイに塗られていて、こざっぱりしていましたが、便所と洗面所は水が出ませんでした。一階まで階段を下りないと便所と洗面所は使えなかったのです。あぁ、これは日本の木賃アパートと同じだと思いました。便所と洗面所は共同で、風呂がないからです。しかし、アフリカや東南アジアから来た労働者からすれば、個室がありベッドがあり、そこに泊まれるだけでも夢のような生活だったのでしょう。

グラスゴーやマンチェスターでは、産業革命のとき、労働者の長屋住宅には、戸別には便所はありませんでした。六つか七つの住戸に一つ、便所が裏庭にもうけられていました。それと同じ状況が、ヘーグの建設労働者の宿屋で起きていたのです。

アムステルダムでの楽しみ

ボストンにいたとき、私の数少ない楽しみの一つは、ボストンシンフォニー・オーケストラを聴くことでした。オペラと違ってオーケストラのコンサートチケットは、手に入りやすかったのです。演奏会の当日行っても買えました。それでも、私は四ヶ月がひとつづりのシーズンチケットを買いました。そしてケンブリッジから都心経由の地下鉄を一回乗り換えて、コンサートホールのある駅（それはシンフォニーという駅名でした）まで、月一回通いました。そのときの指揮者は、かの有名なシャルル・ミュンシュではありませんでした。

ラインスドルフというドイツ人の指揮者で、やや実務的というか、あまり大げさな指揮はしない指揮者でした。それでも私はこのボストンシンフォニーの会員になれたことは望外の喜びでした。

ロンドンではロイヤル・アルバート・ホールでロンドン・シンフォニーの定期コンサートを聴きに行きました。

ドイツに行ったらベルリンフィルハーモニーの音楽会に行きたいと思っていました。しかし、私はベルリンに行かなかったので聴けませんでした。

オランダに行ったら絶対聴きたいオーケストラがアムステルダムにありました。それがロイヤル・コンセルトヘボウでした。第二次大戦前に叔父がSP盤のクラシック音楽のレコードを集めていました。私は小学生でしたがこのレコードを盗み聴きして、交響楽の構成の見事さにのめりこみました。その中で、特に印象的だったのがウィレム・メンゲルベルクが指揮し、アムステルダム・ロイヤル・コンセルトヘボウが演奏したドボルザークの交響曲「新世界から」でした。

アムステルダム・コンセルトヘボウはベルリンフィルやウィーンフィルと並んでヨーロッパでは有名な三つの交響楽団の一つだと、そのとき叔父に教えてもらったのです。

今、八十歳以上の人だったらメンゲルベルクを知っているでしょう。今から七十年以上も前、一九四〇年(昭和十五年)ごろのことです。

叔父は音楽が好きでしたから、たくさんのSPの交響楽のレコードを集めていました。そのレコードの山からわかったことは、当時のヨーロッパには三名の名指揮者がいたということです。一人はベルリンフィルハーモニーのウィルヘルム・フルトベングラー、二人目はロンドン・フィルハーモニーのトーマス・ビーチャム、そして三人目はこのメンゲルベルクであったということです。

ですからぜひ、アムステルダムに行ったら、コンセルトヘボウを聴きたいと思っていたのです。

念願叶って聴くことができました。そのとき何を聴いたか覚えていませんが、「ヨーロッパの交響楽団はこういう音色を鳴らすのか」という感慨が今でも残っています。ひとことで言うと聴き終わった後、晴れやかな気持ちになれない。なんとなく「人生こんなに暗くていいのかなぁ……」という屈折した気持ちになる演奏会でした。ヨーロッパの一流の音楽というのは、こういうものなんでしょうか。

一方、ボストンで私が聴いていたボストンシンフォニーは、ややヨーロッパ的な交響楽団でしたが、それでもアメリカ的でした。基本的に演奏の響きは単純に明るく音量も常に大きかったのです。小さな音量と大きな音量の幅がものすごく大きくて、元気を主張するのがアメリカ型オーケストラだと思いました。

理屈はともかく素晴らしかったと心の底から思いました。日本に戻ったら、いくら小遣いが豊かになっても、このようなぜいたくは絶対できないと思いました。これがアムステルダムの一番の思い出です。もちろんゴッホ美術館にも行きました。しかしオランダで私は、ヨーロッパの音楽のさわりを実感できたのです。

デンマークの友人を訪ねて

アムステルダムをあとにして、ユーレイルパスでデンマークのコペンハーゲンへ行きました。なぜ行ったかというとコペンハーゲンには友人がいたからです。名前はカール・ニールセンといいました。シアトルの研修で知り合った友人です。彼は当時コペンハーゲンからアメリカに留学していて、フィラデルフィアのユニバーシティ・オブ・ペンシルベニアの土木工学科で勉強していました。道路工学が専門でしたが、都市計画の勉強もしていました。シアトルの研修会で彼とはとても良い友だちになりました。英語は私のほうが上手でしたが、素朴な英語を使って、自らの言いたいこと、聞きたいことを明確に、ゆっくりと話すやり方は立派でした。

アメリカの都市計画の世界では、社会科学系の専門家はたくさんいますが、エンジニア系の計画家はあまりおりません。彼は元々エンジニアでしたから、シアトルのコンピュータ研修会のなかで、統計学的な質問に応えられるのは私とカールぐらいでした。そのせいもあってか、仲が良くなったのです。

ボストンを出るときカールに連絡しました。「デンマークに来いよ」と行ってくれたので、彼の元を訪ねることにしました。

彼はコペンハーゲンの街にある普通の集合住宅、六階建ての建物の三階か四階に住んでいました。

当時彼はコペンハーゲン工科大学の講師で、奥さんと子どもの三人家族でした。居間が八畳ぐらい、食堂が四、五畳。それに六畳ぐらいの部屋が二つ。せいぜい二十四、五坪ぐらいでしょう。決してきらびやかな部屋ではありませんでしたが、昔からあるがっちりとして古い家具や絨毯を使っていました。デンマークで家を借りるときは、ファーニッシュといって、古くから使いこなしてきた家具付きの家が主流です。食卓も樫の木の厚い、惚れ惚れするほどいいものでした。

当時日本では「明るいナショナル」と歌われたように、何でもかんでも蛍光灯で明るくする風潮がありました。彼の家に行くと蛍光灯などなく、白熱球のダウンライトでした。全体的に薄暗い、でも食卓の所だけは明るくて落ちつく雰囲気の部屋でした。おまけにナプキンは厚地で大きくクリムゾン色、食器はロイヤルコペンハーゲン風の白色と、室内の小物まで一つ一つにデザイン的配慮がされていました。


私は悲しくなりました。日本に帰ったらこんな生活は一体いつになったらできるんだろうと。デンマークは戦争の被害はありませんでしたから、古い建物も調度品も残りました。それらの豊かな資産を使いながら暮らしている彼らの家庭生活がとても羨ましかったのです。

アメリカ人なら、奥さんがわれわれのそばに座って男同士の会話にも入り込んできますが、カールのところでは奥さんは私たちの話に口をはさみませんでした。カールが「メシにしようか」と言うとそこで初めて扉を開けて「こんにちは」とでてきました。質素だけどおいしい挽肉料理、食事のあとは私たちのそばで黙って編み物をしながら、お茶のサービスに気配りをしていました。彼女は昔の日本の女がこうだったというように、微笑みをたたえながら控えめ、亭主の前にしゃしゃり出てくるような女性ではない、戦争前のヨーロッパの家庭を思わせる良き知的な女性でした。

デンマークの一番の収穫物は、彼の奥さんでした。それと室内照明、調度品、部屋のアレンジの仕方、つまり文化の厚みをずっしりと感じたことです。普通の家庭の生活そのものが、インテリアデザインの最もすぐれた作品であると思いました。

カールとの会話で、有名なコペンハーゲンのフィンガープランの話がでました。このプランは日本の都市計画の教科書にのっていました。コペンハーゲンでは、中央駅から五本の鉄道が人間の手のひらのような形で、郊外に向かって走っています。

二本は海岸に沿って、三本は内陸に向かっています。鉄道に沿って、小さな街を駅ごと市街地としてまとまるようにつくります。これらの街は通勤者の住宅地です。これが指です。指と指の間は、森や畑を残し、緑地として守ってゆく、そういう計画です。この計画についてカールは「デンマークの都市部では公有地が多いから公園や緑地の保存は可能だ。しかし皆が気づかないけれど、郊外の農地はとても高品質で海外にでも輸出できる農作物を集約的につくっている。花、野菜、酪農製品すべて質が高い。だから農民はその土地を宅地化しない」と言いました。

そのころからデンマークの酪農と農業は誇り高き産業であったのです。

コペンハーゲン市のフィンガー・プラン

フィンガー・プラン（Finger Plan）の名前は一九四七年（昭和二十二年）に民間の都市計画事務所によって提起されました。この事務所は現在存在しません。このときの当計画事務所の主張は次のようでありました。

これからのコペンハーゲン市の開発は、都市鉄道に沿って行われるべきであること。そしてその開発はできうる限り駅に近接して行うべきである。それによって、沿線の通勤客の通勤時間は四十五分以内に抑えることができるということでした。

民間の提案は一九四九年に公式にコペンハーゲン地域計画事務所に認知され、現在に至っています。五本の指のうち、小指が北を示します［P114／fig52―54］。

〈注〉

二〇一五年時点の居住人口（コペンハーゲン市）

①北（小指）：高所得者の住宅地（人口二十七万人）

②北・北西（薬指）：大部分が戸建て住宅地。中所得者の住宅地（人口十万人）

③北西（中指）：コペンハーゲンの工業地域。戸建てと公営集合住宅が共存（人口十一万人）
④西（人差し指）：低所得者住宅地。犯罪率が高い（人口十四・五万人。うち二十パーセントが移民）
⑤西南（親指）：高層の公営住宅と低所得者の住宅地。駅から離れると戸建ての中所得者の住宅地（人口二十一・五万人）

アメリカからの帰国旅行で私はいろいろな国に行きました。そのなかで安心して暮らせるのはデンマークだと思いました。街を歩いていて、特別な屋敷街は見かけませんでした。皆が五、六階建ての集合住宅か二階の棟割長屋に住んでいました。それらの建築物はすべて清潔でこぎれいでした。特別に派手な商店もなく、商店街は生活に直結する商店の集合体でした。みんながほどほどに豊かですが、突出した金持ちがいなくて暮らしやすい国だと思いました。

コペンハーゲンにある歩行者天国、ストロイエも見学しました。ここは商店街がある目抜き通り全部を、自動車通行禁止にして歩行者専用道にした場所です。この道は中央駅から港の古い船溜まり、ニューハウンまで約二キロメートルの道路です。

コペンハーゲンの中心市街地には運がよいことに三本の道路が並行して街を縦断していました。そのうち中央の一本をこの歩行者天国にして、両側の二本を従来どおりの自動車道路にしました。歩行者天国に面する商店や事務所への荷物の搬入は、この両側の道路から分岐するクルドサック（Uターン可能な行き止まり通路）によって行われるようになりました。この歩行者天国はとてもにぎやかでした。当時から外国からの観光客が物珍しそうに、しかも晴れやかにこのストロイエを歩いていました。たくさん〝外人さん〟が来ていました。

このストロイエの都市計画に見られるように、デンマーク人は市街地を大改造することに金をかけません。現在ある市街地に少しだけ手を入れ、そして上手に利用する才能があるようです。この街づくりのやり方は、私の大好きな方法でした。この方法こそ、知的で効率的な〝ソフト〟な街づくりの手法でした。ですから、私はデンマークが都市計画の立場から見て一番大好きな国です。

ストックホルム

北欧で一番重要な都市はストックホルムです。通常ノルディック・カントリーというとノルウェーとデンマークとスウェーデンです。フィンランドは入っていません。その中でストックホルムは一番人口が多い都市です。スウェーデンの人口が当時七百万（二〇一〇年現在、一千万人）、デンマークが四百万（二〇一〇年現在、五百万人）、ノルウェーが三百万人（二〇一〇年現在、五百万人）ぐらいでした。ですから首都ストックホルムは北欧の首都といっても過言ではありません。

ストックホルムで一番見たかったのが有名な市庁舎でした。この建物は建築家ラグナル・エストベリによって設計されました。

ストックホルムの冬は暗く、イギリスより暗いぐらいです。夏のさんさんと照る太陽を愛でるのは、五月から十月までの半年ぐらいです。あとはずっと暗いのです。そういうところで市庁舎をつくるとき、設計者が考えたのが「明るさ」です。北欧の連中はとにもかくにもこの暗さから脱出したい、イタリアや南仏の明るさを求めるわけです。市庁舎を設計したラグナル・エストベリもイタリアに行っています。ストックホルム市庁舎のメインの大ホールは全面壁が金箔です。細い縦長のステンドガラスの窓から入る光線はこの金色の壁面に反射して、室内をさんさんと明るくしていました。

市庁舎の外観は赤味をおびた焦げ茶色の煉瓦がはられていて、北欧の暗さを美しく表現しています。建物の内部もそれほど明るくありません。しかし、大ホールの金色の部屋だけは別でした。それはちょうど、日本の東大寺の真ん中におかれている金箔の大仏がもつ、不思議な明るさに通じるところがありました。ここは世界中の市庁舎の中で、私が一番好きな建築物でした。

この市庁舎はストックホルム入江の地先に建てられています。入江の対岸からちょっと距離をおいて眺めると、その市庁舎の美しさは一際はえます。東京でいえば都庁舎が新宿ではなくて築地の河岸のところに建てられている状況を想像してみてください。東京湾から丸見えで、そこに都庁舎が夜の照明で浮かび上がってくる。そのような状況設定が今となると、私の頭に浮かんできます。これはストックホルムで必ず見なければならない建物です。

ストックホルムの都市計画では二つ見なければならない場所がありました。それは旧い街の保存と新しい街の建設でした。

一つはオランダを含めた北欧五ヶ国（オランダ、デンマーク、ノルウェイ、スウェーデン、フィンランド）の首都の中で、ストックホルムにだけ、アルトシュタットという古い町が大事に残されていることです。今から六、七百年ぐらい前、そこにバイキングの先祖が街をつくり、船をつかって大西洋に出た港町です。十五、六世紀ごろの田舎の港町ですから、びっしりと家が建ち並び、道は細くてクネクネ曲がり、空を見上げると建物に遮られ空が細くしか見えない、そういう町です。

ここは町全体が文化財として保存されています。骨董屋やリトグラフをつくる画廊、そして土産物屋がたくさん並んでいました。この古い街は小さな島の上にあります。その街から水路に沿って十分ぐらい歩くと文化財を保存する博物館があり、そこにはバイキングが乗っていた船の残骸が復元されていました。

しかし、当時の私は新しいことに興味深い若者でした。その関心はそういった文化財観光の街ではなく戦後の再開発にありました。

ストックホルムは戦争で被害を受けませんでした。そのような古い市街地には、第二次大戦後急速に成長した第三次産業が必要とする新しい事務所ビルを受入れる余裕がありませんでした。そのために、ウィーンやアムステルダムでは中心市街地の外側にあった農地に、新しいオフィス街をつくりました。そこには東京でいう新宿西口副都心と同じ高層のオフィス街ができました。

それに対してストックホルムでは、中心市街地にある人口が密集した雑居型の古い街を大々的に取り壊して、オフィス街をつくることを考えました。ロッテルダムのラインバーンと同じように まず大きい街区で小さくて古い街を再編成し矩形にします。そこに立体歩行者広場をつくって歩行者を二階にあげます。さらにこの歩行者広場の下に商店街をおさめ、その上にオフィスビルを建設します。自動車はすべて地下駐車場に収容します。立体的で大街区そして歩車分離の再開発という、都市計画の原理原則にくそまじめに従ってつくった再開発の街が、ストックホルムにありました。ロッテルダムの二番煎じです。しかし規模が大きいのです。そこが私の見たかった二番目の場所でした［P120／fig55・56］。

下町中心市街地のネーデルノルマールム

場所の名前はネーデルノルマールムといいました。そこは以前からある中心繁華街のはずれにありました。中央駅から五、六百メートル離れています。地下鉄がないので歩かなければなりません。しかし北欧は寒いので、駅から地下道をつくりました。ネーデルとは「under」、つまりノルマールムの下町、という意味です［P123／fig57・58］。

再開発ができ上がったこのネーデルノルマールムは、どちらかというとラインバーンよりもロンドンのバービカンのような街でした。建物の前面は全面大きなガラス張り、横側はコンクリート壁といった単純なデザインですから、ちょっと安っぽい。その高層ビルが五棟、歩行者広場（ペデストリアンデッキ）の上に規則正しく並んでいました。

ところが、このペデストリアンデッキは、全く人々に使われていませんでした。オフィスの勤め人も、商店街の買い物客もこのデッキに上がって、休息したり散歩したりはしませんでした。当時のペデストリアンデッキのデザインは幼稚で、庭や樹木も多くなかったからかもしれません。それに地表面から昇る階段もそっけない構造で、エスカレーターもありませんでした。当時私の印象では、しらじらとしたコンクリートの床が広がり、そこにわずかな花壇と植木そしてベンチがちりばめられているというものでした。それにしてもそこに人が集まっていない事実は衝撃でした。

なぜならば、当時の都市再開発のアーバンデザインの主流は、このペデストリアンデッキをもうけることにあったからです。そこにさんさんとあたる日光を浴びる人たち、木陰に憩う人たちがたくさんいるにちがいないと、建築家や都市計画家は思い込みました。そのようなデザインを次々と提案していたのです。スーパーブロックに対する思い込みもそうでした。その都市再開発の世界的通念が実社会には全くあてはまっていない事実を、ストックホルムで目の当たりにしました。人々はやっぱり地べたから離れられないのだと思いました。これがネーデルノルマールムの教訓でした。

ヨーロッパの都市で戦後の再開発でできた街は、どこも大量生産、大量消費の街です。安モノはありますが、質の高い品物も質の高い商店やオフィスも、そして住宅もそこにはありません。所得が少し高い中産階級の人たちはここではなくて、戦前につくられた繁華街に集まって仕事をしたり、食事をしていました。

ヒョートルゲ地区の超高層ビル群

〝ヒョートルゲ（Hötorg）〟はストックホルム市の中心商業地区です。そこには五棟の超高層ビル群が並んでいます。市役所は一九四五年（昭和二十年）にこの中心地区に大規模な整備構想を組み立てました。それは第二次大戦後の都市の急激な成長と拡大を見通して、この都心地区に自動車用の地下トンネルと地下鉄の新設を可能とする大規模な再開発を実施するものでした。このネーデルノルマールムの大規模な再開発計画を実現するために、地区内の民地を強制的に買収する土地収用法もつくられました。したがって、ヒョートルゲの五棟のオフィスビルの建設は、この大規模再開発の一環でした。

この五棟は高さ七十二メートル、十九階建てです。一九五三年から一九六四年の約十ヶ年で建設されましたが、当時〝国際建築デザイン〟の代表とされたニューヨークのＳＯＭの設計によるLever House（一九五一〜五二年）を模したといわれています。しかし現在、当時売り物としていた五棟に共通する人工地盤上の空き地は全く人々に利用されておらず、そこに地表から上がってゆくことも禁止されています。私から見ると、一九五〇年から六〇年代を席巻した、人工地盤を主体とする再開発事業は失敗であったと思います［P125／fig59・60］。

ノーベル賞の公会堂と花咲く市民広場

ネーデルノルマールムの再開発地区の横に、ストックホルム市の公会堂があります。二百年ぐらいまえにつくられた古い建物です。ここが平和賞を除く四部門のノーベル賞の授賞式が行われる場所です。

ネーデルノルマールムのつまらない高層ビルの足下に、ノーベル賞の授賞式が行われる古い公会堂が残されているのです。

この公会堂の前に市民広場があります。この広場ではいつも朝市が行われ、広場全体をつかって花や野菜や肉が売られていました。この朝市の光景はヨーロッパの街では当たりまえです。私はその光景を見て、北欧の人たちはすごいデザインセンスがあると思いました。野菜や肉が大きなパラソルの中にキレイに並べられていました。商品を並べる台も、木製の頑丈な台で揃っていました。その色も黒っぽい焦げ茶色か、茶の強いクリーム色に揃えられていました。そして何よりもパラソルの色が美しいのです。その大きなパラソルが、またしっかりとして安定感があるのです。これも木製でした。パラソルの色の種類は赤、黄、青などそれほど多くはありません。しかし単純な色ではありません。ちょっとカラシ色っぽい黄色やちょっと紫っぽい赤、濃紺など北欧の上品なご婦人がはくスカートの色を思わせる中間色の色合いなのです。美しいパラソルの屋根がノーベル賞広場の前に広がっていました。そこに、街中に住む人たちがたくさん集まって、楽しそうに買い物をしていました。

私は北欧に来て初めて、家具やテキスタイルなど、街をいろどる小物のデザインがこれだけ町に美しさと品の良さをつくり出すものか、ということを知りました。ヨーロッパの諸都市のなかでも、北欧都市の広場に持ち込まれている家具、什器のカラーコンディショニングは飛び抜けて優れていて、何よりも品格がありました。これがストックホルムで一番強く残っている印象です。

ストックホルムの街の地形はとても複雑です。この街は海に面している港町ですが、入江が複雑に入り組んでいるうえに、細い海峡がたくさんあります。一見すると街は湖の中にできあがった都市のようです。さらに小高い丘陵地がこれらの入江のうしろにせまっています。坂が多い街です。

これだけ地形の変化があれば、後ろに丘を背負った水際の市街地は、とても変化に富み、美しい景観をつくりだしていると思うでしょう。ところがストックホルムの街は、意外とそれほど魅力的ではありません。もちろん一番美しいと思うのは、樹木、林、森といろいろの緑の空間が市街地に組み込まれているところです。問題は街並みをつくっている大部分の集合住宅が、あまり面白くないのです。

もちろんすべての集合住宅に傾斜のついた屋根がある点は、街に統一感を与えています。しかし、第二次大戦前からつくられてきた一般的な集合住宅は、どの住宅も画一的でした。建物はのっぺりと横に広がって背が高く、小さい縦型の窓がたくさん外壁にはめこめられていて、バルコニーはありません。バルコニーがないことは建物の表情を単純にします。外壁の表面はどの建物も黄色系のテラコッタ仕上げですから、ちょっと安っぽい仕上げです。

このような建物が画一的に街を埋めています。これは多分、北欧の気象条件に支配されていたのかもしれません。なぜなら冬があまりに寒くて、雪が積もるので、バルコニーはつくらないほうがよいし、窓は小さくてして部屋の保温につとめなければならなかったからでしょう。外壁にタイルを貼れば、冬の厳寒の外気が、それらにヒビを入れるかもしれません。建築技術がそれほど発達していなかった十九世紀末から二十世紀初頭には、そのような集合住宅がたくさんつくられたことはうなずけます。しかし、二十世紀も後半に入ればもっと建築のデザインの質は、よくなってきたはずです。それでもスウェーデンの集合住宅は昔からそうであったという伝統を守って、デザイン的にはあまり魅力のない集合住宅をつくり続けているのかもしれません。スウェーデンの都市計画は、世界で一流だと思いますが、その上につくられる〝一般の集合住宅〟は魅力がないというのが、現在の私の率直な評価です。

ストックホルム市役所とトルシュテン・ウエストマン

ストックホルム滞在中、いつものとおり市役所へ行きました。ここで〝中年だがみかけは若い〟都市計画課長と知り合いになりました。その第一印象は、彼は実力のある都市計画家であるということでした。初めから、どうしたことか彼はとても私に親切にしてくれました。ネーデルノルマールムの話をしたり、後から見学に行くことになるニュータウンの話もしてくれました。さらには小さい近郊住宅地開発の模型も見せてくれました。

その住宅地開発では、通常の1／500のほかに1／200の模型まで、検討資料としてつくっていました。市役所が自らの計画を模型にして建築業者に示し、指導と協議を重ねていたのです。ここでもドイツと同じように市役所の中に模型をつくる技術者がいたのです。

彼はあまり愛想はよくありませんでしたが感じの良い人でした。名前はトルシュテン・ウエストマンといいました。ちょっとシャレた建築デザイナー風の作業着を着て、背が高くてかっこよい男でした。

私より七、八歳年長で四十歳ぐらいであったのでしょう。まさに働き盛りの〝プランナー〟でした。

当時アメリカの都市計画は理屈ばかり言っていましたが、彼はそうではありませんでした。北欧の都市計画は道路をつくる、建物をつくる、公園をつくるといった即物的作業なのです。ドイツ型の都市計画と似ていました。どれだけ良い住宅団地をつくり、どれだけ良い再開発をし、どれだけ良い道路をつくるかがとても重要です。多分スウェーデンは日本と同じように、人々の理解が早く、あまり理屈は必要なかったのでしょう。

私にはウエストマンの説明（考え方）が、ストレートに頭に入ってきました。北欧では日本と同じ話ができると思ったのです。ただし日本では模型はつくっていませんでした。面や線を色で塗った平面図だけで仕事をしていました。当時は1／500の正確な市街地の地図もありませんでした。

それにしても、やけに親切にしてくれると不思議でしたら、「明日、ストックホルム市役所に日本の建設省からスウェーデン政府訪問の役人グループが来る」というんです。トルシュテンは英語ならしゃべれるけど日本語がしゃべれないからどうしよう、そう困っていた矢先に私が現れたというのです。それで私が通訳することになりました。翌日、建設省の役人一行が五、六人で来ました。幸いなことに、彼らは英語と日本語の通訳をつれていました。トルシュテンの英語は流暢でしたから、彼の説明は通訳を介して十分に日本の役人に通じたようです。ただしところどころで私が日本的な解釈をつけ加えました。それでトルシュテンは安心したようでした。私はトルシュテンの横についてスウェーデン側の都市計画家のような恰好で、にわか仕込みのストックホルム都市計画の説明を日本の役人連中にしたわけです。

そのとき、日本の役人たちが興味を持ったのは、町の再開発より郊外の住宅団地建設でした。

トルシュテン曰く「スウェーデンの都市計画において、郊外団地には二つの型があります。一つは田園住宅型、二つは駅前中心型です。前者の典型はベリングビー、後者はファルシュタのニュータウンです」。彼はこのように説明をしはじめました。

ベリングビー（通勤電車付きニュータウン）

ベリングビー（Vällingby）はイギリスのニュータウンの密度をさらに半分ぐらいに下げた住宅団地、つまり森の中に二階建てのテラスハウス（連棟長屋）がきれいに並べられ、その間にぽつんぽつんと六、七階建ての中高層棟が建てられている住宅団地でした。まさにコルビジェが主張した〝もっと光を、もっと緑を〟の〝教え〟を完全に守り実現したニュータウンでした。この住宅団地を1／1000の平面図で描けば、とても抽象的で美しい図柄になります。その点ではフランスの住宅団地と似ていますが、スウェーデンの場合、一つ一つの建物はフランスほど大きくなく、いわゆるヒューマンスケールです。ですからこの図柄は親しみが持てます。

欧米の他の国々とスウェーデンの場合、基本的に違うことは鉄道とニュータウンの関係です。

スウェーデンの場合ニュータウンをつくるにあたり、鉄道を先につくるか、すでにある沿線にしかニュータウンをつくりませんでした。ですから駅を降りるとすぐニュータウンです。日本の場合は、ニュータウンに一定の人が住み着くまで、鉄道はつくりませんでした。京王電鉄の多摩新線（相模原線）がその例です。

遠くから見るとベリングビーは森と住棟配置のプロポーションのよいしゃれた住宅団地でした。高層棟が森の中からすらっと建っており、その森の中に中層棟と真っ白で低い長屋住宅が横たわっているのです。駅は掘割につくられ、その上部はデッキで覆われて駅とバス広場、そして小さな商店街になっていました。建築デザイン的にとても美しい町ができていましたが、ここで問題が起きました。

ストックホルムはとても寒い所です。冬になると鉄道沿線といえども人々はそう簡単に外へ出ません。人は建物の中に閉じこもりがちになります。ストックホルムでは冬が五、六ヶ月続くのです。駅と建物の間を移動しようとしても、バスや自家用車を使っても寒くて不便です。冬になればどうしても住民は外に出なくなります。特に高層の住宅団地では、高齢者が孤立してしまいがちです。それは町づくりにとって致命的です。その教訓を得て、次のファルシュタという町をつくりました。

この町では、駅から商店街が南北二方向に延びていて、その先に七、八階建ての高層住宅が並んでいます。住民は駅から商店街を通って家に帰ります。駅と住宅地の間に道路ではなく商店街をつくったのです。

それでも問題は解決されませんでした。

駅から少し離れた住宅までシャトルバスが出ているのですが、バス停でバスを待っている間、寒さのせいで脳卒中を起こしてしまう高齢者が出てきました。ですから、高齢者用の住宅を駅からもっと近いところにつくる必要ができました。対策として、高齢者を駅の上のマンションに住まわせ、商店街は駅の下につくりました。そうすれば商店街へ行くにも高齢者が寒さで具合が悪くなることはありません。若い人たちは、外側に住まわせ、高齢者を中心部に住まわせる、このようなニュータウンをこれからつくると、トルシュテンは日本の役人たちに説明していました。

すでに一九六五年（昭和四十年）、スウェーデンではそういう高齢者対策を考えていたのです。当時の日本では考えもつかないことでした。

社会福祉の国スウェーデンで、何が議論されているのかを、ここで初めて理解することができました。この帰国旅行の道中、いろいろ見学をして話を聞いた国々の中では、スウェーデンで一番学ぶことが多かったかもしれません。

質の高いニュータウン

ベリングビーはストックホルム市中心部から北西に約十五キロメートル離れたところに建設されたニュータウンです。現在人口は二万五千人。電車での都心への通勤時間は二十四分、ラッシュ時には五分おきに運転しています。ストックホルム市は一九五〇年（昭和二十五年）にベリングビーにニュータウンを建設することを決定しました。一九五四年には早くも街開き式（Inauguration）が行われ、一九五八年には駅周辺部の住宅地は概成しました。そのときの人口はすでに約一万八千人でした。このニュータウンの特徴はタウンセンターとなる地下鉄駅がニュータウンの中央におかれ、ニュータウンの街開きは地下鉄駅の完成と同時であったということです。住宅棟配置の原則は、駅から半径五百メートルまでのところは一、二人用の三階アパート、九百メートルまでには二階長屋か戸建て住宅を配するという方針でした。

英国のスティブネッジと並んで、ベリングビーニュータウンは何の住環境の劣悪化もない、素晴らしいニュータウンです。付け加えるならば、駅直上にあるタウンセンターは、一九九〇年ごろから時代の変化に対応できず、二十一世紀に入って再整備が始まり、二〇〇八年に新しい街開きが行われました［P127／fig61—66］。

都市計画の国際大会（ＩＦＨＰ）

市の都市計画課には三日訪れましたが、彼は二回ほど昼食を私におごってくれました。その場所はなんとあのエストベリが設計した市役所本庁舎の地下食堂でした。

日本で市役所の食堂といいますと、安飯を食べさせる味気のない食堂しか思い出さないでしょう。しかしこの地下食堂は違いました。テラコッタできれいに塗りあげられた、大きなアーチ状の天井にはシャンデリアが飾られていました。食卓はどっしりとした樫の木でできていました。床は黒く輝く花崗岩でした。白いエプロンを胸からかけた品の良い女性がウエイトレスでした。素晴らしい高級レストランでした。しかし彼は「ここは市役所が経営するたった一つの公営食堂だから、そんなに目の玉がとびでるほど高くないので安心して」と言いました。

その雰囲気はまさにスウェーデン的な高級レストランでした。そこで彼は私にスウェーデンの焼酎アクアビットと、スウェーデン式ビュッフェ〝スモーガスボード〟をご馳走してくれました。アクアビットの氷のような冷たさと、スモーガスボードの最後のデザート、リンゴのプリンの味は今でも忘れられません。この食事は私の帰国旅行の中で、一番贅沢でおいしかった食事でした。

後でわかったのですが、この〝市役所レストラン〟は、世界の旅行客用観光案内本にものっている名所だったそうです。

そこで彼と食事をしましたが、そのときはトルシュテンが、

「君はずっとこっちに来ているから知らないだろうけど、都市計画の国際大会が今年の十月末に東京で行われるんだよ」

と、言いました。二年間日本を留守にしている間に、オリンピックをきっかけとしてこんな国際的行事が東京で行われるようになったのです。当然私はそんなことも知りませんでした。

この国際大会は世界中の都市計画組織がつくった、世界住宅・都市計画連合の日本大会でした。そして日本政府が五、六年かけて誘致に努力した結果実現した、アジアで初めて行われた都市計画の国際大会でした。ですから、トルシュテンもスウェーデンの都市計画協会の一員として、未知の国日本にエキゾチックな旅行ができることになったわけです。

トルシュテンは一ヶ月後に東京にくるわけです。私はとても嬉しくなりました。スウェーデン人の都市計

画家とこれほど親しくなるとは、夢にも思っていなかったからです。もちろん、東京でトルシュテンと再会することを約束しました。

私はその国際大会で、帰国早々、建設省にいた都市計画の先輩たちから「君は英語がしゃべれるから」というだけでスピーチをさせられました。日本を代表して「日本の歩行者空間」について講演をしました。

B＆Bのオーナー

スウェーデンにたどり着いたときに、お金はありませんでしたから、インフォメーションセンターへ行って安い宿を探してもらいました。スウェーデンではB＆Bが一般的だということで、インフォメーションセンターのお嬢さんが外国人の扱いに慣れているB＆Bを紹介してくれました。

そこはネーデルノルマールムの近くにある古い住宅地にありました。戦前にできたと思わせる集合住宅の五階にそのB＆Bがありました。ベルを押すと、スウェーデン人にしては小柄な女性が出てきました。年のころは五十歳ぐらいでした。

「あら、いらっしゃい。日本人は初めてよ」と、きれいな英語で言ったのです。普通、庶民階級の宿屋では、英語なんか誰も流暢にはしゃべりません。そのB＆Bは、食堂と客室が二つ。それに家主の寝室が一つで大きさは百二十平方メートルぐらいあったでしょう。

このB＆Bのオーナー女性はそこで一人で生活していました。

B＆Bに泊まれたので私はスウェーデンの普通の住宅の内部を見ることができました。木製の床はきれいに磨かれ、清潔でした。古い住宅だからでしょう。天井が高いので部屋にいつも開放感がありました。今でも記憶に残っているのは、廊下の幅が意外と広かったことです。

私にあてがわれた部屋は日本間でいえば八畳ぐらいありました。ベッドが古いので、寝るところが高くてびっくりしました。

私の他に観光でスウェーデンに来たイタリア人夫婦が相客でした。彼らはオーナーの女性とワインを飲みながら会話を夜遅くまで楽しんでいました。B＆Bを営むことで、オーナーはいろいろな国の人と交流を持つことができたのです。宿屋の主人から見れば、外国の宿泊客とゆっくりと夜をすごせれば、居ながらにして外国旅行を味わえることになります。一石二鳥のB&Bの経営であったのです。ですから英語を話せることはとても大事であったのです。

私にとってもB&Bに泊まることで、そこの家主とゆっくり話すことができたのは、望外のチャンスでした。ここの女主人はどういうことか、最近街に入り込み始めたアフリカ系の移民に先見的に警戒感を持っていました。初めはちょっと不思議でしたが、彼女の人生をきくことによってある程度納得しました。

なぜならば、そのオーナー女性のご主人は、かつて有名な写真家でドイツ軍の依頼で軍事上必要な写真を撮っていたそうです。彼女自身も先祖はドイツ人だとちょっと誇らしげに言いました。元々スウェーデンはドイツとの繋がりが強かった国で、第二次大戦中もイギリスよりドイツに傾いていました。戦争でドイツが負けた後、ご主人はドイツ・ナチスに協力したということで仕事がなくなり、そのため女主人一家は不遇な状況になってしまったそうです。このナチズムの白人至上主義の波をかぶった女主人から見れば、アフリカ系の人たちに対する距離の置き方は当然であったかもしれません。

ご主人は四、五年前に亡くなったとのこと。ですから広い廊下の壁には、亡くなったご主人が撮った写真がきれいに飾られていたのです。

私がそこに泊まっていたのは四、五日ぐらいだったでしょうか。イタリア人夫婦と、私（日本人）と、ドイツびいきのオーナー女性との間で、まるでかつての三国同盟のような話が持ち上がりました。もしドイツが勝っていたら、女主人の生活はもっと違っていたというような、他愛のない話でした。

大体が毎晩イタリア人夫婦が先に部屋に戻り、残った私とオーナー女性とでもう少しお酒を飲みながら話をするのが通常になりました。

「実は主人が死んだ後、私はリウマチにかかってしまったのよ。今、それが足に来ているの」と言いました。ご主人との間には子どもがいませんでした。それで寂しい生活になったのでB&Bを開いて、気を紛らしているのだと、身の上話まで話し始めました。

私がB&Bに滞在している間に、他の客は入れ替わりました。ですから女主人の話し相手は専ら私ということになりました。日本のことは全く知らないスウェーデン人にとっては、私の何気ない東京の生活の話でも、とても興味を覚えることがあったようです。彼女は二日目の夜になると、私の部屋にひっそりとしのびこんできました。それから帰京までの三日間、彼女は若い男の私にのめりこみました。いつまでもここにいて良いとまで言いました。その後、再びそのB&Bを訪れる機会があったのですが、そのときこのオーナーの女性は車椅子になっていました。すでにB&Bの営業は止めていました。今から考えると、当時はとても魅力的な女性でした。

アンカレッジで驚愕の事実発覚！

ストックホルムを離れ、ハンブルグの空港からアンカレッジ経由でJALに乗って帰国しました。ハンブルグの空港でわかったことが一つありました。それは今でいうJALパック、つまり純粋に観光目的のグループ旅行を日本航空が初めて行ったのが、どうもこの年（一九六五年）からだったということです。空港の待合室に入ると、JALパックの添乗員という人を初めて見ることができました。そしてそのグループ旅行には、当時日本で有名だった劇作家とその作家に関係した人たちが乗っていました。そこに若き瀬戸内晴美（のちの寂聴）もいたのです。これは私にとって意外な旅行体験でした。彼らはもちろん今でいうビジネスクラスの乗客でした。

アンカレッジで一度飛行機から降りて（トランジット）休憩しました。写真機を持って、待合室から飛行機に行くゲートの橋を降りて、滑走路に降り、飛行機を撮りました。当時はそんな大それたこともできたのです。ところが、私がパイプをくわえながらだったのですぐ空港職員に見つかり注意されました。ガソリンスタンドでタバコを吸うようなものだったのです。多分飛行機は給油中だったのでしょう。

その注意した職員が私に、パスポートの提示を求めました。ここで問題が発覚しました。

私はアメリカをたつとき、ナイアガラの滝を見てカナダを回ってヨーロッパへ行きました。そのとき、カナダへ渡る際に出入国検査で、他のアメリカ人にまじって出てしまったので、私のパスポートにはアメリカを出国したことを証明するスタンプが押されていなかったのです。アメリカ人なら行き来自由だったからです。私はそのままヨーロッパへ渡ってしまいました。もしアンカレッジ（ここはアメリカ）でこの事実が発見されず、そのまま羽田に行ってしまいますと不法出国になり、騒動になるところでした。

その職員にナイアガラ経由でヨーロッパに渡ったことを伝えると「そりゃしょうがない。日系アメリカ人だと思われたな」と言われました。その職員は「お前、運が良いぞ！　アンカレッジもアメリカだから、ここから出国したことにしてやる」と言ってくれました。その代わり、ヨーロッパを回ってきたことは、パスポート上ではなかったことになるぞと言われました。それで、スタンプを押してもらいました。おかげで、無事羽田に着きました。

帰国後、二百ドルほど残っていたのですが、研究室の連中が空港まで迎えに来てくれたのが嬉しくて、みんなに中華料理をごちそうしてしまい、全部使ってしまいました。こんなことなら、ヨーロッパで二百ドル使えばよかったのにと、ちょっと残念でした。

そんなこんなで無事、帰宅できたのがオリンピックの翌年の九月の末日でした。東大の休職期間は二年だったのですが、二年を一ヶ月と二週間超過しての帰国でした。初めて首都高に乗ったときは、ぐるぐる回ってサーカスかと思いました。あまりの東京の変わりように、完璧、浦島太郎状態でした。

あとがき

ここで紹介した欧米の都市計画プロジェクトは今から半世紀以上前に実施されたものである。当時は第二次大戦が終わって二十年、欧米諸国は一応大戦の戦後処理も終わって、数々のプロジェクトは安定した社会態勢のもとで実施につうつされてきた。そこには、まだ二十一世紀末に世界中がまきこまれた巨大な都市化のうねりは見られなかった。

当時の欧米社会では、第二次大戦以前の人と建築物が単純に対置できる素朴な都市計画が残されていた。ところが、私が帰国した一九六五年以降、世界の大都市は急速に複雑な社会的技術的な構成をつくりあげるようになった。その主たる原因は情報社会の台頭であった。一九六四年の東京オリンピックのころのコンピュータ技術は素朴で単純であった。このコンピュータ技術の爆発的発展にともなって、人と物の交通は膨張し、都市空間は地上と地下に急速に立体化し巨大化した。さらに都市に集中する人の波が都市空間の拡大を助長した。その結果、現在の世界の大都市の都市空間は、私たちの素朴な皮膚感覚で確認できる領域を迎えてしまった。ひるがえって二十世紀初頭の都市計画の原点をたしかめるならば、それは土地の上に快適で安全な建築群をつくり、そこで人と人との実体的接触が円滑に行われるということであった。

このような都市空間は構造的に安定している。それに対して二十一世紀の都市空間は心理的に不安定である。精神的緊張を私たちに押し付けてくる。このように思考を積み上げてくると判ってきたことがある。それは半世紀前の都市計画プロジェクトには、私たちを

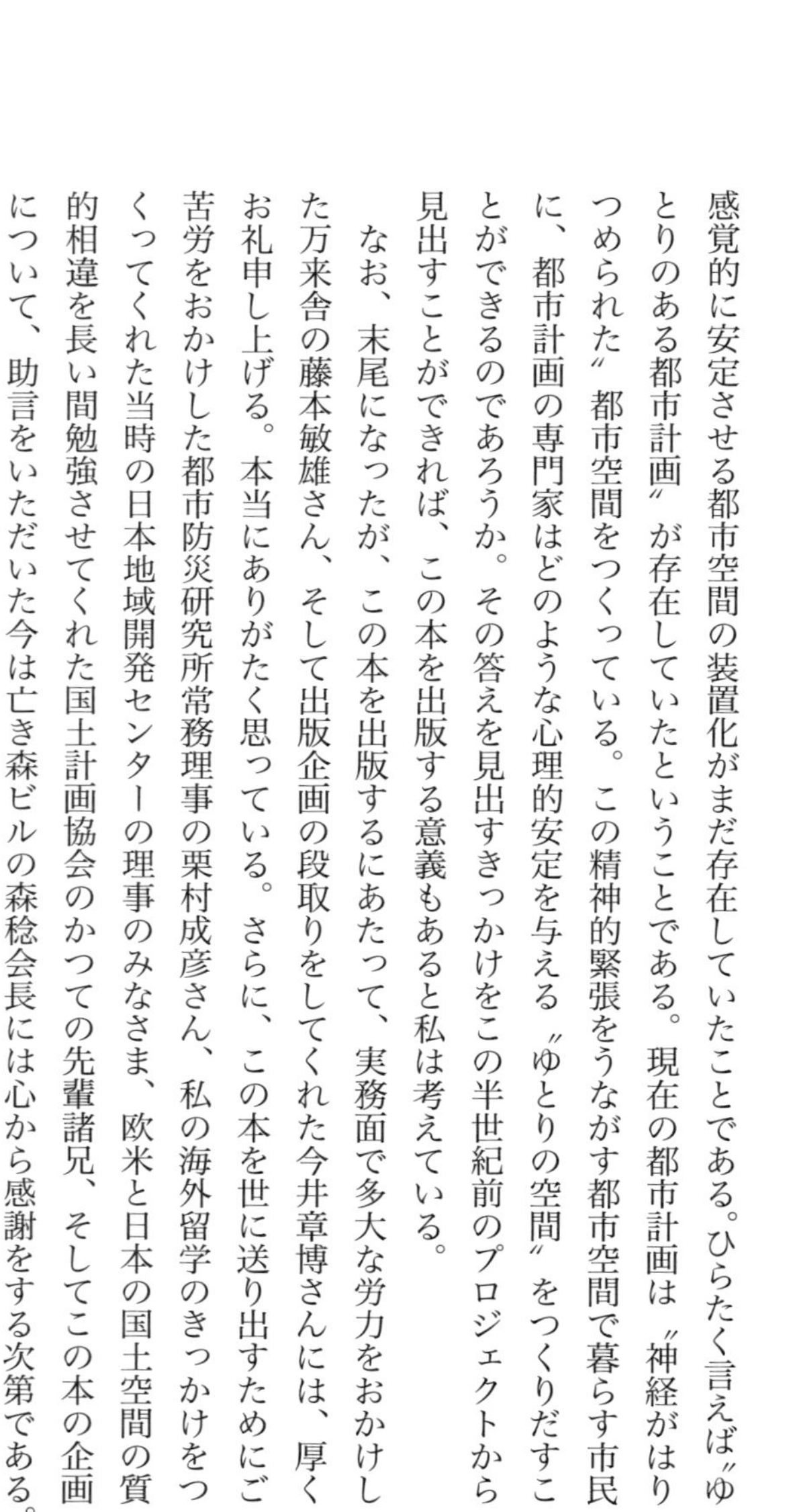

感覚的に安定させる都市空間の装置化がまだ存在していたことである。ひらたく言えば〝ゆとりのある都市計画〟が存在していたということである。現在の都市計画は〝神経がはりつめられた〟都市空間をつくっている。この精神的緊張をうながす都市空間で暮らす市民に、都市計画の専門家はどのような心理的安定を与える〝ゆとりの空間〟をつくりだすことができるのであろうか。その答えを見出すきっかけをこの半世紀前のプロジェクトから見出すことができれば、この本を出版する意義もあると私は考えている。

なお、末尾になったが、この本を出版するにあたって、実務面で多大な労力をおかけした万来舎の藤本敏雄さん、そして出版企画の段取りをしてくれた今井章博さんには、厚くお礼申し上げる。本当にありがたく思っている。さらに、この本を世に送り出すためにご苦労をおかけした都市防災研究所常務理事の栗村成彦さん、私の海外留学のきっかけをつくってくれた当時の日本地域開発センターの理事のみなさま、欧米と日本の国土空間の質的相違を長い間勉強させてくれた国土計画協会のかつての先輩諸兄、そしてこの本の企画について、助言をいただいた今は亡き森ビルの森稔会長には心から感謝をする次第である。

参考文献

1. Central Area Transportation Study, Denver, Colorado; The Downtown Denver Master Plan Committee, April, 1963
2. Cumbernauld New Town: Planning Proposals–First Revision; Cumbernauld Development Corporation, May 1959
3. Deutcher Städtebau nach 1945; Bearbeitet von Prof. E. Wedepohl, Berlin. Copyright 1961 by Richard Bacht: Grafische Betribe und Verlag GmbH, Essen
4. Die Neugestaltung Bremens; Heft 7 Stephani-Gebiet. Herausgegeben vom Senator für das Bauwesen, Bremen im September 1959, 2 Auflage, Mai 1965
5. Düsseldorf-Garath; ein neuer Stadtteil, Herausgegeben com Oberstadt-direktorder Landeshauptstadt Düsseldorf 1965. Beiträge: Beigeordneter Prof. Friedrich Tamms
6. Gateway Center, a downtown urban renewal opportunity in Minneapolis; Minneapolis Housing and Redevelopment Authority 1963
7. Official Plan of the Metropolitan Toronto Planning Area; Metropolitan Toronto Planning Board, December 1964
8. Official Plan of the Metropolitan Toronto Planning Area; Metropolitan Toronto Planning Board, December 1965
9. Proposed Official Plan of the Metropolitan Toronto Planning Area; Metropolitan Toronto Planning Board, April 1965
10. Report of the Technical Committee Appointed to Examine the Preliminary Outline Plan for the Copenhagen Metroporitan Region, Nov. 1964: The Copenhagen Regional Planning Office
11. Stadt Bauwelt, 1965 Heft. 5
12. Stevenage master plan, 1966: A report to the Stevenage Development Corporation
13. Stockholm; Regional and City Planning; The Planning Commission of the City of Stockholm, 1964
14. The Satellite Towns of Stockholm by Giorgio Gentili. Edizione di "Urbanistica", Torino, Corso Vittorio Emanuele II, 1965
15. Urban Renewal and Tax Revenue, "Detroit's success story" by Robert D. Knox, directed by Detroit Housing Commission, 1964
16. Whitehall: a plan for the national and government center, compiled by Leslie Martin; London, Her Majesty's Strategy Office, 1965

伊藤 滋（いとう しげる）

都市計画家。早稲田大学特命教授、東京大学名誉教授。「２０４０年＋の東京都心市街地像研究会」会長。１９３１年東京生まれ。東京大学農学部林学科・同工学部建築学科卒業。東京大学大学院工学研究科建築学専攻博士課程修了。工学博士。東京大学都市工学科教授、慶應義塾大学環境情報学部教授、日本都市計画学会会長、建設省都市計画中央審議会会長、阪神・淡路復興委員会委員、内閣官房都市再生戦略チーム座長などを歴任。著書に『提言・都市創造』（晶文社）、『東京のグランドデザイン』（慶應義塾大学出版会）、『東京育ちの東京論』（ＰＨＰ研究所）、『東京、きのう今日あした』（ＮＴＴ出版）、『たたかう東京』、『かえよう東京』（以上、鹿島出版会）、『すみたい東京』（近代建築社）ほか多数。

装幀●引田 大（H.D.O.）
本文デザイン●市川由美
イラスト●小嶌志津

若き都市計画家の欧米都市見聞録
旅する街づくり

2018年1月11日　初版第1刷発行

著　者：伊藤　滋
発行者：藤本敏雄
発行所：有限会社万来舎
〒102-0072　東京都千代田区飯田橋2-1-4　九段セントラルビル803
電話　03（5212）4455
E-Mail letters @ banraisha.co.jp
印刷所：シナノ印刷株式会社

ISBN978-4-908493-22-5